世界兽医经典著作译丛·兽医临床秘密系列

# 兽医临床病理学秘密

## Veterinary Clinical Pathology Secrets

[美]Rick L. Cowell　编著

夏兆飞　宋璐莎　主译

U0395020

中国农业出版社

Veterinary Clinical Pathology Secrets

By Rick L. Cowell

ISBN-13 : 978-1-56053-633-8

Copyright © 2004, Elsevier Inc. All rights reserved.

Authorized Simplified Chinese translation from English language edition published by the Proprietor.

Copyright © 2015 by Elesvier (Singapore)Pet Ltd. All rights reserved.

## 图书在版编目（CIP）数据

兽医临床病理学秘密 ／（美）考威尔（Cowell，R.L.）编著；夏兆飞，宋璐莎主译 . —北京：中国农业出版社，2016.3（2019.3重印）
ISBN 978-7-109-20344-0

Ⅰ . ①兽… Ⅱ . ①考…②夏…③宋… Ⅲ . ①兽医学—病理学 Ⅳ . ① S852.3

中国版本图书馆 CIP 数据核字（2015）第 069271 号

中国农业出版社出版
（北京市朝阳区麦子店街18号楼）
（邮政编码100125）
策划编辑　邱利伟　王森鹤
文字编辑　蒋丽香
────────────
北京通州皇家印刷厂印刷　　新华书店北京发行所发行
2016年5月第1版　　2019年3月北京第2次印刷
────────────
开本：720mm×960mm 1/16　印张：26.75
字数：580千字
定价：80.00元
（凡本版图书出现印刷、装订错误，请向出版社发行部调换）

# 本书译校人员

**主　　译：**

夏兆飞　宋璐莎

**副 主 译：**

陈艳云　麻武仁　陈宇驰

**译校人员：**

张海霞　刘　洋　孙玉祝　彭煜师　陈江楠　王　菁　陈姗姗　徐晓莹
王谷雨　项　阳　冯丽芳　陈宇驰　麻武仁　陈艳云　宋璐莎　夏兆飞

# 译者序

随着时代的发展，兽医临床诊断早已不再局限于视、触、叩、听等物理诊断方法，而是引进了许多先进的仪器设备和诊断方法，包括血细胞分析仪、生化分析仪、血气电解质分析仪、细胞学诊断等。然而，精密的仪器只能给兽医提供准确的临床信息和数据，无法给出诊断结果。兽医临床病理学是现代兽医临床诊断的理论依据，在宠物疾病诊断和预后判断中起着至关重要的作用。

由于兽医临床病理学在我国宠物临床应用较晚，临床兽医相对缺乏这方面的经验，加上小动物临床病理学这方面的中文资料匮乏，严重制约和影响了临床兽医的诊断水平。中国农业出版社及时将ELSEVIER出版社的《Veterinary Clinical Pathology Secrets》引入我国，我们有幸将之翻译成中文，必将会推动兽医临床病理学在宠物临床上的应用，提高兽医的临床诊断水平。

本书由兽医临床病理学专家所著，图文并茂、简单易懂，基于临床实用性，采用一问一答的形式对实现室诊断遇到的问题进行系统解答。主要内容包括以下几个部分：血液学、淋巴增生性疾病、凝血、酸碱平衡、肾功能和尿检、肝脏和肌肉、脂质和糖类、胃肠道和胰腺、内分泌系统、细胞学、禽类和爬行类临床病理学。

本书所有翻译人员均毕业于中国农业大学兽医临床系，具有硕士或博士学历，并从事宠物临床工作。在翻译过程中，我们力争把原文的意思表达清楚准确。如果读者发现译文中的瑕疵，恳请反馈给译者或出版社，以便再版时改进。

# 前　言

　　《兽医临床病理学秘密》是写给广大兽医学生、临床兽医和住院医师，希望这本书能为大家提供学习指导和有用信息。本书沿用同系列书籍一问一答的形式。

　　本书作者来自世界各地，由学术界和参考实验室的专家组成。每位作者都是各自学科领域的佼佼者，解答的问题都是自己最擅长的方向。由于兽医临床病理学具有较高的实用价值，本书并非面面俱到，而是根据临床实际应用对相关问题进行阐述。

　　我很感谢各位作者的辛勤劳动，感谢你们抽出宝贵时间，分享才华和专业知识。特别感谢Elsevier出版社的员工，本书得以出版离不开你们的辛勤工作、耐心和优秀指导。

Rick L. Cowell, DVM MS, Dipl ACVP

# / 目录

## 红细胞

### 一、一般概念

Shannon Jones Hostetter 和 Claire B. Andreasen

1. **什么是促红细胞生成素，产生部位及主要作用是什么？**

组织缺氧时，肾小管周围毛细血管内皮细胞会产生一种糖蛋白激素，称为促红细胞生成素，其主要作用部位是骨髓。

促红细胞生成素的作用包括促进网织红细胞前体和血小板前体成熟分化，并在红细胞前体分化时诱导血红蛋白（hemoglobin，Hgb）合成。促红细胞生成素释放增加可以最终导致红细胞压积（hematocrit，Hct）、红细胞和血小板计数升高。

2. **来源于日粮或再利用的铁如何在体内转运？**

从肠道吸收或贮存在巨噬细胞内的铁通过转铁蛋白转运至骨髓和组织，这种转运蛋白是一种 β-球蛋白（血清蛋白）。在随后的血红素合成期间，铁与血红蛋白结合形成含铁血红蛋白。

3. **正常情况下，机体如何清除循环中衰老或损伤的红细胞？**

衰老或损伤的红细胞其膜或胞质酶发生改变，脾脏和肝脏中的巨噬细胞可以识别、吞噬这些红细胞，并从循环中清除。此外，小部分衰老或异常的红细胞通过血管内溶血的方式从循环中清除。

4. **犬猫红细胞的平均寿命分别为多少？**

犬红细胞的平均寿命大约为110d。而猫红细胞寿命明显比犬短，大约为70d。

**5.　什么是高铁血红蛋白？正常情况下，如何代谢成血红蛋白？**

　　高铁血红蛋白的结构与血红蛋白相同，不同之处是高铁血红蛋白血红素基团上的铁离子由二价变为三价。因此，高铁血红蛋白是被氧化的血红蛋白，不再具有结合氧的能力。健康动物体内有小部分血红蛋白会被氧化成高铁血红蛋白。高铁血红蛋白在红细胞内的高铁血红蛋白还原酶的作用下还原为血红蛋白。高铁血红蛋白血症（血液中高铁血红蛋白浓度增加）可继发于接触氧化剂（如亚硝酸盐），或由高铁血红蛋白还原酶活性降低所致。

**6.　什么是网织红细胞？如何鉴别？**

　　网织红细胞是循环中未成熟的无核红细胞，胞质内含有残留的核糖核酸（RNA）、线粒体和细胞器（又称为网状组织），通过新亚甲蓝染色可见。经罗曼诺夫斯基（Romanowsky）（瑞氏，Diff-Quik）染色后，网织红细胞呈蓝色，称为多染性红细胞（图1-1）。

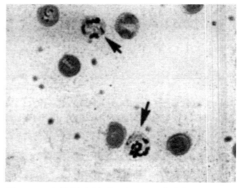

图1-1　犬外周血涂片，新亚甲蓝染色。可见集结状网织红细胞（箭号所指）。

**7.　骨髓生成并释放网织红细胞大约需要多长时间？**

　　贫血时网织红细胞生成并从骨髓释放需要2～3d。网织红细胞数量达到峰值需要5～7d。

**8.　什么是有核红细胞？**

　　有核红细胞是未去核的红细胞前体。有核红细胞包括晚幼红细胞、中幼红细胞、早幼红细胞、原红细胞。有核红细胞通常指晚幼红细胞（图1-2）。

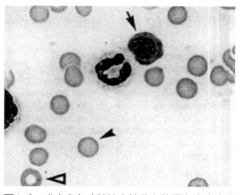

图1-2　犬自身免疫性溶血性贫血外周血涂片（瑞氏染色）。可见晚幼红细胞（箭号所指）、球形红细胞（实心箭头所指）和正常形态的红细胞（空心箭头所指）。

**9.　在什么情况下，外周血液中的有核红细胞数量会升高？**

　　正常情况下，有核红细胞只存在于

骨髓。当发生严重的再生性贫血且促红细胞生成素分泌增加时，骨髓会释放出大量的有核红细胞。这种情况被称作适应性晚幼红细胞增多症，同时还伴有网织红细胞增多症。

**10. 什么是非适应性晚幼红细胞增多症？如何鉴别相关疾病？**

通常血-骨髓屏障发生改变时，晚幼红细胞会从骨髓中释放出来，引起非适应性晚幼红细胞增多症。网织红细胞增多症与非适应性晚幼红细胞增多症无关。

非适应性晚幼红细胞增多症与多种情况有关，包括铅中毒、骨髓发育不良、红白血病、脾脏疾病/肿瘤和内毒素血症。

# 二、红细胞形态

Shannon Jones Hostetter 和 Claire B. Andreasen

**1. 什么是豪-乔氏（Howell-Jolly）小体，通常在什么情况下出现？**

豪-乔氏小体是红细胞胞浆内的核物质残余部分。这些小体嗜碱性，呈球形。豪-乔氏小体通常见于红细胞快速生成期或脾脏摘除后。

**2. 什么是海因茨（Heinz）小体？哪些情况下可以形成海因茨小体？**

海因茨小体是氧化、变性的血红蛋白沉积物，并附着于红细胞膜上。某些健康动物可见少量海因茨小体，其形成也可能与溶血性贫血有关。

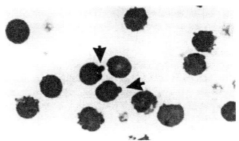

图2-1 贫血猫外周血涂片（瑞氏染色）。可见红细胞表面的海因茨小体（箭头所指）。

**3. 如何从形态上区分豪-乔氏小体和海因茨小体？**

尽管两者都呈圆形，但豪-乔氏小体嗜碱性，位于胞质内，而海因茨小体从红细胞表面突出。另外，海因茨小体经瑞氏染色后与红细胞胞浆颜色相同，这是因为它们的颜色都来源于血红蛋白。

**4. 红细胞内出现嗜碱性点彩的原因是什么？哪些情况会出现？**

嗜碱性点彩是由红细胞胞浆中残留的核糖核酸轻度聚集所致，它是红细胞未成熟的标志。通过瑞氏或Diff-Quik染色很容易观察到。贫血猫的血涂片偶尔可见到嗜碱性点彩，指示再生性反应。出现多染性红细胞和嗜碱性点彩是对贫血的适应性反应。铅中毒时会出现非适应性嗜碱性点彩，此时嗜碱性点彩增多，并伴有晚幼红细胞增多和各种多染性红细胞。

**5. 什么是红细胞大小不等？如何鉴别相关疾病？**

红细胞大小不等是指细胞大小的改变。健康犬猫的红细胞会有轻度大小不等，而明显的红细胞大小不等则与多种疾病有关。其中包括再生性贫血、某些溶血性贫血、海因茨小体性贫血及和品种相关的红细胞大小不等（见问题29）。

**6. 什么是大红细胞？什么是小红细胞？**

大红细胞比正常红细胞大。

小红细胞比正常红细胞小。

**7. 什么是球形红细胞？**

球形红细胞较小，缺乏中央淡染区。犬球形红细胞较常见。正常情况下，犬的红细胞比其他家畜稍大，有明显的中央淡染区。因为"衰老"的红细胞表面免疫球蛋白G（IgG）增多，所以球形红细胞会在肝脏或脾脏中直接被清除而很少出现在循环血液中。这是衰老的红细胞从血循中清除的一个过程（图1-2）。

**8. 球形红细胞是如何形成的？**

当红细胞表面被覆抗体或补体后，肝脏和脾脏内的巨噬细胞会清除一部分受损的红细胞膜，导致红细胞膜表面积相对胞质容积减小而形成球形红细胞。因此，球形红细胞形态较小，胞质较密，缺乏中央淡染区。

**9. 球形红细胞形成与哪些疾病有关？**

球形红细胞的形成与免疫介导性溶血性贫血有关。此外，球形红细胞也见于红细胞的自然衰老过程，但是循环血液中只能见到少量球形红细胞。

**10. 什么是多染性红细胞？其重要意义有哪些？**

多染性红细胞是指用罗曼诺夫斯基染色后颜色发生改变的红细胞（变为蓝灰色），这是由于红细胞内含有残留的RNA。多染性红细胞可作为再生性贫血的指标，因为所有的多染性红细胞都是网织红细胞，但不是所有的网织红细胞内都含有足够的网状蛋白而具有多染性。

## 11.　什么是异形红细胞?

异形红细胞是指形态异常的红细胞。异形红细胞是一般术语,用于描述各种红细胞的形态变化。

## 12.　什么是薄红细胞? 与哪些疾病有关?

薄红细胞的膜表面积相对较大,所以细胞表面出现折叠。因为多染性红细胞通常更大、细胞膜更多,当红细胞更新增多时会出现许多薄红细胞。薄红细胞也可见于肝脏疾病,比如犬门脉短路。靶形红细胞是薄红细胞的一种类型(见问题13)。

## 13.　什么是靶形红细胞? 其意义是什么?

靶形红细胞是薄红细胞的亚型,血红蛋白分布于红细胞中央和外周,形成一个靶状结构。靶形红细胞的形成原因是膜表面积增加或胞质体积减小,比如血红蛋白减少症。患有肝脏疾病、缺铁性贫血或免疫介导性溶血性贫血的动物,其循环血液中的靶形红细胞数量可能增多(图2-2)。

## 14.　什么是口形红细胞? 其重要意义是什么?

口形红细胞是薄红细胞的一种,其三维结构呈碗状。当折叠时,口形红细胞中央有一新月形的透明区,像裂缝或张开的嘴巴(图2-3)。细胞膜内叶是扩张的。口形红细胞可见于肝脏疾病、慢性贫血以及阿拉斯加犬遗传性口形红细胞增多症。

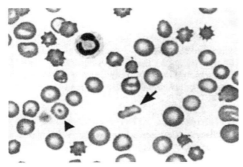

图2-2　犬脾血管肉瘤外周血涂片。可见裂红细胞(箭号所指)和靶形红细胞(三角箭头所指)。

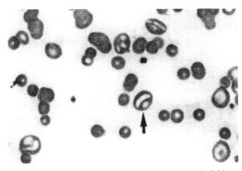

图2-3　犬外周血涂片。可见口形红细胞(箭号所指)。

15. **描述角膜细胞的外形。**

角膜细胞，又称作角细胞或头盔细胞，即红细胞表面有一个或多个角状突起。这些突起是由囊泡破裂引起的。不同于钝锯齿状红细胞，角状突起间的细胞膜表面相对平滑（图2-4）。

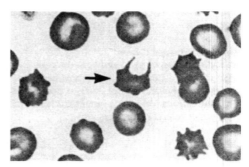

图2-4　犬外周血涂片，瑞氏染色。箭号指示角膜细胞。

16. **角膜细胞的形成原因是什么？**

角膜细胞继发于红细胞膜的氧化损伤。氧化损伤也会形成海因茨小体，部分红细胞膜被巨噬细胞吞噬，形成角膜细胞。微血管病也会形成角膜细胞。

17. **描述裂红细胞的外形。**

裂红细胞是损伤的红细胞碎片，呈新月形、三角形或是其他不规则形状。

18. **裂红细胞是怎样形成的？**

裂红细胞继发于血管机械性损伤。红细胞通过有纤维蛋白沉积的血管壁时造成物理性损伤，形成裂红细胞，这种情况可见于弥散性血管内凝血。

19. **裂红细胞与哪些小动物疾病有关？**

裂红细胞与许多纤维蛋白形成性疾病有关，包括血管肉瘤、脉管炎、充血性心脏衰竭、弥散性血管内凝血、骨髓纤维变性、微血管病性贫血以及肾小球肾炎。

20. **什么是棘红细胞？与哪些疾病有关？**

棘红细胞表面有一些分布不均、形态不规则的突起或小刺，继发于红细胞膜上脂质和胆固醇含量的改变（图2-5）。棘红细胞与一些能改变膜脂和胆固醇的疾病有关，如肝脏疾病、内分泌性疾病、吸收不良性疾病、血管肉瘤，尤其是肝脏内血管肉瘤。

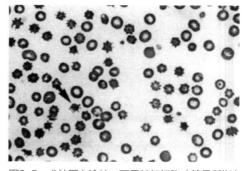

图2-5　犬外周血涂片，可见棘红细胞（箭号所指）。

### 21.  钝锯齿状红细胞的两种主要形式是什么？它们是如何形成的？

钝锯齿状红细胞的两种主要形式分别为圆锯齿状红细胞（Ⅰ型钝锯齿状红细胞）和毛边形锯齿状红细胞（Ⅲ型钝锯齿状红细胞）（图2-6）。Ⅰ型钝锯齿状红细胞仅在细胞外周与载玻片接触的部分有突起，这是人为因素造成的，与血涂片制备有关，受温度、pH和风干时间的影响。相反，Ⅲ型钝锯齿状红细胞是在体内形成的，通常是由电解质浓度改变引起的。Ⅲ型钝锯齿状红细胞整个细胞表面均有突起。

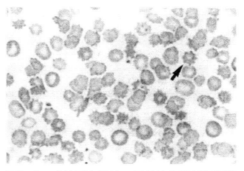

图2-6  犬外周血涂片。可见钝锯齿状红细胞（箭号所示）

### 22.  如何通过形态学特征区分钝锯齿状红细胞和棘红细胞？

棘红细胞和钝锯齿状红细胞表面都具有多个突起。不同的是，钝锯齿状红细胞表面突起分布均匀、形态一致（图2-6），而棘红细胞表面突起分布不均匀且形态不规则（图2-5）。

### 23.  什么是偏心红细胞？它是如何形成的？

偏心红细胞的胞质内含有透明区（水泡），这是由于血红蛋白浓度重新分布导致着色的血红蛋白偏于一侧。偏心红细胞继发于红细胞氧化损伤。

### 24.  什么是染色过浅？其重要意义是什么？

染色过浅是指红细胞胞质着色较浅，中央淡染区增多（图2-7）。这是红细胞内血红蛋白含量减少所致。正常情况下，犬红细胞中央淡染区占整个红细胞的1/3至1/2。如果超过这个范围，可以主观地认为是染色过浅。任何影响血红蛋白生成的因素都会导致染色过浅，包括铁缺乏、铅中毒。缺铁是犬猫红细胞染色过浅最常见的原因。

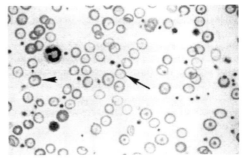

图2-7  犬外周血涂片，红细胞染色过浅，可见染色过浅的红细胞（长箭头所示），正常染色的红细胞（短箭头所示）。

**25. 如何区分网织红细胞和多染性红细胞？**

网织红细胞和多染性红细胞其实没有明显的区别。未成熟的红细胞用新亚甲蓝染色后称为网织红细胞，而采用罗曼诺夫斯基（瑞氏，Diff-Quik）染色后，呈现较大的蓝粉色红细胞，所以又称为多染性红细胞。虽然所有的多染性红细胞用新亚甲蓝染色后都是网织红细胞，但并不是所有网织红细胞用瑞氏染色都具有多染性。

**26. 健康犬循环血液中含有网织红细胞吗？**

健康犬循环血液中含有少量的网织红细胞（＜1％）。

**27. 犬外周血中含有哪种类型的网织红细胞？**

犬网织红细胞是集结状网织红细胞，其胞质内有较多的网状组织聚集（图1-1）。

**28. 鉴别和描述两种类型的猫网织红细胞，哪种类型更有利于评价骨髓对贫血的反应？**

a. 点状网织红细胞。其胞质内含有小的、点状成簇的核糖核酸残体，比集结状网织红细胞更成熟（图2-8）。因为它们在循环中存在时间较长（数周），网织红细胞计数时通常不计点状网织红细胞，因此它不作为评价当前骨髓反应的指标。

b. 集结状网织红细胞。与犬网织红细胞外形相似（见问题27）。健康猫循环血液中含有少量集结状网织红细胞（＜0.4％），这种网织红细胞可以用于评

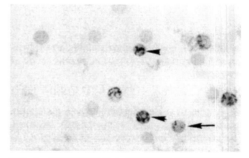

图2-8　猫外周血涂片中点状和集结状网织红细胞，新亚甲蓝染色。可见集结状网织红细胞（三角箭头所指），点状网织红细胞（长箭头所指）。

价骨髓反应。猫所有多染性红细胞经过新亚甲蓝染色后都是集结状网织红细胞。

**29. 品种与红细胞形态变化的关系是什么？**

a. 亚洲犬种（包括秋田和松狮）正常情况下有正色素性小红细胞；

b. 健康迷你型和玩具型贵宾犬有正色素性大红细胞；

c. 迷你雪纳瑞、阿拉斯加雪橇犬和德勒姆采帕里匈犬曾报道有遗传性口形红细胞增多症或循环中口形红细胞增多。

# 三、红细胞评价

*Shannon Jones Hostetter 和 Claire B. Andreasen*

1. **用于犬猫贫血分类的红细胞指数主要有哪些?**

    a. 平均红细胞体积（MCV）表示平均红细胞大小，单位为飞升（fL）。

    b. 平均红细胞血红蛋白浓度（MCHC）表示平均红细胞压积中血红蛋白浓度，单位为克每分升（g/dL）。

    c. 红细胞分布宽度（RDW）是反映红细胞体积改变程度的参数，用百分比表示。

2. **影响MCV的因素有哪些?**

    a. 幼龄动物的红细胞往往较小，MCV相对较低；

    b. 网织红细胞增多症通常会导致MCV升高；

    c. 门脉短路的动物会出现小红细胞症或MCV降低；

    d. 缺铁会造成MCV降低；

    e. 猫感染猫白血病病毒（FeLV）可能会出现大红细胞症或MCV升高。

3. **造成高色素血症的原因是什么?（MCHC升高）**

    a. MCHC绝对升高或红细胞内血红蛋白浓度绝对升高很少见，通常是人为因素造成的假性升高；

    b. 血管内或体外溶血是最常见的造成MCHC升高的人为因素；

    c. 高脂血症或海因茨小体由于干扰作用而引起血红蛋白浓度升高，也会造成MCHC假性升高；

    d. 球形红细胞增多症。

4. **造成低色素血症的原因是什么?（MCHC降低）**

    a. 网织红细胞增多症（MCHC降低）。

    b. 缺铁。

5. **新亚甲蓝染色如何用于评价红细胞?**

    新亚甲蓝是一种染色剂，用于识别网织红细胞胞浆内残留的RNA。通过新亚甲蓝染色可以准确地鉴定网织红细胞和海因茨小体（图1-1）。

6. **缗钱样红细胞是如何形成的? 对犬猫有何重要意义?**

    缗钱样红细胞是指红细胞成串排列形成"钱串"。这些成串的红细胞可能是红细胞表面电荷发生改变所致（图3-1）。

健康犬猫会出现轻度缗钱样红细胞。缗钱样红细胞显著增多与肿瘤和炎性疾病有关，通常是因为血浆蛋白增多导致红细胞表面电荷发生改变。

**7. 什么是红细胞自体凝集？它如何发生？如何用于诊断性筛查试验？**

红细胞自体凝集是指红细胞互相凝集形成黏性聚合体，用等量的生理盐水混合也不能分散（图3-2）。当红细胞被覆表面抗体时，后者与邻近红细胞相互作用时就会发生自身凝集反应；因此，红细胞自体凝集指示免疫介导性溶血性贫血。又由于免疫球蛋白M（IgM）的交联作用强于其他种类的抗体，所以红细胞自体凝集通常与IgM在红细胞表面沉积有关。而高浓度的IgG复合物沉积于红细胞表面也会造成自身凝集反应。

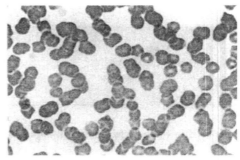

图3-1 马外周血涂片，可见明显的缗钱样红细胞

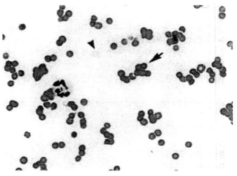

图3-2 犬外周血涂片。可见红细胞自体凝集（箭头所指），影红细胞（三角箭头所指）

**8. 红细胞分布宽度（RDW）是什么检测指标？**

红细胞分布宽度是用于判定红细胞体积大小变化的指标。RDW值超过参考范围越多，红细胞体积大小变化就越大。因此，RDW与红细胞群体中红细胞大小不等症的程度有关。

**9. 什么是直接库姆斯试验？适用哪些疾病的诊断？**

直接库姆斯试验可以识别红细胞表面抗体和补体。

直接库姆斯试验适用于疑似免疫介导性溶血性贫血（比如，再生性贫血病例），但未见红细胞自体凝集和明显的球形红细胞增多症时。与红细胞自体凝集相比，库姆斯试验的敏感性更高，能够检测到更低浓度的表面抗体和补体。

**10. 评价网织红细胞需什么条件？**

外周血涂片采用新亚甲蓝染色，网织红细胞用以下方法计数：

a. 网织红细胞百分数；

b. 校正网织红细胞百分数；

c. 绝对网织红细胞数。

11. **网织红细胞评价方法中存在哪些准确性问题?**

a. 网织红细胞百分数往往会高估骨髓反应，主要有两个原因。其一，不成熟网织红细胞在外周血中停留时间比成熟的网织红细胞长，因此会错误地高估当前的骨髓反应；其二，由于贫血动物循环中成熟红细胞的数量降低，因此网织红细胞百分数会增高。

b. 校正网织红细胞百分数和绝对网织红细胞数可以校正贫血时减少的红细胞总数的影响，但不能消除未成熟红细胞的影响。

12. **如何进行绝对网织红细胞计数? 在什么数值范围内可以认为是再生性反应?**

绝对网织红细胞数=网织红细胞百分数（转换为小数）×每微升红细胞总数

例如：每微升100万个红细胞中含10%的网织红细胞：0.1×1 000 000=100 000个网织红细胞/μL。

犬网织红细胞数大于80 000 个/μL，猫大于60 000个/μL，指示再生性反应。

13. **如何计算校正的网织红细胞百分数? 在什么数值范围内可认为是再生性反应?**

校正的网织红细胞百分数可以使用以下公式计算：

网织红细胞百分数×（患病动物红细胞压积/正常平均红细胞压积\*）=网织红细胞百分数

\*种类：犬为45%，猫为37%。

犬校正的网织红细胞百分数大于1%，猫大于0.4%，指示再生性反应。

# 四、贫　血

Shannon Jones Hostetter 和 Claire B. Andreasen

1. **什么是贫血? 相对贫血和绝对贫血的区别是什么?**

贫血指血细胞比容、红细胞数以及血红蛋白浓度下降。相对贫血时红细胞总数并未减少，而是由于积极的补液治疗或其他原因使血浆容量增加，导致血液稀释。绝对贫血是指红细胞总数实际减少。

2. **哪些参数可用于犬猫贫血的分类?**

不同红细胞指标，包括MCV、MCH、MCHC、RDW（见第三章），对于再生性和非再生性贫血分类很有帮助。此外，网织红细胞计数和红细胞的形态也对区分再生性和非再生性贫血有极其重要的意义。

3. **非再生性贫血的常见原因有哪些?**
   a. 失血少于3d（再生性贫血尚未表现出再生性反应）；
   b. 促红细胞生成素分泌抑制；
   （1）慢性疾病性贫血（炎症性贫血）
   （2）肾衰
   （3）代谢性疾病
   （4）药物和毒物
   c. 感染（如细小病毒）；
   d. 骨髓疾病；
   （1）骨髓纤维化
   （2）纯红细胞再生障碍
   （3）骨髓坏死
   （4）肿瘤
   e. 辐射。

4. **举例说明两种主要的再生性贫血。**
   **出血性**
   a. 急性失血超过3d；
   b. 某些病程较短的慢性失血性贫血病例（但如果是缺铁性贫血或并发能减弱再生性反应的疾病，则可能造成非再生性贫血）。
   **溶血性**
   a. 丙酮酸激酶缺乏；
   b. 磷酸果糖激酶缺乏；
   c. 免疫介导性溶血性贫血；
   d. 感染相关的溶血性疾病（如红细胞寄生虫、一些细菌）；
   e. 化学物质/毒素诱导的溶血性贫血；
   f. 微血管病性溶血性贫血。

5. **急性失血性贫血有什么特点?**
   a. 急性出血后，因为细胞成分和血浆等量丢失，故血细胞比容最初处于正常参考范围内。失血几小时后，机体开始增加血浆容量，2~3d后血浆容量完全恢复。由于血液稀释导致红细胞比容下降。

  b. 多染性红细胞指示骨髓生成红细胞增多，见于急性失血2~3d后。

  c. 网织红细胞增多症见于急性失血2~3d后，除非并发其他疾病而被抑制。

**6. 犬急性暂时性失血后，大约需要多长时间能恢复正常血象?**

  犬血象需要将近1~2周时间恢复到参考范围内。

**7. 继发于慢性失血的贫血有什么特点?**

  a. 再生性贫血可发展成非再生性贫血：当体内贮存的铁耗尽后引发的缺铁性贫血是非再生性的。这种贫血一般没有急性失血时明显。

  b. 缺铁性贫血：可继发于长时间出血。

**8. 鉴别犬猫再生性贫血最可靠的实验室指标是什么?**

  网织红细胞绝对数增加最能指示骨髓的再生性反应。

**9. 举例说明再生性贫血常见的红细胞变化。**

  a. 网织红细胞增多症；

  b. 多染性红细胞症；

  c. 红细胞大小不等/红细胞分布宽度变大；

  d. 由于网织红细胞增多症引起的大红细胞症/低色素血症。

**10. 什么是血管外溶血? 引起犬猫血管外溶血的常见原因有哪些?**

  血管外溶血是指红细胞在脾脏和肝脏内被巨噬细胞清除和分解。

  血管外溶血的原因包括：红细胞变形性下降、抗体或补体介导的吞噬作用、脾脏机能亢进、胞质内三磷酸腺苷（ATP）含量改变。

**11. 什么是血管内溶血? 犬猫发生血管内溶血的病理机制有哪些?**

  血管内溶血是指红细胞在血管内破裂。

  血管内溶血的病理机制包括：

  a. 氧化损伤；

  b. 胞膜改变；

  c. 物理性损伤；

    d. 免疫介导性溶血；

    e. 寄生虫（如巴贝斯虫）（图4-1）；

    f. 创伤性破裂；

    g. 酶缺乏。

**12. 犬猫海因茨小体性贫血的原因是什么？**

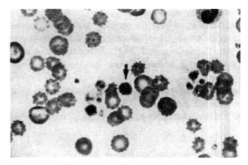

图4-1　感染巴贝斯虫的犬外周血涂片。可见红细胞内含有寄生虫（箭头所指）。

    因为猫的血红蛋白更容易被氧化，所以猫比其他动物更易形成海因茨小体。猫海因茨小体性贫血可能与某些内分泌疾病（如糖尿病、甲状腺机能亢进）和某些氧化剂有关（如洋葱、对乙酰氨基酚）。犬海因茨小体性贫血可能由于摄入洋葱、对乙酰氨基酚或含锌的异物（如硬币）（图2-1）。

**13. 引起犬猫缺铁性贫血的常见原因是什么？**

    小动物缺铁性贫血最常见的原因是体外失血。虽然人缺铁性贫血的主要原因是铁摄入不足，但对小动物而言，除了营养缺乏的个别病例外，很少是由铁摄入不足引起的。成年动物通常因发生长时间的失血（慢性出血）而出现缺铁性贫血。引起慢性失血的原因有很多，其中胃肠道出血最常见。内出血一般不导致缺铁性贫血，因为在出血部位铁可被重吸收。

**14. 什么是免疫介导性溶血性贫血（IMHA）？**

    IMHA通常属于再生性贫血，是由于动物产生抗体与自身红细胞或红细胞前体表面蛋白发生抗原抗体反应（抗红细胞前体的抗体会导致非再生性贫血）。抗体与红细胞表面结合后，通过补体介导的细胞溶解作用以及脾脏或肝脏内巨噬细胞的吞噬作用导致红细胞破坏。免疫介导性溶血性贫血是Ⅱ型超敏反应的一种形式。

**15. 免疫介导性溶血性贫血的潜在原因是什么？**

    a. 自发性：自身免疫性溶血性贫血；

    b. 药物（如青霉素）可以附着在红细胞膜上，如果产生抗药物的抗体，则红细胞会遭到破坏；

    c. 副肿瘤综合征（多发性骨髓瘤、淋巴瘤）；

    d. 病原，如猫白血病病毒（FeLV）、埃利希体和猫嗜血支原体（旧称猫血巴尔通体）或犬嗜血支原体（旧称犬血巴尔通体）（图4-2）。

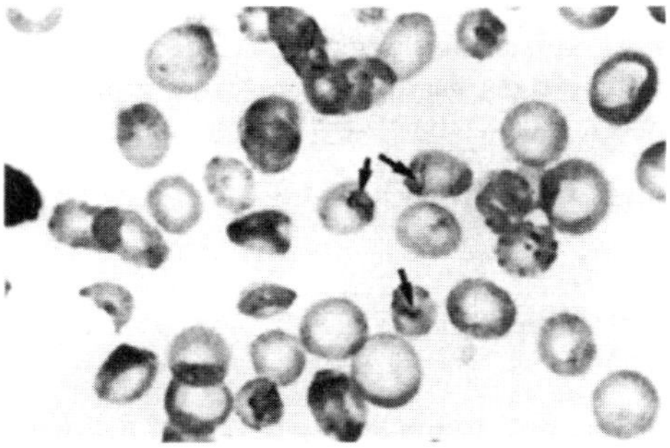

### 16. 自身免疫性溶血性贫血的特征及典型的临床症状有哪些？

自身免疫性溶血性贫血是导致犬溶血性贫血最常见的原因。青年到中年犬最常发生。

自身免疫性溶血性贫血的临床症状通常与急性溶血有关，包括：

图4-2　感染嗜血支原体的犬外周血涂片，病原如箭头所指。

　　a. 突然嗜睡、虚弱和厌食；

　　b. 皮肤苍白，可能会出现黄疸；

　　c. 一些犬会发热。

有部分犬临床症状不明显，可能出现胃肠道症状（呕吐、腹泻）或者主人抱怨的表现异常。

### 17. 患自身免疫性溶血性贫血的犬会出现哪些典型的血液学变化？

　　a. 红细胞比容下降：犬急性溶血性病例，红细胞比容可变得非常低（7%～15%）。犬非急性溶血病例，通过代偿，红细胞比容可能只轻度降低（20%～25%）；

　　b. 网织红细胞增多症：大多数患犬有强烈的再生性反应，循环中网织红细胞数量大量增加（图1-1）；

　　c. 球形红细胞增多症：犬血液中可有大量的球形红细胞，因为被附抗体的红细胞部分被脾脏和肝脏的巨噬细胞吞噬，故形成球形红细胞；

　　d. 大红细胞性、低色素性贫血：主要由网织红细胞增多引起，指示再生性反应；

　　e. 库姆斯试验阳性反应：用于确诊自身免疫性溶血性贫血。然而，有些患有自身免疫性溶血性贫血的动物库姆斯试验呈阴性，所以阴性结果值得注意。

### 18. 再生障碍性贫血（全血细胞减少症）有哪些典型特征，包括临床症状和实验室诊断结果？

再生障碍性贫血是由于骨髓抑制导致红细胞、粒细胞及血小板生成减少或缺乏。因此，患病动物表现为非再生性、正细胞性、正色素性贫血，同时伴有白细胞减少症和血小板减少症。而由FeLV引起的全血细胞减少症则可表现为大红细胞性正色素性贫血。

患病犬猫常常表现出典型的贫血症状（嗜睡、苍白、运动不耐受）。此外，这些动物也可能表现出血性疾病（继发于血小板减少症）或急性感染（继发白细胞减少症）。

### 19. 犬猫再生障碍性贫血的潜在原因是什么?

    a. 病原体感染（猫白血病病毒、犬埃利希体病）；

    b. 辐射；

    c. 中毒；

    d. 药物（如雌激素、保泰松、氯霉素）。

### 20. 什么是骨髓病性贫血?

骨髓病性贫血继发于骨髓占位性损伤，即骨髓被非骨髓性物质浸润，包括基质细胞、炎性细胞和肿瘤细胞。

### 21. 骨髓病性贫血的病因有哪些?

    a. 骨髓纤维化；

    b. 转移性肿瘤；

    c. 严重的骨髓炎（如真菌性骨髓炎）；

    d. 骨髓增生性疾病（如白血病）。

### 22. 犬猫缺铁性贫血的特征以及最常见的原因是什么?

慢性缺铁导致红细胞生成不足，随后造成贫血。根据不同的病因患病犬猫会表现不同的临床症状。许多动物的缺铁性贫血通常是由于其他问题进行全血细胞计数时偶然发现的。

犬猫缺铁性贫血最常见原因是慢性失血。哺乳期幼犬和幼猫可能发生暂时性铁缺乏，继而发生轻度贫血。

### 23. 缺铁性贫血的主要实验室诊断结果有哪些?

    a. 小红细胞性低色素性贫血。小红细胞症是由于红细胞在成熟之前多进行了一次分裂，而停止这种细胞分裂需要一定的血红蛋白浓度；

    b. 血清铁以及血清铁蛋白减少；

    c. 通过骨髓检查可发现铁储存量下降；

    d. 转铁蛋白（铁转运蛋白）总饱和度下降。

24. **什么是慢性病性贫血？一般发病原因是什么？**

慢性病性贫血，又称为炎性贫血，是一种常见的继发于犬猫各种慢性疾病的贫血。炎症导致细胞因子过量释放，促红细胞生成素（Erythropoietin，EPO）生成减少、作用降低，贮存铁利用下降都与疾病的发展有关。

各种感染性、炎性和肿瘤性疾病都可导致慢性贫血。

25. **慢性病性贫血的典型实验室诊断结果有哪些？**

    a. 轻度到中度的贫血，红细胞比容通常是20%～30%；

    b. 正血球性正色素性非再生性贫血；

    c. 血清铁浓度正常或降低；

    d. 血清铁蛋白正常或增加。

26. **犬哪些内分泌疾病可以影响红细胞生成？**

甲状腺机能减退会造成代谢速度降低、需氧量下降，导致轻度非再生性贫血。

肾上腺皮质机能减退可导致促红细胞生成素活性下降（肾上腺皮质激素能增强促红细胞生成素的活性）而引发轻度贫血。另外，一些患有肾上腺皮质机能减退的犬，由于继发胃肠道出血和慢性疾病而出现严重的贫血。

医源性或原发性雌激素过多会造成骨髓抑制，导致非再生性贫血。

27. **慢性肾衰导致贫血的机制有哪些？**

    a. 肾小管周围细胞功能丧失导致EPO生成减少；

    b. 尿毒症可抑制红细胞生成，造成血管内溶血；

    c. 继发于尿毒症的胃肠道溃疡可能引起出血，并进一步加重贫血；

    d. 尿毒症会降低血小板功能，促进出血，尤其是在胃肠道溃疡处。

28. **猫白血病病毒是如何引起猫贫血的？**

猫白血病病毒直接感染红系祖细胞，抑制其分化，继而导致成熟红细胞生成减少，最终导致轻微、中度或严重贫血。此外，慢性病性贫血能进一步加重贫血。被感染的猫发生淋巴瘤时，当肿瘤细胞浸润骨髓后会造成骨髓病性贫血。

29. **哪些常见兽药会导致犬猫发生再生障碍性贫血？**

    a. 雌激素（己烯雌酚，雌二醇）；

    b. 保泰松；

c. 氯霉素；

    d. 甲氧苄啶–磺胺嘧啶；

    e. 阿苯达唑；

    f. 许多化疗药物。

**30. 什么是纯红细胞再生障碍性贫血？病因是什么？**

    纯红细胞再生障碍性贫血是由于骨髓红细胞前体选择性缺失引起的明显的正细胞性、正色素性、非再生性贫血。原发性和继发性犬猫纯红细胞再生障碍性贫血已有报道。原发性纯红细胞再生障碍性贫血可能是红细胞前体受到免疫介导性破坏而引起的。猫继发性纯红细胞再生障碍性贫血与猫白血病病毒感染有关。细小病毒感染可能是引发犬继发性纯红细胞再生障碍性贫血的原因之一。

**31. 什么是微血管病性溶血性贫血？**

    微血管病性溶血性贫血是由小血管狭窄或梗阻引起的红细胞破坏。当红细胞通过受累的血管时会造成细胞溶解，并导致贫血。

**32. 微血管病性贫血的实验室诊断特点有哪些？**

    a. 裂红细胞；

    b. 血小板减少症；

    c. 再生或非再生性贫血。

**33. 微血管病性贫血的原因是什么？**

    任何引起血管内纤维蛋白沉积或血管损伤的病理过程都会导致微血管病性贫血。具体包括弥散性血管内凝血、血管肉瘤、脉管炎以及炎症。

# 五、红细胞增多症

Shannon Jones Hostetter 和 Claire B. Andreasen

**1. 什么是红细胞增多症？相对增多和绝对增多之间有什么区别？**

    红细胞增多症指红细胞比容、红细胞数和血红蛋白浓度增加。

    红细胞相对增多时，红细胞总数看似增加，但其实未变。

    红细胞绝对增多时，红细胞生成增加导致红细胞总数增加。

2. **红细胞绝对增多可分为哪几类?**

红细胞绝对增多可进一步分为原发性红细胞绝对增多（EPO水平正常或降低）和继发性红细胞绝对增多（EPO水平升高）。

3. **引起犬猫红细胞相对增多的常见原因是什么?**

a. 脱水。因为血浆容积减少，红细胞比容、红细胞数以及血红蛋白浓度都相对增加。犬猫脱水的常见原因包括：呕吐、腹泻、多尿及禁水；

b. 脾脏收缩。大量红细胞从脾脏中释放出来导致红细胞相对增多，多见于猫。猫兴奋时，可引起肾上腺素释放，导致脾脏收缩。

4. **原发性红细胞绝对增多的主要机制有哪些?**

原发性红细胞绝对增多又称为真性红细胞增多症或原发性红细胞增多症，是由骨髓增生性疾病引起的。患病动物促红细胞生成素水平一般正常或偏低。

5. **继发性红细胞绝对增多的两种原因是什么?**

a. 慢性缺氧，慢性肺部疾病或处于高海拔地区，能使促红细胞生成素分泌增加，导致红细胞生成增加；

b. 一些疾病可以在不缺氧的条件下导致促红细胞生成素分泌增加，称为促红细胞生成素分泌异常，包括能分泌促红细胞生成的肿瘤（比如肾瘤、肝细胞瘤）、某些内分泌疾病和肾囊肿。

# 六、红细胞机能紊乱

Shannon Jones Hostetter *和* Claire B. Andreasen

1. **继发于铅中毒的典型血液学变化有哪些?**

a. 红细胞比容正常或轻度下降，但通常不低于30%；

b. 红细胞内嗜碱性点彩；

c. 有核红细胞增加；

d. 异形红细胞。

2. **犬猫铅中毒的发病机制是什么?**

小动物铅中毒通常因为摄入了含铅的物质，比如含铅油漆的涂片、电池、含铅鱼坠。6月龄以下的幼犬比成年犬猫中毒风险更大，因为它们更有可能食入异物，而且它们从消化道吸收的铅比起成年犬猫要多。铅中毒的犬猫会出现胃肠道、神经症状和上述血液学变化。铅会抑制一些可以促进铁与血红蛋白结合的酶的活性，造成骨髓氧化损伤，并释放大量有核红细胞。铅也会抑制红细胞内核糖体的分解，从而形成嗜碱性点彩。

3. **什么是犬高铁血红蛋白还原酶缺乏症？**

犬高铁血红蛋白还原酶缺乏症被认为是一种会引起持久性高铁血红蛋白症的遗传疾病。虽然这是一种很罕见的疾病，但数个品种有报道发病，比如贵宾犬、吉娃娃犬、爱斯基摩犬、俄国狼犬和英国赛特犬。一般病犬的寿命不会受影响，只表现出轻微的临床症状。

4. **犬高铁血红蛋白还原酶缺乏症的临床症状和实验室诊断结果分别有哪些？**

临床症状

　　a. 持久性黏膜发绀；

　　b. 运动不耐受；

　　c. 许多动物无临床表现。

实验室诊断结果

　　a. 静脉血样持续呈现黑-棕/红色；

　　b. 血液中高铁血红蛋白含量增加（>12%）；

　　c. 氧分压正常；

　　d. 红细胞比容正常或轻度升高。

5. **什么是磷酸果糖激酶缺乏症？哪些品种易发？**

磷酸果糖激酶缺乏症是一种相对不常见的由于酶缺乏所致的犬病。病犬磷酸果糖激酶活性下降导致红细胞内三磷酸腺苷和2,3-二磷酸甘油酯减少。

磷酸果糖激酶缺乏症是一种遗传性疾病，易发品种包括英国史宾格犬和可卡犬。

6. **犬磷酸果糖激酶缺乏症的临床症状是什么？**

磷酸果糖激酶缺乏症的临床症状包括间断性极度无力、厌食、苍白或黄疸以及色素尿（与溶血有关）。这些症状通常始于应激（如过度运动、高温）。一些患病犬也出现劳力性肌病。

7. **犬磷酸果糖激酶缺乏症的典型实验室诊断结果有哪些？**

　　a. 间断性血管内溶血；

　　b.　大红细胞性、低色素性贫血；

　　c.　持久性网织红细胞增多症；

　　d.　间断性的尿着色。

## 8.　什么是丙酮酸激酶缺乏症？

　　丙酮酸激酶缺乏症是一种遗传性疾病，在人、犬和猫都有过报道。丙酮酸激酶是糖酵解过程中促进三磷酸腺苷（ATP）生成的一种重要的酶。因为红细胞内没有线粒体，ATP生成主要通过无氧糖酵解途径，故丙酮酸激酶缺乏会导致ATP生成减少，最终造成红细胞功能障碍和早熟的红细胞溶解。

## 9.　犬丙酮酸激酶缺乏症的临床症状和实验室诊断结果是什么？

　　犬丙酮酸激酶缺乏症引发高度再生性贫血，伴发骨硬化和骨髓纤维化。患犬对贫血的耐受性很强，可能不会表现出严重贫血的临床症状——无力和厌食。

　　实验室诊断结果包括：① 严重的大红细胞性低色素性贫血（红细胞比容一般在12%～26%），具有高度再生性；② 红细胞寿命缩短。

　　长骨X线片显示一岁时患犬会并发骨硬化。

## 10.　哪些品种报道过丙酮酸激酶缺乏症？

　　巴辛吉犬、吉娃娃犬、西高地白㹴、凯恩㹴、比格犬、爱斯基摩犬、迷你贵宾犬、阿比西尼亚猫和家养短毛猫。

## 11.　红细胞寄生虫的寄生部位在哪里？

　　a.　细胞内：红细胞内部；

　　b.　细胞表面：紧靠细胞膜下方。

## 12.　各种犬猫红细胞寄生虫有哪些？

　　犬

　　a.　细胞内：

　　　　Ⅰ 犬巴贝斯虫；

　　　　Ⅱ 吉氏巴贝斯虫。

　　b.　细胞表面：犬嗜血支原体（旧称犬血巴尔通体）。

　　猫

　　a.　细胞内：

Ⅰ（非洲）猫巴贝斯虫（北美无）；

Ⅱ（印度）猫巴贝斯虫（北美无）；

Ⅲ 猫胞簇虫。

b. 细胞表面：猫嗜血支原体（旧称猫血巴尔通体）。

### 13. 猫嗜血支原体感染的临床症状和实验室诊断结果有哪些？

虽然亚临床感染的猫较常见，但急性病猫常常出现贫血、嗜睡、无食欲、体重下降、苍白和脾大等症状。

近一半急性病例外周血涂片显示寄生虫血症。其他实验室诊断结果包括轻度到重度贫血，除了急性病例或免疫缺陷猫以外，通常为再生性贫血。

### 14. 感染嗜血支原体的影响因素有哪些？

a. 接触吸血的节肢动物；

b. 室外漫游；

c. 小于3岁；

d. 贫血。

### 15. 犬巴贝斯虫病的病原分为哪几类？该疾病是如何传播的？在美国发现了哪些巴贝斯虫？

犬巴贝斯虫病是由巴贝斯虫寄生于红细胞内引起的。巴贝斯虫病通过蜱和输血传播。在美国已经分离出两种巴贝斯虫：吉氏巴贝斯虫和一种与吉氏巴贝斯虫相关的梨形虫（加利福尼亚有报道）。在美国，比特犬感染吉氏巴贝斯虫的发病率有所上升。

# 七、大动物血液学

Shannon Jones Hostetter 和 Claire B. Andreasen

### 1. 通过网织红细胞计数可以判定马是否为再生性贫血吗？

网织红细胞计数不能用于评价马贫血的骨髓反应。健康和患病马外周血中都只含有极少量的网织红细胞，因为它们在骨髓中成熟。

### 2. 如何判定马是否为再生性贫血？

因为马的骨髓几乎不会释放网织红细胞进入循环血液中，所以网织红细胞计数不能作为马再生性贫血的指标。

评价马骨髓反应的方法包括：重复的红细胞比容、骨髓评估以及红细胞分布宽度。

3. **反刍动物摄入蕨菜会引起哪些血液学异常?**

   反刍动物蕨菜中毒会导致再生障碍性贫血。

4. **马、牛、羊以及猪的红细胞平均寿命是多长?**

   马红细胞平均寿命是145d,牛是160d,羊是150d,猪的则大约86d。

5. **哪种维生素缺乏会引起猪非再生性贫血?**

   猪维生素E缺乏会导致非再生性贫血,主要特征为骨髓红细胞过度增生和红细胞生成障碍。

6. **健康安哥拉山羊的红细胞形态有什么特征?**

   安哥拉山羊的正常红细胞呈细长形,称为fusocyte。

7. **哪些家畜的红细胞呈卵圆形?**

   骆驼,包括美洲驼和羊驼,红细胞呈卵圆形,称为卵圆红细胞。

8. **牛正常红细胞形态特点是什么?**

   牛红细胞直径平均约为5.5μm,中央淡染区较少。健康牛的红细胞可能大小不等,而且红细胞可能是皱缩的。

9. **反刍动物红细胞大小有何不同?**

   绵羊红细胞直径是3.2~6.0μm,山羊红细胞直径是2.5~3.9μm,而牛的红细胞直径为4~8μm。红细胞大小不同给细胞计数仪的准确计数带来困难,所以要把阈值调小。

10. **马摄入红枫叶会发生哪些血液学变化?**

    马红枫叶中毒会引起红细胞氧化损伤,导致血管内溶血。血液学变化包括贫血、海因茨小体和偏心红细胞形成,高铁血红蛋白血症以及血红蛋白血症。

11. **牛循环血液何时出现网织红细胞?**

    健康牛的骨髓不释放网织红细胞。正常情况下,红细胞在骨髓中成熟。少量循环网织红细胞(≥1%)与再生性贫血有关。

12. **牛红细胞内何时出现嗜碱性点彩?**

严重再生性贫血时,牛红细胞内会出现嗜碱性点彩。这些病例通常与网织红细胞增多有关。与犬不同,牛铅中毒时红细胞内很少见有嗜碱性点彩。

13. **正常马红细胞有什么特点?**

马红细胞直径大约5.7μm,缺乏明显的中央淡染区。马红细胞一般有缗钱样结构。

14. **如何区分猪再生和非再生性贫血?**

猪再生性贫血表现为网织红细胞增多症、明显的多染性红细胞,及血液中有核红细胞增多。而非再生性贫血没有上述特征。

15. **哪些新生家畜循环血液中常见有核红细胞?**

小猪循环血液中常见有核红细胞。

16. **马和反刍动物血液中常见有缗钱样红细胞吗?**

健康马常见有缗钱样红细胞。而贫血和恶病质时通常没有缗钱样红细胞。健康和患病的反刍动物均很少见有缗钱样红细胞。

17. **两种引起牛溶血性贫血的无形体(红细胞寄生虫)是如何鉴别的?**

a. 在热带和亚热带地区,牛边缘无形体能造成严重的犊牛感染。被认为是美国西南和西海岸的地方病。

b. 中央无形体引起牛轻度发病,属于中东、南美和南非的地方病。

18. **牛感染边缘无浆体后会出现哪两个主要的临床综合征? 临床症状分别是什么?**

a. 急性无浆体病 特征是发热、溶血性贫血、无力、厌食、产奶量下降、便秘、苍白和黄疸。也可能突然死亡,尤其常发于2岁后感染的牛。

b. 亚临床无形体病 暴露于病原的不满1岁的犊牛常呈亚临床感染。虽然通常不表现临床症状,但是它们可以作为保虫宿主感染其他牛。

19. **为什么用罗曼诺夫斯基染色的血涂片上边缘无浆体的外观?**

边缘无浆体表现为直径1μm左右的嗜碱性小体,位于红细胞内,通常出现在红细胞边缘。

20. **猪、反刍动物和马的外周血何时出现异形红细胞?**

各年龄段健康猪一般都会出现异形红细胞,在猪的外周血中发现异形红细胞是正常的。

在幼龄牛和山羊的胎儿血红蛋白转化为成人血红蛋白期间,发现异形红细胞是正常的。

在各年龄段马中发现异形红细胞均不正常。

21. **反刍动物感染毛圆线虫会出现哪种异常血象?**

牛羊感染毛圆线虫会引起非再生性贫血,其机制尚不清楚。

22. **引发牛细菌性血红蛋白尿的原因是什么?**

牛细菌性血红蛋白尿是由溶血梭菌和诺维梭菌D型产生的 β 毒素引起的。 β 毒素是一种溶血性毒素,能够快速导致感染动物出现严重的血管内溶血。

23. **杆菌性血红蛋白尿引起的临床症状有哪些?**

杆菌性血红蛋白尿会引起严重的急性溶血性贫血,常导致动物猝死。动物临死前的临床症状包括发热、呼吸急促、无力、厌食。虽然该病命名为杆菌性血红蛋白尿症,但实际上血红蛋白尿不常见于患病动物。

24. **铁代谢异常在哪些大动物中有过报道?**

萨勒牛遗传性因素导致铁蓄积和过剩(血色素沉着病)。

## 白细胞

## 八、形态学、功能和动力学

Stephen D. Gaunt

1. **动物中性粒细胞的形态是什么?**

中性粒细胞是一种胞质内含有不明显或"中性"色彩的特殊颗粒(specific granules)的粒细胞系白细胞。灵长类(包括人类)中性粒细胞内的特殊颗粒染色较明显,而牛中性粒细胞胞质因其内含大的三级颗粒故呈粉红色。中性粒细胞核深染致密，分3~5叶。马属动物中性粒细胞内每个核叶进一步分叶，产生锯齿状或分裂更多的核形。在血涂片上，中性粒细胞略小于嗜酸性粒细胞和嗜碱性粒细胞（图8-1）。

**2. 什么是异嗜性粒细胞?**

有些小型哺乳动物中性粒细胞内的特殊颗粒为嗜酸性，这种中性粒细胞被称作异嗜性粒细胞。兔子异嗜性粒细胞中的颗粒很明显，从血涂片上乍看非常像嗜酸性粒细胞（图8-2），但兔子嗜酸性粒细胞内的嗜酸性颗粒更密集。豚鼠和仓鼠异嗜性粒细胞中的颗粒不太明显。鸟类和爬行类白细胞中相当于中性粒细胞的细胞也被染成为异嗜性粒细胞，其中含有大而明显的梭形或圆形嗜酸性颗粒（图8-3）。

**3. 什么是"鼓槌小体"?**

鼓槌小体是个小而圆的核叶，通过一条细丝与中性粒细胞的核相连（图8-4）。正常情况下，可见于雌性动物少量的中性粒细胞内，代表失活的第二个X染色体。其结构与雌性动物上皮细胞内的巴氏小体相似。如果雄性动物大量中性粒细胞中出现鼓槌小体，表明染色体紊乱，如雄性花斑猫XXY综合征。

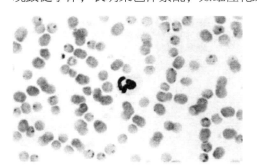

图8-1 犬中性粒细胞（瑞氏染色，330×）

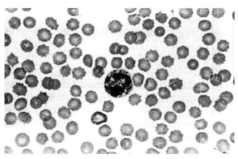

图8-2 兔异嗜性粒细胞（瑞氏染色，330×）

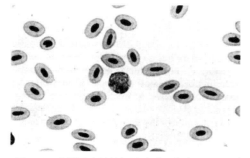

图8-3 禽类异嗜性粒细胞（瑞氏染色，330×）

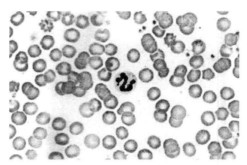

图8-4 含有鼓槌小体的犬中性粒细胞（瑞氏染色，330×）

#### 4.　中性粒细胞的主要功能是什么？

急性炎症时，血中中性粒细胞须进入组织并充当前线攻击细胞。炎症部位有趋化因子如白细胞介素-8（IL-8）和补体（C5a）的释放，从而使中性粒细胞聚集。其主要作用是吞噬和杀灭细菌。中性粒细胞采用一些方法攻击吞噬体中的细菌，包括形成氧自由基，例如超氧阴离子（$O_2^-$）和过氧化氢（$H_2O_2$）、中性粒细胞中的过氧化物酶和$H_2O_2$反应生成次氯酸（$HClO^-$）。总之，这些氧自由基和其他氧化产物损坏了靶细胞的脂质膜。此外，中性粒细胞也释放具有抗菌活性的蛋白，如防御素和溶菌酶。

#### 5.　嗜酸性粒细胞的形态是什么？

嗜酸性粒细胞胞质中含有明显的嗜酸性颗粒，核分叶，但分叶数明显少于中性粒细胞。家畜嗜酸性粒细胞胞质内的颗粒形态各异（图8-5和图8-6），猫的是杆状的，反刍动物和猪的是形态规则的圆形小颗粒，马的是圆形大颗粒，犬是圆形颗粒但数量和大小不等。一些犬的嗜酸性粒细胞内可能只含有1~2个较大的颗粒。然而，灵猩和其他一些犬的嗜酸性粒细胞内缺乏嗜酸性颗粒，仅在轻微嗜碱性的胞质内含有明显的空泡。

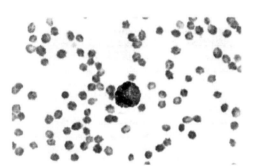 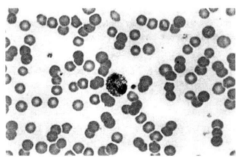

图8-5　含有圆形大颗粒的马嗜酸性粒细胞（瑞氏染色，330×）　　图8-6　含有杆状颗粒的猫嗜酸性粒细胞（瑞氏染色，330×）

#### 6.　嗜酸性粒细胞的功能是什么？

嗜酸性粒细胞的功能包括引发某些炎性反应和抑制速发型超敏反应。嗜酸性粒细胞对蠕虫感染尤其重要，在有蠕虫寄生的组织中（如皮肤、呼吸道、肠道）很可能出现嗜酸性粒细胞。嗜酸性粒细胞不能吞噬这些大的寄生虫，而是通过释放几种细胞毒性介质，尤其是主要碱性蛋白，分布在虫体周围。此外，嗜酸性粒细胞中的髓过氧化物酶也可以产生氧自由基，但不如中性粒细胞有效。在过度的嗜酸性粒细胞性炎症期，其释放的细胞毒性介质也会损伤宿主组织。

### 7. 白细胞介素-5（IL-5）的重要性有哪些？

IL-5是嗜酸性粒细胞反应相对独特的介质。这种细胞因子增加了骨髓嗜酸性粒细胞的生成，引起嗜酸性粒细胞增多症，并增强成熟嗜酸性粒细胞的功能。IL-5还可通过阻止嗜酸性粒细胞的凋亡来延长细胞的寿命。在特定炎症反应或免疫反应的刺激下，IL-5由辅助性T淋巴细胞释放。

### 8. 嗜碱性粒细胞的形态是什么？

嗜碱性粒细胞内的特殊颗粒通常具有异染性（意思是"其他颜色"），通过血液学染色呈紫色，而非嗜碱性。嗜碱性粒细胞呈异染性是由于胞质颗粒中含有蛋白多糖。牛、马和猪的嗜碱性粒细胞中含有大量异染性颗粒并且掩盖了分叶核（图8-7）。犬嗜碱性粒细胞内颗粒数量相对少，因此细胞质嗜碱性更为明显。对猫而言，因特殊颗粒在嗜碱性粒细胞前体时失去异染性而呈淡紫色或灰色，故其嗜碱性粒细胞较为与众不同（图8-8）。

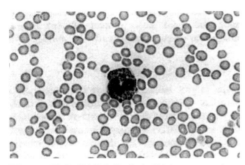
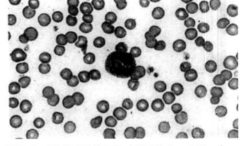

图8-7　马嗜碱性粒细胞（瑞氏染色，330×）　　图8-8　猫嗜碱性粒细胞（瑞氏染色，330×）

### 9. 嗜碱性粒细胞和肥大细胞的异同点分别有哪些？

嗜碱性粒细胞和肥大细胞有很多相似之处，它们都起源于骨髓造血干细胞，具有IgE表面受体，参与超敏反应，并且细胞内的异染性颗粒含有相同的介质（如组胺、肝素）。然而，嗜碱性粒细胞有分叶核，见于血液中，而肥大细胞则是存在于组织中的单核细胞。肥大细胞按其生化特性可以进一步分类（如糜蛋白酶和类胰蛋白酶含量）。

### 10. 嗜碱性粒细胞的功能是什么？

嗜碱性粒细胞与IgE抗体介导的超敏反应有关。然而，最初的应答反应由组织中的肥大细胞产生，为了增强过敏反应而从血液中征集嗜碱性粒细胞。嗜碱性粒细胞（和肥大细胞）通过释放血管活性介质（如组胺、白三烯）增加血管通透性并引起支气管收缩。另外，这些细胞通过释放肝素与抗凝血酶相互作用而抑制局部凝血。与嗜碱性粒细胞和肥大细胞有关的超敏反应常位于皮肤、肠道和呼吸道。

**11.　嗜酸性粒细胞是如何对抗肥大细胞和嗜碱性粒细胞的？**

嗜酸性粒细胞在对抗肥大细胞和嗜碱性粒细胞介导的速发型超敏反应中发挥了重要作用。它通过吞噬免疫复合物和游离的肥大细胞颗粒，减少肥大细胞的聚集，降低其功能。嗜酸性粒细胞还能特异性抑制肥大细胞脱颗粒和生成白三烯，并能抑制嗜碱性粒细胞和肥大细胞的介质，例如，组胺酶能使组胺失效，磷脂酶能抑制血小板活化因子，主要碱性蛋白能抵消肝素。发生超敏反应的动物，可能同时出现嗜酸性粒细胞和嗜碱性粒细胞增多症。

**12.　单核细胞的形态是什么？**

单核细胞是血涂片上最大的白细胞。细胞质含量中等或较多，嗜碱性，并常含有小的嗜天青颗粒。胞质内有时出现明显的空泡，这与采集血液中加入EDTA抗凝剂和单核细胞的活化状态有关。细胞核染色质疏松成团、形态各异，有的为圆形或杆状核（图8-9），但一般为分叶核（图8-10）。大象的单核细胞非常特别，多为双叶细胞核，可能会被误认为中性粒细胞或淋巴细胞。因为单核细胞的细胞核形状不一，所以通过细胞质特点和细胞大小更有助于区别单核细胞和其他白细胞。蛇的单核细胞嗜天青颗粒非常明显，因而被一些实验室定义为"嗜苯胺蓝体"。

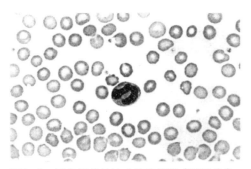

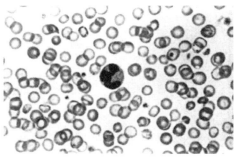

图8-9　具有杆状核的犬单核细胞（瑞氏染色，330×）

图8-10　具有分叶核的犬单核细胞（瑞氏染色，330×）

### 13. 单核细胞的功能有哪些?

血液内的单核细胞在炎症部位或特定组织内变成巨噬细胞。常驻的巨噬细胞包括浆膜腔巨噬细胞、肝脏枯否氏细胞、肺泡巨噬细胞和脾与淋巴结内的巨噬细胞。巨噬细胞带有免疫球蛋白和补体的表面受体,这些受体可增强对被附抗体的细胞或病原微生物(特别是原虫和真菌)的吞噬作用。巨噬细胞也吞噬炎症部位的凋亡细胞和细胞碎片。巨噬细胞在体液和细胞免疫反应中可作为抗原呈递细胞,并可通过释放肿瘤坏死因子参与抗体介导的细胞毒性作用以对抗肿瘤细胞。

### 14. 淋巴细胞形态是什么?

淋巴细胞核呈圆形、椭圆形或轻微锯齿状,有致密的染色质,缺少核仁。大多数动物血液中的淋巴细胞较小(小于中性粒细胞)(图8-11),但牛例外,牛的淋巴细胞常由许多中等大小和较大的细胞构成,并有锯齿状核,外形与单核细胞类似。因为细胞质较少,淋巴细胞的核/质比(N/C)通常很高。细胞质染色呈轻微嗜碱性、缺乏颗粒。

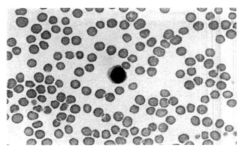

图8-11　犬血涂片上的小淋巴细胞(瑞氏染色,65×)

### 15. 什么是颗粒淋巴细胞?

颗粒淋巴细胞大小不一,且内含少量小而明显的嗜天青颗粒。(图8-12)这些细胞通常较大,被称为"大颗粒淋巴细胞"或"LGLs"。细胞质颗粒常松散地聚集在细胞核的轻微凹入处。健康动物体内含有少量颗粒淋巴细胞。它们和细胞毒性T淋巴细胞或自然杀伤性(NK)淋巴细胞的功能相似。颗粒淋巴细胞通过释放诱导细胞溶解的蛋白质(如穿孔蛋白)发挥细胞毒性作用,以对抗肿瘤细胞或被病原微生物感染的细胞。

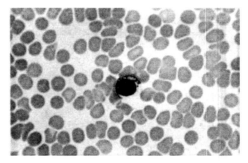

图8-12　犬颗粒淋巴细胞(瑞氏染色,330×)

### 16. 什么是库尔洛夫体?

库尔洛夫体是一个大包含体,可见于南美地区啮齿动物(如豚鼠和水豚)的少

量淋巴细胞内（图8-13）。大小同细胞
核、嗜天青染色。含有库尔洛夫体的淋
巴细胞被认为是变异的颗粒淋巴细胞。

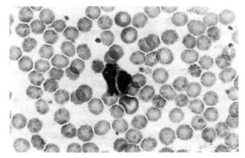

图8-13　含有大包含体（库尔洛夫体）的豚鼠淋
巴细胞（瑞氏染色，330×）

### 17.　淋巴细胞的功能有哪些？

淋巴细胞和免疫系统的功能有关，
所以免疫学家而非血液学家对此进行了
深入的研究，不同于其他类型的白细
胞，淋巴细胞由不同类型的细胞构成，
功能也各异。简而言之，B淋巴细胞和
浆细胞能产生具特异性抗原的抗体，参与体液免疫。某些类型的T淋巴细胞在细胞
免疫和体液免疫中起着免疫调节作用（辅助或抑制细胞），还与对抗肿瘤、异种或
感染细胞的细胞毒性作用有关。裸淋巴细胞（不是B细胞，也不是T细胞）包括自
然杀伤细胞（NK细胞）。

### 18.　如何区分血液中淋巴细胞的类型？

抗原决定簇（cluster differentiation antigens，CD）是鉴别不同类型血液淋
巴细胞的重要标志。例如，CD3是犬T淋巴细胞的表面标志，而CD79a是犬B淋巴
细胞的表面标志。这些淋巴细胞的表面标志不常用于检测，健康动物血液中的淋巴
细胞是由60%左右的T细胞和30%左右的B细胞构成。

### 19.　中性粒细胞生成过程是怎样的？

骨髓产生的粒性白细胞和单核细胞起源于共同的干细胞。在干细胞因子和白细
胞介素-6（IL-6）的作用下，多能干
细胞增殖分化为具有系特异性祖细胞，
后者可分化为中性粒细胞、单核细胞、
嗜酸性粒细胞或嗜碱性粒细胞。祖细胞
进一步分化出的前体细胞，即可见于骨
髓涂片（图8-14）。早期的粒性白细胞
前体（原始粒细胞、早幼粒细胞、中幼
粒细胞）经历5次有丝分裂，并在分化
为成熟的粒细胞过程中，胞核形状发生
改变（圆形-锯齿形-分叶），核染色质

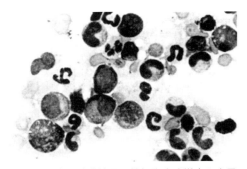

图8-14　犬骨髓涂片显示粒细胞生成增多和大量
中性粒细胞的前体（瑞氏染色，330×）

逐渐浓缩，细胞质内出现嗜天青或特殊颗粒。对于健康动物，一个成髓细胞在6d时间内通过复制形成16或32个成熟的分叶中性粒细胞。而在炎症期，为了增加向组织转移的中性粒细胞的数量，此成熟时间被缩短。

## 20. 什么是集落刺激因子？

集落刺激因子（colony-stimulating factor，CSF）是一簇糖蛋白，能刺激骨髓生成中性粒细胞和单核细胞。CSF由炎症部位的淋巴细胞和巨噬细胞产生，包括粒细胞集落刺激因子（G-CSF）、粒细胞-巨噬细胞集落刺激因子（GM-CSF）和巨噬细胞集落刺激因子（M-CSF）。这些细胞因子可以阻止中性粒细胞和单核细胞前体的凋亡，而此凋亡机制是为了正常限制骨髓中成熟细胞的数量。由于CSF延长了前体的寿命，导致血液中性粒细胞和单核细胞增多。另外，CSF还能增强成熟中性粒细胞和单核细胞的功能活性。

## 21. 血液和骨髓中不同组分的中性粒细胞如何鉴别？

a. 循环池。血管内流动的血液中含有大量的分叶中性粒细胞，白细胞象中的中性粒细胞来源于循环池。

b. 边缘池。许多分叶中性粒细胞和毛细血管及毛细血管后微静脉的内皮细胞紧密相连，时刻准备进入组织。这些中性粒细胞不在自由流动的血液中，故不在白细胞象中体现。循环池和边缘池的中性粒细胞数量大致相等，而猫例外，其边缘池所含中性粒细胞是循环池的3倍。

c. 贮存池。贮存池由骨髓中不分裂的中性粒细胞组成，包括分叶的中性粒细胞，杆状中性粒细胞和晚幼粒细胞。这些前体细胞将继续分化为分叶中性粒细胞，能够满足犬数天的需求。贮存池是中性粒细胞最大的来源。

d. 增殖池。增殖池由骨髓中积极分裂的中性粒细胞前体构成，包括原始粒细胞、早幼粒细胞和中幼粒细胞。

## 22. 骨髓和血液中的其他白细胞是否与中性粒细胞相似？是否也含有不同的组分？

与中性粒细胞相似，血液中的嗜酸性粒细胞和单核细胞也有循环池和边缘池。但这些细胞没有骨髓贮存池。淋巴细胞主要贮存于淋巴组织中，而非骨髓或血液中。

## 23. 骨髓生成单核细胞的过程是怎样的？

白细胞介素-3（IL-3）和巨噬细胞集落刺激因子（M-CSF）特异性诱导属于

中性粒细胞和单核细胞系（集落形成单位 [CFU]–GM）的干细胞分化成单核细胞。从原始单核细胞到幼单核细胞再到单核细胞只需两天，并且成熟的单核细胞很快离开骨髓进入血液。单核细胞和它们的前体几乎不存在于骨髓，所以很少在骨髓涂片上发现或评价单核细胞。

**24. 血淋巴细胞的动力学有什么特点?**

淋巴细胞在不同的淋巴组织之间来回移动，以监视抗原，并对抗原做出应答反应，它们在血液和淋巴管中移动，以到达淋巴组织。血液中的淋巴细胞通过识别内皮细胞上的特异性黏附分子以移至淋巴组织中。随后淋巴细胞进入淋巴管，并最终进入胸导管，胸导管回收淋巴细胞入血（"再循环"）。

**25. 白细胞的循环血液通过时间和组织寿命分别指什么?**

白细胞血液通过时间是指白细胞进入组织前在血液中滞留的时间。白细胞组织寿命是指白细胞经历细胞凋亡或在炎性反应中被消耗以前，在血外组织存活的时间。表8–1中列出的时间是近似值，该值变化取决于动物种类、测量方法和是否有炎症。

表8–1　白细胞通过时间和组织寿命

| 白细胞类型 | 血液通过时间 | 组织寿命 |
|---|---|---|
| 中性粒细胞 | 7~10 h | 1~2d |
| 嗜酸性粒细胞 | 0.5~18 h | 1周 |
| 嗜碱性粒细胞 | 6 h | 2周 |
| 单核细胞 | 24 h | 数周至数月 |
| 淋巴细胞 | 再循环 | 数周至数年 |

# 九、白细胞的实验室评估

Stephen D. Gaunt

**1. 白细胞象包含哪些实验室检查结果?**

白细胞象是全血细胞计数（complete blood count, CBC）中用于常规评估白细胞的实验室检查结果。先通过细胞计数仪测定白细胞总浓度。下一步是确定每种白细胞的相对百分比。染色的血涂片在高倍镜（50×或100×）或油镜下镜检，然后在薄的单层区域将观察到的白细胞进行分类计数。每种白细胞的百分比乘以白细胞总数得到它们的绝对浓度。将每种白细胞的绝对浓度（不是百分比）和适当的参考范围进行比较，以判定是增多还是减少。此外，要注意染色血涂片上白细胞的形态学变化，常在100倍油镜下观察。

**2.　如何测定白细胞总浓度？**

人工计数：使用显微镜对加入稀释液（如Unopette）的小份血样进行白细胞计数。此方法耗时且相对不准确，误差幅度高达20%。自动细胞计数仪：可做精确的稀释，在较大容量的血样中进行白细胞计数，结果更准确（误差<5%）。阻抗细胞计数仪：探测不导电的白细胞通过电场时引起的电压变化。流式细胞计数仪：引导白细胞通过激光束，激光光学探测器可获得每个白细胞的大小和光散射信息，用以区别其于不同的白细胞和血细胞。

**3.　如何对禽类和非哺乳动物的血液进行白细胞计数？**

自动细胞计数仪不能区分禽类和非哺乳动物的有核红细胞、血小板与白细胞。通过粒细胞计数仪和染色的血涂片进行白细胞分类计数。常用于粒细胞计数的染料是二氢四溴荧光素B（phloxine B），它是一种用于人类嗜酸性粒细胞计数的血液稀释剂。二氢四溴荧光素B可以染出禽类和爬行动物的异嗜性粒细胞和嗜酸性粒细胞，但不能染出淋巴细胞和单核细胞。

总白细胞计数的计算公式如下（个/μL）：

（染色粒细胞数×1.1×16）÷（异嗜性粒细胞百分比+嗜酸性粒细胞百分比）=白细胞计数

染色粒细胞数来自血细胞计数仪（异嗜性粒细胞和嗜酸性粒细胞的总和）；

细胞百分比来自染色的血涂片。

**4.　人工分类计数时应该数多少个白细胞？**

当白细胞总数处于参考范围时，通常分类计数100个细胞获得百分比分布。尽管计数更多的细胞会增加准确性，但是存在其他因素导致的误差（如血涂片上各种白细胞分布不均）。当存在明显的白细胞增多时，应当计数更多的白细胞以准确反映少量样本中所含的白细胞数。一条经验是每20 000个/μL个白细胞，分类计数100个白细胞。例如，当白细胞总数为40 000个/μL，应分类计数200个白细胞。如果出现明显的白细胞减少症，此时很难在血涂片上找到100个白细胞。因此，可分类计数50甚至25个白细胞来获得白细胞的百分比分布。

### 5. 自动血液分析仪能否提供不同白细胞的浓度?

一些血液分析仪(如Vet ABC，IDEXX QBC)可以进行三分类计数(中性粒细胞、嗜酸性粒细胞和联合的淋巴细胞/单核细胞)。新型的流式细胞分析仪(如Bayer Advia，Abbott Cell-Dyne，IDEXX LaserCyte)可以进行五分类计数。这些设备用于健康动物准确性较高，但在异常情况下分类计数结果并不准确(如核左移和白血病)。因此，尽管有自身限制，染色血涂片的显微镜检查在当今仍是获得动物分类白细胞浓度的"金标准"。

### 6. 哪些血液学染色法适用于评估白细胞的形态?

经典的血液学染色法是罗曼诺夫斯基染色，例如瑞氏和吉姆萨染色法，其中含有溶于酒精的嗜酸性和嗜碱性染料。尽管它们能产生最佳的血细胞染色，但这些染液不稳定，并且染色需要几分钟的时间。改良的罗曼诺夫斯基染色(如Diff-Quik)使用水溶性的染料。这些染剂更加稳定并且可以快速染出血涂片上的细胞(<1min)。快速染色唯一的缺点是对嗜碱性粒细胞(和肥大细胞)内的异染性颗粒和颗粒性淋巴细胞中的嗜天青颗粒染色不稳定。

### 7. 什么情况下不应进行白细胞分类计数?

如果血涂片上大量的白细胞(＞10%)被污染、固缩或无法识别，则应放弃白细胞分类计数。由于只能计数可识别的白细胞，那部分无法识别的白细胞象当于丢失了，从而导致白细胞百分比产生偏差，最后得出的白细胞绝对浓度也不正确。

### 8. 哪些措施能防止血样保存对白细胞造成的不利影响?

白细胞，尤其是中性粒细胞，在血样采集后的几小时内就开始凋亡。而且，使用EDTA抗凝剂会引起细胞质空泡化和其他白细胞形态学变化。冷藏血样并不能防止这些变化的发生。如果血样不能马上分析或需要送检，则应尽可能在几分钟内制作成血涂片，这样可以减少白细胞衰亡或储存过程中发生的形态学变化。风干的血涂片应保存在室温下，并在染色前避免蚊蝇或受潮。

### 9. 有核红细胞如何影响白细胞象?

大多数细胞计数法把有核红细胞计为白细胞，由此报出假性的白细胞浓度升高。通过镜检血涂片进行白细胞分类计数时，需要把看到的有核红细胞数单独记录下来。如果每100个白细胞中有超过5个的有核红细胞，那么初始的白细胞浓度应下调，以消除被计入的有核红细胞。

当存在有核红细胞时，以下公式可用于校正白细胞计数：

校正白细胞计数 =（白细胞计数 × 100）/（100 + 有核红细胞数）

虽然大多数实验室会在CBC报告中进行上述校正，但不是所有的实验室都这样做。因此，临床医师应当了解是否需要进行校正。

**10. 还有哪些情况能导致血液分析仪报告的白细胞总浓度假性升高？**

当自动细胞计数器报出的白细胞总浓度与染色血涂片上的白细胞密度不符时，应怀疑细胞计数错误。此时，应使用不同的细胞计数仪或人工细胞计数来确认。以下条件均可导致某些血液学分析仪对白细胞过度计数：

   a. 红细胞内的海因茨小体（常见于猫）；
   b. 血小板或血小板聚集（常见于猫）；
   c. 红细胞不完全溶解，尤其是某些非家养动物的网织红细胞（如草原土拨鼠）；
   d. 脂血症。

**11. 哪些情况能导致血液分析仪报告的白细胞总浓度假性降低？**

当细胞计数器无法识别血样中的白细胞时，会发生过低计数。常见原因是大的血小板团块结合白细胞，使白细胞无法被血细胞计数仪识别。一种罕见的情况是白细胞团聚，即白细胞松散的成簇或聚集在一起，无法计为单个白细胞（图9-1）。白细胞团聚与血样加入EDTA有关（但不发生于其他螯合钙的抗凝剂，例如柠檬酸盐）。这两种情况可通过镜检血涂片上的白细胞密度证实过低计数。这个误差可通过采集另一份血样来纠正，注意避免血小板凝聚成簇或EDTA诱导的白细胞团聚问题。

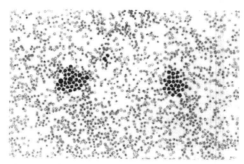

图9-1 犬血涂片在低倍视野下的白细胞团聚，导致血样中白细胞过低计数。（瑞氏染色，60×）

**12. 如何鉴别杆状中性粒细胞和分叶中性粒细胞？**

与分叶中性粒细胞不同，杆状中性粒细胞缺乏分叶核。杆状中性粒细胞的典型特点是具有C型或S型核，核边缘平滑并平行。沿着核边缘出现任何程度的一次缢缩都足以表明其是分叶中性粒细胞，而不是杆状中性粒细胞。杆状和分叶中性粒细胞的细胞质和核染色质外观相似。（图9-2）

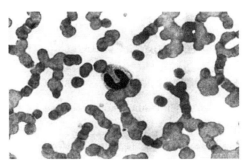

图9-2　马杆状中性粒细胞（瑞氏染色，330×）

**13. 如何鉴别单核细胞和杆状中性粒细胞?**

单核细胞和杆状中性粒细胞是最易彼此混淆的白细胞。单核细胞也有杆状核，尤其是犬，但单核细胞的核染色质比杆状中性粒细胞浅（图9-3）。更好的鉴别特征是单核细胞胞质嗜碱性，而分叶中性粒细胞胞质嗜碱性较弱，以此进行快速鉴别。单核细胞内可能含有一些分散的圆形细胞质空泡。杆状中性粒细胞发生中毒性变化时，细胞质也呈嗜碱性，且含有不明显的细胞质空泡，此时更难与单核细胞区分。

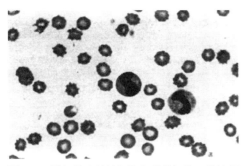

图9-3　猫杆状中性粒细胞和单核细胞。单核细胞（中央）含有嗜碱性的细胞质并且核染色质较浅。（瑞氏染色，330×）

**14. 晚幼粒细胞的形态是什么?**

晚幼粒细胞是杆状中性粒细胞的前体，核左移时可偶尔见于血液中。晚幼粒细胞含有锯齿状或肾形核，以此区别于杆状中性粒细胞。与杆状和分叶中性粒细胞相比，晚幼粒细胞的染色质较浅、细胞质嗜碱性较明显。

**15. 为什么一些动物的全血细胞计数中包含纤维蛋白原测定?**

马和反刍动物发生炎性疾病时常不伴有白细胞象的明显变化。然而，炎性细胞因子会诱导肝脏产生一些急性期反应蛋白。在这些蛋白中，纤维蛋白原相对容易测定，所以大动物CBC包括纤维蛋白原测定试验以检查炎症反应。虽然纤维蛋白原浓度升高主要由炎症引起，但脱水也可以引起相同的变化。

**16. 如何测定血浆纤维蛋白原?**

纤维蛋白原测定原理是血浆加热后（56℃，3min），纤维蛋白原半选择性沉淀。该试验操作简单，而且对马和反刍动物纤维蛋白原浓度升高比较特异和敏感。然而，此方法对于犬猫纤维蛋白原浓度变化（增加或减少）不够敏感。

### 17. 白细胞增多是否会干扰全血细胞计数或血液生化?

明显的白细胞增多症（>50 000 个/μL），无论是淋巴细胞增多或粒细胞增多都会影响以下结果:

a. 血红蛋白。大量白细胞核增加了溶解血液的浊度，血红蛋白计会把它们误读为血红蛋白。导致血红蛋白假性增多，MCHC也随之升高。

b. 葡萄糖。白细胞增多的动物进行血清生化检查时，血清或血浆应尽快分离，因为白细胞（尤其是中性粒细胞）在体外会分解葡萄糖。此外，白细胞可以促进体内血糖的利用。

c. 钾。白血病引起的白细胞数量过度增加，可造成大量的细胞内钾在体外释放到血清或血浆中，导致血钾浓度假性升高（假性高钾血症）。

### 18. "淡黄层"涂片的特征有哪些?

当怀疑存在某些有核细胞或传染性抗原，但常规血涂片上观察不到时，需要制作"淡黄层"涂片（白细胞聚集涂片）。它更有助于发现白细胞中的微生物，如组织胞浆菌、美洲肝簇虫或循环中的肿瘤细胞（如肥大细胞）。

### 19. 如何准备"淡黄层"涂片?

将EDTA抗凝血样高速离心，使血细胞从血浆中沉淀下来，在压缩的红细胞层之上可见一层白色的（除非动物的白细胞减少）含有压缩的白细胞和血小板的即为"淡黄层"。尽管充满血液的毛细管（微量血细胞比容管）可用于制作涂片，但一份2mL的血样更有利于获得淡黄层，并可以制作多种涂片。

### 20. 什么情况下需要评价骨髓?

当出现中性粒细胞减少症时，如果怀疑粒细胞生成减少，应考虑进行骨髓抽吸（如果骨髓抽吸不成功，可进行骨髓活检）。因为血液中性粒细胞浓度波动显著而迅速，所以为了确定中性粒细胞减少症，建议在骨髓采样前，先检查白细胞象。骨髓评估将记录骨髓粒细胞与有核红细胞比值（M/E）的变化、中性粒细胞前体的成熟波、中性粒细胞前体的形态学异常和骨髓中的异常细胞。如果白细胞象出现中性粒细胞增多症，说明骨髓能够生成粒细胞，所以没有必要进行骨髓评估。

# 十、白细胞象判读

Stephen D. Gaunt

**1.　健康动物血液中主要含有哪种白细胞?**

在犬猫和新生的反刍动物血液中,中性粒细胞是最主要的白细胞,其次是淋巴细胞。在成年的反刍动物血液中,淋巴细胞是最主要的白细胞,中性粒细胞相对减少。在马和猪,中性粒细胞和淋巴细胞数量大致相等。健康动物血涂片上的嗜酸性粒细胞很少,嗜碱性粒细胞则几乎见不到。

**2.　什么是核左移?**

核左移表明血液中出现了中性粒细胞前体,通常表现为杆状中性粒细胞数量增多,而晚幼粒细胞和早期前体较少见。当血池和骨髓贮存池中大量的分叶中性粒细胞迁移至炎症部位而耗尽时,就会发生核左移。这时,杆状中性粒细胞(和早期前体)未成熟就离开骨髓。虽然核左移通常是由细菌感染所致,但一些非感染性因素引发的炎症也会引起核左移,例如组织坏死和免疫介导性疾病。

**3.　核左移分为哪几类?**

根据杆状中性粒细胞(或早期前体)浓度增加的白细胞象进行分类,可分为"再生性"和"退化性"核左移。如果分叶和杆状中性粒细胞同时增加表明为再生性核左移。这种变化相对有利,因为骨髓生成粒细胞的能力可以维持炎症期间较高浓度的分叶中性粒细胞。对于退化性核左移还没有明确的定义。一些人认为退化性核左移与再生性核左移正好相反,分叶中性粒细胞浓度在参考范围以内或以下,伴有杆状中性粒细胞(早期前体)增多。另一些人则认为退化性核左移指杆状中性粒细胞绝对浓度大于分叶中性粒细胞,这种情况很少见。尽管关于定义尚有争议,但退化性核左移显然比再生性核左移更让人担心。退化性核左移是由于粒细胞生成受抑制和/或炎症部位对中性粒细胞需求过度导致骨髓生成粒细胞的能力不足以维持正常的分叶中性粒细胞浓度。

**4.　什么是成熟中性粒细胞增多症?**

成熟中性粒细胞增多的白细胞象包括分叶中性粒细胞浓度增加、无杆状中性粒细胞(或早期前体)。多种疾病都能观察到这种白细胞象,如果不了解中性粒细胞增多症的严重程度,这种发现并不具有特异性。成熟中性粒细胞增多症的白细胞象可概括为缺乏核左移的中性粒细胞增多。

### 5. 什么是核右移？

核右移表现为核分叶过度的中性粒细胞数量增加，可分5叶或更多。白细胞分类计数不包括核分叶过度的中性粒细胞，所以核右移不能像核左移那样进行定量。当中性粒细胞在血液中循环时间过长时，过度分叶的中性粒细胞便常会伴随衰老而出现。核右移最常发生在使用糖皮质激素治疗或肾上腺皮质机能亢进的动物（尤其是犬），因为糖皮质激素

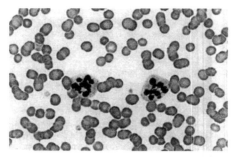

图10-1　马血涂片上过度分叶的中性粒细胞（瑞氏染色，330×）

会抑制中性粒细胞从血管内迁移并延长它们的循环时间。由于中性粒细胞发育障碍引起的过度分叶较罕见，例如贵宾大红细胞症、巨型雪纳瑞$VB_{12}$吸收不良、骨髓性白血病动物骨髓发育不良和马良性自发性中性粒细胞过度分叶综合征（图10-1）。

### 6. 糖皮质激素诱导的（"应激性"）白细胞象的特征是什么？

"应激性"白细胞象可见于所有动物，但犬最常见也最突出。大多数白细胞的浓度受内源性和外源性糖皮质激素影响。应激性白细胞象的主要特点是成熟中性粒细胞增多。原因之一，骨髓贮存池释放的分叶中性粒细胞增多；原因之二，中性粒细胞去边缘化进入循环池。犬的应激性白细胞象也会出现单核细胞增多，因为单核细胞从边缘池转移到循环池。另一特征是淋巴细胞减少，原因是淋巴细胞从淋巴组织到静脉血的再循环减少，并且长期使用糖皮质激素还会引起淋巴细胞溶解。由于嗜酸性粒细胞封存于骨髓或其他组织，还可能出现嗜酸性粒细胞减少。应激性白细胞象的形成需要数小时，在服用外源性糖皮质激素6~8h后达到峰值。这些白细胞变化可以持续数天，取决于所用糖皮质激素的类型和剂量。

### 7. 应激性白细胞象中，最严重的中性粒细胞增多有何表现？

应激性白细胞象中分叶中性粒细胞浓度常常增至参考范围上限的2~3倍。例如，由于使用内源性或外源性糖皮质激素，犬分叶中性粒细胞浓度可高达35 000 个/μL。许多伴有成熟中性粒细胞增多的炎性白细胞象与应激性白细胞象类似，如果没有病史和临床检查将很难鉴别。

### 8. 如果患病动物缺乏应激性白细胞象应该怀疑哪种疾病？

在疾病期间，淋巴细胞和嗜酸性粒细胞浓度不变甚至升高（非淋巴细胞减少和

嗜酸性粒细胞减少）是一种"放松的"白细胞象。患有肾上腺皮质机能减退的犬猫具有这种白细胞象。盐皮质激素缺乏会导致电解质明显变化，但糖皮质激素缺乏会引起白细胞象明显变化。

## 9. 什么是生理性白细胞象？

生理性白细胞象常见于幼龄动物（<12月龄），但犬很少见。当动物兴奋、害怕、焦虑或体力消耗（分娩、抽搐）时，会产生"战斗或逃跑"反应，此时白细胞的变化是由肾上腺素介导的。生理性白细胞象的鉴别特征是淋巴细胞增多，这可能是由于脾脏收缩和肌肉活动促使淋巴管和胸导管内的淋巴细胞入血所致。此外，成熟中性粒细胞也增多。因为心输出量和血流增加势必将边缘池中的中性粒细胞冲入循环池中。单核细胞、嗜酸性粒细胞和嗜碱性粒细胞浓度变化较小。生理性白细胞象并不常见，部分原因是它在30分钟内就会恢复。

## 10. 炎性白细胞象的特征有哪些？

在炎性白细胞象中，中性粒细胞的浓度在炎症期间可能降低也可能升高。这取决于其在趋化物作用下向组织迁移的速率与骨髓中性粒细胞生成速率是否平衡。单核细胞浓度一般与中性粒细胞平行升高。因为它们都来源于同一种干细胞（集落形成单位 [CFU]-GM），并对GM-CSF产生应答。随着分叶中性粒细胞的消耗，骨髓贮存池将释放大量的杆状中性粒细胞。炎症时也可能出现淋巴细胞和嗜酸性粒细胞减少，虽然这通常与并发的糖皮质激素释放有关，但炎症介质也可单独诱导这些变化的发生。根据炎症的起因，还可能出现嗜酸性粒细胞增多。

## 11. 应激性、生理性和炎性白细胞象中白细胞浓度分别有哪些变化？

| 白细胞参数 | 白细胞象 | | |
|---|---|---|---|
| | 应激性 | 生理性 | 炎性 |
| 总白细胞 | 增加 | 增加 | 减少至增加 |
| 分叶中性粒细胞 | 增加 | 增加 | 减少或增加 |
| 杆状中性粒细胞 | 缺乏 | 缺乏 | 缺乏或增加 |
| 淋巴细胞 | 减少 | 增加 | 减少至增加 |
| 单核细胞 | 增加 | 不变 | 不变或增加 |
| 嗜酸性粒细胞 | 减少 | 不变 | 不变或增加 |

12. **根据动物在炎症期间出现中性粒细胞增多症的严重程度从高到低排列以下动物。**
   （1）犬
   （2）猫
   （3）马
   （4）牛

13. **白细胞象变化有"警戒值"吗？**
   严重的中性粒细胞减少症（<500个/μL或<1000 个/μL）是唯一需要临床医师马上注意的白细胞变化。如果是由骨髓生成减少所致，更需要特别注意，因为中性粒细胞浓度不可能在短期内升高。中性粒细胞严重减少的动物有可能发生败血症，因此临床医师应考虑给予抗生素以防止细菌感染。

14. **患有炎性疾病的动物出现哪些白细胞象是有利的？**
   a. 中性粒细胞增多症减轻
   b. 核左移减少或消失
   c. 分叶中性粒细胞浓度增加（如果之前中性粒细胞减少）
   d. 淋巴细胞浓度增加（如果之前淋巴细胞减少）
   e. 马和牛升高的血浆纤维蛋白原浓度降低

15. **引起中性粒细胞减少症的主要机制有哪些？**
   a. 炎症期间过量的中性粒细胞迁移到组织（急性细菌感染、败血症、坏死）
   b. 内毒素诱导的边缘化（循环池中的中性粒细胞向边缘池转移）（马沙门氏菌病）
   c. 骨髓粒细胞生成减少
      （1）病毒（猫白血病病毒、猫免疫缺陷病毒、细小病毒）
      （2）骨髓内细胞浸润（骨髓抑制，如淋巴肉瘤、骨髓纤维变性、肉芽肿性疾病）
      （3）毒素（牛蕨根中毒、犬雌激素和磺胺嘧啶中毒）
      （4）遗传性（成年比利时坦比连犬、灰色柯利犬周期性造血）
   d. 中性粒细胞破坏增多（免疫介导性中性粒细胞减少症）

16. **为什么牛发生急性炎症时常出现中性粒细胞减少？**
   这主要是因为牛分叶中性粒细胞的骨髓贮存池较小或者骨髓贮存池内分叶中性

粒细胞代偿较慢。牛发生急性炎症时，尤其是局部炎症，如乳腺炎，开始会出现中性粒细胞减少症（通常伴有核左移），并持续1～2d。因为患有急性炎症的牛常见有退化的核左移，所以对于这种白细胞象不必过于担心。随着骨髓中性粒细胞生成增多而代偿加快，在接下来的几天内会出现中性粒细胞增多。

**17.　为什么内毒素血症会引起中性粒细胞减少？**

内毒素的全身作用之一是通过激活黏附分子来增强血液中性粒细胞对内皮表面的黏附力，从而导致血液中的中性粒细胞重新分布，即从循环池转移至边缘池，并表现为严重的中性粒细胞减少症。虽然边缘池内的中性粒细胞仍在血液中，但它们不会出现在白细胞象上，这种变化称为假性粒细胞减少症。后者只是一种急性、暂时性的变化，随后就会出现中性粒细胞增多，这是因为内毒素能促进骨髓贮存池释放中性粒细胞。

**18.　为什么细小病毒感染会引起严重的白细胞减少？**

犬猫细小病毒感染的靶细胞为处于快速有丝分裂的细胞，包括造血前体细胞。由于中性粒细胞半衰期较短以及粒细胞生成障碍导致血液和骨髓池中的中性粒细胞很快耗尽。此外，由于病毒侵害肠腺细胞造成绒毛状肠上皮坏死和脱落，结果导致肠道吸收的内毒素增多，从而进一步加重中性粒细胞减少症。细小病毒感染的典型血液学变化为中性粒细胞减少症，但无血小板减少症或贫血。

**19.　引起中性粒细胞增多有哪两种机制？**

a.　血中中性粒细胞去边缘化和/或骨髓池释放
　　① 糖皮质激素（给药，肾上腺皮质机能亢进）
　　② 肾上腺素（焦虑，体力消耗）
b.　粒细胞生成增多和骨髓贮存池释放
　　（1）炎性疾病
　　　　（a）传染性（细菌，真菌，猫传染性腹膜炎）
　　　　（b）非传染性（免疫介导，坏死，溶血）
　　（2）副肿瘤（肿瘤产生CSFs）
　　（3）急性或慢性粒细胞性白血病

**20.　引起犬中性粒细胞过度增多的疾病有哪些？**

a.　子宫蓄脓

b. 局部中性粒细胞性炎性疾病，例如前列腺炎、胰腺炎和腹膜炎

c. 美洲肝簇虫感染

d. 免疫介导性溶血性贫血

e. 雌激素中毒的早期阶段（少见）

f. 副肿瘤中性粒细胞增多症（少见）

g. 白细胞黏附缺陷（少见）

h. 慢性粒细胞性白血病（少见）

与其他动物相比，犬可以发生极其严重的中性粒细胞增多症，中性粒细胞浓度可能超过50 000 个/μL。白细胞象可能包括成熟中性粒细胞增多或再生性核左移。尽管研究已经表明中性粒细胞严重增多的犬猫存活率较低，但是引起白细胞增多的疾病更可能是决定生死的关键。

## 21. 什么是类白血病反应？

类白血病反应描述的白细胞象包括：中性粒细胞增多症、伴有杆状中性粒细胞和早期前体的明显核左移、反应性淋巴细胞。这些白细胞象以前认为是炎症，但血涂片更加提示是粒细胞性白血病。不幸的是，缺乏核左移或含有中度核左移（仅见于杆状中性粒细胞）及中性粒细胞严重增多（>50 000个/μL）的白细胞象常被误认为是类白血病反应。上述白细胞象的炎性因素很明显，并且不可能是粒细胞性白血病。类白细胞反应是一种罕见的白细胞象，明显的核左移对白血病的鉴别诊断具有重要意义。

## 22. 子宫蓄脓手术后中性粒细胞浓度有哪些急性改变？

子宫蓄脓会引发严重的局部中性粒细胞性炎症，导致粒细胞生成显著增多。子宫切除后，引起中性粒细胞向炎症部位迁移的趋化信号立即消失。然而，在扩大了的骨髓增殖池和贮存池中中性粒细胞前体继续成熟并释放，所以术后中性粒细胞增多更显著。但粒细胞生成速度很快下降，几天后中性粒细胞增多症就能减轻。

## 23. 哪些组织发生炎症不会出现炎性白细胞象？

发生在膀胱、肠道、表皮和中枢神经系统的中性粒细胞性炎症通常不会引起白细胞象出现明显变化。因为这些部位缺乏炎性介质（如CSFs）或由组织隔离保护。因此，在粒细胞生成和白细胞象上不会出现全身性炎性反应。

24. **与嗜酸性粒细胞增多症有关的疾病有哪些?**
    a. 超敏反应（过敏反应）
       （1）皮肤：嗜酸性肉芽肿复合体
       （2）呼吸道：嗜酸性支气管肺病、哮喘
       （3）肠道：嗜酸性肠炎
    b. 寄生虫感染（体表寄生虫、体内寄生虫）
       （1）皮肤
       （2）呼吸道
       （3）肠道
    c. 肥大细胞瘤
    d. 犬肾上腺皮质机能减退（"放松"白细胞象）
    e. 猫高嗜酸性粒细胞综合征（IL-5生成增加）
    f. 嗜酸性粒细胞性白血病
    g. 副肿瘤（肿瘤产生IL-5）

25. **与嗜碱性粒细胞增多有关的疾病有哪些?**
    a. 对体表寄生虫、体内寄生虫和药物的超敏反应
       （1）皮肤
       （2）呼吸道
       （3）肠道
    b. 肥大细胞瘤
    c. 嗜酸性肉芽肿
    d. 骨髓增生性疾病
    e. 嗜碱性粒细胞性白血病

26. **与淋巴细胞增多症有关的疾病有哪些?**
    a. 炎症诱导的抗原刺激
       （1）传染性（尤其是埃利希体病、立克次氏体）
       （2）非传染性
    b. 疫苗（抗原刺激）
    c. 生理性白细胞象（由肾上腺素诱导从淋巴组织转移）
    d. 肾上腺皮质机能减退（糖皮质激素缺乏）
    e. 牛感染牛白血病病毒（BoLV）淋巴细胞持续增多
    f. 淋巴白血病

**27. 与淋巴细胞减少症有关的疾病有哪些?**

    a. 应激或肾上腺皮质机能亢进（内源性糖皮质激素）

    b. 糖皮质激素治疗

    c. 急性炎症

    d. 病毒感染

    e. 淋巴细胞从淋巴组织再循环减少：由于前纵隔肿物、充血性心衰或胸导管渗漏导致乳糜渗漏

    f. 肠淋巴管的淋巴细胞再循环降低

        （1）淋巴管扩张

        （2）肠道肿瘤

        （3）肉芽肿性炎症

    e. 先天性免疫缺陷（如严重的联合免疫缺陷）

**28. 与单核细胞增多症有关的疾病有哪些?**

    a. 急、慢性炎症

        （1）传染性（真菌、细菌）

        （2）非传染性（免疫介导、坏死、溶血）

    b. 糖皮质激素（内源性或外源性）

    c. 单核细胞性或骨髓单核细胞性白血病

**29. 为什么单核细胞增多指示白细胞减少症好转?**

    暂时性血细胞生成抑制引发白细胞减少症后，血液单核细胞浓度最先升高。单核细胞的骨髓通过时间较短，从原始单核细胞分化为单核细胞只需2d；而中性粒细胞的骨髓通过时间相对较长，从原始粒细胞分化成分叶中性粒细胞需要6d。此外，单核细胞很快离开骨髓进入血液，而中性粒细胞进入骨髓贮存池，这会延迟它们进入血液。

**30. 血涂片上肥大细胞的意义是什么?**

    肥大细胞血症或血液中含有肥大细胞通常与犬猫弥散性肥大细胞瘤或肥大细胞白血病有关。然而，对于一些犬的

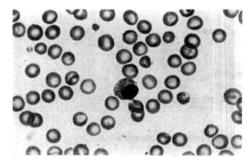

图10-2　犬血涂片上的肥大细胞（瑞氏染色，330×）

炎性疾病，如免疫介导性溶血性贫血、细小病毒感染、皮炎、胸膜炎和腹膜炎，在血涂片或淡黄层涂片上可见有少量的肥大细胞。炎性疾病的肥大细胞形态可能与肿瘤性肥大细胞相似，具有明显的不同程度的异染颗粒。

# 十一、白细胞形态和功能变化

Stephen D. Gaunt

**1. 什么是反应性淋巴细胞或免疫细胞?**

反应性淋巴细胞较大，其细胞质具有极强的嗜碱性，有时细胞核较明显、形态像成淋巴细胞。而大多数反应性淋巴细胞的形态似浆细胞，嗜碱性胞质内有清晰的高尔基区、偏心细胞核甚至可见胞质内包含体（拉塞尔小体）。但这种淋巴细胞较少见，大部分淋巴细胞形态正常。反应性淋巴细胞常见于正在进行免疫应答的动物，特别是传染性炎性疾病期间或免疫接种之后。结合临床病史足以证明出现少量的反应性淋巴细胞是抗原刺激性淋巴细胞而不是肿瘤性淋巴细胞（图11-1）。

**2. 中毒性中性粒细胞具有哪些特征?**

由于多种原因（传染性或非传染性）引发严重炎症时，中性粒细胞的胞质内发生中毒性变化，包括：杜勒小体、弥散性胞质嗜碱性、细胞质空泡化（泡沫样），有时细胞质内出现中毒性颗粒（图11-2）。杜勒小体是轻度嗜碱性的小包含体（1~2μ），少量分布于细胞质边缘。杜勒小体也可见于健康猫的少量中性粒细胞内。

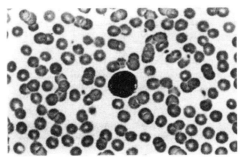

图11-1　猫反应性淋巴细胞（免疫细胞）。（瑞氏染色，330×）

**3. 形成中毒性中性粒细胞的原因是什么?**

中毒性变化首先出现于骨髓早期中性粒细胞前体，而非成熟的中性粒细胞，由于毒素作用导致中性粒细胞前体发育异常。例如，杜勒小体和嗜碱性细胞质分别为粗面内质网和游离的核糖体。正常情况下，它们在早期中性粒细

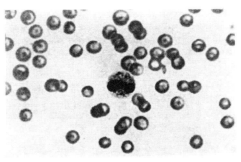

图11-2　含有杜勒小体的杆状中性粒细胞，嗜碱性细胞质、细胞质空泡化。（瑞氏染色，330×）

胞前体内就会消失。细胞质空泡化是由于中性粒细胞前体胞质内的颗粒破裂所致。这些中毒性变化主要是由极其严重的炎性反应引起粒细胞生成速率加快所致。

### 4. 实验室如何报道中毒性变化？

血液中性粒细胞出现任何中毒性变化均应包含于白细胞形态的评价之中。中性粒细胞的中毒性变化可以单独出现或以组合形式出现，且中毒性变化的程度各有不同。由于其表现形式各异，而且缺乏临床相关性，所以大多数实验室并未采用中毒性变化的分级系统。

### 5. 引起中性粒细胞出现异常颗粒的原因有哪些？

鲜有报道中性粒细胞、其他粒细胞（尤其是嗜碱性粒细胞）以及单核细胞内嗜天青颗粒显著增加：

a. 可见于一些正常的马驹和伯曼猫

b. 作为中毒性变化存在于炎性疾病中

c. 牛和波斯猫先天性白细胞颗粒异常综合征（Chediak-Higashi syndrome）（颗粒异常溶解）

d. 溶酶体贮积症（犬猫黏多糖贮积症，图11-3）

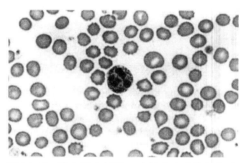

图11-3 患有黏多糖贮积症的幼犬中性粒细胞中有明显的细胞质颗粒，MPS Ⅶ。（瑞氏染色，330×）

### 6. 巨型中性粒细胞的意义是什么？

巨型中性粒细胞较少见，它们核分叶，可比正常的中性粒细胞大两倍，但两者在形态学上无明显差异。巨型中性粒细胞提示粒细胞生成障碍，可能是由于早期粒细胞前体跳过了某些有丝分裂阶段所致，可出现于炎性疾病和感染猫白血病病毒的猫（图11-4）。

### 7. 什么是固缩细胞？

衰老的白细胞经历正常的凋亡，核染色质出现明显的浓缩和碎裂。形成的

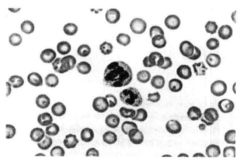

图11-4 犬血涂片上巨型和正常的中性粒细胞。（瑞氏染色，330×）

固缩细胞具有完整的细胞质、一个或多个圆形、大小不一的致密包含体。一旦白细胞离开血液进入组织就会出现这种变化。然而，固缩细胞也见于血样采集数小时后才制作的血涂片上（图11-5）。因为这些细胞寿命较短，逻辑上可以认为它们之前是中性粒细胞，但是固缩细胞的实质尚不清楚。

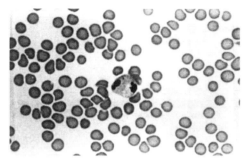

图11-5　犬血涂片上的固缩白细胞。（瑞氏染色，330×）

### 8. 什么是"篮状"细胞?

篮状细胞，又名破碎细胞是指那些缺乏完整的细胞质，胞核为嗜碱性碎片的白细胞。在制作血涂片时，质脆的白细胞发生溶解，导致核碎裂，破碎的细胞核形似一个编织篮，"篮状细胞"由此得名。增多的篮状细胞常和下列细胞同时出现，如白血病细胞（图11-6）、重病动物的白细胞（尤其是马的内毒素血症）、禽类血细胞。上述病例的血样在制成血涂片前混有白蛋白溶液或同源血清，会减少篮状细胞的数量。此外，由于血样贮存时间过长导致细胞自身溶解也会形成篮状细胞。

### 9. 可能出现在血液中性粒细胞或单核细胞内的微生物有哪些?

a. 犬中性粒细胞中的尤因埃利希体、马或其他动物中性粒细胞内的嗜吞噬细胞无形体（曾称为马埃利希体）（图11-7）

b. 犬猫组织胞浆菌（图11-8）

c. 犬美洲肝簇虫或犬肝簇虫（图11-9）

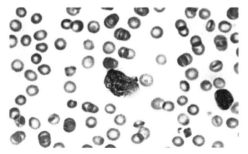

图11-6　成淋巴细胞性白血病患犬血涂片上的篮状细胞。（瑞氏染色，330×）

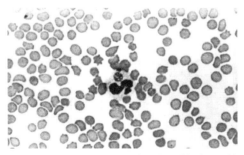

图11-7　马血液中性粒细胞中的嗜吞噬细胞无形体（曾称为马埃利希体）的桑椹胚。（瑞氏染色，330×）

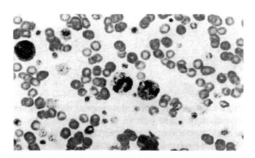

图11-8 犬中性粒细胞中的多个组织胞浆菌。（瑞氏染色，330×）

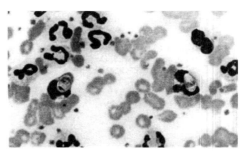

图11-9 犬淡黄层涂片上两个白细胞内的美洲肝簇虫的配子体。（瑞氏染色，330×）

    d. 犬瘟热病毒包含体

    e. 猫胞簇虫裂殖体

    f. 细菌（如分枝杆菌、肠杆菌）

**10. 可能出现在血液淋巴细胞内的微生物有哪些？**

    a. 犬埃利希体（图11-10）

    b. 犬瘟热病毒包含体（图11-11）

**11. 血涂片上出现噬红细胞作用的意义是什么？**

患有免疫介导性溶血性贫血动物的血涂片上，单核细胞或巨噬细胞内很少见有被吞噬的红细胞。噬红细胞作用可见于犬免疫介导性溶血性贫血、猫嗜血支原体感染、新生幼驹溶血性贫血和马传染性贫血病毒感染。由循环的肿瘤细胞（如犬猫肥大细胞性白血病、犬组织细胞肉瘤）所致的噬红细胞作用更少见。

**12. 什么是含铁白细胞？**

中性粒细胞或单核细胞内很少含有

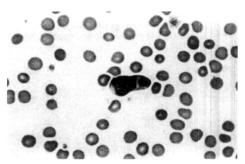

图11-10 犬淋巴细胞内埃利希体的桑椹胚。这些包含体在感染早期短暂出现，寻找桑椹胚不是一个检测犬埃利希体的有效方法。（瑞氏染色，330×）

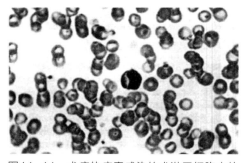

图11-11 犬瘟热病毒感染的犬淋巴细胞内的病毒包含体。大多数犬瘟热病毒感染的犬血细胞内很少见到包含体。这些包含体用快速罗曼诺夫斯基染色比较明显，如Diff-Quik。（瑞氏染色，330×）

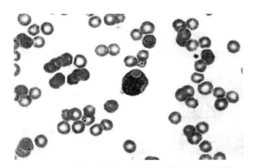

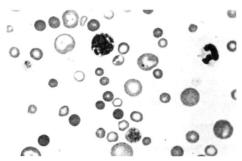

图11-12　患有溶血性贫血的犬单核细胞的噬红细胞作用。（瑞氏染色，330×）

图11-13　免疫介导性溶血性贫血犬单核细胞胞质内的含铁血黄素。（瑞氏染色，330×）

大小各异的金棕色含铁血黄素颗粒。这些含铁颗粒可用铁染色剂显示，例如普鲁士蓝染色。含铁白细胞可见于溶血性贫血的动物，尤其是犬免疫介导性溶血性贫血（图11-13）和急性马传染性贫血病毒感染。恶性黑色素瘤广泛转移的马血液中性粒细胞中含有黑色的黑色素颗粒，与含铁血黄素颗粒类似，但这种情况比较罕见。

### 13.　什么是CLAD和BLAD?

犬白细胞黏附缺陷（CLAD，爱尔兰塞特犬有报道）和牛白细胞黏附缺陷（BLAD，荷斯坦牛有报道）是罕见先天性疾病，中性粒细胞形态正常但功能障碍。中性粒细胞通过CD18黏附血管内皮细胞，CD18是一种细胞黏附分子，分子缺陷与整合素家族的膜黏附蛋白异常有关。受影响的中性粒细胞无法从血管迁移到炎症部位，其杀菌活性也出现异常。患病动物通常几个月大，出现明显的中性粒细胞增多症，并反复出现细菌感染，而感染组织内很少出现中性粒细胞。通过证明中性粒细胞上的CD18免疫活性下降进行确诊。

### 14.　什么是Pelger-Huet综合征（Pelger-Huet syndrome）?

Pelger-Huet综合征的特点是中性粒细胞、嗜酸性粒细胞和嗜碱性粒细胞核分叶减少，但功能没有发生明显变化。受影响的中性粒细胞核呈圆形、杆状或花生样，最多可见双分叶（"夹鼻眼镜"细胞）。患病的雌性动物中性粒细胞内缺乏鼓槌小体。虽然这些分叶不足的中性粒细胞可提示核左移，但细胞质无色及核染色质深染表明这些细胞实际已成熟。

犬猫Pelger-Huet综合征是一种良性的先天性障碍（图14-11）。牛、马、猪的中性粒细胞和嗜酸性粒细胞分叶不足是严重炎性疾病期间出现的暂时性障碍。在已知低分裂（假性Pelger-Huet综合征）病例中，一旦炎症消除后，中性粒细胞分叶就会恢复正常。

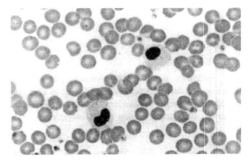

图11-14　患有先天性Pelger-Huet综合征的健康犬髓细胞样中性粒细胞和类杆状中性粒细胞。（瑞氏染色，330×）

## 血浆蛋白

## 十二、疾病和实验室评估

Ronald D. Tyler, Rick L. Cowell 和 James H. Meinkoth

1. **什么是蛋白质恶病质？**

   蛋白质恶病质是指蛋白质结构异常，如血纤维蛋白原异常。

2. **什么是蛋白异常血症？**

   蛋白异常血症是指血浆蛋白浓度异常或者血浆蛋白成分异常，如高白蛋白血症和低白蛋白血症、高球蛋白血症和低球蛋白血症。

3. **血浆蛋白主要有哪两种类型？如何测定其浓度？**

   血浆蛋白主要包括白蛋白和球蛋白。通过测定总蛋白和白蛋白浓度，球蛋白浓度等于总蛋白与白蛋白浓度之差。

4. **血浆蛋白的合成部位？**

   白蛋白在肝脏合成，除了免疫球蛋白和冯氏因子，所有的血浆球蛋白均在肝脏合成。淋巴系统合成免疫球蛋白，内皮细胞（巨核细胞）合成冯氏因子。

5. **白蛋白的两个主要功能是什么？**
   a. 物质转运
   b. 提供渗透压

6. **严重低白蛋白血症的主要原因？**
   a. 出血
   b. 肾小球疾病（蛋白丢失性肾病）
   c. 胃肠道丢失（蛋白丢失性肠病）
   d. 肝脏合成减少

7. **严重低白蛋白血症的主要特点是什么？**
   a. 出血：伴有贫血（除了缺铁性贫血，一般为再生性贫血），具有明显出血
   b. 肾小球疾病：良性尿沉渣中出现轻度到重度蛋白尿
   c. 胃肠蛋白丢失：腹泻（一般出现但并非总会出现）
   d. 肝脏白蛋白合成减少：低血糖、尿素氮浓度减低；胆汁酸浓度升高；肝脏转氨酶和胆汁酶可能升高。一些病例还出现腹泻。

8. **炎症如何影响血清白蛋白和球蛋白浓度？**
   炎症期间，白蛋白分解增加、合成减少，导致白蛋白浓度下降。同时，由于炎性球蛋白合成增多导致球蛋白浓度升高，比如纤维蛋白原、α-2巨球蛋白、结合珠蛋白、血浆铜蓝蛋白、α-1 抗胰蛋白酶和免疫球蛋白。所以，球蛋白浓度每升高3~4 g/dL，白蛋白浓度通常下降1 g/dL。

9. **用折射仪测定血浆和血清蛋白的优点是什么？**
   折射仪是一种快速、简便，且成本低廉的总蛋白测定方法，而且直接能在诊所内测定。

10. **哪些比色法可以测定血浆或血清蛋白？**
    a. 双缩脲方法
    b. 罗氏蛋白质定量法

11. **临床实验室常用哪种化学方法测定血浆或血清蛋白？**
    因为双缩脲法简单准确，所以临床实验室常用该法测定血清或血浆总蛋白浓度。

12. **双缩脲法测定蛋白质的基本原理是什么？**

双缩脲法的基本原理是在碱性溶液中双缩脲与铜离子结合形成复杂的紫色复合物，是总蛋白测定最常用的比色法。

13. **双缩脲法测定蛋白质的敏感性？**

双缩脲法测定蛋白质的浓度范围在1~10 g/dL，因此可用于测定血浆和血清总蛋白浓度，但不适用于测定体腔液中浓度较低的蛋白质，比如脑脊液、尿液和渗出液。

14. **福林酚比色法测定蛋白质的基本原理是什么？**

福林酚比色法基于试剂与蛋白质色氨酸和酪氨酸上的酚基发生反应，形成蓝色。

15. **哪种方法适用于测定家畜血浆或血清蛋白浓度，溴甲酚绿法或2–（4'–羟基偶氮苯）苯甲酸法？**

溴甲酚绿法（BCG）是染料结合法，更适用于测定家畜血清白蛋白浓度。许多人医实验室采用2–（4'–羟基偶氮苯）羟苯甲酸法（HABA），但该法不适用于家畜。

16. **电泳法可以测定血清白蛋白浓度吗？**

血清蛋白电泳法是测定白蛋白最精确的方法，常作为比色法的参考方法。然而，由于蛋白电泳法成本太高且耗时较长，所以在临床上很少应用。

17. **如何测定血浆或血清球蛋白浓度？**

血清球蛋白浓度通常无需测定，只要把总蛋白浓度减去白蛋白浓度即可。因此，总蛋白浓度反映了总蛋白中所有非白蛋白蛋白。如果总蛋白或白蛋白测定有误，就会直接影响球蛋白浓度。

血清球蛋白浓度可以通过比色法或血清蛋白电泳法测定。然而，这些方法成本高、耗时长，不适用于临床。

18. **白球比（A/G）有何诊断意义？**

白球比升高是因为白蛋白浓度升高或球蛋白浓度下降。白球比下降是因为白蛋白浓度下降或球蛋白浓度升高。判读白球比时，必须考虑总蛋白、白蛋白和球蛋白浓度。

**19. 血清或血浆哪个更适用于蛋白电泳法?**

一般情况下，血清更适用于蛋白电泳法，但要避免溶血。除了掩盖其他血清蛋白的类型，纤维蛋白原和血红蛋白会产生单峰，可能误诊为单克隆丙种球蛋白病。

**20. 电泳时哪些因素会影响蛋白质迁移?**

不同蛋白质的迁移速率和方向由蛋白质电荷类型（正电荷或负电荷）、电荷强度、蛋白质大小和电场强度及支持介质所决定。为了比较血清蛋白电泳结果，需要知道支持介质、pH、缓冲液以及电流。乙酸纤维素是最常用的支持介质。

**21. 血清电泳可以鉴别单一蛋白的变化吗?**

除了白蛋白，血清蛋白电泳无法鉴别单一蛋白。因此也不能鉴别单一蛋白的变化。然而，电泳可以将相似电荷和相似大小的蛋白质分成一组。一种蛋白质电泳图的改变（升高或降低）说明这种蛋白质和/或此区域内其他蛋白质的改变（升高或降低）。因此，血清蛋白电泳通常只能评估相似电荷和相似大小的蛋白质增加或减少。一般不能提供确切的诊断，但是可以提示疾病的过程，比如炎症或是免疫反应。一个重要的概念是单克隆尖峰。

**22. 如何识别电泳图中的单克隆尖峰?**

由于同源性，白蛋白可用于从多克隆峰中区分出尖的球蛋白峰（单克隆尖峰）的指示。单克隆峰应该与白蛋白峰一样尖，或是更尖。

**23. 血清电泳图中出现单峰最常见原因是什么?**

浆细胞骨髓瘤。

**24. 除了浆细胞骨髓瘤，还有哪些疾病会导致血清蛋电泳图出现单峰?**

a. 淋巴肉瘤（偶尔发生）

b. 犬埃利希体病

c. 犬利什曼原虫病

d. 猫传染性腹膜炎

e. 浆细胞性胃小肠结肠炎

f. 慢性脓皮病

g. 特发性原因

**25. 电泳图中出现单峰的非病理性原因是什么？**

    a. 血红蛋白（继发于血管内或血管外溶血）

    b. 纤维蛋白原（如果使用血浆）

**26. 除了血清和血浆外，其他液体可以进行蛋白电泳吗？**

尿液、脑脊液、腹腔积液以及胸腔积液都可以进行蛋白电泳。

**27. 电泳如何将球蛋白进行分型？**

球蛋白主要分为 $\alpha$-球蛋白、$\beta$-球蛋白和 $\gamma$-球蛋白。$\alpha$-球蛋白向阳极迁移最强，$\gamma$-球蛋白向阳极迁移最弱。根据种类，这三种球蛋白中的一种或多种在迁移过程中会形成亚型。球蛋白亚型可以用数字下标来区分，比如 $\alpha_1$、$\alpha_2$、$\beta_1$、$\beta_2$、$\gamma_1$、$\gamma_2$ 和 $\gamma_3$，数字越小代表阳极部分。

**28. $\alpha$-球蛋白有哪些类型？**

除了反刍动物，大多数动物的 $\alpha$-球蛋白主要包括 $\alpha_1$ 和 $\alpha_2$。$\alpha_1$ 球蛋白往往比 $\alpha_2$ 球蛋白小，但他们在功能上没有显著差异。高密度脂蛋白（HDLs），又称为 $\alpha$-脂蛋白，向 $\alpha_1$ 区域迁移。$\alpha_2$-球蛋白主要包括极低密度脂蛋白（VLDLs）或 $\beta$-脂蛋白前体、低密度脂蛋白（LDLs）或 $\beta$-脂蛋白、$\alpha_2$-巨球蛋白、结合珠蛋白和血浆铜蓝蛋白。低密度脂蛋白旧称 $\beta$-脂蛋白，因为理论上向 $\beta$ 区域迁移。然而，当乙酸纤维素作为介质时，低密度脂蛋白向 $\alpha_2$ 区域迁移。

**29. $\alpha$-球蛋白变化有哪些诊断意义？**

$\alpha_2$-球蛋白增多的原因包括肾病综合征、急性炎症、糖皮质激素（泼尼松）及结合珠蛋白-血红蛋白复合物。出现肾病综合征时，极低密度脂蛋白、低密度脂蛋白及 $\alpha_2$-巨球蛋白增多会引起 $\alpha_2$-球蛋白增加。$\alpha_2$-巨球蛋白、结合珠蛋白以及血浆铜蓝蛋白有时被称作急性期反应蛋白，因为在急性炎症时，它们的浓度会增加。研究证明泼尼松可以诱导犬结合珠蛋白浓度升高。此外，由于存在结合珠蛋白-血红蛋白复合物，溶血样本也能导致 $\alpha_2$-球蛋白浓度升高，可能出现单峰。

**30. $\beta$-球蛋白有哪些类型？**

除了反刍动物，大部分家畜的 $\beta$ 球蛋白可分为 $\beta_1$ 和 $\beta_2$。血红素结合蛋白、铁转运蛋白以及补体 $C_3$ 和 $C_4$ 在（原来是向）$\beta$ 区域迁移。纤维蛋白原在后期的 $\beta_2$ 区域（该区域靠近 $\gamma$ 区域），但是经常在早期的 $\gamma$ 区域留下 $\beta_2$ 球蛋白的尾巴。然而，蛋白电泳需要使用血清而不是血浆，因为纤维蛋白原会干扰其他蛋白的迁移，并形成单峰，干扰结果判读。一些高电荷的免疫球蛋白，如IgM和IgA通常在后期的$\beta_2$区域迁移。IgM和IgA通常从$\beta_2$区域延伸到$\gamma_2$区域。因此，在早期的免疫刺激，IgM大量产生或是浆细胞恶性肿瘤可致$\beta$球蛋白增多，具体而言，即$\beta_2$-球蛋白、$\gamma_1$、$\gamma_2$-球蛋白增多。

### 31. β-球蛋白变化有哪些诊断意义?

$\beta$-球蛋白单纯增加不是很常见，但可以提示活动性肝脏疾病、化脓性脓皮病、肾病综合征。虽然血色素结合蛋白和补体也增加，转铁蛋白主要是对肝脏疾病时$\beta$-球蛋白增加的反应。肝脏疾病时，产生抗原刺激，$\beta_2$区域内IgM增加。抗原刺激伴随IgM和补体合成增加可能是对化脓性脓皮病$\beta$-球蛋白增加的反应。肾病综合征中$\beta$球蛋白增加是转铁蛋白增加的结果。B区域单峰提示浆细胞肉瘤，Waldenström巨球蛋白血症、淋巴肉瘤以及少见的犬埃利希体病。此外，需要避免血浆样本和溶血样本，因为纤维蛋白原和血红蛋白在$\beta$区域可以形成单峰，造成其他峰不清楚。单峰和白蛋白峰一样尖锐。$\beta$区域的单峰通常表示IgM或IgA。

后期$\beta$-球蛋白减少是由于免疫免疫抑制或是免疫缺陷综合征导致球蛋白浓度下降。

### 32. γ-球蛋白有哪些类型?

$\gamma$-球蛋白包括$\gamma_1$（快）和$\gamma_2$（慢）。IgA、IgM和IgE主要向$\gamma_1$区域迁移，IgG主要向$\gamma_2$区域迁移。免疫球蛋白，如IgG与IgM，无法通过常规的血清蛋白电泳进行区分。

### 33. γ-球蛋白变化的诊断意义是什么?

$\gamma$-球蛋白区域增加提示免疫刺激及生成免疫球蛋白。在免疫刺激早期（最初几周），$\beta_2$、$\gamma_1$、$\gamma_2$区域的$\gamma$球蛋白显著增加，反映IgM大量生成。随着免疫反应成熟，IgM水平以及$\beta_2$和快$\gamma$球蛋白会下降，而IgG，也即中等速度以及慢$\gamma$-球蛋白区域会增加。

$\gamma$-球蛋白减少是由于免疫免疫抑制或是免疫缺陷综合征导致球蛋白浓度下降。

### 34. 什么是β-γ桥联?

$\beta$-$\gamma$桥联与电泳类型有关，导致无法明确区分$\beta_2$和$\gamma_1$。

35. **β-γ桥联的原因?**

    β-γ桥联是由于IgA和/或IgM增加所致,可能与慢性活动性肝炎有关,淋巴肉瘤引发的丙种球蛋白病偶见β-γ桥联。

36. **如发生弥散性血管内溶血(Disseminated Intravascular Coagulation,DIC)热沉淀法可用于测定消耗的纤维蛋白原吗?**

    当血浆纤维蛋白原浓度较低时,热沉淀法敏感性差。

37. **为什么将血浆总蛋白(TPP)减去血清总蛋白(TSP)不能用于估算纤维蛋白原浓度呢?**

    a. 一些凝血因子与纤维蛋白原仍存在于血凝块中。

    b. 测定血浆总蛋白和血清总蛋白的方法不是非常准确。

    c. 血浆总蛋白和血清总蛋白测定方法各异。比如,血浆总蛋白通常用折射仪测定(血液学单位),而血清总蛋白通常用自动生化分析仪测定(化学单位)。

38. **纤维蛋白原变化的判读意义是什么?**

    大动物测定血浆纤维蛋白原水平用于指示炎症(纤维蛋白原浓度增加)。小动物测定血浆纤维蛋白原偶尔用于评估某些凝血疾病,如DIC。炎症期间,纤维蛋白原生成和消耗均增加,通常纤维蛋白原生成比消耗要多,导致血浆纤维蛋白原浓度升高。因为脱水会引起血浆纤维蛋白原浓度相对增加,在确定炎症引起的纤维蛋白原增加之前需要排除脱水因素。由于一些炎症疾病不会导致纤维蛋白原生成比消耗增多,血浆纤维蛋白原浓度没有增多,也不能排除没有炎症。

39. **当评估脱水动物时,如何避免脱水引起的纤维蛋白原浓度增加?**

    为减少脱水的影响,计算血浆总蛋白浓度与纤维蛋白原百分比是通过血浆总蛋白浓度(g/dL)除以纤维蛋白原浓度,然后乘以100。当纤维蛋白原占血浆总蛋白的10%或更多时(记为≥10),指示炎症。因为一些炎症疾病不会导致纤维蛋白原的生成比消耗多,纤维蛋白原浓度低于总蛋白浓度的10%(记为<10)也不能排除炎症。

40. **什么是本周氏蛋白?有何诊断意义?**

    本周氏蛋白是由浆细胞骨髓瘤产生的轻链单体或二聚体。大约50%的浆细胞骨髓瘤病例(包括人和犬)该蛋白检测呈阳性。本周氏蛋白可通过肾脏滤过,出现在尿液中。虽然尿液试纸不能检测本周氏蛋白（蛋白阳性反应），但该蛋白可以通过磺酸水杨酸浊度试验、蛋白电泳或蛋白质沉淀法测定，将尿样在56℃加热15min形成蛋白质沉淀，蛋白质沉淀溶解需要在100℃下加热3min。这些方法有助于诊断浆细胞骨髓瘤。

**41. 哪些原因能够导致总蛋白浓度升高？**

　　高蛋白血症是由于血浆球蛋白增多或血浆含水量下降（血液浓缩）所致。因此，高蛋白血症的原因包括脱水、炎症（传染性及非传染性）和肿瘤疾病。这些病因可以单独发生或并发。例如：

　　a. 炎症

　　　　（1）传染性

　　　　　　（a）细菌性

　　　　　　（b）病毒性（如猫传染性腹膜炎、马传染性贫血）

　　　　　　（c）原虫

　　　　　　（d）真菌

　　　　　　（e）立克次体

　　　　（2）非传染性

　　　　　　（a）肿瘤（尤其是存在坏死区域）

　　　　　　（b）异物性肉芽肿

　　　　　　（c）抗原反应

　　b. 肿瘤性副蛋白生成

　　　　（1）浆细胞骨髓瘤

　　　　（2）一些淋巴瘤

　　c. 脱水

**42. 什么是高蛋白血症？**

　　高蛋白血症是指总蛋白浓度增加，包括白蛋白和球蛋白浓度同时增加。

**43. 哪些原因可以引起高蛋白血症？**

　　脱水是引起血浆白蛋白浓度升高的唯一原因。因此，高蛋白血症患者处于脱水状态。如果球蛋白水平升高的程度大于白蛋白（比如A/G比低），表明之前或现在伴有炎症反应。然而，A/G比不低也不能排除当前没有炎症。

### 44. 出现高蛋白血症时，还会伴发哪些血液学变化？

总蛋白、血细胞比容或红细胞压积、血红蛋白以及红细胞计数会由于脱水而升高。然而，这些值不会超过正常范围。即这些值可能处于正常范围的低限，也可能处于正常范围的高限。同样，贫血动物会由于脱水而被掩盖。因为小血管会扣押白细胞和血小板（包括脾血窦），所以在脱水时白细胞和血小板数往往会升高，但白细胞和血小板数升高的程度没有总蛋白、血细胞比容、血红蛋白和红细胞数显著。

### 45. 发生高蛋白血症不伴有高球蛋白血症的原因有哪些（不常见）？

发生高蛋白血症不伴有高球蛋白血症的前提是血清白蛋白显著升高。因为在临床上，高白蛋白血症总是与脱水有关，没有并发高球蛋白的高白蛋白血症表明脱水，伴发低球蛋白血症或球蛋白浓度处于正常范围的低限。可能原因如下：

    a. 新生动物被动转运失败，伴发脱水；

    b. 免疫缺乏，伴发脱水；

    c. 年龄影响。幼龄或老龄动物球蛋白浓度处于正常范围的低限，脱水后球蛋白处于正常范围的高限；

    d. 球蛋白处于正常范围的低限，伴发脱水。

### 46. 发生高蛋白血症不伴有高白蛋白血症的原因有哪些？

发生高蛋白血症不伴有高白蛋白血症时需要血清球蛋白浓度升高。这种情况通常是由于低白蛋白血症伴发球蛋白生成增多所致。球蛋白生成增多常与白蛋白浓度减少有关，球蛋白浓度每升高3~4g/dL，白蛋白浓度减少1g/dL。球蛋白生成增加的原因如下：

    a. 慢性全身性炎症

    b. 免疫刺激

    c. 浆细胞骨髓瘤

    d. 淋巴肉瘤

### 47. 总蛋白浓度正常可以排除白蛋白和球蛋白浓度异常吗？

白蛋白和球蛋白浓度异常时，总蛋白浓度可能正常。常见原因如下：

    a. 低白蛋白血症伴有高球蛋白血症

      （1）肝功能不全

      （2）炎性肠病引起的蛋白丢失性肠病

    b. 出血后，大量肠液尚未转移到血液中以降低血浆蛋白浓度

　　c.　血浆丢失伴发脱水

　　　（1）出血伴发脱水

　　　（2）大面积渗出伴发脱水

　　　（3）蛋白丢失性肾病伴发脱水

　　　（4）蛋白丢失性肠病伴发脱水

## 48.　总蛋白浓度下降的原因是什么?

　　造成总蛋白浓度下降或低蛋白血症的原因包括血浆蛋白丢失增多、合成减少、吸收减少、蛋白代谢增加、年龄或多种因素共同作用。

　　**血浆蛋白丢失增多：**

　　a.　出血（白蛋白和球蛋白等量丢失）

　　b.　大面积渗出（比如胸腔和腹腔、肠道、皮肤）

　　c.　淋巴管扩张，由于充血性心力衰竭、肠道疾病导致蛋白丢失性肠病、特发性淋巴扩张（白蛋白和球蛋白等量丢失）

　　d.　白蛋白大量丢失（由于肾脏淀粉样病、肾小球硬化症以及肾小球肾炎引起蛋白丢失性肾病）

　　**血浆蛋白合成减少：**

　　a.　肝功能不全

　　b.　严重营养不良

　　c.　免疫缺陷复合病

　　**蛋白质代谢增强：**

　　a.　癌症恶病质

　　b.　严重营养不良

　　年龄也会影响总蛋白浓度。幼龄或老年动物的总蛋白浓度比正常成年动物低。

## 49.　白蛋白浓度的诊断意义是什么?

　　白蛋白浓度有助于诊断脱水、肝脏疾病、肾脏疾病、胃肠道疾病以及非典型性症状。

　　a.　白蛋白浓度升高通常表明脱水（如果患者最近没有输过血浆蛋白）

　　b.　白蛋白浓度正常可以排除一些疾病（如严重的蛋白丢失性肾病、严重的蛋白丢失性肠病、严重的肝功能不全）

　　c.　白蛋白浓度下降，原因如下：

　　　（1）出血

（2）大面积渗出（比如胸腔和腹腔、肠道、皮肤）

（3）淋巴管扩张［如充血性心力衰竭、肠病（炎性或肿瘤），特发性淋巴管扩张］

（4）蛋白丢失性肾病

（a）肾脏淀粉样变

（b）肾小球硬化症

（c）肾小球性肾炎

（5）白蛋白合成减少

（a）肝功能不全

（b）严重营养不良

（6）白蛋白代谢增多

（a）恶病质（癌症和慢性疾病）

（b）严重营养不良

## 50. 球蛋白浓度的诊断意义是什么?

因为球蛋白变化很大，许多疾病可以引起一种或多种球蛋白增加或是减少。由于球蛋白主要由免疫球蛋白构成，所以血浆免疫球蛋白浓度变化时通常会引起总球蛋白浓度改变。

a. 球蛋白浓度升高（高球蛋白血症）表明免疫球蛋白生成增多同时伴有免疫刺激或慢性炎症感染。

b. 球蛋白浓度正常往往与慢性全身性免疫刺激无关，因为慢性全身性免疫刺激通常会导致球蛋白浓度升高。注意：非全身性慢性炎症（膀胱炎）球蛋白浓度可能正常。

c. 球蛋白浓度降低（低球蛋白血症）表明免疫球蛋白浓度下降，可能与出血、蛋白丢失性胃病、免疫抑制、免疫缺陷综合征以及严重的营养不良有关。

## 51. 哪些方法能用于测定马驹和犊牛的免疫球蛋白G浓度?

a. 血清蛋白电泳

b. 单放射免疫扩散分析：马驹、犊牛

c. 戊二醛凝固试验：马驹、犊牛

d. 胶乳凝集试验：马驹

e. 硫酸锌浊度试验：马驹、犊牛

f. 硫酸钠沉淀试验：犊牛

**52.　血清、血浆或全血可以用来测定免疫球蛋白G浓度吗？**

血清可以用于评估免疫球蛋白G，因为纤维蛋白原和其他血浆和血液成分会干扰分析。

**53.　哪种方法用于评估马驹和犊牛免疫球蛋白G浓度最准确？**

单放射免疫扩散分析。

**54.　马驹血清免疫球蛋白G充分被动转运的浓度范围是多少？**

过去一直认为马驹血清免疫球蛋白G浓度超过400mg/dL表明充分被动转运，但目前认为超过800mg/dL才可以。免疫球蛋白G浓度低于200mg/dL表明被动转运失败。免疫球蛋白G浓度位于200～800mg/dL表明部分被动转运。

**55.　犊牛血清免疫球蛋白G充分被动转运的浓度范围是多少？**

目前，犊牛血清免疫球蛋白G被动转运的浓度范围尚无明确规定。现有两种参考范围：

参考范围A

高于1000mg/dL表明被动转运

低于500mg/dL表明被动转运失败

参考范围B

高于1600mg/dL表明被动转运

800～1600mg/dL表明部分被动转运

低于800mg/dL表明被动转运失败

## 骨髓增生性疾病

## 十三、骨髓增生性疾病

Tarja Juopperi 和 Heather Leigh DeHeer

**1.　什么是白血病？**

白血病的字面意思是"白血"。该术语最初用于描述外周血出现大量异常白细胞的疾病。白血病是肿瘤性疾病，由骨髓造血细胞无法控制的过度增生引起。恶性细胞数量增加，代替正常骨髓，并且外周血中能见到大量恶性细胞（白血）。有时白血病细胞不会在外周血中循环，而贮存在骨髓中（非白血性白血病），很少见到白细胞数量低的情况（亚白血性白血病）。虽然是白血病，但是这些疾病的血液不会呈现白色。此外，白血病恶性细胞除了出现在外周血中以外，还会侵袭其他器官（比如脾脏、肝脏）。

**2. 什么是骨髓增生性疾病?**

　　骨髓增生性疾病包含一系列疾病，包括急性髓性白血病、慢性骨髓增生性疾病、骨髓发育不良综合征。这类肿瘤性疾病用于描述一系列无性系恶性肿瘤，它们起源于肿瘤性骨髓细胞（除淋巴细胞外的所有其他造血细胞）。

**3. 骨髓增生性疾病如何分类?**

　　骨髓增生性疾病起初根据肿瘤细胞分化和成熟的程度被分为急性或是慢性疾病。在急性骨髓增生性疾病中，肿瘤细胞是未成熟的，分化不会超过"前髓系"。相反，慢性骨髓增生性疾病主要具有过多成熟及分化很好的造血细胞。此外，该术语以前用来反映肿瘤的生物学行为和患者的寿命；骨髓增生性疾病可根据细胞类型进一步划分，例如红细胞、粒细胞、单核细胞、巨核细胞或这些细胞的组合。

**4. 骨髓增生性疾病是否常见?**

　　兽医学中很少见骨髓性白血病，比淋巴细胞增生性疾病更少见。虽然骨髓增生性疾病在一些家畜动物中也有记录，但在犬猫中更常见（大约5%和10%～15%的造血细胞性肿瘤）。

**5. 骨髓增生性疾病的病因有哪些?**

　　骨髓增生性疾病在多数动物中已有记载（包括犬），但自发性肿瘤的原因还不确定。猫例外，猫白血病和猫免疫缺陷病毒通常与骨髓增生性疾病有关。

**6. 诊断骨髓增生性疾病的方法有哪些?**

　　骨髓增生性疾病导致异常造血细胞数量产生过多，干扰正常造血作用。骨髓增生性疾病患者的临床症状和实验检查结果可能会反映造血作用受损或受到干扰。诊断试验结果取决于肿瘤的类型（急性白血病、慢性白血病或骨髓发育不良综合征）。框13-1列举了一些检测方法，有助于诊断骨髓增生性疾病（结合完整的病史和体格检查）。

---

### 框13-1 骨髓增生性疾病的诊断试验

全血计数（细胞计数和显微镜评估）± 细胞化学染色

骨髓抽吸和细胞评估 ± 细胞化学染色

髓芯活检+组织化学染色

流式细胞仪和免疫表型（血或骨髓样本）

猫白血病病毒和猫免疫缺陷病毒检测*

---

*需要对怀疑有骨髓增生性疾病的猫进行实验室检测

7. **特殊检查可以用于骨髓增生性疾病的鉴别和分类吗？**

许多特殊检查技术可用于评估骨髓增生性疾病，这些技术包括细胞化学染色、免疫表型（流式细胞仪或免疫组化染色）、细胞遗传学和分子分析，可提供补充信息，有助于进一步进行肿瘤分析。明确的分类对管理患者很关键，因为预后和治疗可能不同。

**细胞化学染色**

由于仅根据形态很难确定细胞系，几种细胞化学染色可有助于骨髓白血病分类。表13-1列举了不同的细胞化学染色法，可以帮助鉴别各种细胞类型。

#### 表13-1 用于鉴别骨髓细胞系的化学染色法

| 细胞类型 | 化学染色 |
| --- | --- |
| 粒细胞 | 髓过氧物酶 |
| | 苏丹黑B |
| | 氯代醋酸酯酶 |
| | 白细胞碱性磷酸酶* |
| 单核细胞 | 非特异性酯酶 |
| 髓单核细胞 | 髓过氧物酶 |
| | 苏丹黑B |
| | 氯代醋酸酯酶 |

续表

| 细胞类型 | 化学染色 |
|---|---|
| | 非特异性酯酶 |
| 巨核细胞 | 非特异性酯酶 |
| | 乙酰胆碱酯酶 |

*犬猫中性粒细胞中通常不存在。

### 免疫表型

流式细胞术免疫表型是附加的诊断试验，可有助于鉴别细胞系。根据表面抗原的表达可区分细胞类型。在兽医学中，流式细胞仪对于淋巴样肿瘤细胞的诊断更加有用，因为许多抗体可以有效鉴别淋巴细胞各种亚型。然而，一些抗体同样可以有助于单核细胞骨髓样疾病的诊断。目前CD14表面抗原表达可用于鉴别单核细胞起源的细胞。

### 细胞遗传学和分子分析

这些补充技术是主要用于人医学，兽医学中也进行了少量研究。

## 十四、急性白血病

Tarja Juopperi 和 Heather Leigh DeHeer

1. **什么是急性白血病?**

急性髓细胞性白血病（acute myelocytic leukemia, AML）是由恶性骨髓样细胞无性增殖引起的。肿瘤细胞起源于造血干细胞，造血干细胞可以产生骨髓样细胞系（红细胞、粒细胞、单核细胞和巨核细胞）。由于淋巴细胞通常与这些疾病无关，AML同样指急性非淋巴细胞白血病。AML以骨髓和外周血中不成熟髓细胞增多为特征。由于母细胞在骨髓聚集，代替了正常细胞组分，常导致外周细胞减少（严重贫血、血小板减少症）。

2. **AML的临床症状、体格检查结果、相关的血液学和细胞学结果分别有哪些?**

患有AML的动物常出现典型的非特异性病史，如厌食、消瘦、呕吐或是短期腹泻（几天到几周）。特异性临床症状和体格检查结果同样可以见到白细胞（导致细胞减少症）引起的骨髓炎症。异常结果可能直接归因于受感染的造血细胞系。表14-1列举了患有AML的动物常见的临床症状和体格检查结果，以及相关血液学和细胞学检查结果。

表14-1　AML的临床症状和体格检查结果

| 临床症状 | 血液学/细胞学 | 病理生理学/可能原因 |
|---|---|---|
| 苍白 | | 脊髓痨（生成减少） |
| 嗜睡 | | 免疫介导性破坏（继发于肿瘤） |
| 虚弱 | 贫血 | 前体细胞成熟障碍 |
| 黄疸* | | 出血（出现血小板减少症） |
| 持续发热/回归热 | 中性粒细胞减少症 | 骨髓痨 |
| 感染 | | 中性粒细胞功能缺陷 |
| 鼻衄 | | 弥散性血管内凝血 |
| 出血 | 血小板减少症 | 脾隔离症 |
| 跛行/关节积血 | | 脊髓痨/血小板功能障碍 |
| 脾肿大/肝肿大/淋巴结病（轻微）/骨疼（跛）/黄疸+ | 母细胞增多 | 白血病性细胞浸润 |

*溶血结果；
+肝脏浸润结果。

3. **急性髓细胞性白血病动物潜在的外周血检查结果有哪些?**

AML血液学特点很多，动物可能表现不同的外周血检查结果。血液学异常变化依赖于AML的亚型，但细胞减少症（贫血和血小板减少症）是最常见的。白细胞总数和母细胞计数不可预测，或降低、或正常、或大范围升高（白细胞增多症更常见）。表14-2列举了AML动物潜在外周血的实验室检查结果。

表14-2　患有AML的动物外周血可能的检查结果

| 细胞类型 | 外周血检查结果 |
|---|---|
| 红细胞 | 贫血*（严重，非再生） |
| | 异常红系造血（巨成红细胞，大红细胞） |
| | 循环中出现有核红细胞 |

续表

| 细胞类型 | 外周血检查结果 |
|---|---|
| 白细胞 | 白细胞增多*（明显） |
| | 中性粒细胞数量减少（中性白细胞减少症） |
| | 粒细胞生成障碍（外形巨大，分叶过多） |
| | 单核细胞增多症 |
| | 循环母细胞*（数量不同） |
| 血小板 | 血小板减少症* |
| | 血小板增多症（稀少） |
| | 血小板异常（巨大，形成空泡，或是包含巨大颗粒） |
| | 循环中出现巨核细胞（小巨核细胞） |

*主要检查结果。

### 4. 如何诊断AML？

全血细胞计数是用于诊断AML的初期试验，还要结合血涂片形态观察。如果血液循环中有大量成髓细胞，可初步诊断为AML。通常有必要用细胞化学或流式细胞仪进行确诊。有时，外周血白细胞数量很少，或是几乎没有，为了确诊需要进行骨髓检查（判断亚型也需要骨髓检查）。

通过骨髓检查，诊断急性髓细胞性白血病的关键实验室检查结果是母细胞比例占30%*或是更多（成髓细胞、成红细胞、成单核细胞或成巨核细胞）。这些可以通过骨髓细胞学检查完成，包括实行白细胞分类计数（有核细胞最少是200），并且确定骨髓非淋巴母细胞的比例。AML需与淋巴瘤区分开来，因为预后很不同。形态检查可用于骨髓白细胞。然而，附加诊断方法（如细胞化学染色、免疫表型）对于确定细胞系是很有必要的。

一旦被诊断出AML，肿瘤通常可以细化为亚型。依据肿瘤细胞的分化程度、主要细胞系和大量母细胞进行分类。

### 5. 诊断AML时是否有必要进行骨髓组织学检查？

血涂片和骨髓细胞检查通常是诊断AML的唯一诊断方法。如果细胞学检查不可靠或不能诊断（干抽，样本细胞减少），则需进行组织病理学检查。活组织检查也可以提供关于整体细胞结构的额外信息、骨髓纤维变性、肿瘤浸润等。髓芯活检对细胞形态检查用处不大，因为很难鉴别已经通过细胞学检查获取的良好信息。

## 6. AML有哪些类型？它们是如何分类的？

目前用于动物AML分类系统是从法-美-英（FAB）人医学分类系统演变来的。该制度有助于对骨髓增生性疾病分类进行标准化。根据该分类计划，动物中存在不同的AML亚型。这些亚型最初通过细胞形态（显示分化的程度）和细胞系进行确定。关于骨髓样造血前体形态鉴定的细节和AML分类不在本章讨论范围之内；有兴趣的读者可以参阅有关AML的文章。表14-3列举了根据FAB分类系统制定的AML的亚型和细胞的起源。

### 表14-3　AML的兽医分类

| 亚型 | FAB* | 细胞起源 |
| --- | --- | --- |
| 急性未分化白血病 | AUL | 未分化/未鉴别 |
| 未成熟原始粒细胞性白血病 | M1 | 最低限度粒性白细胞分化 |
| 成熟原始粒细胞性白血病 | M2 | 粒性白细胞性 |
| 早幼粒细胞性白血病 | M3 | 早幼粒细胞（粒细胞）性 |
| 急性骨髓单核细胞性白血病 | M4 | 粒性白细胞和单核细胞性 |
| 单核母细胞性白血病 | M5a | 单核细胞性 |
| 单核细胞性白血病 | M5b | 单核细胞性 |
| 红白血病 | M6 | 红细胞和粒细胞性 |
| 巨红细胞性骨髓增殖 | M6-Er | 红细胞性 |
| 巨核细胞白血病 | M7 | 巨核细胞性 |

*法国-美国-英国分类。

## 7. 哪种AML亚型更常发生？

AML在家畜中很少见。虽然大部分亚型已经在动物中有记载，但是某些亚型比其他亚型报道得更多。表14-4列举了犬、猫和马常报道的亚型。

表14-4　某些家畜急性骨髓样白血病的发生情况

| 种类 | 亚型 |
| --- | --- |
| 猫 | M1 和M2（原始粒细胞）：最常见 |
| | M6和 M6-Er（红细胞性）：次常见（主要为关于猫的报道） |
| | M7（巨核细胞性）：少见 |
| 犬 | M1 和M2（原始粒细胞性）：最常发生 |
| | M5a和M5b（单核细胞性）：次常见 |
| | M6 和M6-Er（红细胞性）：少见 |
| | M7：少见 |
| 马 | M4（髓单核细胞性）：最常报道 |

**8. 做出AML诊断之前需要考虑哪些鉴别诊断？**

　　a. 淋巴瘤和急性淋巴母细胞性白血病。诊断AML（对治疗的反应以及不同预后）前，排除急性淋巴母细胞性白血病或淋巴瘤的造血阶段很重要。当细胞形态检查不确定时，附加试验（如细胞化学染色、免疫表型、组织病理学、电子显微镜）可以用于确定细胞系。

　　b. 增生性反应。AML的特点是骨髓中出现大量母细胞。然而，其他疾病液会有相似的现象，在作出诊断前要进行排除。未成熟细胞数量增加与引起增生性反应的疾病有关联（比如免疫介导性疾病）。此外，严重破坏造血作用（泛白细胞减少症/细小病毒感染、化学治疗）的恢复期时，骨髓情况也很相似（比如骨髓试图再生，可见到母细胞增多）。病史和体格检查结果有助于区分病因。监测外周血和骨髓可提供相关证据，这些结果与骨髓再生和复苏相符。

**9. AML的预后怎样？目前有哪些治疗？**

　　目前，动物的各种亚型的AML均预后不良。动物的存活时间很短，很少超过三个月。主要治疗方法是细胞毒性的化疗。因为目前可用的细胞毒性药物不能诱导缓解，也不能维持缓解，因此AML的治疗结果不尽如人意。这些疾病不像淋巴瘤那样对化疗反应良好。此外，化疗药常常会引起造血功能严重抑制（导致潜在细胞显著减少），需要支持疗法。

# 十五、慢性骨髓增生性疾病

Tarja Juopperi 和 Heather Leigh DeHeer

## 1. 什么是慢性骨髓增生性疾病？

慢性骨髓增生性疾病（chronic myeloproliferative disorders，CMPDs）是指骨髓克隆增殖异常而产生过量成熟、形态正常的髓系造血细胞（红细胞、粒细胞和血小板）。由此类肿瘤化造血干细胞克隆增殖能分化成熟保持正常形态。CMPDs包括数种临床症状与实验室检查表现较为相似的疾病。与急性白血病相反，CMPDs病程较为缓慢。

## 2. CMPDs是如何分类的？相应受累细胞系有哪些？

CMPDs根据病变的主要细胞系来分类。注意，无论是哪一类CMPDs，所有骨髓细胞系（粒细胞系、巨核细胞系、红细胞系）均可发生病变。此外，是否出现骨髓纤维化是CMPDs分级的一项重要评定标准。表15-1列出了各种细胞系的CMPDs。

**表15-1 慢性骨髓增生性疾病种类**

| 疾病 | 主要受累细胞系 |
| --- | --- |
| 真性红细胞增多症* | 红细胞系 |
| 原发性血小板增多症* | 巨核细胞系（血小板） |
| 慢性特发性骨髓纤维化* | 巨核细胞系和粒细胞系（血小板和粒细胞） |
| **慢性髓性白血病** | |
| 慢性髓细胞性白血病* | 粒细胞 |
| 慢性中性粒细胞白血病* | 中性粒细胞 |
| 慢性嗜酸性粒细胞白血病* | 嗜酸性粒细胞 |
| 慢性嗜碱性粒细胞白血病 | 嗜碱性粒细胞 |
| 慢性单核细胞白血病 | 单核细胞 |
| 慢性粒-单核细胞白血病 | 粒细胞和单核细胞 |
| 肥大细胞白血病 | 肥大细胞 |

*为国际卫生组织分型标准所认可。

按传统方法分类包括以下四种：真性红细胞增多症、原发性血小板增多症、特发性骨髓纤维化以及慢性髓性白血病。

**3. CMPDs的临床症状和实验室检查有何相同之处？**

所有CMPDs均会导致白细胞数量显著增多。表15-2列举了CMPDs患病动物的体格检查、外周血象和骨髓象的共同特点。

表15-2　慢性骨髓增生性疾病之共同点

| 检查手段 | 表现 | 病理生理学/可能原因 |
| --- | --- | --- |
| 体格检查 | 器官肿大（脾脏肿大、肝脏肿大） | 肿瘤细胞浸润增殖导致器官肿大 |
| 外周血液检查 | 细胞计数增多*（白细胞增多、红细胞增多和血小板增多） | 骨髓有效造血产生大量成熟血细胞释放入外周血液 |
| 骨髓检查 | 骨髓内细胞增多*<br>细胞有序成熟 | 肿瘤化造血细胞增殖 |

*最为常见，但在CMPDs晚期可出现骨髓衰竭（无效造血）。

**4. CMPDs是否会转变为急性白血病？**

所有CMPDs均有可能发展为急性白血病，但关于动物各类CMPDs转化为急性白血病几率的研究甚少。

**5. 用何种检验手段来诊断CMPDs？**

CMPDs确诊非常困难。用于诊断的检测手段包括全血细胞计数、外周血涂片检查、骨髓抽吸细胞学检查和骨髓活组织切片组织病理学检查。而对人来说，细胞遗传学和分子分析等基因检测手段也是确诊的重要准则。诊断本病时一定要综合分析病史、体格检查和实验室检测结果。尽管每类骨髓增生性疾病均有其诊断准则，但在确诊前均需排除反应性疾病。

**6. 何为真性红细胞增多症（polycythemia vera, PV）？**

红细胞增多症时红细胞数量异常增多，可通过检测血红蛋白含量或红细胞压积来判定。PV是造血干细胞的肿瘤疾病，可导致特征性红细胞生成增多。肿瘤细胞能独立于红细胞生成调控机制增殖，使外周血中成熟RBC数量增加。虽然病变细胞系主要为红细胞系，但其他骨髓细胞系也有可能被累及。PV在犬猫均有发生。

**7.　PV的主要病史与临床症状有哪些?**

　　PV的病史和临床症状主要与RBC数量显著增多有关。成熟RBC过量会使血液黏稠，血流速度减慢，造成组织缺氧。框15-1列出了PV的临床表现。

| 框15-1　真性红细胞增多症的病史以及临床症状 | |
|---|---|
| 黏膜充血 | 出现出血倾向 |
| 视网膜血管扩张 | 吐血 |
| 脾脏肿大（轻度） | 便血 |
| 神经症状 | 非特异性临床症状 |
| 行为改变 | 厌食 |
| 共济失调 | 嗜睡 |
| 失明 | 烦渴，多尿 |
| 癫痫 | |

**8.　PV的外周血象和骨髓象是什么?**

　　表15-3列出了PV患病动物的外周血象和骨髓象。

表15-3　真性红细胞增多症的外周血象和骨髓象

| 部位 | 主要表现 |
|---|---|
| 外周血 | 红细胞数量增加（增幅多为65%~81%） |
| | 红细胞形态正常 |
| | 红细胞指数可变（正细胞正色素或小细胞低色素） |
| | 中性粒细胞增多*（轻度） |
| | 血小板增多* |

续表

| 部位 | 主要表现 |
|---|---|
| 骨髓 | 粒红比 < 1 |
| | 红细胞显著增多且有序成熟 |
| | 粒细胞增生和巨核细胞增生 |
| | 可能出现纤维化 |

*并非动物的典型骨髓表现（为人患PV时的骨髓表现）。

### 9. 如何诊断PV？

当出现红细胞数量绝对增多并且已排除其他可致红细胞增多的原因，则诊断为PV。首先须排除红细胞的相对增多。脱水后血浆含量下降和脾脏收缩（儿茶酚胺释放所致）释放成熟红细胞至外周血均会使红细胞数量一过性相对增加，而非真/总红细胞数量增多。只有上述情况（血浓缩和血液重新分配）均被排除后，才能确定为红细胞数量绝对增多。

一旦确定为红细胞数量绝对增多，可根据促红细胞生成素的生成及浓度的不同分为原发性和继发性。促红细胞生成素是肾间质细胞分泌的一种糖蛋白，它能促进红细胞生成。原发性红细胞增多症的肿瘤细胞独立于正常调控机制（与促红细胞生成素水平无关）不断增殖，故患病动物的促红细胞生成素水平通常正常或偏低。

而促红细胞生成素释放增加则引起继发性红细胞数量增多。此类情况可根据机体是否能对组织氧合情况做出正确反应进一步分类。组织缺氧使血中促红细胞生成素水平升高导致的红细胞数量增多属于正常。而组织氧合正常（组织并没有缺氧）时促红细胞生成素无缘由分泌过多导致红细胞数量增多则为多余。

表15-4列出了相对红细胞增多、原发性红细胞增多、正常继发性红细胞增多和异常继发性红细胞增多的原因和诊断方法。

### 10. 目前如何治疗PV？

目前对PV的治疗着重于减少RBC数量，避免出现血黏过高及血栓、出血等相关并发症。放血是一种非侵入性治疗手段，可暂时降低体循环中红细胞数量，但很难单靠该手段来控制本病。当放血疗法不能控制病情时，可考虑采用骨髓抑制疗法（例如羟基脲）。

表15-4 导致红细胞增多的原因及诊断方法

| 类型 | 原因 | 诊断方法 |
|------|------|----------|
| 相对增多: | 脱水<br>脾脏收缩（肾上腺素的释放） | 体格检查：评估脱水程度<br>确认检查结果（多次测定PCV）<br>输液疗法（补充水分） |
| 绝对增多:<br>原发性 | 骨髓增生性疾病（真性红细胞增多症） | 基本实验室检查数据*<br>骨髓检查<br>血中促红细胞生成素水平<br>内源性红细胞系集落生成（体内）<br>排除其他原因 |
| 绝对增多:<br>继发性<br>（正常的） | 高海拔<br>高铁血红蛋白血症<br>肺部疾病<br>心脏病：右左分流的心血管病 | 基本实验室检查数据*<br>心脏检查<br>动脉血气分析<br>血中促红细胞生成素水平 |
| 绝对增多:<br>继发性<br>（异常的） | 肾脏病变：肿瘤（良性或恶性）、囊肿和肾盂积水<br>其他肿瘤：子宫肌瘤、肝癌 | 基本实验室检查数据*<br>腹部超声探查/影像学检查<br>血中促红细胞生成素水平 |

PCV，红细胞压积；

*全血细胞计数（CBC）、生化检查和尿液分析。

## 11. 何为原发性血小板增多症？

原发性血小板增多症（essential thrombocythemia，ET）是巨核细胞系细胞大量克隆增殖的一类造血干细胞疾病。这些分化良好的成熟巨核细胞将大量血小板释放至外周血（血小板显著增多）。ET在犬和猫均很罕见。

## 12. ET有哪些主要病史及临床表现？

由于关于犬、猫的ET病例记录非常少，框15-2列出了人ET的主要临床症状。患者可无临床表现，也可由于血小板显著增多而出现出血、血栓等症状。

---

### 框15-2　原发性血小板增多症（人）的病史及临床症状

非特异性临床表现*

食欲不振

嗜睡

体重减轻

初级凝血障碍（血小板型出血）的临床症状

瘀点、瘀斑

黏膜表面出血

血栓形成的临床症状

呼吸困难（肺源性）

动脉或静脉血栓

也可能无症状

---

*动物患自发性血小板增多症最常见的临床表现。

### 13. ET的外周血相和骨髓相有哪些？

表15-5列出了ET患者的外周血相和骨髓相。

#### 表15-5　原发性血小板增多症患者的外周血和骨髓细胞相

| 部位 | 主要表现 |
| --- | --- |
| 外周血 | 血小板持续显著增多*（1 000 000～5 000 000）<br>血小板大小不一<br>血小板分布宽度升高<br>异形血小板、血小板胞质无颗粒<br>巨核细胞碎片<br>白细胞计数：正常或轻度升高<br>红细胞数量正常或贫血（出血所致） |

续表

| 部位 | 主要表现 |
|---|---|
| 骨髓 | 细胞数量正常至中度增多<br>粒红比正常<br>巨核细胞显著增生*（形态通常正常）<br>巨核细胞少于细胞总数的30%<br>骨髓纤维化（不典型） |

*主要发现。

## 14. 如何确诊ET?

确诊ET需要排除其他能引起血小板显著增多的原因（如反应性血小板增多、其他肿瘤疾病）。目前并没有专门用于鉴别诊断ET的实验室检查手段。当遇到血小板持续显著增多的病例时，首先考虑其他更常见的病因（如炎性疾病、缺铁），当用相关诊断试验排除其他可引起类似症状的疾病后才考虑罕见疾病（如ET）。

---

**框15-3　自发性血小板增多症的鉴别诊断**

血小板增多的原因

| | |
|---|---|
| 生理性血小板增多 | 急性/慢性炎性疾病 |
| 运动、肾上腺素 | 药源性 |
| 反应性血小板增多症* | 长春新碱 |
| 肿瘤 | 皮质类固醇 |
| 缺铁 | 其他慢性骨髓增生性疾病 |
| 脾脏切除 | 真性红细胞增多症 |
| 慢性出血 | 自发性骨髓纤维化 |
| 慢性感染性疾病 | 慢性髓性白血病 |
| 血小板减少症的反弹 | 巨核细胞白血病 |

---

*血小板持续增多的常见原因。

诊断人ET还需排除继发性血小板显著增多。真性红细胞增多症学习研讨会发布了ET的诊断标准（框15-4），该标准也可用于排除患病动物血小板反应性增多。

**15. 目前如何治疗ET?**

由于缺乏病例报告而无关于动物ET的明确预后及治疗信息。人医研究表明ET是一个发展缓慢的疾病，患者通常预后良好（长期生存）。当患者有出血倾向或血栓形成风险升高（血小板显著增多）时，可使用细胞抑制类药物（羟基脲）及抗凝剂（阿司匹林）。

**16. 何为慢性特发性骨髓纤维化?**

慢性特发性骨髓纤维化（chronic idiopathic myelofibrosis，CIM）也称为"特发性骨髓外化生"和"伴有髓样化生的骨髓硬化"。本病是在造血细胞（主要为巨核细胞和粒细胞）增殖的同时伴发骨髓纤维化（过量胶原蛋白/网状蛋白沉积于骨髓）。骨髓纤维化是由于细胞因子刺激成纤维细胞增殖（一种反应性疾病），而非源于肿瘤化间质细胞增殖。髓外造血作用是CIM的特征，意思是骨髓外也存在造血细胞。肿瘤化造血细胞离开骨髓定殖于其他部位（常见于肝脏和脾脏），受累脏器会发生肿大。骨髓纤维化多继发于骨髓坏死、辐射、溶血性贫血或其他肿瘤疾病（白血病/淋巴瘤）等，虽然目前CIM已成功建立动物模型，但自然发病的情况十分罕见。

**17. CIM的主要外周血相和骨髓相是什么?**

在CIM的不同阶段其骨髓纤维化的形态学表现并不一致（骨髓细胞过多vs.骨髓细胞减少）。骨髓内的正常细胞被胶原沉积物替代，出现无效造血及血细胞减少。鉴于CIM在动物中并不常见，表15-6列出了人患CIM时的外周血相及骨髓相。

**表15-6　慢性特发性骨髓纤维化的外周血相和骨髓相（人，纤维化期）**

| 部位 | 主要表现 |
| --- | --- |
| 外周血液 | 成白红细胞增多症（未成熟粒细胞和有核红细胞）<br>泪形红细胞<br>贫血<br>白细胞减少或白细胞增多 |

| 部位 | 主要表现 |
|------|---------|
|  | 粒细胞生成异常<br>异形血小板 |
| 骨髓 | 纤维化程度不一<br>细胞数量减少（但细胞数量亦可能不变或增多）<br>巨核细胞发育异常<br>巨核细胞增生<br>骨硬化 |

## 18. 如何确诊CIM？

当病例有本病特征性表现并排除其他所有可引起骨髓纤维化的病因后即可确诊为CIM。动物在体格检查时若出现脾脏肿大或肝脏肿大，可初步考虑为髓外造血作用。确诊则需要对器官进行细胞学或组织学检查。诊断CIM需要对外周血及骨髓进行细胞学和组织病理学检查。支持CIM的病理变化包括在外周血中出现泪红细胞、成白细胞增多症以及骨髓纤维化。注意，疾病不同阶段的实验室检查表现并不相同。确诊CIM之前必须排除其他可致骨髓纤维化的疾病如恶性病（如：白血病、转移癌）、其他CMPDs（如：PV、ET、CML）、免疫介导性疾病和放射治疗。虽然目前并没有从CIM患者体内发现有特定基因异常，但人医诊断该病时仍会做基因分析。

## 19. 何为慢性髓性白血病？

慢性髓性白血病（chronic myelogenous leukemia，CML）是造血干细胞的肿瘤化克隆增殖。CML的特征性病变为粒细胞显著增生——以中性粒细胞及其前体细胞增生为主，另外亦可见嗜酸性粒细胞及嗜碱性粒细胞增多，不仅如此，骨髓其他细胞系均可能被累及。CML病程通常很缓慢，但亦有最终发生急性原始细胞危象的可能。关于犬患CML的报道较为少见。

## 20. CML的主要临床表现有哪些？

CML患病动物的非特异性临床表现包括厌食、嗜睡或体重减轻，偶有无临床症状的患病动物。CML的特异性变化通常表现在实验室检查中，此外脾脏肿大及肝脏肿大均可发生。

21. **CML的外周血象和骨髓象是什么?**

CML的主要外周血象和骨髓象参见表15-7。

表15-7  慢性髓性白血病的外周血象和骨髓象

| 部位 | 主要表现 |
|---|---|
| 外周血液循环 | 白细胞显著增多（通常 > 100 000个/μL）<br>中性粒细胞核左移<br>成髓细胞（可少量出现于外周血液循环）<br>嗜酸性粒细胞增多症<br>嗜碱性粒细胞增多症<br>轻度-中度贫血<br>血小板减少症 |
| 骨髓 | 粒红比 > 1（增大）<br>骨髓细胞增多<br>骨髓增生<br>细胞有序成熟（主要为成熟的细胞） |

22. **如何诊断CML?**

为CML患者确诊需检查其是否带有费城染色体。该染色体缺陷为9号染色体与22号染色体发生易位，从而编码出BCR-ABL融合蛋白。该蛋白可使造血细胞独立于细胞因子生长、存活（阻止细胞凋亡）。但目前尚未在动物体中发现费城染色体，故动物确诊CML需排除或消除其他可导致白细胞显著增多的因素（如炎症、免疫介导性疾病）。

23. **确诊CML之前需鉴别诊断哪些疾病?**

确诊CML之前需排除其他可引起白细胞显著增多的原因，主要包括以下四种：

a. 炎症（如子宫蓄脓、脓胸）

b. 免疫介导性疾病（如溶血性贫血）

c. 传染病（如肝簇虫）或其他肿瘤疾病（副肿瘤反应）

d. 其他慢性骨髓增生性疾病

24. **目前如何治疗CML?**

羟基脲等化疗药物已被应用于患CML动物。接受治疗的犬只生存期从41d

至超过690d不等。但无论动物是否接受过治疗，CML均有转变为急性白血病的可能。

# 十六、骨髓增生异常综合征

Tarja Juopperi 和 Heather Leigh DeHeer

**1. 什么是骨髓增生异常综合征?**

骨髓增生异常综合征（myelodysplastic syndromes，MDS）是指一组异质性血液学紊乱，其临床特点是无效造血和无序造血。尽管本病称为骨髓"增生异常"，但其实是一种肿瘤性疾病，源于异常造血干细胞的克隆扩增，表现为外周血细胞减少，以及血液和骨髓中的异常增生性变化。

**2. MDS的病因是什么?**

在人医，MDS根据病因可分为原发性和继发性两大类。原发性MDS是自发性异常，其病因未知。继发性MDS可由电离辐射、环境毒素和化疗引起。继发性MDS比原发性MDS少见，且大都与治疗有关，尤其是使用烷化剂或拓扑异构酶Ⅱ抑制剂治疗。

MDS在兽医临床中较罕见，但在猫（较多）、犬和马（不常见）均有报道。猫的MDS被认为与FeLV感染有关，因为大约80%的MDS患猫呈FeLV阳性。而在其他种类的动物，易感因素或潜在病因则尚未证实。

**3. MDS的发病机制是什么?**

虽然尚不清楚MDS确切的发病机制，但通常认为是造血干细胞DNA损伤，而导致的恶性表型的出现。恶性多能干细胞的克隆扩增可引起多种髓细胞的异常生成，包括中性粒细胞、单核细胞、红细胞和血小板。在某些罕见的人的MDS病例中，也会出现淋巴样细胞的克隆增殖。异常干细胞的增殖会导致前体细胞在骨髓中积聚（骨髓中的细胞量增大），同时外周血细胞减少。这种矛盾可能由骨髓中的干细胞分化障碍或凋亡速率加快（大量造血细胞在骨髓中发生程序性死亡，而少量成熟造血细胞出现于外周血中）而引起。此外，许多肿瘤性造血干细胞的子代细胞也可见成熟缺陷、增生异常及功能异常。

**4. MDS患者可能出现的功能异常有哪些?**

现已证实人的异常干细胞产生的造血细胞存在功能异常。中性粒细胞和血小板异常可分别引起反复感染和出血倾向。患有MDS的动物也可出现类似的临床表现，但其功能缺陷仍需进一步调查。表16-1列出了MDS患者出现的功能异常。

表16-1　MDS患者的功能异常

| 细胞类型 | 功能异常 |
| --- | --- |
| 红细胞 | 酶缺陷，酶含量降低<br>细胞表面抗原改变<br>铁代谢异常 |
| 中性粒细胞 | 黏附性、趋化性和吞噬作用异常<br>杀菌作用降低<br>髓过氧化物酶活性降低<br>可导致反复感染 |
| 血小板 | 黏附和聚集异常（密集颗粒贮存池和微管缺陷）<br>可导致出血倾向 |

**5. 是否存在与MDS相关的染色体异常或遗传学变化？**

　　人医已利用细胞遗传学和分子学技术证实了MDS的克隆性，但仍未阐明引起造血干细胞肿瘤性转变的基因变化。3%～33%的MDS患者发生Ras基因（一个原癌基因家族）的点突变。此外，染色体的增多、减少及易位也有报道，且常发于5、7、8号染色体及Y染色体。虽然这些染色体异常并不是MDS所特有的，但其中几种异常与本病的某些亚型高度相关，且对预后具有指示意义。例如，5号染色体长臂缺失的MDS患者预后相对良好，存活时间较长且转变为急性白血病的比率较低。对于兽医MDS病例，细胞遗传学或分子学技术能否作为一种诊断手段仍有待研究。

**6. 如何诊断MDS？**

　　MDS可根据病史、临床症状以及外周血和骨髓的形态学检查进行诊断。在人医，细胞遗传学分析是一种重要的诊断工具。由于MDS涉及一组异质性紊乱，因此患病动物可能有不同的临床表现和实验室检查异常。诊断MDS的关键是出现持续性血细胞减少和骨髓中的细胞增多（无效造血），同时一种或多种造血细胞系出现发育不良性变化。需要注意的是，其他疾病也可能出现一过性骨髓增生不良，因此在诊断为MDS前必须加以排除。

### 7. MDS的鉴别诊断有哪些?

有几种疾病的表现与MDS非常相似,因此在进行诊断之前应先予以排除。营养缺乏(如维生素B$_{12}$、叶酸)、药物诱导(如长春新碱、氯霉素)、先天性原因(如贵宾犬大红细胞血症、先天性红细胞生成异常)、铅中毒或免疫介导性血液学紊乱均可引起造血细胞的增生不良。但这些因素引起的增生不良通常是多克隆的(而MDS则是一种克隆性紊乱),应在诊断为MDS之前先予以排除。

### 8. MDS的主要病史和临床表现有哪些?

MDS患病动物的病史、临床症状及体格检查结果各异。临床症状通常取决于血细胞减少的类型和严重程度。动物就诊时可能仅出现非特异性症状,如嗜睡、厌食和体重减轻。此外,由于许多患病动物会发生贫血,因此也可显得苍白虚弱。少数情况下,动物可由于血小板减少症而出现瘀点或瘀斑。患有中性粒细胞减少症的动物可能出现反复的细菌感染。MDS也可能只是例行体检时的意外发现。

### 9. MDS引起的外周血的主要变化有哪些?

MDS的外周血主要表现是持续性单系或多系血细胞减少症(二系血细胞减少症或全血细胞减少症较常见)。患病动物通常贫血(可能非常严重),且多为非再生性贫血。此外,还可见血小板减少症和/或中性粒细胞减少症。外周血可表现出增生不良性异常,且可累及多个细胞系。红细胞系异常包括大红细胞症(常见于猫)、异形红细胞症以及不伴有多染性红细胞的正成红细胞血症(出现有核红细胞)。粒细胞系异常包括细胞大小异常(巨大畸形)、分叶不良/过度以及颗粒增多/减少。血小板异常时可出现巨大的、形状异常或异常颗粒化的血小板。此外,外周血循环中还可见原始细胞(正常情况下其数量不应超过白细胞的5%)

### 10. MDS骨髓细胞学检查的结果有哪些意义?

MDS患病动物的骨髓细胞学检查通常显示骨髓细胞增生或正常(但也可见骨髓细胞减少)。MDS的重要特征之一是骨髓增生同时伴有持续的外周血细胞减少。原始细胞数量通常增加,但其比例不超过30%。MDS的标志是出现单细胞系或多细胞系的异常增生。此外,还可见细胞的成熟缺陷,如左移及成熟发育不同步。

### 11. MDS血液或骨髓中可能出现的增生不良性变化有哪些?

框16-1列出了MDS相关的形态学异常。

| | 框16-1　MDS相关的形态学异常 | |
|---|---|---|
| 红细胞系<br>（红细胞生成异常） | 粒细胞系<br>（粒细胞生成异常） | 巨核细胞系<br>（巨核细胞生成异常） |
| 巨幼红细胞<br>（含大量细胞质及未<br>成熟的细胞核） | 细胞巨大畸形 | 小巨核细胞 |
| 细胞核-细胞质发育<br>不同步 | 环形中性粒细胞 | 大单核的巨核细胞 |
| 多核成红细胞 | 细胞核-细胞质发育不<br>同步 | 巨核细胞内多个小而分散的细<br>胞核 |
| 细胞核形状异常及细<br>胞核碎片 | 多核细胞 | 巨大血小板 |
| 环状铁粒幼红细胞和<br>高铁红细胞 | 细胞核空泡 | 无颗粒或颗粒增多的血小板 |
| 原红细胞增多<br>（左移） | 细胞核分叶不良且染色<br>质浓度异常（Pelger-<br>Huet样综合征） | 异形血小板 |
| 红细胞形态异常<br>（红细胞大小不等、<br>异形红细胞症、大红<br>细胞血症） | 细胞核分叶过度 | |
| 正成红细胞血症<br>（循环的有核红细胞） | 颗粒减少，异常颗粒<br>形成 | |
| | 中幼粒细胞增多<br>（核左移） | |

12. **如果怀疑是MDS，为何要做骨髓芯活检？可提供什么信息？**

　　MDS可根据外周血和骨髓抽吸检查进行诊断，但骨髓芯活检可提供非常有用的信息，并且当骨髓抽吸检查失败时必须进行活检。活检是确定骨髓细胞含量最准确的方法，并且可了解骨髓结构破坏的情况。MDS患病动物可出现骨髓纤维化（即骨髓中胶原纤维过度沉积以及成纤维细胞数量增加），通过骨髓芯活检可予以确定。由于骨髓芯活检不仅可确定未成熟造血细胞前体的异常积聚，还可证实骨髓的增生不良性改变，因此，这是一种非常有用的诊断方法。

### 13.　MDS怎样和慢性骨髓增生性疾病相辨别？

区别慢性骨髓增生性疾病（chronic myeloproliferative diseases，CMPD）与MDS的一个主要特征是CMPD通常可以有效造血。CMPD的骨髓检查多显示骨髓细胞含量增多（与MDS类似），但其外周血中也通常出现一种或多种造血细胞系的增生（白细胞增多症）。相反，MDS则会引起无效造血和外周血细胞减少。此外，与MDS不同，CMPD很少会出现造血细胞的增生异常（细胞形态变化不明显）。但极少数情况下，如果CMPD转化成一种更具有侵袭性且类似于MDS的疾病时，则鉴别二者也非常困难。

### 14.　怎样鉴别MDS和急性髓性白血病？

鉴别MDS与AML的主要标准是骨髓中原始细胞的百分含量。MDS患者骨髓中原始细胞的含量低于30%，若等于或高于30%则表明是急性白血病。最近世界卫生组织（WHO）将人AML的诊断标准由30%降为20%。与这一改变相对应，许多兽医病理学家也将动物的MDS/AML分类标准进行了调整。

### 15.　何为白血病转化？

如果异常造血干细胞还发生了其他DNA损伤，则MDS可能会转化为急性白血病，通常为AML。人的MDS转化率（10%～60%）取决于其亚型，骨髓中原始细胞含量少的亚型往往转化率较低。虽然已证实MDS患病动物也可发生白血病转化，但由于资料不足而难以确定其转化率。

### 16.　骨髓增生异常综合征如何分型？

设计MDS分型系统主要是为了报告的连贯性和一致性，其依据是血液和骨髓的形态学评估。FAB协作组将MDS分为5个亚型，主要依据是外周血和骨髓中原始细胞的比例、环形铁粒幼细胞在骨髓中的比例、外周血是否出现单核细胞增多症以及增生异常的细胞系的数量。这5个亚型分别为：

（1）难治性贫血

（2）难治性贫血伴有环形铁粒幼细胞

（3）难治性贫血伴有原始细胞过多

（4）难治性贫血伴有原始细胞过多且发生转化

（5）慢性粒单核细胞白血病

由于并非所有患者均可归入这一分型系统，因此也产生了其他分型系统。最近WHO对许多人的恶性血液学疾病重新进行了分型，将慢性粒单核细胞白血病从MDS分型中移除并置于一个新的独立组——骨髓增生性/骨髓增生异常性疾病。兽医沿用了FAB分型系统并进行修改以更好地反映动物的疾病。此系统中3个主要的亚型如下：

（1）MDS红细胞系为主

（2）MDS难治性血细胞减少症

（3）MDS原始细胞过多

表16-2列出了每个亚型的划分标准。

表16-2　骨髓增生异常综合征亚型：改良FAB分型系统（兽医）

| MDS亚型 | 骨髓中原始细胞百分含量 | 粒细胞/红细胞比率 |
| --- | --- | --- |
| 红细胞系为主（MDS-Er） | 低于所有有核细胞的30% | < 1 |
| 难治性血细胞减少症（MDS-RC） | 低于所有有核细胞（原红细胞除外）的6% | > 1 |
| 原始细胞过多（MDS-EB） | 占所有有核细胞（原红细胞除外）的6%~29% | > 1 |

FAB：法-美-英系统。

## 17. MDS预后如何？

MDS预后不良，患病动物通常仅能存活数天至数月。但MDS的预后也与亚型和血细胞减少症的严重程度有关，原始细胞较少且血细胞减少症为轻-中度者则存活时间较长。在某些病例中，MDS可转变为急性白血病。人的MDS预后取决于骨髓中原始细胞的比例、细胞遗传学异常的类型和数量、是否出现血细胞减少症及其严重程度。人医根据这些因素设计了国际预后评分系统，并对患者的预后进行评分。该评分对患者的生存时间具有很强的预测意义。而兽医则尚未出现类似的预后评分系统。

18. **当前如何治疗MDS?**

　　由于没有确立的治疗方案，因此MDS的治疗效果非常差。治疗以支持疗法为主，根据是否存在血细胞减少症，通常采用抗生素±输血进行治疗。其他治疗药物包括造血生长因子（如促红细胞生成素、粒细胞集落刺激因子）和分化剂（如视黄酸类似物）。其中，分化剂被认为会引起异常克隆的终末分化，从而导致细胞成熟并丧失增殖能力（已在体外试验中证实）。此外，也有人使用化疗药物进行治疗，尤其当骨髓和/或外周血的原始细胞数量过多时。

# 第二章

# 淋巴增生性疾病

✒ **Heather Leigh DeHeer 和 Tarja Juopperi**

## 十七、淋巴瘤/淋巴肉瘤综述

**1. 哪些疾病属于淋巴增生性疾病?**

淋巴增生性疾病包括淋巴细胞的所有肿瘤性生长。传统意义上淋巴增生性疾病主要分为三类:淋巴瘤、白血病和浆细胞肿瘤,这三类疾病将在本章节和另外两个章节分别讨论。一般而言,起源于骨髓内淋巴样细胞肿瘤性转化的淋巴增生被定义为白血病,而起源于髓外组织的疾病则定义为淋巴瘤。浆细胞的增生通常同其他淋巴性肿瘤区分开来进行考虑,并且也是根据起源位置进一步的细分。起源于或侵袭到骨髓的浆细胞肿瘤被称为骨髓瘤,而起源于髓外组织的浆细胞肿瘤则称为浆细胞瘤。

淋巴细胞从祖细胞发育为完全分化的成熟细胞过程中的任何阶段都可能发生肿瘤性转化。分化不良的淋巴样细胞的肿瘤性增生包括急性淋巴母细胞性白血病和淋巴母细胞性淋巴瘤。病变包括了更多成熟的,淋巴细胞分化程度更高的增生性疾病包括小细胞性和中等大小细胞性淋巴瘤和慢性淋巴细胞性白血病。

**2. 淋巴瘤和淋巴肉瘤是否相同?**

作为"恶性淋巴瘤"的缩略词,在人医中,淋巴瘤通常指起源于髓外坚实组织包块的淋巴肿瘤。"淋巴瘤(lymphoma)"这个名词是一个错用词,因为其后缀"瘤(oma)"专用于良性肿瘤。但是在人医学和兽医学中都没有良性的淋巴肿瘤。基于这个原因,恶性淋巴瘤中"恶性"这一名词所代表的意义不言自明,因此通常只是单独使用淋巴瘤这个缩略词。淋巴肉瘤是兽医文献中指称恶性淋巴瘤的一个名词。因此淋巴瘤、恶性淋巴瘤和淋巴肉瘤是同义词。因为在人医文献中也使用淋巴瘤这个词,因此在本书中都使用淋巴瘤这个词。

### 3.　在不同种类的动物中，淋巴瘤的发病率分别是多少？

淋巴瘤是至今为止犬最常发生的血源性肿瘤，发病率占这类肿瘤的80%～90%，占犬所有肿瘤的5%～7%（文献报道中最高比例为24%）。每年每10万只犬有13～24只发病。

与犬相似，淋巴瘤也被认为是猫最常见的血源性肿瘤，发病率占这类肿瘤的50%～90%。但是这些研究都是在FeLV疫苗和测试大范围推广开来之前所做的，因此某些学者对这一统计的准确性存有质疑。由于FeLV感染的发病率出现明显变化，极大地改变了猫淋巴瘤的发病年龄和病变分布。最近一些调查发现患有淋巴瘤的FeLV的感染率为25%，而之前的一些报道在60%～70%。

虽然马淋巴瘤的发病率远低于犬和猫，但是淋巴瘤仍然是马最常见的恶性肿瘤，占马所有恶性肿瘤的1%～3%。在加利福尼亚大学对马的调查中，淋巴瘤在常见恶性肿瘤中排名第五。

在奶牛中，淋巴瘤的发病率随着年龄和饲养管理的变化而变化。淋巴瘤虽然是奶牛最常见的恶性肿瘤，但是如果不考虑类型的话，其发病率仅次于眼部鳞状细胞癌。有报道称，在美国，每10万头被屠宰的牛中约有18头患有该病。不过该发病率在按年龄划分的调查结果中差异非常显著。有报道称在未感染牛白血病病毒（bovine leukemia virus，BLV）的病例中很少发生淋巴瘤。

### 4.　年龄因素在淋巴瘤的发病率中有意义吗？

总体而言，随着动物年龄的增长，淋巴瘤的发病率逐渐升高。中老年动物最常发病。犬诊断出淋巴瘤的平均年龄是6～9岁。淋巴瘤也可能发生于年轻动物，已有报道称在4月龄的犬以及牛和马的胎儿中发现了淋巴瘤。更不幸的是，年轻动物的淋巴瘤通常分级更高、侵袭性更强。

猫和牛的淋巴瘤发病过程呈现一种双峰性的年龄分布。这种情况与这种动物发生反转录病毒的感染率有很大关系。猫淋巴瘤的发病率在2～3岁时增高，然后在6～12岁时再次增高。这两个不同的发病高峰期代表了非常不同的淋巴瘤表现。患淋巴瘤的猫年龄越小，肿瘤更有可能起源于胸腺，可能与FeLV感染有关，也更有可能是T细胞型的。与此相反，年龄较大的猫发生的淋巴瘤更常见来源于消化道，也可能是B细胞型的，通常与FeLV感染的关系不大。

与猫的情况相同，牛可能由于反转录病毒诱发突变而继发淋巴瘤。牛的致病因素是BLV。但与猫不同的是，这种有病毒相关性的淋巴瘤更常发生于年龄较大的牛。在年轻牛中更多发生的是自发性淋巴瘤。

**5. 淋巴瘤是否具有品种易感性?**

文献已经报道了很多易患淋巴瘤的犬的品种。已有报道称苏格兰猎犬、拳师犬、巴吉度猎犬、斗牛犬、拉布拉多犬、斗牛獒犬、万能㹴犬和圣伯纳犬的发病率较高。与此相反,其他品种淋巴瘤的发病率可能较低。已有报道称腊肠犬和博美犬的发病率低。因为罗威纳犬、猎水獭犬和斗牛獒犬具有家族性发病表现,因此也提示犬的淋巴瘤发病中有遗传因素的作用。

猫也有易患品种。报道称东方品种的猫(特别是暹罗猫)的发病率高于其他品种。

实际并没有发现牛品种易患性,但是同肉牛相比,奶牛淋巴瘤的发病率更高。这种情况可能是由于平均年龄差异和管理不同所造成的。

马并未表现出品种易患性。

**6. 对淋巴瘤进行分级的重要意义是什么? 使用什么样的特征进行分级?**

任何分级方案都是为了根据诊断来准确的判断预后。为了达到这个目标,我们根据是否具有相似的表现、发展速度、对治疗的反应和临床结果,将单个病变划分为不同的次级病变的过程。根据更加准确的诊断结果,兽医能够在整个疾病过程中更具针对性地提出治疗方案,更准确的预测存活时间,给宠物主人提供更可靠的建议。

有很多不同的标准可用于淋巴瘤的进一步分类,这些标准包括解剖位置、细胞形态、肿瘤的组织学表现和细胞的免疫表型。不同解剖位置的淋巴瘤具有不同的行为表现。年龄也是重要的影响因素,在猫和牛中更是如此,这些品种中解剖位置、年龄和病毒感染也具有密切的联系。有丝分裂指数(反应肿瘤增生速率)可以反映肿瘤对治疗的反应。淋巴瘤能够进一步细分为低分化(每个高倍镜视野中0~1个有丝分裂象)、中分化(每个高倍镜视野中2~4个有丝分裂象)和高分化(每个高倍镜视野下>5个有丝分裂象)。肿瘤的分化程度越高,病变的发展速度越快,对治疗的反应也越快。

**7. 淋巴瘤解剖类型的兽医学分类是什么?**

淋巴瘤的解剖类型在兽医学中是一种对肿瘤进行分类的常见模式。根据原发肿瘤的位置,解剖类型包括纵隔型(胸腺)、消化道型(胃肠道)、皮肤型(皮下型)、多中心型(泛发型)和结外型(单发性或是局灶性)。在不同种属的动物中,不同解剖类型的发生率不同(表17-1)。

表17-1　常见家畜的不同解剖类型的淋巴瘤发生率

| 种属 | 多中心型 | 消化道型 | 纵隔型 | 皮肤型 | 结外型 |
|---|---|---|---|---|---|
| 犬 | >80% | 5%~7% | 5%，罕见 | 罕见 | |
| 猫 | 第三 | 最常见 | 几乎和消化道型一样常见 | 罕见，大多数为非趋上皮型 | 第四* |
| 牛 | 最常见 | — | 在牛中最为常见 | 第二 | — |
| 马 | 最常见 | 第二 | 罕见 | 罕见 | 罕见常见于眼睛和呼吸道 |

*肾脏是最常见的淋巴结外位置。神经系统淋巴瘤的发生率是12%，这种病变大多发生于FeLV阳性的青年猫。和犬相比，猫更常见鼻咽型和眼睛淋巴瘤。

多中心型淋巴瘤是大多数动物中的主要病变类型，通常侵袭外周淋巴结、肝脏、脾脏、肾脏、心脏和肠道。消化道型侵袭胃肠道壁，大网膜淋巴结和腹腔内脏。纵隔淋巴瘤会波及胸腺和纵隔淋巴结，并且可能会扩展到临近的组织中。皮肤的淋巴瘤可能是原发性的，也可能是继发于其他部位的淋巴瘤转移。原发性皮肤淋巴瘤包括趋上皮型（蕈样肉芽肿病）和非趋上皮（真皮）型。在马中可以看到一种独特的皮下病变。结外型淋巴瘤是指在发生于其他部位的肿瘤，包括原发的肾脏淋巴瘤，鼻咽部淋巴瘤，眼睛淋巴瘤和神经淋巴瘤和皮肤淋巴瘤的病变一样，其他部位发生的淋巴瘤也会继发肾脏、鼻咽部、眼睛和神经系统淋巴瘤，在多中心淋巴瘤病例中可能发生这种类型的病变。

猫

纵隔型和消化道型是猫最常见的淋巴瘤类型。消化道型淋巴瘤最常发生于年纪较大、未感染FeLV的猫，可能是弥散性病变，也可能是单个病变。和犬相比，猫更常发生单发性消化道淋巴瘤。最常见的细胞型是B淋巴细胞。在猫所发生的消化道淋巴瘤之中，50%~80%的病变起源于小肠，其余25%发生于胃、回盲肠结合处和结肠（发生概率按此排列顺序递减）。淋巴细胞浆细胞性肠炎可能是造成淋巴瘤的易感因素，并可能由此而逐渐发展为消化道淋巴瘤。纵隔型淋巴瘤多发于年纪较小、感染了FeLV的猫，肿瘤发生于胸腺、纵隔淋巴结及胸骨淋巴结。这种类型的淋巴瘤最常见的是T淋巴细胞瘤。这种病变常见胸腔积液，积液中偶尔能看见肿瘤细胞。犬胸腺淋巴瘤中常见的高钙血症在猫中并不常见。猫结外型淋巴瘤的主要部位包括肾脏、眼睛和眼球后区域、中枢神经系统、鼻腔和皮肤。随着起源于消化道的淋巴瘤进一步扩张，也可能会看到肾脏发生肿瘤的情况。在发生肾脏淋巴瘤的猫中，有1/4～2/4的猫感染FeLV。有40%～50%的猫肾脏淋巴瘤病变会发展到中枢神经系统。原发的中枢神经淋巴瘤主要是发生于硬膜外，并与椎管相连。在这种类型的病变中可见病变与FeLV具有明显的联系；85%～90%发生原发性中枢神经型淋巴瘤的猫都感染了FeLV。在猫所发生的中枢神经肿瘤中，淋巴瘤的发病率仅次于硬脑膜肉瘤，居第二位。结外型原发性鼻淋巴瘤通常是局灶性的，不过偶尔还是会发生全身性病变。这种病变通常是B淋巴细胞型，发生这种病变的猫通常都没有感染FeLV。与犬相比，猫发生原发性眼部淋巴瘤的几率更高。无论是原发性皮肤淋巴瘤，还是由于多中心淋巴瘤转移而发生的继发性皮肤淋巴瘤，都多见于年龄较大、未感染FeLV的猫，病变可能是局灶性或是弥散性。该类淋巴瘤有两种类型：趋上皮型（该型最常见T淋巴细胞瘤）和非趋上皮型（该型最常见B淋巴细胞瘤）。

### 犬

多中心淋巴瘤占犬淋巴瘤病例的80%～85%，这是犬中最常发生的淋巴瘤。消化道型淋巴瘤是第二常见的类型，占犬淋巴瘤病例的5%～7%。和猫的情况相同，犬的消化道型淋巴瘤可能是穿透小肠黏膜下层和黏膜固有层的多灶性或弥漫性病变。淋巴细胞浆细胞性炎症可能与消化道淋巴瘤有一定的联系，这种病变可能是潜在的淋巴瘤前病变。胸腺性淋巴瘤占犬淋巴瘤的5%，最常见的是T淋巴细胞型。犬的皮肤淋巴瘤可能是单发性或是泛发性的，现在已有趋上皮型和非趋上皮型的相关报道。和猫一样，犬趋上皮性淋巴瘤最常见的是T淋巴细胞瘤。这种类型也可能会发生在口腔黏膜和皮肤以外的部位。报道显示犬、猫和马均可见Sézary综合征这种罕见的皮肤T细胞淋巴瘤，这种病变可在循环血液中出现具有卷曲细胞核的异常淋巴样细胞。犬所发生的非趋上皮型淋巴瘤可能是B淋巴细胞型或T淋巴细胞型。B淋巴细胞型的病变很典型，不累及表皮层，而是集中在中层至深层真皮中。

### 马和牛

马的淋巴瘤和犬类似，多中心淋巴瘤都是最常见的类型。消化道型是第二常见的类型，其次是很少见报道的胸腺型、结外皮肤型、眼型和呼吸道型。

和猫的情况相似，牛不同解剖型淋巴瘤的发病率同年龄和病毒感染有关。在年轻并且没有感染BLV的牛中，胸腺型淋巴瘤最常见。而在年龄较大的牛中，BLV所引起的淋巴瘤与多中心淋巴瘤有关。因为在这两种类型的病变中，发病动物通常是在病变的末期才就诊，因此病变通常已经广泛分布并且是多中心型的了。成年牛所发生的皮肤淋巴瘤具有独特的病变特征，其表现为病变反复、隆起、无毛，有时溃疡性的病变集于颈部、肩部和会阴部。最终会发展成为多中心淋巴瘤。

8.　**什么是免疫表型？免疫表型在鉴别淋巴瘤的过程中的作用是什么？**

体内的每一种细胞表面都携带一种细胞膜相关的表面蛋白的组合，这些蛋白都具有谱系或有独特的起源，这就是免疫表型。通过使用蛋白特异性抗体标记来鉴别出这些表面蛋白的过程就被称为免疫分型技术。这种技术能鉴别在形态上无法区别的细胞，而且特异性和重复性好。

通过使用淋巴细胞谱系所特有的表面蛋白组合进行免疫分型鉴定，能够从其他类型的离散型细胞（造血细胞、变性的上皮和间质细胞）中区分出未分化的淋巴样细胞。区分免疫表型也能鉴别出在健康和病变状态都具有行为独特性的淋巴细胞亚型。淋巴瘤中已知的三种主要淋巴细胞分别为是B淋巴细胞，T淋巴细胞和无标记细胞。B亚型和T亚型是目前最大的类别，能够使用同样的技术按照特殊的功能或成熟程度进一步进行区分。这样可对淋巴瘤的肿瘤性淋巴细胞进行特异性鉴定，预测病程发展、治疗效果和最终的结果。

犬的淋巴瘤细胞型与肿瘤的行为和预后有关。例如，总体而言，犬淋巴瘤病例的高血钙发生率在10%左右。而在患有胸腺T细胞型淋巴瘤的犬中，高钙血症的发生率则高得多（40%～50%），这种情况显示这种肿瘤性淋巴细胞亚型中具有不同的行为学特征。同B细胞淋巴瘤相比，T细胞性肿瘤表现出化疗后的缓解率较低，无病变间隔期较短，存活时间较短。在B细胞肿瘤中，那些具有B5表面抗原减少的病例具有较短的缓解期和存活时间。猫、犬、马和成年牛的大部分淋巴瘤都是B细胞型的。B细胞肿瘤中可能有大量的非肿瘤性T淋巴细胞浸润，这种情况通常被称为"富含T细胞的B细胞型淋巴瘤"。这种亚型最多报道于马，但是在犬、猫和猪中也有相关病例报道。解剖分布和细胞型通常具有相关性。犬、猫、牛发生的纵隔型淋巴瘤和猫发生的中枢神经系统性淋巴瘤主要是T淋巴细胞型的。

9.　**哪一种人医所使用的淋巴瘤分类方案已经被用于兽医中？**

在过去许多年中，人医已经发展出了很多淋巴瘤的分类方案，以求能够将肿瘤细胞的类型和肿瘤的组织学特征和肿瘤的生物学行为联系起来，能够更加准确的预测临床预后。兽医血液病理学家已经将这些模式应用于家畜淋巴瘤病例中，并取得了不同程度的成功。已经发现家畜的淋巴瘤亚型和人的相应亚型有一定的相似性。最近十年中，用于兽医学的人医淋巴瘤分类方案包括Rappaport分类体系、Kiel分类方案、国立癌症研究所（National Cancer Institute，NCI）工作目录和WHO分类方案。

Rappaport体系是兽医学中最老的分类方法。这种方法在1956年获得认可，用于人非霍奇金型淋巴瘤的分类。这种系统考虑使用生长模式（滤泡型或是弥散型）和肿瘤性淋巴样细胞的细胞学特征（分化良好、分化不良或是"组织细胞性"）来对肿瘤类型进行分类。和人医的情况相反的是，兽医中滤泡型的淋巴瘤并不常见。此外，生物技术和细胞鉴定技术的发展排除了使用"组织细胞性"这个令人混淆的名词来描述淋巴瘤。最终，像这种单纯基于形态学的分类系统已被认为并不适用于预测动物淋巴瘤生物学行为和预后。

Kiel系统在细胞形态学之外，增加了免疫亚型，因此同Rappaport系统相比，这种系统具有更好的预测价值。

NCI工作目录代表了在20世纪70年代后期试图通过从淋巴瘤分类的主导方案中发展出一个统一的报告，从而达到统一人淋巴瘤分类方案的一种尝试，以求能够更有意义的对人临床试验的数据进行比较。这种分类方法将病人的存活数据同肿瘤细胞形态学（大、小、裂核或是母细胞性）和组织类型（滤泡型或弥散型）联系起来。但是并不考虑肿瘤细胞的免疫亚型。

最新的分级方案是在2001年修正过的WHO系统。这个系统结合使用肿瘤细胞的形态学、免疫细胞型，同时结合临床和存活信息，以求将淋巴瘤划分出不同的亚型，这些亚型在行为和预后中具有真正的临床区别意义。

这些系统的共同点是他们都通过级别来区分淋巴瘤。已有描述的级别包括低级、高级和有时会用到的居于两级之间的级别（表17-2）。低分化淋巴瘤的典型特征包括细胞较小、有丝分裂相比率低、进展缓慢、存活时间长和对治疗的反应较差。高分化淋巴瘤的典型特征包括有丝分裂相比率较高、发展迅速、对治疗的反应较好。

**表17-2　通过分级对淋巴系统肿瘤进行分类的方案的比较**

| 肿瘤等级 | 已修正的Kiel分类法 | NCI工作目录 |
| --- | --- | --- |
| 低 | 淋巴细胞性<br>淋巴细胞浆细胞性<br>淋巴细胞浆细胞样<br>中心细胞性，滤泡性<br>中心母细胞性/中心细胞性，滤泡性小细胞 | 弥散性的小淋巴细胞<br>·浆细胞样<br>·中间型<br>滤泡性小核裂细胞<br>滤泡性混合细胞 |
| 中等 | 中心母细胞性/中心细胞性，滤泡性大细胞<br>中心细胞性，弥散性<br>中心母细胞性/中心细胞性，弥散性小细胞<br>中心细胞性，弥散性 | 滤泡性大细胞<br>弥散性小核裂细胞<br>弥散性混合细胞<br>弥散性大核裂细胞<br>弥散性大非核裂细胞 |

续表

| 肿瘤等级 | 已修正的Kiel分类法 | NCI工作目录 |
|---|---|---|
| 高 | 中心母细胞性，单一细胞形态<br>中心母细胞性，多种细胞形态<br>成免疫细胞性<br>淋巴母细胞性 | 成免疫细胞性<br>小的非核裂细胞<br>小的非核裂细胞，Burkiit型 |

在将人的分级系统应用于家养动物的淋巴瘤病例时，可以发现一些不同。同人相反的是犬很少会发生滤泡性淋巴瘤。此外，能够分类为低分化肿瘤的犬淋巴瘤较少（5%～29%）。和犬的情况一样，大多数猫的淋巴瘤也是中度分化至高分化的（85%～90%）。在犬的病例中，小细胞性肿瘤主要是T淋巴细胞分化而来的，而高分化淋巴瘤则主要是B细胞分化而来的。使用Kiel分类方法，高分化淋巴瘤会具有较少的完全缓解率和较短的无病变间隔期。NCI工作目录分级为高分化的淋巴瘤存活时间较短。

## 10. 淋巴瘤是否有明确的发病原因？

犬淋巴瘤的病因尚不明确。因为淋巴瘤在与斗牛獒犬、奥特猎犬和罗威纳犬有亲缘关系的犬中具有家族性，这种情况提示淋巴瘤可能有遗传性。同猫和牛的情况不同的是，犬并没有证实有反转录病毒性病因，不过确曾在犬淋巴瘤的组织培养物中分离出病毒粒子。免疫功能紊乱可导致淋巴瘤。报道称在诊断为免疫介导性血小板减少症的犬中，淋巴瘤的发生率会升高。人暴露于包括2，4-二氯苯氧乙酸（2，4-D）在内的某些除草剂是导致发生淋巴瘤的一种危险因素。在犬也发现了类似的趋势。淋巴瘤患犬的主人对草坪使用2，4-二氯苯氧乙酸（2，4-D）或是雇佣商业草坪护理公司的频率，比未患淋巴瘤的犬的主人更高，不过这些发现还有一些受到质疑的部分。研究还发现暴露于磁场环境和犬淋巴瘤的发生具有一定相关性。

在检测和疫苗接种大范围普及之前，FeLV这种反转录病毒感染是猫发生血液性肿瘤的主要病因，与60%～70%的病例有关。最近的调查显示FeLV在淋巴瘤的发病作用降低，这种病因占到近来猫的血液源性肿瘤近25%。现在观察到，伴随猫的病毒感染状态发生改变的还有病变解剖位置、病畜特征和淋巴瘤的细胞型的改变。和FeLV感染有关的淋巴瘤（年轻猫，胸腺和中枢神经系统的位置，T细胞型）在猫所有淋巴瘤中的比例降低。猫免疫缺陷病毒感染也显示同猫的B细胞淋巴瘤的发生之间具有间接的联系，这可能是继发于免疫监视缺陷。常用的猫白血病病毒诊断方法包括对p27病毒抗原进行酶联免疫吸附测试（ELISA）、对血液或骨髓中的

p27进行免疫荧光抗体（IFA）测定和进行病毒分离。猫免疫缺陷病毒的测试方法包括通过CITE测试检测血清抗体，蛋白质印迹检测或是间接免疫荧光抗体检测。

在牛中，BLV感染是成年牛淋巴瘤的主要病因。牛白血病病毒是反转录病毒家族的一员，能水平传播，最常见是通过血液或是初乳传播。一旦动物接种感染病毒，患病动物就会表现出亚临床感染，此时牛白血病病毒正在B淋巴细胞中复制。大约有三分之一感染牛白血病病毒的动物会在随后的3～5年中发展出持续性多克隆B淋巴细胞增多症。这种持续性淋巴细胞增多症被认为是肿瘤前的一种病变。在这些动物之中，有1/3的动物将最终会发展为恶性B细胞淋巴瘤或是淋巴细胞性白血病。

### 11. 患有淋巴瘤的动物的典型临床表现是什么？

根据解剖位置和就诊时病变的程度，不同动物的临床表现各异。在犬中，多中心淋巴瘤是最常见的，占所有病例的80％，发生这种病变的犬呈现出单发性或全身性淋巴结病，伴有或不伴有脾肿大、肝肿大、骨髓受到侵袭或累及其他器官。20％～40％的患犬还具有其他临床症状，这些症状包括体重减轻、嗜睡、食欲缺乏和发热。和犬不同的是，猫单独发生的外周淋巴结病并不常见。

猫最常见的淋巴瘤类型是消化道型和纵隔型，这两种类型可能都会出现淋巴结受侵袭的情况。具有胃肠道型病变的猫的典型表现有1～3个月内出现体重减轻、食欲缺乏、泛低蛋白血症和吸收不良。现在已有报道动物会发生呕吐、腹泻、排便困难/里急后重和继发于肠道破裂的腹膜炎。75％～80％的病例可以触诊出局灶性肠道包块或弥散性肠袢增厚。还可能表现出肠系膜淋巴结病，脾肿大或是肝肿大的症状。

患有纵隔型病变的猫的典型表现有咳嗽、返流或呼吸困难。还可能出现非压缩性的前置纵隔和心音及肺音沉闷。胸腔积液较常见，通常是乳糜胸，并且可能含有异常淋巴样细胞。也可能观察到有Horner's综合征。据估计有10％～40％患有纵隔型淋巴瘤的犬会出现高钙血症，并且通常表现为多尿和多饮。在出现前腔静脉受压或是受侵袭的犬还可能出现前腔静脉综合征（头部、颈部和前肢的水肿）。

结外型淋巴瘤的症状因发生部位而各异。皮肤淋巴瘤可能是全身性或是多灶性的。可能看到有脱毛、红肿、瘙痒、结节、斑块和溃疡的病变，同时伴有或不伴有外周淋巴结病。中枢神经性淋巴瘤可能是单发的或是弥散性的，并可能导致癫痫、麻痹、瘫痪、跛行或是肌肉萎缩。已有出现尾部肌肉松弛和膀胱上运动神经元瘫痪的报道。患有眼部淋巴瘤的病畜可能出现葡萄膜炎、青光眼、虹膜增厚、眼前房出血、视网膜脱落或是突然失明。鼻部淋巴瘤可能与慢性血液性鼻部分泌物或是面部变形有关。肾脏淋巴瘤会导致不规则的肾脏增大，这种增大通常是双侧性的，同时会表现出肾衰的临床症状。

**12.　在淋巴瘤病例中，最常见到的血液学或生化指标异常是什么？**

在患有淋巴瘤的动物中，全血细胞计数可能是正常的，或表现出骨髓受到侵袭的情况，可能出现细胞计数减少或异常的循环细胞。大部分患有淋巴瘤的犬和牛的血液学指标都正常，不过有一半患有淋巴瘤的马和2/3的猫会出现一些血液学的异常情况。贫血是最常见的血液学异常，典型的贫血表现是正细胞、正色素性和非再生性的（慢性病变性的贫血）。也有可能会发生溶血性贫血，见于犬和马的报道。

有25%～40%的犬淋巴瘤病例会出现中性粒细胞增多症，但是在其他品种的动物中这种血液学变化并不常见。20%的患犬和50%的患猫可见有淋巴细胞减少症。淋巴细胞增多症在犬的病例中出现的概率等同于淋巴细胞减少症（20%），而这种病变偶见于牛。在循环血液中出现异常的循环淋巴样细胞预示着病变达到了白血病阶段，而且这种情况更多见于病变的末期。在确诊淋巴瘤时，有多达四分之一的患猫会出现白血病的血液学变化。而白血病更是牛淋巴瘤常见的临床表现。在30%～50%的犬淋巴瘤病例中可见血小板减少症，但是这种变化很少与出血的临床症状相关。在患有淋巴瘤的马中，有20%的病例会表现血小板减少症，即使伴发免疫介导性溶血性贫血，也常伴有血小板减少症。

生化指标的异常情况取决于相关器官的状况。丙氨酸氨基转移酶（ALT）和天门冬氨酸氨基转移酶（AST）升高提示肝脏可能受到浸润。患有肾型淋巴瘤的病例通常会伴有氮质血症，这是由于肾功能不足或是肾衰所造成的。在所有类型的犬淋巴瘤病例中，有10%～15%的病例会具有高钙血症，而在患有胸腺淋巴瘤的犬中，该比例将高达40%。猫的高钙血症较罕见。与高钙血症有关的临床症状包括食欲不振、体重减轻、肌无力、嗜睡、多尿、多饮和较为罕见的中枢神经系统抑制。在消化道性或是肾性淋巴瘤案例中可能由于长期蛋白丢失，而出现低蛋白血症和低白蛋白血症。有极少部分的淋巴瘤病例中能见到单克隆高球蛋白血症。

**13.　什么是副肿瘤综合征？这些综合征与淋巴瘤有什么关系？**

副肿瘤综合征这个名词反映出的是和机体上的肿瘤病变具有非直接联系的临床症状。除淋巴瘤之外的其他肿瘤也可能与副肿瘤综合征有关，并且任何出现的综合征表现都可能伴有一种以上的肿瘤类型。

这些综合征很多已被认为和淋巴瘤有关，并且犬比猫更容易表现出这些综合征。在家畜中，慢性病变性贫血是最常见的淋巴瘤副肿瘤综合征。也有可能发生溶血性贫血，这种情况见于犬和马的报道。

患有淋巴瘤的动物所具有的其他血液学副肿瘤综合征可能还有嗜酸性粒细胞增多症，这可能是由于对肿瘤细胞白细胞介素5（IL-5）的反应所造成。这种罕见的病变通常可见于貂、马、猫和犬的T细胞肿瘤类型之中。嗜酸性粒细胞增多症的副肿瘤症状表现，特别是有肺部病变时，有时会被称为"Loeffler样综合征"。

在淋巴瘤病例中，高钙血症是更为常见的副肿瘤综合征，这种症状的出现被认为是由于肿瘤细胞释放出甲状旁腺相关蛋白质（PTHrp）所导致的。在患有纵隔T细胞淋巴瘤的犬中，10%~40%的病例会出现高钙血症，并具有多尿和多饮的典型表现。如果持续存在，高钙血症可能造成不可逆性肾脏损伤。在猫的病例中，高钙血症非常罕见。

在无浆细胞样分化的淋巴瘤患犬中，有发生高γ球蛋白血症（单克隆γ球蛋白病）的病例报道。当高γ球蛋白血症严重到一定程度时，就可能出现高黏滞综合征（请参见十九节，浆细胞肿瘤）。

副肿瘤综合征的出现可能会让淋巴瘤的病情更为复杂，或迁延不愈。患有严重的高钙血症的病例，可能需要进行静脉补液利尿治疗，对于极其严重的病例，可能需要使用药物（例如降钙素）来控制血清离子钙的浓度。对于伴有肾衰的病例可能也需要进行静脉补液支持。对于那些伴有心脏或循环系统并发症的高γ球蛋白血症或高黏滞综合征病例，进行血浆分离术治疗可能有所帮助。

### 14. 哪些辅助试验能够有助于诊断淋巴瘤？

伴有全身性淋巴结病或是皮肤病变的病例，若要确定肿瘤性淋巴样细胞浸润细针抽吸细胞学是一个非常有帮助、简单、快速和经济的方法。在临床检查中也有很多更具侵袭性的检查手段，骨髓活检、内脏器官在超声引导下细针抽吸细胞学检查、评估体腔渗出液等也有助于诊断。其他可使用的诊断方法则取决于淋巴瘤的类型。对于患有鼻部淋巴瘤的病例，使用鼻部冲洗液进行检查可能具有诊断意义。对于怀疑有神经淋巴瘤的病例，进行脑脊液评估可能会非常有助于诊断。

肿瘤性淋巴细胞的形态可能是分化良好，具有成熟淋巴细胞外观的淋巴细胞，也可能是分化不良，不成熟或异型性淋巴细胞（图17-1至图17-4）。只是通过抽吸细胞学检查，可能很难鉴别分化良好的小细胞性淋巴瘤和正常的淋巴细胞。与此相类似，分化不良或者异型性淋巴瘤可能缺乏足够的形态学特征，而不能区分淋巴细胞的组织起源。对于有待确诊的淋巴样肿瘤疑似病例，则需要进行诸如细胞化学染色、免疫表型分析、克隆性分析和组织病理学活检等其他的检查方法。

对于小细胞性的淋巴瘤病例，全淋巴结摘除和活检是非常有用的检查，因为在

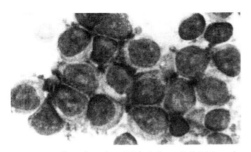

图17-1 淋巴瘤，小肠团块病变，犬（300×）。肿瘤细胞直径为15~18μm，形状不规则偏于一侧的椭圆形细胞核，具有轻度聚集的染色质，还具有一个或更多个大的、中度轮廓模糊的核仁。在背景中可见大量细胞质的碎片（淋巴腺小体）。在左上角出现的一个单个红细胞可用于作为细胞大小的参考标准

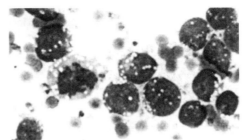

图17-2 淋巴瘤，肾脏，猫（300×）。肿瘤细胞直径为12~16μm，形状不规则偏于一侧的椭圆形细胞核，具有轻度聚集的染色质和多个小的、轮廓模糊的核仁。细胞质少，其中具有明显的细孔空泡。这种形态学上的异常更多见于肾脏、肠道和胸腺淋巴瘤的病例。在中央偏左的位置可见单个有丝分裂象

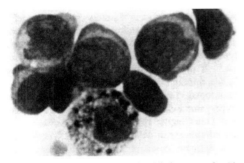

图17-3 淋巴瘤，胸腔积液，猫（375×）。肿瘤细胞直径为10~20μm，形状不规则偏于一侧的椭圆形至脑回样细胞核，具有轻度聚集的染色质，还具有一个或更多个大的、中度轮廓模糊的核仁。细胞质可能扩展出伪足样结构，这种结构是液性样本的常见特征表现。在中央偏下的部位可见一个的含有含铁血黄素的巨噬细胞

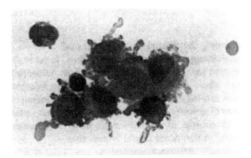

图17-4 淋巴瘤，脑脊液，犬（300×）。肿瘤细胞非常大，直径为15~25μm，偏于一侧圆形至椭圆形的细胞核，具有轻度聚集的染色质和多个小的、轮廓模糊的核仁。细胞具有大量的细胞质，延展出了大量较长的伪足结构。此外还可见一个小淋巴细胞，一个红细胞和一个单核细胞。（照片由北卡罗来纳州立大学的Carol B. Grindem医生提供）

这种病例中，淋巴结缺乏正常的组织结构是非常重要的诊断标准。在富含T细胞的B细胞淋巴瘤和霍奇金淋巴瘤中，相对数量较少的肿瘤细胞和相对较多的非肿瘤性炎性细胞会让诊断极大地复杂化。单独进行细胞学检查的作用因此相对有限。此外，如果需要鉴别年轻猫所发生的非肿瘤性外周淋巴结增生和淋巴瘤的病变，也需要进行活组织检查。

　　根据细胞的染色特性，可通过细胞化学染色鉴别淋巴样细胞和非淋巴样细胞，

因为大部分细胞化学染色剂都无法着染淋巴样细胞。例如，如果是髓过氧化物酶或是苏丹黑B染色，阳性提示细胞为颗粒细胞或单核细胞来源。非特异性酯酶染色阳性可见于单核细胞和淋巴细胞，也偶见于其他细胞，不过这些细胞的着染模式不同：淋巴细胞倾向于被非特异性酯酶局部着染，而单核细胞倾向于被特异性酯酶弥漫性着染。肿瘤细胞无法被细胞化学染色剂着染出特定的染色特征，并不能自动排除淋巴细胞源性的可能。肿瘤细胞成熟、功能或结构异常都可能会改变细胞的染色特性。

免疫表型分析有助于证实分化不良的细胞为淋巴样细胞起源，并能够帮助区分B细胞和T细胞的细胞型，从而有助于判断预后。可以通过流式细胞技术和使用荧光标记的抗体直接结合到细胞膜相关的表面蛋白上，进行免疫表型分析。或者也可以通过免疫组化染色对福尔马林固定后或者冷冻组织进行分析，也可以对血涂片或细胞学涂片进行免疫细胞化学染色分析。

克隆性分析有助于区分非肿瘤性和肿瘤性淋巴细胞增生，特别是在淋巴细胞表现为成熟的细胞形态时更有用。在T细胞和B细胞的细胞集落中，如果使用PCR片段分析分别检测出均一形态的T细胞受体或免疫球蛋白基因重组，提示这是最符合肿瘤性病程的淋巴细胞克隆系增生。

### 15. 淋巴瘤病例使用了什么分级体系？分级的目的是什么？

在家畜中最常使用的是WHO的分级体系。该体系根据受病变侵袭的组织的情况和是否出现全身性症状对淋巴瘤进行分级（表17-3）。

**表17-3　家畜淋巴瘤的WHO临床分级系统**

| 级别 | 器官受病变侵袭的程度 |
| --- | --- |
| I | 单个淋巴结或是器官受侵袭（骨髓除外） |
| II | 在一个局部区域的多个淋巴结受侵袭 |
| III | 全身淋巴结受侵袭 |
| IV | 肝脏和/或脾脏受侵袭（伴有/不伴有级别III病变） |
| V | 骨髓和/或外周血液受侵袭（伴有/不伴有级别III/IV病变） |
| A* | 不伴有全身症状 |
| B* | 伴有全身症状 |

＊每个级别的进一步分级。

完全的分级评估包括对所有外周淋巴结病变进行评估，以验证肿瘤的侵袭程度；拍摄胸部X线片以评估纵隔或肺部是否受到肿瘤侵袭；进行腹部超声检查以评估肠系膜淋巴结、肝脏、脾脏和其他腹腔器官；此外还包括进行骨髓活检。即使外周血液中不存在异常细胞，骨髓活检也是很重要的检查项目，因为在犬淋巴瘤的病例中，骨髓受到病变侵袭的比例（57%）是外周血液中出现异常的比例（28%）的两倍。通过这个分级体系，超过80%的犬的病例都是表现出Ⅲ级至Ⅳ级（更严重）的淋巴瘤。

在猫的病例中，因为内脏器官受到病变侵袭的频率较高，因此也有提议使用另外一个猫特异性分级体系（表17-4）。

### 表17-4 猫淋巴瘤的临床分级体系

| 级别 | 器官受病变侵袭的程度 |
| --- | --- |
| Ⅰ | 单个肿瘤（结外）或是单个解剖区域（淋巴结）<br>包括原发的胸腔内肿瘤 |
| Ⅱ | 伴有局部淋巴结受侵袭的单个肿瘤（结外）<br>在膈肌同侧的2个或更多淋巴结区域<br>在膈肌同侧，伴有/不伴有局部淋巴结受侵袭的2个单个（结外）肿瘤<br>可切除的原发性胃肠道肿瘤，只伴有/不伴有肠系膜淋巴结浸润 |
| Ⅲ | 在膈肌两侧具有两个单个肿瘤（结外）<br>在膈肌上和膈肌下的2个或更多淋巴结区域<br>所有巨大的原发性无法切除的腹腔内肿瘤<br>所有脊柱旁和硬膜外的肿瘤，不考虑其他肿瘤的位置 |
| Ⅳ | Ⅰ级至Ⅲ级的肿瘤，伴有肝脏和/或脾脏浸润 |
| Ⅴ | Ⅰ级至Ⅳ级的肿瘤，伴有开始侵袭到中枢神经系统和/或骨髓的情况 |

对淋巴瘤进行分级的价值在于分级能够帮助选择恰当的治疗方案，能够帮助准确评估治疗的反应，能够更好的检测出是否有复发的情况，还能够帮助作出准确的预后判断。

## 16. 淋巴瘤病例可以选用哪些治疗方案？

因为淋巴瘤的临床症状各异，因此并没有一个适用于所有动物的统一治疗方案。根据病变的等级/亚级、是否有出现副肿瘤综合征、动物的整体健康状况、动物主人的经济能力、时间和顺从性，以及与治疗有关的副作用的发生率来确定治疗方案。总体而言，犬猫淋巴瘤现有的治疗方法能够达到很高的初次有效率（相应分别为70%和90%），因此对于兽医和宠物主人而言都很值得选择。因为现有的治疗方案通常无法达到治愈的效果，因此需要预见因多重耐药导致的肿瘤复发。

淋巴瘤被认为是一种全身性病变，因此需要进行全身性治疗。标准方案包括单独或联合使用化疗药物。联合用药的方案比单独用药的方案具有明显更高的成功率（反应率）。之前已经提到过，初始反应率非常好。传统的用药方案能够让60%~90%的患犬的肿瘤完全缓解，平均存活时间为6~12个月。犬能够很好地耐受化疗，只有少数犬会显示出剂量限制性毒性反应。主要表现的剂量限制性毒性反应包括中性粒细胞减少症和血小板减少症，因此有必要在整个治疗过程中都进行血常规检查进行监控。如果循环血液中中性粒细胞数少于$2.0 \times 10^3$个/μL和血小板少于$50 \times 10^3$个/μL，那么就应停止治疗。对于在治疗前已经患有骨髓痨的病例，并不适用于这个原则。

一旦肿瘤达到缓解，新的问题就出现了，"还需要维持治疗吗？"人医的推论结果和犬淋巴瘤的研究结果显示，维持治疗不仅没有必要，而且甚至可能是有害的。一旦肿瘤完全缓解，继续维持使用化疗药物并没有显示出能够延长无病变间隔期或是存活期的效果。现有的发现提示这些犬有很大的风险会发展出耐药性，此外还会干扰复发后用药治疗的效果。因此并没有理由支持增加治疗的花费和风险。

在一些不常见的淋巴瘤病例中，手术或放疗可能起到一定作用。对于很多单发性肿瘤，坏死性病变或阻塞性包块而言，适用于手术治疗。对于Ⅰ级或Ⅱ级的淋巴瘤（局限性或是区域性）而言，放疗对于减轻疼痛是最有帮助的治疗，也可以进行实验性的全身放疗和骨髓移植。

淋巴瘤的替代疗法包括使用类维生素A，诸如异维A酸（Accutane）和伊曲替酯（Tegison），皮肤淋巴瘤可进行光动力治疗，因为皮肤淋巴瘤一般对传统的化疗反应不佳。单克隆抗体治疗（CL/Mab 231）有时会同非免疫抑制性化疗结合使用。这种治疗背后的原理是引起补体介导的或抗体依赖性细胞毒性作用，以破坏肿瘤细胞。也有尝试使用外用药物治疗皮肤型淋巴瘤，但是由于可行性较差，很少用于兽医诊疗。外用氮芥（Mustargen）治疗效果不一，而且只起到缓解作用。对病例提供营养支持也是一个很重要的考虑事项，特别是对于患猫而言更是如此，因为在猫的病例之中，食欲不振是常见的治疗不良反应。

对于复发的淋巴瘤病例，有两个治疗方法可供选择：重新进行治疗或是补救治疗。重新开始治疗是采用和之前相同的化疗方案。这种方案起效的几率和对动物有效的持续时间一般是之前的一半左右。补救治疗是针对耐药病例的一种替代性药物疗法或用药方案。这些药物包括米托蒽醌、多柔比星、洛莫司汀和MOPP方案（氮芥、长春新碱、丙卡巴肼、泼尼松）。

### 17.　淋巴瘤的诊断对于病畜的存活意味着什么？哪些因素有助于判断预后？

家畜大部分淋巴瘤都被认为是高分级的，同时患病动物大多是分级较严重的病变。因此在诊断之后未进行治疗的病例寿命会较短；对于犬、猫而言，如果不进行治疗，存活时间仅有4～6周。

能够完全治愈的病例很罕见，报道称犬治愈率只有10%。

进行化疗后，预期寿命能够延长。如果有经济条件的限制，只是使用类固醇药物进行治疗，能够让存活时间延长至3个月。结合使用多种化疗药物能够取得最好的治疗效果。60%～90%的患犬能够达到完全缓解的效果，平均存活时间为6～12个月。总体而言，猫的缓解率和持续时间都比较差。50%～70%的患猫可见完全缓解，平均存活时间为6个月。对于淋巴瘤复发的病例，由于产生耐药，而使预后更差。

影响治疗成功率的因素包括病变的位置、临床分期、是否有出现临床症状、肿瘤的组织学分级、免疫表型，之前是否有使用过化疗药物或类固醇药物（影响多重耐药的发生）、病例的健康状况，是否有出现副肿瘤综合征和是否发生剂量限制性不良反应。

对猫而言，FeLV也会影响预后。

可以总结出一些影响预后判断的要点。较高级的淋巴瘤会具有较短的无病变间歇期和较短的存活期。与此相似，任何一个临床分期的B亚期都比同一级别的A亚期预后差。虽然低级别的淋巴瘤对化疗的反应比中间级别和高级别的淋巴瘤的要差，但是这些低级别的病例的病程较长，反而会有较长的存活期。对犬而言，无论是组织学分级是几级，T细胞淋巴瘤比B细胞淋巴瘤的预后更差。而在猫上还没有证实这种观点。伴有高钙血症的淋巴瘤病例通常预后较差，这可能是由于高钙血症同T细胞的细胞型之间具有间接的关系造成的。

不同解剖位置的淋巴瘤预后也有所不同。皮肤淋巴瘤、消化道弥散性淋巴瘤和中枢神经系统淋巴瘤倾向于预后不良（如局限性病变，则预后较好）。弥散性消化道淋巴瘤的治疗效果通常不如可手术切除的局限性胃肠道肿瘤。对于局限性中枢神经系统淋巴瘤，放疗的效果比化疗要好。中枢神经系统性淋巴瘤的化疗反应率非常低，并且有效时间短。此外，具有泛发性骨髓受侵袭的病例（这种病例通常不能跟淋巴细胞样白血病鉴别开）倾向于预后不良。

改良的分子试验方法能够通过检查肿瘤细胞增生标记物的功能来判断预后。早期的研究提示银染核仁形成区（AgNOR）的计数结果可能具有判断预后的价值（银染核仁形成区计数结果高的病例具有较短的存活时间）。可用于评估肿瘤倍增时间的溴脱氧尿苷（BrdU）标记结果可能也有一定的辅助意义。

**18. 什么是霍奇金淋巴瘤？这种类型在兽医中有相关描述吗？**

霍奇金淋巴瘤是人的淋巴肿瘤，这种肿瘤的状态和形态均非常独特。与其他的非霍奇金淋巴瘤不同的是，霍奇金淋巴瘤的病程缓慢，如果是发生于单个淋巴瘤，通常是可以治愈的，这类淋巴瘤通过相邻的淋巴结发生扩散。在组织学上，这种肿瘤由少量的肿瘤性Reed-Sternberg细胞（或其变种）和散在的大量淋巴细胞和炎性细胞组成。因此如果不进行全淋巴结切除活检和组织病理学检查，很难确诊。细胞学检查通常没有诊断意义。考虑到霍奇金淋巴瘤同其他类型的淋巴瘤在病程和预后上具有明显差异，因此建立这种肿瘤的特异性诊断方法非常重要。

兽医界霍奇金淋巴瘤的相关报道偶见于水貂、臭鼬、虎鲸、大鼠、小鼠、马、犬和猫。

**19. 什么是大颗粒性淋巴瘤？如何进行诊断？**

大颗粒性淋巴瘤，也被称为"大颗粒淋巴细胞性淋巴瘤"，是胃肠道淋巴瘤中形态表现非常特异的一类变种，这种类型的肿瘤细胞通过瑞氏-吉姆萨染色，其细胞质内颗粒呈紫红色。这种肿瘤的命名可能会造成误解，因为实际上既不是肿瘤细胞很"大"，也不是这些细胞所含的颗粒很"大"。表型分析显示这些细胞是T细胞或是自然杀伤性细胞。T细胞型是最常见的，表现为下列典型的免疫反应模式：CD3阳性、CD8阳性或阴性、CD-57样穿孔素阳性、CD20阴性、同时伴有T细胞受体基因重组。

这种淋巴瘤变体已在很多种类的动物中有报道，其中包括猫、犬、马、大鼠、水貂、鸟、豚鼠和小鼠。大颗粒性淋巴瘤的发病率较低，但是如果只是单独使用组织病理学进行诊断，可能会发生误导，因为常规的苏木精和伊红（H&E）染色并不能使染肿瘤细胞中的颗粒物质持久着染。中年至老年动物的发病率最高，常表现出与胃肠道疾病相关的临床症状，这些症状包括食欲不振、体重减轻、慢性或间歇性呕吐、低白蛋白血症和腹泻。典型的肿瘤表现为在空肠或是肠系膜淋巴结上的肿块，在体检时可以触及到。脾脏较常受到肿瘤浸润。血象可能出现白血病样反应（图17-5）。这种类型淋巴瘤的治疗和有效率同其他类型的胃肠道淋巴瘤相似。现在还没有发现这种类型的肿瘤是否和猫白血病病毒感染有关。

## 十八、淋巴细胞性白血病

**1. 淋巴性白血病的标志是什么？这种病变如何与淋巴瘤相区别？**

淋巴性白血病是一种主要发生在骨髓、外周血液和晚期髓外组织的疾病。在大多数病例中，淋巴性白血病主要来源于骨髓，但也有可能来源于胸腺或脾脏，随后在骨髓中增殖。通常情况下，可通过外周血液中出现大量的肿瘤性淋巴样细胞鉴别淋巴性白血病。另外，可

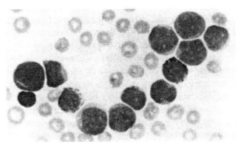

图17-5　大颗粒淋巴细胞的急性淋巴细胞性白血病（大颗粒淋巴细胞性淋巴瘤性白血病），外周血液，犬（300×）。循环的肿瘤性淋巴样细胞计数值超过了$100 \times 10^3$个/μL。这些细胞的测量出的直径为10～16μm，细胞核偏于一侧，形状不规则的圆形细胞核具有轻度聚集的染色质和多个小的、明显的核仁。细胞质中偶尔包含有少量至中等数量的粗糙、紫红色颗粒。在这个病例中可看到，既不是肿瘤细胞"大"，也不是在细胞中的颗粒"大"，这表明"大颗粒性淋巴瘤"这个名词有时会造成误解

能会出现白细胞缺乏性或亚白血病性病变，在这两种类型的病变中，白细胞缺乏性病变在外周血液中缺乏肿瘤细胞，而亚白血病性病变在外周血液中没有大量肿瘤细胞，此时需要进行骨髓穿刺检查确诊。

淋巴细胞性白血病和淋巴瘤都可能发生B细胞型、T细胞型和无标记细胞型的肿瘤。此外，这两种病变都可能含有分化成熟或未分化的细胞。通常鉴别淋巴细胞性白血病和淋巴瘤的唯一方法是通过恰当的肿瘤分级评估发生肿瘤病变的部位。一定要根据骨髓侵袭的情况来诊断白血病，但是广泛性骨髓侵袭无法区分淋巴性白血病和V级淋巴瘤。

**2. 如何对淋巴性白血病进行分类？**

根据肿瘤样淋巴样细胞的成熟程度或分化程度可将白血病分为急性和慢性。急性淋巴细胞性白血病（acute lymphoid leukemia，ALL）来源于增殖早期，未分化且不成熟的祖细胞，从而导致淋巴系统发育停滞（图18-1）。与此相反，慢性淋巴细胞性白血病（chronic lymphoid leukemia，CLL）来源于晚期的前体细胞，从而导致分化已经相当完好的细胞增殖（图18-2）。在动物中，发生急性淋巴性白血病的病例比慢性病例更常见。

法国-美国-英国（FAB）合作团队已经制定了一个分类方法，即通过动物的

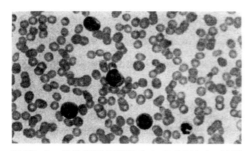

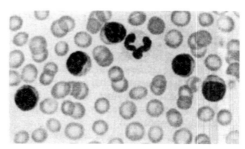

图18-1 急性淋巴细胞性白血病（ALL），外周血液，犬（150×）。循环的肿瘤性淋巴细胞的计数值是$18×10^3$个/μL。此外还表现出中度至严重贫血，明显的血小板减少症和明显的中性粒细胞减少症。肿瘤性细胞表现出母细胞的形态，其直径为15~18μm，细胞核偏心，具有不规则的圆形细胞核，染色质轻度聚集，并且具有多个小的、明显的核仁。在照片的右下角区域有一个中性粒细胞，可当做细胞大小的参照物

图18-2 慢性淋巴细胞性白血病（CLL），外周血液，犬，300×。循环的肿瘤性淋巴细胞的计数值超过$200×10^3$个/μL。此外还表现轻度至中度贫血和中等程度的血小板减少症。肿瘤性细胞直径为8~10μm，细胞核偏心，细胞核呈圆形，具有致密、松散凝聚的染色质，无可见核仁。表现为典型的成熟小淋巴细胞

年龄和肿瘤细胞的形态将急性淋巴细胞性白血病进一步分为3个亚型，分别命名为L1，L2和L3。这个分类方法可能将会用于动物发生急性淋巴细胞性白血病的病例，但是这个方法在预后判断上的作用尚存争议。另外一个分类方法是通过肿瘤细胞的细胞型将其分为B细胞型、T细胞型或是自然杀伤性细胞型。不过白血病细胞分型在兽医学中的作用尚待证实。

### 3. 急性和慢性白血病在其病变行为上有什么不同？

急性和慢性淋巴细胞性白血病在病变行为上明显不同。急性白血病的侵袭性更强，并且比慢性白血病进程更快。在急性病变中，肿瘤细胞在损害骨髓造血细胞的情况下大量增殖，最终导致骨髓痨。这种病变的临床表现为各种细胞减少症和对感染的易感性增强（通常继发于中性粒细胞减少）。随着肿瘤细胞进入外周血液数量增多，血液的黏滞性增高，并出现血栓，此外肿瘤细胞有可能浸润器官（特别是肝脏，脾脏和淋巴结）。

慢性淋巴细胞性白血病的病程较缓慢，病变的前兆期可能有数月至数年时间。其临床症状也可能相对轻微，精神沉郁可能是唯一的临床表现。在很多病例中，慢性淋巴细胞性白血病是在常规的血液学检查中偶然发现的。和急性病变相比，骨髓的侵袭程度明显较低，至少在病变早期是如此。当发生慢性淋巴细胞性白血病时，细胞减少症的严重程度通常较轻微。

**4.　动物淋巴性白血病的发病率为多少？**

　　和淋巴瘤相比，ALL和CLL很少发生。在所有淋巴细胞性白血病中，ALL比CLL更常见。不同的报道显示，淋巴细胞性白血病占所有确诊的白血病的比例有一定差异，最近有报道称犬淋巴细胞性白血病占白血病的三分之一。另一报道称淋巴细胞性白血病是患犬最常发生的类型。在慢性白血病病例中，CLL是最常见的病变类型。

　　在确诊的白血病患猫中，淋巴细胞性白血病占绝大多数。总体而言，猫白血病的发病率相对较高，大概占猫所有血液性肿瘤的三分之一，这样高的发病率可能与FeLV感染有关。

　　ALL主要发生于青年至中年的犬猫，据报道平均发病年龄分别是5.5岁和5岁。公犬的发病率高于母犬，其比例为3∶2。

　　CLL主要发生于中老年犬、牛和猫。据报道平均发病年龄是10.5岁。和ALL相同，公犬发病率较高，与母犬比例是2∶1。猫很少发生CLL，并且这种类型的病变与猫白血病病毒感染无相关性。

**5.　淋巴细胞性白血病的发病病因是什么？**

　　病毒感染可能是猫和牛白血病最明显的病因。在确诊为ALL的患猫中，有60%~80%的病例感染FeLV。据报道在所有猫白血病的病例中，FeLV的感染率高达90%。不过实验性感染导致肿瘤发生的概率相对较低，因此在FeLV引起白血病发生的过程中一定有其他未知因素（可能是遗传性）的协同作用。牛感染BLV与淋巴细胞性白血病具有一定相关性，不过其发病率低于BLV相关淋巴瘤。

　　目前尚未发现犬淋巴细胞性白血病的确切病因。和猫和牛不同的是犬发生白血病与反转录病毒感染无相关性。

**6.　细胞免疫分型技术在诊断淋巴细胞性白血病上有什么作用？**

　　和淋巴瘤病例一样，当肿瘤细胞存在形态学特征不足或是不够清晰，无法可靠鉴别这些细胞来源于骨髓还是分化不良的上皮或间质肿瘤时，免疫分型技术可用于确诊淋巴细胞性肿瘤，且非常有效。免疫分型技术也可将淋巴细胞性白血病进一步分为T细胞型、B细胞型或是无标记细胞型，而这种进一步分级能够影响治疗的确定性和预后判断。

　　在犬，ALL具有不同的细胞型。某个病例报道中，T细胞、B细胞和无标记的细胞型各占三分之一。而在另一报道中，B细胞型占一半，在另外一半的大颗粒性淋巴细胞性白血病病例中，T细胞和无标记细胞型的病例各占一半。一篇关于犬ALL的病例报道中，40％为T细胞型，40％为无标记细胞型，20％为B细胞型。在犬CLL病例中，T细胞型的比例会更高一些（占病例总数的三分之二至四分之三）。

**7. 患有淋巴细胞性白血病的动物会表现哪些典型症状？**

高达50％诊断为CLL的病例无临床表现。这些患病动物通常是在常规的血液学检查中偶然诊断出病变的。在其他病例中，病情可能会轻微恶化，临床症状包括呕吐、腹泻、发热、黏膜苍白、嗜睡、多尿、多饮、体重减轻、轻度淋巴结病变和肝脾肿大。

与此相反，急性白血病更倾向于表现出非特异性症状，这些症状包括虚弱、食欲不佳、呕吐、腹泻、发热、黏膜苍白、轻度淋巴结病（不过不如淋巴瘤明显）和肝脾肿大。在病变程度严重的病例中，偶见由于骨髓痨而导致出现血小板减少和出血的临床表现。偶尔可能会出现神经症状，这样的症状包括神经病变，轻瘫和眼部的并发症（例如视网膜剥脱、眼前房出血、青光眼）。患牛可能表现出严重的恶病质，同时伴有明显的全身性淋巴结病变。

**8. 白血病病例有哪些典型的血液学或生化异常？**

在ALL的病例中，严重的骨髓浸润会导致不同程度的贫血、中性粒细胞减少和血小板减少，因此这样的病例常见血液学的异常表现。许多患犬具有正细胞性、正色素性和非再生性贫血，这样的病例可能很严重。此外这样的病例还常常出现白细胞增多症、中性粒细胞减少症，循环血液中还会出现肿瘤细胞。在非白血病性或是亚白血病性病例中，淋巴细胞减少是更典型的表现。猫最常表现白细胞数量正常或减少，同时伴有中度至重度非再生性贫血。猫的循环血液中肿瘤细胞较犬不常见。

CLL的骨髓侵袭程度比ALL小，至少在病变早期是如此，因此慢性病例表现出的血液学异常并不严重。患有CLL的犬和猫都会有轻度非再生性贫血和血小板减少症。因为处于循环血液中的肿瘤细胞数量有波动，导致白细胞计数的结果可能会有不同，但是白细胞计数值始终是慢性病例最具特征的血液学表现。大多数发生病变的犬的白细胞计数值会超过$30 \times 10^3$个/µL，大多数猫的计数值会超过$30 \times 10^3$个/µL。在这两种动物中，计数值都可能超过$100 \times 10^3$个/µL，这可能是由于在循环血液中出现大量肿瘤细胞造成的。这样的肿瘤细胞通常都具有成熟的形态学表现，因此能够同非肿瘤性成熟小淋巴细胞相区别。此外还要排除其他导致出现持续性小淋巴细胞增多症的病因。这样的病例中中性粒细胞的数量通常正常。

犬慢性淋巴细胞性白血病的病例中，分别有30%和68%的病例发生高 γ 球蛋白血症和单克隆 γ 球蛋白血症。单克隆 γ 球蛋白最常见是IgM。和淋巴瘤一样，其他生化异常的情况取决于器官的侵袭程度。肝脏漏出性酶ALT和AST的活性升高提示肝脏可能受到侵袭。肾脏侵袭程度严重的病例可能表现出氮质血症，这是由于肾功能不全或肾衰所致。

### 9.　淋巴细胞样白血病会引发副肿瘤综合征吗？

据报道高 γ 球蛋白血症在犬CLL病例中发病率相当高（研究表明犬的发病率高达68%）。在这些病例中，IgM是最常检测出的免疫球蛋白类型。因为这样的免疫球蛋白更大，且具有聚合力，因此IgM比其他免疫球蛋白更易引起高黏滞综合征。这种副肿瘤综合征已经在犬的病例中偶有报道。慢性淋巴细胞性白血病和IgM单克隆 γ 球蛋白血症并发的情况被命名为Waldenström's巨球蛋白血症。在10%发生犬CLL的病例中，免疫球蛋白的水平会下降，发生感染的概率会升高。

如果发生严重的高黏滞综合征，有必要在进行诊断性检查或治疗前先对其进行处置。可选择去除血浆来治疗患犬。

### 10.　如何建立对淋巴细胞性白血病的诊断？

诊断任何类型的白血病，无论是淋巴细胞性或是非淋巴细胞性，都需要进行骨髓检查。在ALL或CLL的病例中，淋巴细胞的数量应该超过骨髓中有核细胞总数的30%。最近的出版物中，这个阈值被降低到20%。在所有ALL和CLL的晚期，肿瘤细胞可能完全替代骨髓的其他成分。肿瘤细胞的形态和临床病史有助于判定病变为急性或慢性。淋巴细胞性白血病无法通过是否具有骨髓侵袭同V级淋巴瘤相区分。

此外骨髓检查对于评估正常的红细胞生成情况、对预后判断和选择治疗方法来说，也是至关重要的一个步骤。

### 11.　还有哪些诊断试验可用于确诊淋巴性白血病？

对于ALL，仅仅是肿瘤细胞形态可能不足以确诊淋巴细胞的来源。细胞化学染色或免疫分型检查可能对于确定诊断结果非常有必要。细胞化学染色的诊断价值在于依靠这种染色方法能够特异性地鉴别非淋巴细胞性细胞，因为大部分细胞化学染色剂都无法着染淋巴样细胞。例如，髓过氧化物酶或苏丹黑B染色阳性提示颗粒性或单核细胞性的细胞来源。单核细胞或淋巴细胞都会出现非特异性酯酶染色阳性，偶尔在其他细胞中也可以见到阳性染色结果，但是染色的模式会有所不同；淋巴细胞倾向于局部着染，而单核细胞则会被非特异性酯酶弥散性着染。

肿瘤细胞种群无法被细胞化学染色剂以一种特殊的模式着染，并不能立即判定其为淋巴细胞来源。肿瘤细胞在细胞成熟、功能或是结构上的异常都可能改变其染色特性。

对于CLL，特别是在病变早期，肿瘤性淋巴细胞增多症可能很难，或几乎不可能和非肿瘤性反应性淋巴细胞增多症相区分。通过免疫分型分析，可鉴定出淋巴细胞的种群表达同样类型的表面蛋白，这一发现支持克隆样增生的表现。使用PCR片段分析可以分别检查T淋巴细胞或B淋巴细胞种群中的均一T细胞受体，也可以对免疫球蛋白基因重组的情况进行检查，其检查结果能够支持克隆性淋巴细胞增生的诊断，而这种情况最常见于肿瘤性的病变中。

### 12. 淋巴性白血病的分级方法与淋巴瘤的分级方法相同吗？

兽医通常不对淋巴细胞性白血病进行分级。现在对于ALL和严重的CLL的病例，我们使用同V级淋巴瘤相同的方式进行分类和治疗。在表18-1所展示的分级系统已经证明对人CLL病例具有很好的预后判断价值。

**表18-1　人CLL的临床分级系统**

| 等级 | 涉及到的器官 |
| --- | --- |
| 0 | 只有淋巴细胞增多症<br>绝对淋巴细胞计数值≥15×10$^3$个/μL<br>在细胞数量正常或是细胞数量多的骨髓中，淋巴细胞在骨髓中的比例≤40%， |
| Ⅰ | 淋巴细胞增多症，同时淋巴结增大 |
| Ⅱ | 淋巴细胞增多症，同时肝脏增大和/或脾脏增大 |
| Ⅲ | 淋巴细胞增多症，同时贫血（血红蛋白≤7.0 g/dL） |
| Ⅳ | 淋巴细胞增多症，同时血小板减少症（血小板≤100×10$^3$个/μL），伴有或是不伴有淋巴结增大、肝脏增大和脾脏增大 |

### 13. 对于患有淋巴性白血病的动物治疗选择有哪些？

在治疗淋巴性白血病时，最紧急也最重要的措施是促进正常造血功能的恢复。可以通过使用化疗药物达到这样的目的。与此同时，可能需要使用支持疗法，这样的治疗包括成分输血（红细胞或血小板）、抗生素治疗和输液治疗。因为在急性白血病中，肿瘤细胞的分裂速率更快，因此化疗对于这样的细胞更容易起效。然而可能发生副作用（特别是危及生命的中性粒细胞减少症）和器官衰竭（由于大量的肿瘤细胞浸润）可能会制约治疗的成功率。

联合治疗是ALL最常用的治疗方法。使用的化疗药物与治疗淋巴瘤的药物一致，包括长春新碱、泼尼松、左旋天冬氨酰胺酶和多柔比星，疗效常不理想。犬使用长春新碱和泼尼松进行治疗后完全缓解率仅有20%，此外有20%的病例有部分缓解。猫的治疗成功率甚至更低。在骨髓或是外周血液中无法检出肿瘤细胞的存在可定义为完全缓解。在缓解期间需要按照每周一次的频率进行维持治疗（如果使用多柔比星，每2~3周治疗一次）。由于骨髓痨或化疗而发生严重骨髓抑制的病例可以使用重组促红细胞生成素和GM-CSF，来支持其造血功能。

对CLL的治疗具有更多的争议，因为病变本身并不活跃。在没有临床症状，或没有出淋巴细胞增多症以外的血液学异常的情况下，暂时可能不需要进行治疗。大部分兽医认为只有在病例具有贫血、血小板减少症、淋巴结病变、肝脾肿大或淋巴细胞增多超过60×10³个/μL的情况下才进行治疗。苯丁酸氮芥（可联用泼尼松龙）是目前最有效的治疗方法。在对人的病例进行治疗中发现，苯丁酸氮芥联合使用泼尼松龙比单用苯丁酸氮芥的效果更佳，这可能跟泼尼松龙具有溶淋巴细胞的性质有关。对于有严重骨髓侵袭的病例，有时可以使用环磷酰胺进行治疗。用于治疗淋巴瘤所采用的激进联合化学治疗方法有时可以考虑作为最后的治疗手段。治疗的主要目的是缓解症状，仅有很少的病例能够达到完全缓解。即使如此，因为CLL的病程缓慢，大多数病例也能够在拥有良好生活质量的情况下生存1~3年。

少数情况下，CLL病例发病较急，类似ALL。临床表现是肿瘤细胞的细胞型由成熟的小细胞型转变为大的母细胞样外观。在人CLL的病例中（Richter's综合征）也可见到这种变化，通常预后不良。

### 14. 诊断为淋巴细胞性白血病的病例存活时间有多久？此外，治疗的成功率占几成？哪些因素有助于预后判断？

ALL病例预后不良。只有20%~40%诊断为ALL的患犬能够达到完全或部分缓解，存活时间仅有1~3个月。犬有一种ALL的亚型具有中等程度的细胞形态变化，这种病变类型可能具有较好的预后。患有ALL的猫对化疗有反应的比例（1/3）低于淋巴瘤比例（2/3）。猫的存活时间可能比犬更长（1~7个月）。

就存活时间而言，CLL的病例预后更好。病变的骨髓侵袭程度不大，仅影响一部分的血液生成，由于肿瘤细胞的增殖速率低，因此病变为渐进性发展。在犬和猫中均可见到存活时间超过1年的病例。T细胞型的CLL病例，同淋巴瘤相似，可能预后不良。

# 十九、浆细胞肿瘤

### 1. 浆细胞肿瘤包括那些病变类型？

浆细胞肿瘤包括多发性骨髓瘤、Waldenström's巨球蛋白血症、单发性骨性浆细胞瘤和髓外浆细胞瘤。根据发病率和严重程度，多发性骨髓瘤是最重要的肿瘤病变，犬、猫、马、牛和猪均有过病例报道。

所有这些肿瘤病变都被认为起源于单个肿瘤性B淋巴细胞（单克隆增殖），但是也有报道称发现双克隆或/和多克隆的肿瘤。髓外浆细胞瘤来源于骨髓外，其肿瘤行为因起源和发生位置的不同而各异。皮肤和口腔的髓外浆细胞瘤在老年犬中相对常见，通常具有良性的行为表现。与此相反的是，非皮肤的髓外浆细胞瘤（特别是起源于胃肠道的）的生物学行为更具侵袭性，并且通常会扩散到局部淋巴结。局部骨性浆细胞瘤起源表现为一个局部的骨骼病变，通常会发展成全身性多发性骨髓瘤。

多发性骨髓瘤是骨髓和髓外组织中B淋巴细胞的肿瘤性增殖。通常这些B淋巴细胞都会保留他们的分泌功能，产生完全的免疫球蛋白或蛋白质亚单位，从而导致血浆蛋白质浓度升高。Waldenström's巨球蛋白血症是多发性骨髓瘤的一个亚型，其肿瘤性B淋巴细胞会产生IgM。

### 2. 多发性骨髓瘤在小动物中是否常见？

犬多发性骨髓瘤相对不常见，其发病率在所有恶性肿瘤不足1%，占所有造血系统肿瘤的8%左右，占所有骨骼肿瘤的4%。老龄犬多发，据报道其发病年龄在8~10岁。没有发现有性别或品种的易感性。

在其他动物中，多发性骨髓瘤非常罕见。猫多发性骨髓瘤的发病率在所有造血系统肿瘤中不到1%。与犬相似，这种肿瘤最常发生于老年猫，没有报道表明这种肿瘤有性别易感性。

### 3. 多发性骨髓瘤的发病原因是否清楚？

在动物中，多发性骨髓瘤的特定病因尚不清楚。遗传易感性、病毒感染、长期免疫刺激和接触致癌物都可能在肿瘤发生过程中发挥一定的作用。在一项病例量较多的犬多发性骨髓瘤的研究中，德国牧羊犬的发病率较高。可卡犬发生髓外浆细胞瘤的可能性较大，在一项研究中，其发病率占所有患犬的24%。目前已证实猫多发性骨髓瘤的发生与FeLV或FIV感染无关。

#### 4. 什么是M成分？

　　M成分，又称为骨髓瘤蛋白或是M蛋白，是指由分泌性肿瘤性B淋巴细胞所产生的免疫球蛋白或蛋白质片段，包括不同类型的免疫球蛋白（IgG、IgA、IgM）、轻链（本周氏蛋白）和重链。肿瘤性B淋巴细胞产生M成分被命名为副蛋白血症。虽然这种情况更多发生于多发性骨髓瘤，但是偶尔也发生于其他类型的浆细胞瘤中。

　　IgG和IgA型副蛋白血症在犬的发病率几乎相同。IgG是猫最常发生的类型。Ig M型副蛋白血症的发病率较低，其被命名为Waldenström's巨球蛋白血症。所有典型表现为在血清蛋白电泳中的一个单克隆蛋白峰值（单克隆蛋白病），但是也有发生双克隆γ球蛋白病的报道。非分泌性多发性骨髓瘤罕见于犬。

　　其他疾病可能偶尔也会发生单克隆γ球蛋白病，并且必须同多发性骨髓瘤相区分。除了原发性病因，单克隆γ球蛋白病可能继发于淋巴瘤、埃利希体、利士曼原虫、浆细胞性胃肠炎、慢性脓皮病、猫传染性腹膜炎。

　　由于本周氏蛋白的分子量小，本周氏蛋白质（轻链）可以很容易被肾小球滤过，并通过尿液排出。这种病变被称为本周氏蛋白尿，在25%~40%的多发性骨髓瘤患犬和60%的患猫中会出现本周氏蛋白尿。传统的尿液蛋白试纸条无法检测出本周氏蛋白，因此必须使用诸如免疫电泳等更具特异性的方法进行检测。在有明显蛋白尿的情况下，如果含有本周氏蛋白，则水杨酸试验可能呈阳性。

　　冷球蛋白是在温度低于37℃的情况下不可溶的副蛋白。为了避免这些蛋白质沉淀或丢失，如果采血和凝血没有在体温条件下进行，就可能无法检出这种蛋白成分。冷球蛋白血症的临床表现是由于血液沉积和小血管阻塞造成的，在肢体末端容易发生，因为这些部位的体温可能会低到让冷球蛋白发生沉淀。患病动物的肢体末端会表现出皮肤发绀和坏死。有报道称冷球蛋白血症和犬、猫、马发生的多发性骨髓瘤有关。

　　M成分的浓度通常与肿瘤细胞的数量成一定比例，因此可以通过测定其浓度监测治疗效果和肿瘤的复发。

#### 5. 患有多发性骨髓瘤的动物通常表现哪些症状？

　　其临床症状通常没有特异性，可能包括发热、黏膜苍白、精神不振、轻度淋巴结病和肝脏或脾脏肿大。病理学检查可能发现不同的器官中有肿瘤细胞浸润和副蛋白血症。其他常见临床症状包括骨骼病变、出血性病变、高黏滞血症、免疫功能异常和肾脏病变。

　　骨骼病变可能是局灶性或弥漫性的。局部骨骼溶解主要见于犬，进而可能导致动物出现跛行或病理性骨折。有25%~66%患有IgG和IgA分泌性肿瘤的犬会出现溶骨性病变。与此相反的是患有IgM分泌性肿瘤的病例很少会发生溶骨性病变。病变常发于血液生成活跃的部位，包括椎骨、骨盆骨、肋骨、颅骨和长骨的干骺端。弥散性骨骼病变包括骨质减少和骨质疏松，这种病变可能是由于溶骨因子的分泌所致，这些因子包括肿瘤细胞分泌的破骨细胞活化因子和甲状旁腺激素相关蛋白。溶骨因子的作用可能导致高钙血症。高钙血症罕见于猫的病例，但是在患有多发性骨髓瘤的犬中，有15%~20%的病例会发生高钙血症。

出血性病变可能是常见的并发症，大概有1/3的患犬都会发生这种病变。出血的临床表现包括鼻出血、瘀点、瘀斑、擦伤、牙龈出血和胃肠道出血。很多机制都会促进出血性病变的发展。血小板减少症可能是由于骨髓痨所致。血小板功能可能由于血小板被副蛋白包被而受损，从而影响血小板的凝聚。副蛋白还可能会吸收小的凝血因子，导致功能性因子的能力降低，从而导致活化部分凝血激酶时间（aPTT）和凝血酶原时间（PT）延长。副蛋白与离子钙结合，可能导致出现功能性低钙血症，从而进一步的影响到凝血级联反应。

高黏滞综合征可能是由于肿瘤细胞分泌的副蛋白所导致的。虽然所有类型的副蛋白都可能导致高黏滞综合征，但是高黏滞综合征最常见于IgM分泌型和IgA分泌型骨髓瘤导致的变化，这是由于这样的蛋白质具有更高的分子量并且能够发生聚合。具有高黏滞性的血液可能会滞留在小血管中，从而影响氧气和营养物质的输送，容易导致血栓形成，表现为大脑疾病（癫痫、共济失调、痴呆）、心脏病（心肌病变、运动不耐受、晕厥、发绀）和眼部疾病（突然失明、视网膜脱落、视网膜血管扭曲、视网膜出血）。据报道患有多发性骨髓瘤的犬中，大约有20%的病例会发生高黏滞综合征；猫的发病率较低。在外周血涂片中缗钱样红细胞增多提示高黏滞综合征（图19-1）。

患有多发性骨髓瘤的动物因为免疫功能受损，所以发生感染的几率较高。这也是造成患病动物死亡的主要原因。由于副蛋白血症造成正常免疫球蛋白的生成明显减少，因此动物可能会出现免疫抑制。此外，由于骨髓痨导致白细胞减少，特别是中性粒细胞减少，因此动物特别容易发生感染。免疫监视能力降低可能会增加发生其他类型肿瘤的风险。患有多发性骨髓瘤的动物容易伴发其他肿瘤。

肾脏疾病（"骨髓瘤肾"）也是多发性骨髓瘤病例常见的表现形式，有1/3~1/2的患犬会发生肾脏疾病，其发病机制是多因素联合作用。可能在肾小球中出现蛋白质沉淀（本周氏蛋白、淀粉样变或完整的免疫球蛋白）和在肾小管中形成蛋白管型。此外还可能发生肾脏肿瘤的转移。慢性肾病引发的贫血造成肾脏灌流量不足，高黏滞综合征可能也会影响肾脏灌流量。高钙血症会影响肾小管的浓缩能力，可能导致营养不良性矿化。免疫功能异常可能增加发生尿路感染和肾盂肾炎的风险。上述所有因素都可能导致患有多发性骨髓瘤的动物并发肾衰。

**6.　在多发性骨髓瘤病例中可能见到哪些血液学或生化异常变化？**

多发性骨髓瘤病例会出现各种明显的血液学异常。细胞减少症最常见，60%～70%的患犬会出现正细胞性、正色素性和非再生性贫血（慢性病变导致贫血）。贫血可能是由于骨髓抑制和骨髓痨所致。由于凝血机制受损而导致失血，由于副蛋白包被而导致红细胞寿命缩短，某些病例可能出现高黏血症。血小板减少症和白细胞减少症的发生机制可能相似，不过它们的发生概率低于贫血的发生概率，分别只在16%～30%和25%的患犬中有发生。据报道分别有16%和10%的病例中性粒细胞增多症是由于肿瘤性B淋巴细胞增多引起的。

因为这种疾病有很多不同的临床综合征，因此其生化结果也各种各样。副蛋白血症可能导致血清球蛋白增多，白蛋白/球蛋白比降低和白蛋白合成减少。氮质血症、高磷酸盐血症和低白蛋白血症都可能是动物发生肾脏疾病的表现。肝细胞损伤和胆汁淤积可能存在于肝病的病例中。

**7.　如何才能建立对多发性骨髓瘤的诊断？**

诊断多发性骨髓瘤是在病例表现出下列至少2个特征的基础上作出的：

a.　单克隆（或较少见的双克隆）γ球蛋白病。通过血清蛋白电泳或免疫电泳可以确诊。

b.　骨髓浆细胞增多（理想情况是超出20%～30%，但是通常为10%～15%）。浆细胞形态异常，或是浆细胞大量聚集或成片出现。

c.　本周氏蛋白尿。通过尿液免疫电泳能够证实。

d.　骨骼溶解性病变，特别是发生于骨盆骨、椎骨椎体和长骨的干骺端区域。其X线征象可能表现为不透射线的点状结构或泛发性骨质疏松。

**8.　还有哪些方法能够有助于确诊多发性骨髓瘤？**

在发生淋巴结病、肝脏肿大、脾脏肿大或其他器官肿大的病例中，细针抽吸细胞学可能有助于确认肿瘤性浆细胞对组织的浸润。浆细胞的外观可能呈分化良好的成熟浆细胞或分化不良的、不成熟的淋巴细胞或多形性异常浆细胞样细胞（图19-1至图19-3）。活检进行组织病理学检查可能具有相似的作用，但是组织病理学检查还能帮助我们进行特殊的染色检查淀粉样病变（刚果红），还能进行免疫组化检查免疫球蛋白和B淋巴细胞的标记。

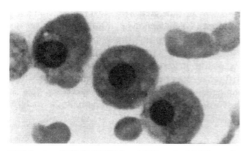

图19-1 多发性骨髓瘤，骨髓，犬（375 ×）。正常的造血成分被单一形态的异常浆细胞所替代，浆细胞具有圆形的细胞核，具有粗糙聚集的染色质和罕见的小而明显的核仁。细胞具有大量的细胞质，轻度颗粒化，在细胞外周含有玻璃样外缘的免疫球蛋白结构。注意右上角明显的缗钱样红细胞，提示血浆蛋白浓度升高，这是多发性骨髓瘤病的典型特征

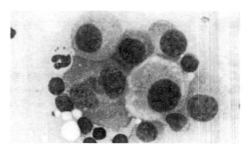

图19-2 恶性浆细胞瘤，淋巴结，猫（300 ×）。肿瘤细胞体积大，或极其大，其中含有偏心的圆形细胞核，其染色质具有粗糙的点状结构，偶见小的核仁。细胞质的含量从中等至大量，偶见其中含有微弱的细胞核周围淡染光晕结构。可见单个的多核细胞。在肿瘤性的浆细胞左侧存在多个成熟的小淋巴细胞和一个单个中性粒细胞可用作评估细胞大小的参考

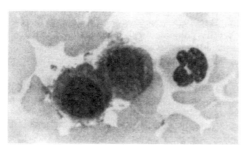

图19-3 多发性骨髓瘤，白血病相表现，外周血，猫（375 ×）。这个外周血涂片来自图19-2的病例，这个病例最终发生多发性骨髓瘤、高黏滞综合征和循环血液中出现肿瘤细胞。循环血液中的肿瘤细胞较小，直径为12～15 μm。具有偏心的圆形细胞核，具有粗糙的聚集的染色质，并且具有中等数量的深度嗜碱性染色的细胞质。偶尔这样的细胞的外缘会具有符合免疫球蛋白染色特征的嗜酸性染色、无特定形态的玻璃样染色成分。可见明显的缗钱样结构。在右侧的一个单独的中性粒细胞可用作评估细胞大小的参照物

### 9. 为什么多发性骨髓瘤病例需要注意副肿瘤综合征？

患有多发性骨髓瘤的病例极需注意副肿瘤综合征，因为患病动物的很多临床表现都与副肿瘤综合征有关。副蛋白血症是最常见的临床表现，非分泌性骨髓瘤则鲜有报道。高黏滞综合征、溶血性贫血、出血性素质、肾脏疾病和免疫功能障碍都继发于副蛋白血症。

15%～20%的患犬表现高钙血症，这可能与破骨细胞刺激因子、甲状旁腺相关蛋白和其他溶骨因子分泌有关。上述情况仅在猫上有少量报道。高钙血症会影响尿浓缩能力，可能会引起肾衰。多神经病变是多灶性骨髓瘤病例出现的另一种罕见的副肿瘤综合征。

副肿瘤综合征可能会使多发性骨髓瘤的治疗复杂化或造成延迟。静脉输液透析治疗，对于严重高钙血症病例进行药物（例如降钙素）治疗，以控制血清离子钙的浓度。肾衰病例可能也需要进行静脉输液支持疗法。二磷酸盐化合物或光辉霉素已

经用于减少破骨细胞的活性，因而能够降低骨骼病变和高钙血症的发生率和严重程度。对于高黏滞综合征引起的心脏或循环系统并发症的病例，进行血浆去除术可能有所帮助。对于严重血小板减少而引起出血的病例，很有必要输注血小板或富含血小板的血浆。无肾毒性的抗生素使用可以降低免疫抑制带来的感染风险。对于病理性骨折进行骨科固定是非常重要的处置措施。

**10. 多发性骨髓瘤的分级方法与淋巴瘤是否相同？**

目前没有临床分级系统可用于多发性骨髓瘤。虽然之前已经讨论过，但是现在的分级系统还没有证实对于预测肿瘤的行为或病变的预后有任何帮助。

**11. 发生多发性骨髓瘤的病例有哪些治疗选择？**

目前化疗能够有效减少肿瘤细胞的数量，减缓骨骼病变和骨痛，减少血清副蛋白的浓度，并且能够改善动物的生活质量。超过90%的病例都会表现完全或部分缓解。尽管疗效非常显著，现有的治疗方案并非治愈性的，肿瘤很可能复发。

现在用于治疗多发性骨髓瘤的化疗药物包括烷化剂，有时会联合使用类固醇药物。美法仑是目前正在使用的烷化剂，通常病例对这种药物的耐受性较好。通过全血细胞计数监测剂量限制性的骨髓抑制现象很有必要，尤其是对血小板减少症或中性粒细胞减少症病例。这些副作用可能在猫的病例中会更加明显。如果没有复发，或没有发生剂量限定性的骨髓抑制，就应该持续治疗。常常会将泼尼松龙同美仑兰进行联合治疗，因为这种治疗方法被认为能够提高疗效。可以选择使用环磷酰胺和苯丁酸氮芥进行治疗，或是可以将这两种药物同美法兰联合使用，或是在肿瘤复发时作为挽救性药物进行使用。多柔比星、长春新碱和磷酸地塞米松也可作为补救治疗药物联合使用。

通过评估临床症状，生化指标，骨骼病变的缓解情况和骨髓浆细胞增多的情况来监测动物对治疗的反应。通过成功的治疗，应该在3～4周内见到食欲不佳、虚弱和跛行的症状减轻或是缓解。血清副蛋白浓度的减少可能需要更长的时间，但是应该在开始治疗的3～6周内发生改善。因为副蛋白的浓度通常和肿瘤细胞的数量有关，因此通常可以用其来监测动物对治疗的反应和肿瘤复发与否。骨骼病变、眼部并发症和神经病变的缓解可能会更慢，并且有可能完全不会缓解。

**12. 诊断为多发性骨髓瘤的动物存活时间有多久？此外，可预期的治疗成功率是多少，哪些因素有助于判断预后？**

多发性骨髓瘤在治疗后的短期预后通常良好。通过化疗，75%～90%的犬反应良好（完全缓解或部分缓解），存活时间大约为12～18个月。对于表现1种或多种副肿瘤综合征的动物，如高钙血症、本周氏蛋白尿症、肾衰和严重的骨骼病变，其存活时间将会缩短。化疗初期反应良好被认为是一个有利的预后指标。目前还没有文献表明免疫球蛋白的类型和病变的预后之间具有相关性。

由于患猫对化疗的反应不佳，因此其预后通常不良。猫常常会出现剂量限制性骨髓抑制现象。如果出现这种情况，缓解往往不会持久，猫的存活时间通常为2～3个月。

多发性骨髓瘤患犬长期预后通常不良，因为现在的治疗措施并非治愈性的，所有的肿瘤最终都不可避免的出现复发。动物可能死于肾衰、感染或者动物主人因其顽固性的骨骼疼痛而选择实施安乐死。

# 第三章

# 凝血

**Bernard F. Feldman** ✒

## 二十、概述：凝血的组成成分及凝血障碍

1. **什么是凝血？**

    凝血是机体保持血管完整性和血流畅通的一种复杂的生理机制，是维持血液生理功能的必要条件。生理性凝血指的是血液过度凝集和凝集不良的中间状态，即两者的平衡态。血管受到损伤时，损伤部位迅速形成血凝块能减少出血，从而达到自我修复的目的。这个过程需要凝血处于平衡态，即为生理性凝血。如果失衡，则会出现凝血不良或过度凝集两种极端状态。凝血不良时，机体处于低凝状态，血管受损后的出血难以得到控制；而当机体处于高凝状态或生成血栓时，血流不畅导致远端器官的缺氧性损伤。

2. **什么时候应该怀疑凝血功能异常？**

    采血或静脉输液后如果出血时间延长或出血量没有逐渐减少时，应该怀疑该动物的凝血功能是否正常。如果动物出现瘀点、紫癜、瘀斑、体腔出血或血肿过度形成，也应该怀疑凝血功能障碍。另外，如果该动物的家族中有过出血不止的病例，或该动物自身有出血不止的病史，或其为幼龄动物则也应该怀疑其凝血功能障碍。最后，任何创伤后过度出血都应该增加对凝血功能异常的怀疑度。如果出现突发的呼吸困难或急性器官疾病应考虑是否有血栓形成。

3. **参与凝血的各个成分分别是什么？**

    凝血过程是血管壁（或内皮细胞）、循环中的血小板、凝血因子（或凝血蛋白）和参与纤维蛋白溶解反应的各种因子之间相互作用的复杂过程。一旦血管内壁受损，内皮下胶原蛋白暴露，凝血过程便会启动。

当血管内壁受到损伤时，即会发生血管收缩。随后血小板便黏附于内皮下胶原蛋白，这个过程称血小板黏附。紧接着，循环中更多的血小板聚集于出血点，这个过程称血小板聚集。虽然此时已经形成了血小板血栓，但是其结构非常不稳定，于是通过凝血因子的迅速参与使得纤维蛋白原转化为纤维蛋白。纤维蛋白包裹在血小板血栓的周围形成更稳定的结构，并覆盖于血管损伤点，达到止血的目的。为了使凝血局限化，当纤维蛋白形成后，血液中的纤维蛋白溶解系统迅速被激活。纤维蛋白溶解系统能分解纤维蛋白，从而保证其不会过度生成。纤维蛋白溶解系统能将纤维蛋白降解为纤维蛋白降解产物（fibrin degradation products，FDPs）和纤维蛋白裂解产物（fibrin split products，FSPs）。

### 4. 血管内皮细胞的功能有哪些?

内皮细胞是哺乳动物最具代谢活性的细胞之一。它不仅参与了组织和血液间不同代谢物质的转运过程，还为血液提供了一个生物屏障。另外，内皮细胞自身合成了很多调节因子，包括冯氏因子、纤连蛋白、蛋白多糖、和血清素。同时，内皮细胞还具有溶血栓，抗血栓，调节血管修复以及细胞迁移和增殖的功能。在免疫方面，内皮细胞还能加工抗体参与细胞免疫。

### 5. 临床上有什么问题与内皮细胞有关联?

血管收缩无力和老年动物血管周围组织减少导致的支撑力下降（如肌肉萎缩），都会使内皮细胞受到潜在的损伤。在肾上腺皮质机能亢进的情况下，糖皮质激素的升高也会导致肌肉萎缩，并引起内皮损伤。此外，免疫和败血性因素也会损伤内皮细胞，从而导致血管炎。中暑是严重血管炎最常见的原因。

### 6. 为什么血小板黏附过程具有很重要的临床意义?

血小板黏附是初级凝血的基础。正常情况下，血小板不会黏附在内皮细胞上。这个过程需要如胶原蛋白、冯氏因子等配体的参与才能完成，这些配体在正常情况下被隔离在内皮细胞下层。完整的内皮细胞会分泌抗血栓物质，如环前列腺素（prostacyclin，$PGI_2$），前列腺素的一种，具有血管扩张效应和抑制血小板的作用。另外，完整内皮细胞的阴极表面也具有排斥血小板的作用。大多数患有血小板黏附不足的犬，都是由于遗传性的冯氏因子缺乏或功能不足。

### 7. 什么是冯氏因子，有何临床意义?

冯氏因子是巨核细胞和内皮细胞合成的一种大分子蛋白。该因子是血小板黏附所必需的因子，同时又是凝血因子Ⅷ（又称A型血友病因子）的载体蛋白。冯氏因子是由很多大小不同的亚单位组成，分子量较大的亚单位储存在内皮细胞中，是结合血小板最有效的亚单位。很多刺激因素都会导致亚单位的释放。冯氏因子的缺乏会导致血小板黏附不足，从而导致初级凝血不良。

**8.　为什么血小板聚集有很重要的临床意义？**

血管损伤后，血管自身的收缩和血小板的黏附降低了该血管内的血流速度。一旦血小板发生黏附，其物理性质会发生改变，更利于聚集。同时，血小板开始合成并分泌血小板趋化物质，这种物质能有效吸引循环中的血小板到损伤点。其中最重要的是血栓素$A_2$（thromboxane $A_2$，$TXA_2$），一种花生四烯酸代谢产物。环前列腺素具有抗聚集作用。当初级凝血处于平衡状态时，$PGI_2$和$TXA_2$的共同作用保证了血小板迅速有效地聚集，但同时又不会在远端聚集。临床上使用的非甾体类抗炎药（nonsteroidal antiflammatory drugs，NSAIDs）会干扰这两种物质的合成，导致初级凝血的异常。

**9.　与血小板有关的初级凝血异常会导致机体存在哪些潜在的问题？**

血小板的异常通常包括两个方面：数量和质量。数量上的血小板异常包括血小板减少症和血小板增多症。血小板数量低于30 000个/uL时为严重的血小板减少症，这时会出现出血等初级凝血不良的症状。临床上，只有当血小板数量超过1 000 000个/uL时才是有意义的血小板增多症，但其造成的后果不好预估，引起的出血的可能性不少于血栓过度形成。血小板质量异常（或称血小板病）是指血小板功能障碍。尽管血小板功能障碍出现在骨髓增生性疾病和一些罕见的先天性疾病里，但是最常见的病因还是NSAIDs使用不当。

**10.　初级凝血异常有哪些临床症状？**

初级凝血异常机体表现出的出血性症状较固定，包括黏膜和摩擦较多处（腋窝或腹股沟）可见的小红点、瘀点。更多的瘀点汇合在一起称为紫癜。擦伤或瘀血是初级凝血异常的另一个典型表现。所以，当临床上遇到病例若表现瘀点、黏膜出血、紫癜和瘀斑时，表明该病例可能存在初级凝血异常，主要是内皮细胞或血小板数量/质量发生改变所致。

**11.　什么是次级凝血？**

次级凝血是指凝血因子通过级联放大反应（瀑布效应）使血液最终凝固的过

程。这个过程通常被分为内源性凝血途径和外源性凝血途径及共同通路。虽然这三种途径实际上不是完全独立分开的，其之间有很多相互作用，但是区分这三种途径便于理解。在凝血过程未启动之前，血浆中的凝血因子都是以无活性的形式存在，但是一旦初级凝血发生后，所有的凝血因子便依次被激活，最终使得纤维蛋白原被转化为纤维蛋白。

**12. 次级凝血过程有哪些重要的组成成分？**

a. 带负电的磷脂膜表面，主要是由血小板胞浆膜内层提供。

b. 游离的钙离子。

c. 组织因子（凝血因子Ⅲ），大多数细胞（包括内皮细胞）的胞浆膜的一种糖蛋白组分。

d. 接触活化因子，包括凝血因子Ⅻ、Ⅺ、缓激肽前体即前激肽释放酶和高分子激肽原。

e. 内源性途径的凝血因子（因子Ⅸ、Ⅷ），外源性途径的凝血因子（因子Ⅶ），以及共同通路中的凝血因子（因子Ⅹ、Ⅴ、Ⅱ和纤维蛋白原）。

**13. 如何理解外源性凝血途径？**

外源性凝血途径是机体内最重要的凝血途径，主要指凝血因子Ⅶ在游离钙离子（旧称凝血因子Ⅳ）的作用下被组织因子（有时称凝血因子Ⅲ）激活的途径。因为组织因子或促凝血酶原激酶都是"外源的"（来源于血管外组织），所以称为外源性途径。活化的凝血因子Ⅶ能激活凝血因子Ⅹ，从而开始凝血的共同通路。共有途径启动（凝血因子Ⅹ被活化）后，凝血因子Ⅴ、Ⅱ（凝血酶原）、Ⅰ（纤维蛋白原）被依次激活并最终生成纤维蛋白。而纤维蛋白的形成能使得血小板血栓结构更稳定。事实上，活化的凝血酶原即转变为凝血酶，可裂解纤维蛋白原，形成纤维蛋白。

**14. 如何理解内源性凝血途径？**

内源性凝血途径由凝血因子Ⅻ、Ⅺ、Ⅸ和Ⅷ构成。凝血因子Ⅻ和因子Ⅺ被称作接触性因子，因为这两种因子需要与血管内的其他因子接触才能被激活。其他的一些接触性因子是激肽系统的组成成分，如前激肽释放酶（prekallikrein，PK）和高分子量激肽原（high molecular-weight kininogen，HMWK）。内源性途径会随后激活凝血的共同通路，最终形成纤维蛋白。值得注意的是，临床上凝血因子Ⅻ、PK和HMWK的缺乏并不会导致异常出血。

**15.　如何理解凝血的共同通路？**

　　凝血的共同通路包括凝血因子Ⅹ、Ⅴ、凝血酶原（Ⅱ）和纤维蛋白原（Ⅰ）。凝血因子Ⅹ在钙离子的作用下被激活后，与活化的凝血因子Ⅴ共同结合于血小板的膜表面，构成促凝血酶原激活物。促凝血酶原激活物能使凝血酶原转化为凝血酶。凝血酶能放大凝血瀑布效应，并裂解纤维蛋白原形成纤维蛋白。

**16.　做凝血功能检测时应该选哪种抗凝剂？**

　　做凝血功能检查时必须选枸橼酸钠做抗凝剂。采集的全血与枸橼酸钠应严格按照9∶1的比例。比例不正确时检查结果会受到严重的影响，导致错误的判读。枸橼酸钠和EDTA都是钙离子的螯合剂，但是用EDTA采血得到的凝血功能测试结果没有固定规律。肝素的抗凝作用是通过激活血液中的抗凝血酶Ⅲ（ATⅢ）——一种对很多凝血因子（对所有酶原性因子有抑制作用，但对非酶性因子无作用，包括因子Ⅷ、Ⅴ和纤维蛋白原）都有抑制作用的物质。所以，肝素和EDTA都不能用于凝血功能检查。

**17.　反映外源性凝血途径和共同通路功能的检测项目有哪些？**

　　凝血酶原时间（prothrombin time，PT），又称一期凝血酶原时间（one-stage prothrombin time，OSPT），用于检测外源性凝血途径和共同通路是否正常。PT检测凝血因子Ⅶ（外源性途径）、Ⅹ、Ⅴ、凝血酶原（Ⅱ）和纤维蛋白原（Ⅰ）（共同通路）。检测原理是，在温热的枸橼酸钠抗凝血浆中加入钙离子（凝血因子Ⅳ）和组织因子。如果外源性凝血途径和共同通路的所有因子的数量和质量都正常，则PT值在正常的参考范围之内。

**18.　反映内源性凝血途径和共同通路功能的检测项目有哪些？**

　　活化部分凝血活酶时间（activated partical thrombinplasin time，aPTT）能检测内源性凝血途径和共同通路的功能。aPTT检测的是凝血因子Ⅻ、Ⅺ、Ⅸ和Ⅷ（内源性途径），以及共同通路中的因子Ⅹ、Ⅴ、凝血酶原（Ⅱ）和纤维蛋白原（Ⅰ）。检测原理是，向温热的枸橼酸钠抗凝血浆中加入"激活剂"，一种磷脂类物质（即部分凝血活酶）和钙离子。如果内源性凝血途径和共同通路中所有的凝血因子的质量和数量都正常，则aPTT的值就在正常参考范围之内。

　　活化凝血时间（activated clotting time，aCT）是另一个能检测内源性和共同通路凝血功能的项目。但是，与aPTT相比，aCT的敏感性较差。如果aCT延长，aPTT一定延长；然而aPTT延长，aCT不一定延长。如果怀疑某一病例患有凝血功能障碍，但是aCT检测正常，则必须再做aPTT的检查。在极少数患有长期血小板减少症的病例中，aCT显示延长，而aPTT在正常范围内。

### 19. 血小板异常（血小板减少症、血小板增多症、血小板病）会对PT和aPTT的结果有影响吗？

不会。因为这两个项目都使用了血小板代替物参与反应，所以PT和aPTT不会受到血小板疾病的影响。PT中的血小板替代物是组织促凝血酶原激酶；aPTT中的血小板代替物是"部分凝血活酶"。

### 20. 什么是凝血酶时间（thrombin time或thrombin clotting time，TT或TCT）？

TT是检测纤维蛋白原质量和数量的测试。如果血液中的纤维蛋白原含量较低，或其功能异常，则TT会延长。检测原理是在枸橼酸钠抗凝血中加入凝血酶。

### 21. 什么是抗凝血酶Ⅲ？

抗凝血酶Ⅲ（AT-Ⅲ）是很多凝血因子（酶原性因子）的天然抑制剂。非酶性因子包括凝血因子Ⅷ、Ⅴ和纤维蛋白原，不会受到AT-Ⅲ的影响。当酶原因子被激活后，尤其是当肝素存在时，AT-Ⅲ能高效地抑制被激活的酶原因子转化为酶。AT-Ⅲ结合在内皮细胞上，作用是控制血管损伤点的凝血过程。

### 22. 什么是蛋白C和蛋白S？

蛋白C和蛋白S是依赖维生素K的抗凝物质，其抗凝功能需要钙离子和带负电的磷脂的参与，是活化的因子Ⅴ和Ⅷ的潜在抑制剂。另外，活化的蛋白C-蛋白S复合物可激活纤维蛋白溶解过程。

### 23. 什么是纤维蛋白溶解过程？

凝血过程的最后一个阶段是血管损伤的修复，纤维蛋白团块的溶解，以及血管重新开放并维持血液的正常流通。纤溶酶是调节纤维蛋白溶解过程的物质，其具有很强的溶解蛋白的作用。纤溶酶在血液中以无活性的前体形式——纤溶酶原存在。一旦被激活，纤溶酶能降解相互交联的纤维蛋白，释放纤维蛋白降解产物（FDPs），包括D-dimer（相互交联的降解碎片）。纤溶酶原的激活物包括组织型纤溶酶原激活剂（tissue plasinogen activator，tPA）和尿激酶型纤溶酶原激活物（urokinase plasinogen activator，uPA）。受到刺激原（如缓激肽）刺激时，血管内皮细胞会合成和分泌tPA。uPA是由肾脏合成分泌。

过度的纤维蛋白溶解并不常见，其检测与次级凝血功能障碍相似。

# 二十一、血小板异常

**1.  犬猫血小板减少症的临床表现是什么?**

很难根据临床表现鉴别血小板减少症、血小板病和内皮细胞异常这三种疾病。唯一比较具有特异性的临床症状是出现瘀点、紫癜、瘀斑。这种出血形式常见于黏膜、摩擦较多处（如腋窝和腹股沟处）。其他非特异性的症状包括血尿、鼻出血、便血和咳血。有频繁出血的动物可能还会表现发热。如果血小板数目正常，而颊黏膜出血时间延长，则应考虑是血小板病或内皮细胞疾病导致的。需注意的是血小板增多症的临床表现具有不定性。

**2.  什么是颊黏膜出血时间?**

当怀疑血小板功能障碍（血小板病或冯氏因子缺乏症）或内皮细胞功能障碍时，可检测颊黏膜出血时间（buccal mucosal bleeding time, BMBT）。当犬和猫的血小板数目少于70 000个/uL时，BMBT通常会延长。如果该动物表现出瘀点的症状，则没有进一步做BMBT检查的必要，因为瘀点已经是初级凝血异常的特异性表现。所以，BMBT适用于血小板数目正常且出现了初级凝血障碍临床表现的病例。

BMBT的操作过程是：动物侧卧保定，并用纱布条固定并掀开嘴唇，暴露颊黏膜。而用手按压颊黏膜则会人为影响出血时间。选取无血管区，将颊黏膜出血时间测定器（一种刺入深度固定的弹簧式刀片）轻轻地贴于其上，并按下开关。同时按下秒表开始计时，每30 s用滤纸吸取流出的血液，直到出血停止的时间即为BMBT。犬猫BMBT的正常范围在作者的执业经验为1.7~4.2 s，且大多数健康动物都接近低限。

**3.  能否使用手术刀或指甲钳做出血时间的检测?**

这两种器械都不应该使用。尽管BMBT测定器和这两种器械一样都十分粗糙，但是BMBT毕竟有自控系统，而其他两种没有。BMBT检测的结果在兽医期刊中都被认为是科学的方法。

**4.  能引起血小板减少症的病因有哪些?**

血小板减少症很少是"自发性"的。对于这一较常见的病症，无法明确病因是由于受诊断能力所限。尽管严重出血会导致血小板数目减少，但其结果并不严重，且血小板的值通常会大于70 000个/uL。详尽地了解病史十分重要，特别是是否误食抗凝血性毒鼠药、其他药物，最近是否接种疫苗以及是否受到蜱的叮咬。感染和免疫介导性因素是血小板减少症的常见原因。可以通过血清学检查来诊断是否感染蜱源性传染病，但诊断覆盖面太小。事实上，除非明确了病因，否则基本都需要3～4星期的抗微生物治疗和其他辅助治疗。

**5. 如何理解血常规检查报告中血小板数目"充足"的真正含义？**

血小板数目"充足"的标准可能因化验室和检测仪器不同而异。但通过专人评估，人工计数，或仪器检测来获得血小板的准确数值是非常必要的。理想状态下，仪器测定的血小板数目需要结合专业的化验人员和临床病理专家的评估，且其结果应非常一致。对于猫，血小板计数的问题更为复杂，因为大于60%的猫血液样本都会出现血小板凝集的状况。所以，对于没有眼观出血或怀疑潜在出血的病例，其血小板计数"充足"可被接纳。另外，即便有时可能不上报，但所有的血液样本检测仪器都能直接提供血小板数值。

**6. 如何理解平均血小板体积？**

平均血小板体积（mean platelet volume，MPV）同平均红细胞体积（MCV）一样，都是细胞大小的平均值。MPV值升高表明血小板平均体积变大，即出现了巨型血小板。通常幼稚血小板或反应性血小板（血小板对血小板生成素浓度升高的反应）为巨型血小板（对于查理王猎犬，血小板减少会导致巨型血小板的生成）。MPV值降低提示血小板平均体积下降或小型血小板的生成。小型血小板可能提示血液中存在补体介导的，免疫介导的对血小板的攻击活动。

**7. 严重血小板减少症的病例能否进行骨髓检查？**

如果造成血小板减少的原因无法查明，那必须进行骨髓细针抽吸或活检。任何可疑的血细胞减少或多细胞系血细胞减少都必须进行骨髓评估，以确定病因。即便是患严重血小板减少症的病例，骨髓检查造成的出血量也相对较少且易通过压迫止血来控制。但如果大量出血，则原因不仅是血小板数量减少，还可能是因为血小板的功能出现障碍。

**8. 患血小板减少症的动物需要测定凝血功能吗？**

不仅需要，而且十分有价值。主要涉及的凝血功能检查PT、活化aPTT、TT、裂细胞的镜检和FDPs的检查。如果该病例只是单纯的血小板减少症，则上述所有检查都不会延长或呈阳性。如果结果异常，则提示存在其他的病因。其中一种可能是DIC导致的血小板减少症。血小板严重减少时BMBT延长无意义。aCT在血小板减少严重时可能延长（血小板小于10 000个/uL）。

### 9.　导致血小板减少症的原因分为几大类？

据统计，感染性疾病是导致犬猫血小板减少症最常见的因素。感染性因素包括立克次氏体感染、犬的全身性真菌病和猫的反转录病毒感染。弓形体和血巴尔通体感染也会造成猫的血小板减少症。另外，免疫介导性因素也是导致血小板减少症的一个重要方面。肿瘤，尤其是淋巴组织增生性肿瘤，也与免疫介导性溶血性疾病和血小板减少症有着密切的关系。

### 10.　哪些检测项目最有助于查出血小板减少的病因？

首先，应该用排除法筛选其病因。流式细胞检测可以用于确定血液中是否存在抗血小板的抗体，大大优于老式检测血小板因子3（PF3）的方法和骨髓巨核细胞的荧光染色的方法。但是该项目不能鉴别原发免疫介导性和继发性的（如感染性原因）血小板减少症，而且这些项目所需要的时间和实用性都必须考虑在内。另外，如果抗核抗体滴度显著升高，并结合其他指征，可提示免疫性病因，如系统性红斑狼疮（systemic lupus erythematosus，SLE）。

### 11.　导致血小板减少症的常见感染性因素都有哪些？

传染性因素的分布具有地域性，应根据当地的流行疾病进行筛查。另外，旅行史对于诊断也非常重要。检测项目包括立克次氏体、埃立克体的血清学检查。犬心丝虫病和钩端螺旋体病也需要检测。对于猫来说，建议检查反转录病毒（FeLV、FIV、FIP）。埃立克体的感染在猫也有过报道，对犬必须要考虑巴贝斯虫感染。

### 12.　新鲜全血或血小板制品输血对治疗血小板减少症有效么？

因为大多数患血小板减少症的动物的出血量都不足以对机体产生较大影响，所以基本不需要血液制品治疗。但是，如果出现或怀疑颅内出血、眼内出血或肾上腺周出血则必须考虑输注血液制品。新鲜全血和富含血小板的血浆在提升血小板数量上是短效的，输入的血小板很快就会被破坏掉。而且，除非使用多种单位的血液制品，否则全血和血小板浓缩品都不能将血小板数值稳定地提升。如果患病动物出现贫血，则可以考虑使用配型成功的浓缩红细胞制品。

**13. 哪些原因会导致血小板增多症？**

血小板数值持续性超过1 000 000个/uL则为血小板增多症，导致血小板增多的原因通常包括以下三类：

    a. 骨髓疾病

    b. 继发于其他疾病

    c. 生理性血小板增多

**14. 什么是自发性血小板增多症？**

自发性血小板增多症，是一种十分罕见的骨髓增生性疾病，以血小板持续性、过度增多为特点。该病又称为"自发性血小板增多症"、"原发性出血性血小板增多症"。据报道，患犬可能表现出血和血栓形成的症状。最终确诊为自发性血小板增多症的动物还表现非再生性/再生性贫血、低颗粒性巨型血小板、嗜碱性粒细胞增多症，以及假性高钾血症。

**15. 什么是反应性血小板增多症？**

反应性血小板增多症或继发性血小板增多症是继发于其他疾病（非骨髓增生性疾病）的一种血小板一过性增加的表型。可能引起反应性血小板增多症的因素有：肿瘤、胃肠道炎症（如胰腺炎、肠炎、肝炎、结肠炎）、免疫介导性疾病、引起缺铁的失血或出血、创伤（如骨折）、药物治疗（如糖皮质激素）和犬的脾摘除术后。

**16. 什么是生理性血小板增多症？**

生理性血小板增多症是由于脾性或非脾性（有可能是肺性）血小板池中的血小板转移到外周血液中。应激或过度运动都可能导致生理性血小板增多症。

**17. 什么是血小板病？**

血小板病是指血小板质量或功能异常。当动物表现出血（如瘀点、瘀斑、紫癜）的症状，而血小板数目正常或轻微降低时应怀疑血小板功能异常。BMBT检测可见延长。

**18. 造成出血性血小板功能障碍的原因有哪些？**

当动物出现初级凝血功能障碍并出血，并已排除血小板减少症和血管异常时，应该怀疑获得性血小板功能障碍。能引起获得性血小板功能障碍的因素包括：尿毒症、异常蛋白血症、感染因素、蛇毒或昆虫毒、肝脏疾病、肿瘤和许多药物（包括可引起血小板减少症的药物）。在犬猫最常见的原因是药物诱导的血小板功能障碍。

### 19.　造成高凝性（或血栓性）血小板功能障碍的原因有哪些？

这种疾病又称为"超反应性血小板症"或"促凝血酶态"。造成该病的原因很多，包括糖尿病、肾上腺皮质机能亢进、蛋白丢失性疾病（如蛋白丢失性胃肠病和肾病）、肿瘤（如肉瘤和癌）以及传染性疾病（如恶丝虫病、FIP）。

### 20.　哪一种疾病是最常见的遗传性血小板功能障碍性疾病？

冯维勒布兰德病（von Willebrand's disease，vWD）是犬最常见的遗传性出血性疾病。冯氏因子，是一种大分子的血浆糖蛋白，其数量或质量出现问题都会导致血管性假血友病。其他的遗传性血小板功能障碍包括犬血小板机能不全性血小板病（见于大白熊犬和猎水獭犬），巴吉度猎犬血小板病，斯皮茨犬血小板病，贮存池缺陷，以及可卡犬的出血性疾病。猫的先天性白细胞颗粒异常综合征（Chédiak - Higashi syndrome，CHS）和灰柯利犬的周期性血细胞生成症都属于血小板功能障碍性疾病。

### 21.　冯氏因子缺乏症是如何影响血小板功能的？

冯氏因子是由骨髓内巨核细胞和血管内皮细胞产生分泌的，其既能吸附于血小板膜表面又能吸附于内皮下胶原蛋白之上。冯氏因子对于血小板黏附于内皮下胶原尤为重要，同时协助血小板聚集。冯氏因子缺乏症的症状与其他血小板病类似，主要表现为黏膜出血（血尿、胃肠道出血、鼻出血），或者在严重情况下，出现大量的出血。

### 22.　如何最有效地诊断冯氏因子缺乏症？

用于次级凝血功能的常规检测，如PT和aPTT，通常都不会受到冯氏因子缺乏的影响。基因检测是专业实验室直接诊断该病的方法，可检测表达冯氏因子的基因是否正常。定量检测主要运用火箭免疫电泳法或ELISA技术。需要注意的是，样本的采集和处理都会对这些检测结果产生影响。如果该动物处于应激、疾病或最近有过强烈运动的状况下，不建议采集其血样。另外，发情的母猫也不能进行检测。检测需要无污染的静脉血，血液应小心地（避免溶血）加入含枸橼酸钠抗凝剂的采血管中，并保证血液和枸橼酸钠严格遵循9∶1的比例。最为理想的做法是，将非溶血的血浆（溶血会导致vWf定量检测结果不可靠）分离（使用塑料移液管）入带盖子的塑料离心管中。血浆在进行检测前均需要置于冰上，或者冻存。

**23. 颊黏膜出血时间测定能否作为冯氏因子病的筛检项目？**

BMBT对术前粗略评估动物的初级凝血状况是非常有用的，并且在大多数伴有中度至重度的冯氏因子缺乏的动物，BMBT的测定结果会延长。如果BMBT延长，动物则需要进行预防性治疗。但是，正常的BMBT不能确保手术中的凝血功能正常，因为对于冯氏因子中度减少的动物，麻醉剂和药物都会影响其血小板的功能。

# 二十二、次级凝血过程障碍（凝血不良）

**1. 什么是次级凝血过程？与之相关的检测项目都有哪些？**

次级凝血过程指的是凝血因子逐级激活最终使得可溶的纤维蛋白原转化为不可溶的纤维蛋白的过程。为了更易理解和记忆，凝血过程通常分为内源性凝血途径、外源性凝血途径和共同通路三个部分。

PT用于检测外源性凝血途径和共同通路中凝血因子的质量和数量。aPTT用于检测内源性凝血途径和共同通路中凝血因子的质量和数量。TT用于检测纤维蛋白原的质量和数量。单一因子或多个因子的缺乏或功能障碍都会导致相对应的检测指标异常。

**2. 次级凝血过程出现障碍时，有哪些临床表现？**

次级凝血过程出现障碍时，特征性表现是血液流入组织或体腔中。主要包括：血肿的形成，胸膜腔、腹膜腔或腹膜后间隙出血，关节积血，以及肌群间隙的出血。出血不止或反复出血也是特征之一。但通常，静脉穿刺不会出血不止，且黏膜出血和摩擦较多部位出血不常见。

**3. 如何鉴别获得性凝血不良和先天性凝血不良？**

先天性凝血不良通常在动物幼年时期就会有所表现，且伴有出血史。同窝的兄弟姐妹（尤其是雄性）和其他的亲属可能也有凝血不良的情况。先天性凝血不良通常是单一凝血因子的异常。获得性凝血功能障碍可以发生于任何年龄段，且无出血史，亲属无凝血不良。获得性凝血功能不良通常涉及多个凝血因子。

**4. 最常见的获得性凝血功能障碍是什么？**

抗凝血性杀鼠剂中毒是最常见的获得性凝血功能障碍。因为通常杀鼠剂中毒后出血比较隐蔽，主要发生于体腔或肌肉群之间，所以诊断比较困难。尽管检查结果可能疑似该病，但是并没有特异性高且相对简便的实验室检查能将其确诊。常见的临床治疗失误是维生素$K_1$的剂量和疗程不足。

### 5.　什么是维生素K依赖型凝血因子？

维生素K依赖型凝血因子主要包括四个：因子Ⅱ（通常称为凝血酶原）、因子Ⅶ、因子Ⅸ和因子Ⅹ。蛋白C和蛋白S同样是维生素K依赖型蛋白，但是其具有抗凝活性。

### 6.　维生素K依赖是什么意思？

因子Ⅱ、Ⅶ、Ⅸ和Ⅹ都是由肝细胞合成并以无活性或前体形式存在于血液中的蛋白分子。这些蛋白分子上的谷氨酸被羧基化后才具有活性，而这个羧基化的过程需要维生素K的参与。所以，当维生素K缺乏时，这些因子仅以无活性的形式存在于血液中。

### 7.　抗凝血性杀鼠剂是如何影响凝血功能的？

以对苯二酚形式存在的维生素K对于凝血因子Ⅱ、Ⅶ、Ⅸ和Ⅹ活化时的羧化作用和环氧化作用十分重要。当这些凝血因子被活化时，维生素K被转换为无活性的形式，而其活化形式需要酶的还原作用才能再生。抗凝血性杀鼠剂能抑制酶的还原作用，从而降低维生素K的活性，最终导致维生素K依赖型凝血因子的活化受影响。

### 8.　除了杀鼠剂中毒，还有什么原因会导致维生素K受抑制？

维生素K作为一种脂溶性维生素，随着脂肪酸被肠道吸收。所以凡是能导致脂肪消化不良或吸收不良的疾病都能引起维生素K的缺乏，包括炎性浸润性肠病、淋巴管扩张、胰腺外分泌不足和胆汁淤积。胆汁酸能促进肠道对脂肪的吸收。长时间口服抗生素（头孢菌素二代和三代）会因细菌合成受阻，而造成轻度的维生素K缺乏。这些情况一般都仅作临床参考，很少会引起严重的维生素K缺乏。

### 9.　一代和二代杀鼠剂中毒和临床表现有何异同？

一代羟香豆素类包括华法林和双香豆素，二代羟香豆素类包括大隆、溴敌隆和鼠得克。一代茚二酮类有敌鼠、氯敌鼠、鼠完和杀鼠酮。二代羟香豆素类和一代茚二酮类的作用要明显强于一代羟香豆素类。

这些香豆素的潜在毒性至少能持续数周，甚至在有些病例会持续数月。因此，治疗的最短疗程为3周，而且在最初的一周必须保证没有出现衰竭的情况。

**10. 杀鼠剂中毒后最快多长时间会表现出中毒症状?**

中毒后表现出临床症状的时间取决于动物摄入的毒物的量和动物本身的活动程度。毒力强的香豆素会在数小时之内引起动物的出血。中毒症状可在2d到1周后出现。活跃的动物比安静的动物更容易出现出血的症状。

**11. 维生素K缺乏最有效的诊断方法是什么?**

外源性凝血途径中的凝血因子Ⅶ是半衰期最短的维生素K依赖型因子，因此其非活化形式的存在时间最短。所以首先应考虑检测凝血因子Ⅶ的活性。PT检测凝血因子Ⅶ、Ⅹ、Ⅴ、Ⅱ和Ⅰ的活性，PIVKA检测凝血因子Ⅶ、Ⅹ和Ⅱ的活性［由维生素K合成而不激活的因子称为维生素K缺乏诱导蛋白（proteins induced by vitamin K absence），简称为PIVKA蛋白］。不论哪种检测，在动物表现出临床症状前，其结果都会延长至数小时。随着病程的延长，当其他维生素K依赖型因子占主导地位时，其他检测项目，如aCT和aPTT也会延长。需要注意的是，如果PT或PIVKA正常，而aPTT延长，则几乎可以排除维生素K缺乏的可能。

**12. 维生素K缺乏的治疗程序是什么?**

如果误食毒鼠强的时间不长，则应该立即催吐或洗胃来防止中毒。一旦表现或怀疑出血，则禁止催吐或洗胃，因为这很有可能会导致更严重的出血。如果出血量及出血的部位临床意义不大，则应考虑给予维生素$K_1$（植物甲萘醌、叶绿醌或叶萘醌）。因为维生素K是脂溶性维生素，所以最好皮下注射或经口给药。肌肉注射在提升血液维生素K浓度上，不如前两种方法快速，还可能造成肌肉内血肿。静脉注射维生素K同样也不能有效提高血维生素K的浓度，还有过敏的风险。如果是一代羟香豆素类中毒，且动物已不再接触毒物，则5d的治疗即可。如果是二代羟香豆素或茚二酮类中毒，通常需要治疗3周，并且在第四周再次检测时各项指标正常才可以终止治疗。

**13. 对于小动物，其他的维生素K能否用于治疗维生素K缺乏症?**

维生素$K_3$（甲萘醌）是其他唯一能应用的药物。维生素$K_3$价格相对便宜，但是效果较差，且需要数天治疗才能达到所需的浓度。且维生素$K_3$治疗不应替代维生素$K_1$的治疗。

14. **如何治疗由于维生素K缺乏导致的出血性疾病?**

　　给予维生素$K_1$后,至少需要数小时的时间,维生素K依赖型的凝血因子才能被激活。所以在给予维生素$K_1$的同时,需要给予新鲜血浆或新鲜冷冻血浆(血型匹配)以补充活化的维生素K凝血因子。维生素$K_1$治疗需和血液制品同时注射。如果动物的红细胞指标下降到正常范围以下,需要考虑输注经过配型、主测和次测交叉试验的红细胞制品(全血,浓缩红细胞)。

15. **维生素$K_1$停药后需要做什么检测?**

　　停药大约3h后,需要检测PT或PIVKA作为基础值。在停药48 h和96 h重复检测PT和PIVKA。这三个时间点任一出现PT或PIVKA的延长,都需要恢复维生素$K_1$的治疗且至少持续数周,并再次检测。在停药后的96 h内,如果动物表现发热或食欲减退,则很有可能是再次出血,故需要全面地检查。

16. **除了杀鼠剂中毒外,次级凝血功能障碍还见于哪些情况?**

　　肝病、DIC以及出现针对凝血蛋白的循环抗体都会导致动物表现出与杀鼠剂中毒相似的症状,如血肿、体腔或肌群间出血、关节腔出血。因为肝病和DIC都会导致PT和aPTT延长,所以很难鉴别,尤其是当DIC继发于肝病时更难鉴别。病史、临床表现、血小板数、纤维蛋白和纤维蛋白原降解产物浓度、肝脏生化指标以及超声检查可能有助于鉴别。循环中出现凝血蛋白抗体的情况在小动物临床少有报道。曾有一只犬的狼疮抗凝物导致血栓性疾病的报道。凝血因子Ⅷ缺乏见于犬血友病。

17. **肥大细胞瘤能否导致全身多处出血?**

　　肝素是一种生理抗凝剂。肥大细胞瘤含有大量的肝素,所以能导致出血性倾向。肝素与抗凝血酶Ⅲ共同作用阻遏凝血因子的激活,引起PT和aPTT的延长。

18. **什么是遗传性凝血因子缺乏?**

　　在已知的凝血因子中,几乎任意一种因子的单一性缺乏症均有报道。这些缺乏症通常在幼年动物中期表现出临床症状。典型血友病是凝血因子Ⅷ和凝血因子Ⅸ的缺乏,是隐性、伴性遗传的。这些遗传性疾病主要表现为aPTT延长以及PT正常。值得注意的是,虽然凝血因子Ⅻ缺乏时aPTT显示延长,但是机体并不会表现出血性倾向。其他凝血因子的遗传性缺乏症都属于常染色体显性遗传。因子Ⅰ(纤维蛋白原)缺乏可为常染色体的显性遗传,也可为隐性遗传。因子Ⅹ缺乏属于常染色体隐性遗传。德文卷毛猫的维生素K依赖型凝血因子缺乏,目前被认为是常染色体隐性遗传。

19. **对于A型血友病（因子Ⅷ缺乏）和IB型血友病（因子Ⅸ缺乏）的遗传育种期望是什么？**

除非患病的雄性动物血友病较轻，否则它们很难成长到生育的年龄。血友病通常是雄性动物发病，而雌性动物只是基因携带者。如果携带了血友病基因的雌性动物和正常的雄性动物繁育后代，则可能出现25％的正常雌性，25％的雌性携带者，25％的正常雄性，及25％的患病雄性。鉴别某雄性动物是否患病，需要其表现出血症状和aPTT延长。A型血友病的患者，凝血因子Ⅷ的浓度较低。雌性动物不论是携带者还是健康的，其aPTT都是正常的。但是，携带血友病基因的雌性动物，其因子Ⅷ的浓度比其同窝的健康雌性动物低。

如果一只血友病雄性动物与健康的雌性（不携带血友病基因）配种，则其所有的雌性后代都是携带者，而所有的雄性后代都是健康的。

# 二十三、弥散性血管内凝血及血栓形成

1. **什么是弥散性血管内凝血（DIC）？**

DIC是炎症或组织损伤恶化的结果。DIC是一个由多种物质参与的复杂过程，主要涉及血小板、凝血因子和血纤维蛋白溶酶活化的加快，随后大量消耗血小板、凝血因子和纤溶酶抑制物等过程。以下情况会促进凝血：

　　a. 血液与含有组织促凝血酶原激酶或内皮下胶原蛋白接触。

　　b. 存在大量的白细胞和炎性介质或细胞因子。

　　c. 大量凝血因子接触红细胞或血小板膜上的磷脂。

　　d. 红细胞碎片、组织坏死碎片、肿瘤组织或心丝虫存在于外周循环中。

失去控制的凝血过程会消耗大量的血小板、凝血因子和天然抗凝剂，最终导致DIC的发生。

2. **如何诊断DIC？**

DIC的诊断极大程度上依赖兽医对相关疾病引发DIC的生理机制的了解，临床表现和一系列与凝血象关的异常检验结果。DIC的临床表现取决于患病动物所处的分期。而DIC所处的时期又取决于潜在疾病的严重程度，血液中阻碍DIC的物质浓度和种类，以及凝血系统暴露于凝血激活物的时间。理想的凝血功能评估包括：PT、aPTT、血小板数目、纤维蛋白原浓度、FDPs浓度和抗凝血酶Ⅲ（antithrombin Ⅲ，AT-Ⅲ）浓度。当患病动物的原发疾病可能引发DIC但无诊断性测试结果时，即应进行以上检测以评估其发生DIC的可能性。

3. **DIC是如何分期的?**

a. 超急性期(高凝状态),无或少有临床症状。

b. 急性期(消耗期),静脉穿刺处渗血或轻微出血。

c. 慢性期,无出血表现。

4. **DIC的超急性期或高凝期的实验室检查有何特点?**

超急性期aPTT和PT值在正常范围之内或稍有缩短(低于参考范围低限)。血小板数目正常,而在大多数全身炎症性疾病中,血小板数应在参考值上限或超过参考值。纤维蛋白原浓度正常或轻微低于正常范围,而在大多数全身炎症性疾病中,纤维蛋白原的浓度应在参考值上限或超过参考值。FDP和AT-Ⅲ浓度处于正常范围内。

5. **DIC的急性期或消耗期的实验室检查有何特点?**

急性期的实验室检查结果集中反映了DIC的特点。主要包括PT和aPTT延长,血小板数目减少,纤维蛋白原浓度降低,FDP浓度升高,以及AT-Ⅲ的浓度降低。

6. **DIC的慢性期的实验室检查有何特点?**

PT和aPTT依旧延长,且血小板数目减少,而纤维蛋白原浓度通常不定,可能在参考范围内,也可能明显降低。FDPs的浓度取决于单核吞噬系统(mononuclear phagocytic system, MPS)的参与程度。如果肝脏与脾脏的MPS可以应对这些组织和凝血碎片,则FDP浓度会保持正常或轻度升高。如果MPS已经处于饱和状态,则FDPs浓度会有很大程度的升高。AT-Ⅲ的浓度在高峰期时可能仍明显降低,而在疾病较缓和时可回升至低限或处于正常范围内。

7. **aCT对诊断DIC是否有帮助?**

aCT是检测内源性凝血途径和共同通路的指标。因此aCT检测的范围和aPTT相同。如果进行一系列的检测,aCT可进一步确认其他检测结果。但aCT不如aPTT敏感性高,只有当凝血因子较大幅度的减少才会导致aCT的升高。如果某疑似DIC的病例其aCT是正常的,则必须检查aPTT。但如果其aCT是延长的,则没有必要再检查aPTT。需要记住的是,血小板数目的大量减少有可能会导致aCT的延长,但却不会延长aPTT。

8. **能引发DIC的临床疾病有哪些?**

a. 全身炎性反应综合征(systemic inflammatory response syndrome,

SIRS）通过大量地暴露内皮下胶原蛋白，加速免疫反应，释放炎性介质，或在胰腺炎时释放胰蛋白酶。循环中的红细胞磷脂、细胞碎片和细胞因子会导致无法控制的免疫介导性破细胞作用。

b. 创伤及烧伤引发DIC的原理与SIRS和免疫介导性疾病的原理相似。

c. 代谢性酸中毒和严重的休克都会导致内皮下胶原蛋白暴露。休克也能加重免疫反应，并阻遏机体对活化凝血因子的清除及凝血因子抑制物的运送。

d. 肿瘤可暴露内皮下胶原蛋白，并会导致血管内组织碎片的增多。

e. 肝脾疾病导致凝血因子生成减少，以及活化凝血因子和组织碎片的清除受阻。

f. 心丝虫病导致组织促凝血酶原激酶的增多。

g. （蛇或蜘蛛的）毒液蜇入能激活凝血因子X。

h. 中暑可引起内皮下胶原蛋白的暴露。

i. 内毒素血症能激活凝血因子。

## 9. 如何合理治疗DIC？

治疗DIC的关键是及早怀疑和对重病患者的检测。尽早地缓解或减轻能引发DIC的因素是治疗DIC的关键。合理的治疗方案包括促进微血管内血液循环，对易因微血栓造成缺血或出血的靶器官进行支持治疗，补充凝血因子以及在必要的时候注射肝素。

## 10. 如何监测DIC的治疗？

血浆中的抗凝血酶的活性检测是DIC诊断和检测的关键。由于AT-Ⅲ这种内源性抗凝物质被消耗，故其活性在DIC早期呈现下降趋势。在人，其活性下降到80%（血浆池AT-Ⅲ浓度被认为是100%）以下即能诊断DIC。在人的危重病例，当AT-Ⅲ的浓度下降到60%以下时，死亡率可达96%。浓度低于90%便需要严密的监护。根据临床经验，犬的AT-Ⅲ浓度下降到80%时说明机体有可能发展为DIC。当浓度低于60%时说明有血栓或转变为DIC，并需要立即给予肝素和补充AT-Ⅲ。当浓度低于30%时说明该动物的病情较为严重，很可能产生血栓、DIC，甚至死亡。这种情况下，患病动物需要肝素治疗并立即补充AT-Ⅲ。

## 11. 什么是易栓症（thrombophilia）？

内皮细胞、血小板、凝血因子和纤维蛋白溶解之间相互构成的平衡是维持正常凝血的关键。Virchow三要素（Virchow's triad）的改变（血液流动学变化、凝血因子的变化以及内皮损伤）能导致血栓形成。血液的高凝状态、促凝状态或易栓症，都是指血液易形成血栓。易栓症的原因有很多种，包括先天性的、家族性的和获得性的凝血系统疾病，均可导致患病动物易于发生血栓栓塞。凝血阻遏物的缺乏（AT-Ⅲ和蛋白C）都会导致血栓的潜在生成。纤维蛋白溶解障碍也会导致血栓形成。

**12. 能促使血栓形成的疾病有哪些？**

免疫介导性疾病（溶血症或血小板减少症、血管炎、淀粉样变，静脉炎）、感染、寄生虫、肿瘤（如血管肉瘤）、蛋白丢失性肾病或胃肠病（导致AT-Ⅲ的丢失），以及创伤（静脉内导管、刺激或高渗物质的存在）都是促使血栓形成的因素。

**13. 血流动力学改变如何促使血栓的形成？**

休克、创伤、烧伤或器官疾病导致的低血容量状态都可能引起血栓的形成。心脏疾病，包括增殖性心内膜炎、瓣膜闭锁不全，以及血管疾病，也会导致血栓的形成。充血性心力衰竭和其他血流动力学的变化也是影响因素。

**14. 血栓症的临床表现有哪些？**

血栓能发生在静脉、动脉、微循环和心房、室内。局部的血管阻塞和血栓造成的临床表现取决于其发生的位置和大小。急性的呼吸困难通常与肺部的血栓有关。一些患病动物会表现出咳血。泌尿生殖系统内产生的血栓可导致血尿、腹部疼痛和腹部紧绷。内脏的血栓会导致呕吐或大小便失禁。猫远端主动脉血栓导致患肢的剧烈疼痛，且初诊冰凉、无脉搏。患肢的皮肤颜色可能表现出苍白。

**15. 如何诊断血栓？**

血栓的诊断通常需要复杂的诊断技术，包括数字减影血管造影术、静脉造影术和动脉造影术、放射性纤维蛋白原扫描、阻抗容积描记术和多普勒超声技术。腹部静脉的核闪烁造影技术或灌注扫描技术能增加疑似血栓症的确诊程度。

**16. 在缺少特殊诊断技术的前提下，如何利用实验室检查来诊断血栓症？**

凝血检测的常规项目，如PT和aPTT，都有助于高凝状态的发现。实际上，实验室常规检测凝血状态（包括PT和aPTT）的能力决定了其有效排查血栓症的能力。比如，AT-Ⅲ的浓度降低或C蛋白的浓度升高就说明机体处于易形成血栓的状态。利用分光光度计分析血小板的聚集情况，可评价血小板功能在药理学或病理学上的变化，从而有助于监测抗血小板治疗。

17. **纤维蛋白（原）降解产物（fibrin–fibrinogen degradation products, FDPs）的出现说明了什么？**

FDPs通常又称为纤维蛋白（原）裂解产物，是血纤维蛋白溶酶原转变为血纤维蛋白溶酶并分解纤维蛋白或纤维蛋白原所得的产物。这种物质的出现在没有病史、临床或实验室检查异常的情况下是很难判读的。在患有轻微单核吞噬系统障碍的病例中，FDPs通常在创伤和明显血肿或体腔内出血的情况下出现。而在疑似出现DIC或血栓但拥有高效的MPS的病例中，FDPs通常都不可见，除非是病情的发展是暴发性的。因此，FDPs的出现与否不能作为诊断或排除DIC或血栓的依据。

当血纤维蛋白溶酶作用于纤维蛋白单体时，产生的物质为D-二聚体（D-dimer）。尽管D-二聚体的产生在人医上对于诊断DIC十分有意义，但是在动物，其出现很难判读。作者的经验是，临床上大多数的D-二聚体测试结果都是属于假阳性结果。

第四章

# 酸碱紊乱

## 二十四、酸碱紊乱介绍

James H. Meinkoth 和 Rick L. cowell

1. **常规血气分析中的四项基本指标是什么?**

    a. pH：血液酸度的指标。

    b. $Po_2$：氧分压，血液中溶解氧气的含量。

    c. $Pco_2$：二氧化碳分压，血液中溶解的气态二氧化碳的含量；呼吸性酸碱紊乱的参考指标。

    d. $[HCO_3^-]$：血液中碳酸氢根浓度，代谢性酸碱紊乱的参考指标。

2. **怎样测定这四项基本指标?**

    pH、$Po_2$、$Pco_2$都使用专用电极直接测定。$[HCO_3^-]$测定值是基于pH和$Pco_2$的计算值。根据实验室及所使用的设备，报告中可能会有许多其他的计算值。

3. **血气分析使用动脉血还是静脉血?**

    采集动脉血还是静脉血取决于临床医师想要获取的信息。测量$Po_2$时需要使用动脉血。动脉血氧分压（$Pao_2$）可评估动脉血中的氧气含量，其仅受呼吸功能影响。静脉血$Po_2$受到组织耗氧量和呼吸功能的双重影响。所以，如果动物处于休克状态而且组织灌流减慢，静脉血$Po_2$会大幅下降而动脉血$Po_2$正常。相似的，严重贫血的动物携氧能力会下降。这样的动物有正常的动脉血$Po_2$，而血液流经组织后氧气耗尽则静脉血$Po_2$大幅下降。

    静脉血更容易采集并且可以用来评估pH、$[HCO_3^-]$、$Pco_2$。比起动脉血，测量pH、$[HCO_3^-]$、$Pco_2$时用静脉血能比动脉血更加精确地反映组织的酸碱状态。在心搏停止时这点更为重要。

### 4. 血气分析时如何正确采集和处理样本?

样本应使用肝素抗凝。将肝素（1 000 IU/mL）抽入3 mL注射器中并立即推回瓶中。这样在注射器壁上沾有少量的肝素，足以使3 mL全血抗凝。肝素是酸性的，如果抽血前过多的肝素留在注射器里那么会导致样本pH和[HCO$_3$]降低。

一旦样本（动脉血或静脉血）抽入注射器，需要排除所有气泡，并且盖上橡胶塞以防止与空气接触。样本需要立即分析或带到实验室进行分析。如果15min内不能分析，那么需要冰浴，这样3h或更长时间内的结果都是准确的。

### 5. 如果推迟检测，样本会发生哪些变化?

如果样本没有在规定时间内检测，那么会由于细胞新陈代谢而造成误差。细胞新陈代谢会利用氧气，所以PO$_2$降低，还会产生乳酸，那么pH和[HCO$_3$]也会下降。

### 6. 样本过度暴露于空气中会发生什么变化?

采血后没有及时盖上橡胶塞或没有排净大气泡会导致血样与空气接触。空气的PO$_2$高于血液而PCO$_2$较低，故可以人为造成PO$_2$升高，PCO$_2$下降。

### 7. 什么是pH?

pH用来评估氢离子浓度（[H$^+$]）。小写的p表示"power of（指数）"，因此pH表示[H$^+$]的指数。

pH=$-$log [H$^+$]，即pH是 [H$^+$]的负对数，所以pH和[H$^+$]呈负相关，这有些时候会引起混淆。[H$^+$]上升，则pH下降（酸性更强），而[H$^+$]下降，pH上升（碱性更强）。体液中正常[H$^+$]用纳当量每升（nEq/L）表示，相当于其他离子（如Na$^+$、Cl$^-$、K$^+$）浓度的百万分之一。

### 8. 为什么氢离子浓度不用浓度表示而用pH表示?

pH概念的设定是为了"简化"化学系统中氢离子浓度的表示。而生物系统中氢离子浓度的范围要窄得多，因此pH的概念可能不太需要。用nEq/L表示氢离子浓度无疑更为简单，但出于习惯pH仍被使用。pH每改变1个单位（如从7.4到6.4），[H$^+$]就变化10倍。相似地，pH改变0.2个单位表示氢离子浓度变化两倍。

### 9. 如果[H$^+$]远比其他电解质浓度低，为什么pH的改变还如此重要?

氢离子是活性分子。机体中的蛋白包括酶，可以可逆地结合或释放氢离子。结合或释放氢离子能改变这些蛋白的结构和功能。所以，[H⁺]的改变会对机体产生深远的影响。

### 10.　哪些生理因素会对pH产生影响?

蛋白质代谢导致固定酸的日常生成。碳水化合物代谢产生二氧化碳，是一种挥发性酸。因为有碳酸酐酶的存在，二氧化碳可以结合水产生碳酸，所以二氧化碳是潜在的酸。

### 11.　酸和碱的区别是什么?

酸是$H^+$的供体，而碱是$H^+$的受体。

方程式是：$HA \leftrightarrow H^+ + A^-$　　　　　（等式1）

　　　　　　（酸）　　（碱）

$A^-$表示碱，因为它可以结合游离$H^+$。

### 12.　正常机体有什么对抗pH改变的机制?

机体含有多种缓冲系统，可以调节pH。缓冲物质可以结合或解离氢离子以减小pH的改变。一个缓冲对包含一个弱酸和它的共轭碱。如果氢离子大量增加，缓冲对结合一些氢离子，可以减缓pH的改变。

### 13.　机体中含有哪些重要的缓冲物质?

细胞外液中主要的缓冲物质是$HCO_3^-/H_2CO_3$系统。血红蛋白是最重要的非碳酸氢盐缓冲物，其他血浆蛋白也起着一定作用。细胞内主要的缓冲物是蛋白质、有机磷酸盐和无机磷酸盐。以诊断为目的进行测量的是碳酸氢盐缓冲系统。

### 14.　碳酸氢盐缓冲系统的组分是什么?

碳酸氢盐结合氢离子形成碳酸。在碳酸酐酶的作用下，碳酸可以分解为二氧化碳气体和水。这个反应是可逆的。所以碳酸氢盐系统可以表示为：

$H_2O + CO_2 \leftrightarrow H_2CO_3 \leftrightarrow HCO_3^- + H^+$　　　　　（等式2）

反应平衡主要受$HCO_3^-$和$CO_2$浓度变化的影响，$H_2CO_3$浓度变化对其影响不大。因此该反应可简化为：

$H_2O + CO_2 \leftrightarrow HCO_3^- + H^+$　　　　　（等式3）

$CO_2$增多可使等式3右移，导致游离氢离子增多（酸中毒）。$CO_2$减少可使等式3左移，导致游离氢离子减少（碱中毒）。所以，$CO_2$呈酸性。$CO_2$增多表示酸性变化，减少表示碱性变化。

碳酸氢根增多可使等式3左移，导致氢离子减少（碱中毒）。碳酸氢根减少可使等式3右移，生成游离氢离子（酸中毒）。所以，碳酸氢根是碱库，碳酸氢根增多表示碱性变化，减少表示酸性变化。

### 15. 机体存在多种缓冲对，为什么只测定碳酸氢盐缓冲系统？

评估酸碱情况时只需要测定一种缓冲系统。机体中存在数种缓冲对，但它们都处于平衡状态。急性酸负荷时，根据浓度和电离常数p$K_a$（见问题16）的不同，所有缓冲物质共同调节氢离子浓度。所以，一旦一个缓冲对的浓度发生改变，其他缓冲对也会发生相应变化。

在所有的缓冲物质中，碳酸氢根/碳酸缓冲对是最容易测定的。碳酸浓度与Pco$_2$成正比。碳酸氢根的浓度可以直接测定，或者通常由Pco$_2$和pH计算出来。

### 16. 什么是缓冲物的p$K_a$?它的意义是什么？

缓冲对的p$K_a$是指当缓冲物解离一半时所在溶液的pH。所以，一半缓冲物以酸（HA）存在，另一半以碱（A$^-$）或盐的形式存在。

缓冲溶液最有效的缓冲范围是pH在p$K_a \pm 1$的区间内。所以，缓冲物质在血浆中的最佳缓冲范围为7.4 ± 1。

### 17. 碳酸氢盐缓冲系统的p$K_a$不在7.4 ± 1的范围内。如果缓冲液最有效的缓冲范围是p$K_a \pm 1$，那么如何解释这个缓冲对在维持血浆pH的效果问题？

大多数缓冲物不受机体主动调节。它们结合或解离H$^+$取决于所有反应物的相对浓度，直到达到平衡状态。碳酸氢盐缓冲系统非常独特，因为它是个"开放"的系统。许多反应物可以增加或减少（如二氧化碳能被机体呼出）。而且，该系统中的各种反应物受机体主动调节。所以pH可以主动调节至某值而非被动达到平衡状态。

碳酸氢盐缓冲系统：$H_2O + CO_2 \leftrightarrow HCO_3^- + H^+$

随着呼吸，二氧化碳的浓度每时每刻都在变化。假设这也是一个封闭的系统，急性酸负荷会使得等式左移直到新的平衡重新建立。这在一定程度上能缓解氢离子浓度增加，并导致Pco$_2$明显上升。然而，肺脏可以排出此反应生成的过量二氧化碳，使更多的氢离子被缓冲，从而进一步缓解氢离子浓度的增加。所以，机体通过改变呼吸来增加或降低二氧化碳浓度，达到主动调节pH的目的。

另外，肾脏可以调节碳酸氢根浓度，但反应缓慢，需要数天时间起效。

18. **酸血症、碱血症和酸中毒、碱中毒有什么区别？**

酸血症和碱血症分别指血液pH低于或高于参考范围。酸中毒和碱中毒是pH趋于降低或升高的过程，而不管血液pH有没有显著改变。动物可能出现酸中毒，但血液pH仍然处于正常范围之内。其原因可能是酸中毒的程度不足以使血液pH超出正常范围，或并发的碱中毒抵消了酸中毒对血液pH的影响。

19. **如何鉴定四种单纯型酸碱紊乱？**

四种单纯型酸碱紊乱如下：

a. 肺换气不足导致的$P_{CO_2}$升高而引起呼吸性酸中毒。二氧化碳浓度增加使得碳酸氢根反应（等式3）平衡右移，导致游离氢离子生成增加，使pH有降低的趋势。

b. 肺换气过度导致的呼吸性碱中毒，与呼吸性酸中毒相反，$P_{CO_2}$会降低。二氧化碳浓度的减少使得碳酸氢根反应平衡左移，导致游离氢离子减少，pH升高。

c. 代谢性酸中毒是由于碳酸氢根浓度下降所引发的病理过程。由于机体丢失碳酸氢根或生成过量的固定酸，导致氢离子浓度上升，pH有降低趋向。

d. 代谢性碱中毒以碳酸氢根浓度升高和pH上升为特征，通常是由于胃内容物丢失（会伴有$H^+$丢失）或体内氯离子不成比例地丢失。

20. **每种单纯型酸碱紊乱的代偿反应的特点是什么？**

代偿（也叫继发或适应）反应是指机体调节生理功能，以减缓pH的变化。代偿反应发生于对立的系统（呼吸、代谢）并且与pH变化相反。因此，代谢性酸中毒（碳酸氢根向酸性改变）的代偿反应是呼吸向碱性改变（$P_{CO_2}$降低）。而代谢性碱中毒的代偿反应是呼吸向酸性变化（$P_{CO_2}$上升）。

同样，呼吸性酸中毒的代偿反应是碳酸氢根增加（代谢向碱性改变），呼吸性碱中毒的代偿反应是碳酸氢根减少。

21. **如何具体评估预期代偿反应的强弱？**

人医有公式计算多种单纯型酸碱紊乱的预期代偿反应。虽然存在一定的物种差异，但这些公式也经常应用于动物。犬的代偿反应计算公式已经研究出来并且不同于人类（表24-1）。其他种属动物的公式仍未阐明。

需要注意的是这些公式代表动物的平均反应。任何动物都可能有更强烈或微弱的反应。所以，此表只作参考用。

表24-1 犬单纯型酸碱紊乱中的代偿反应

| 单纯型酸碱紊乱 | 预期代偿反应 |
| --- | --- |
| 代谢性酸中毒 | $[HCO_3^-]$每降低1.0 mEq/L，$Pco_2$降低0.7 mm Hg |
| 代谢性碱中毒 | $[HCO_3^-]$每升高1.0 mEq/L，$Pco_2$升高0.7 mm Hg |
| 急性呼吸性酸中毒 | $PCO_2$每升高1.0 mm Hg，$[HCO_3^-]$升高0.15 mEq/L |
| 慢性呼吸性酸中毒 | $PCO_2$每升高1.0 mm Hg，$[HCO_3^-]$升高0.35 mEq/L |
| 急性呼吸性碱中毒 | $PCO_2$每降低1.0 mm Hg，$[HCO_3^-]$降低0.25 mEq/L |
| 慢性呼吸性碱中毒 | $PCO_2$每降低1.0 mm Hg，$[HCO_3^-]$降低0.55 mEq/L |

$PCO_2$表示二氧化碳分压，$[HCO_3^-]$表示碳酸氢根浓度。

## 22. 什么是混合型酸碱紊乱？

混合型酸碱紊乱指患病动物同时出现一种以上单纯型酸碱紊乱。可能结合了代谢性和呼吸性的问题或者同时存在代谢性酸中毒和碱中毒。单纯型酸碱紊乱的预期代偿反应不属于混合型酸碱紊乱，因为这是一种正常的保护反应。

## 23. 判读血气检查的基本步骤是什么？

a. 第一步评估pH来判断是酸血症还是碱血症。

b. 第二步判断pH改变是由于代谢性异常还是呼吸性异常，或者两者兼而有之，通过$Pco_2$（呼吸指标）和 $[HCO_3^-]$（代谢指标）进行判断。通常，这两个指标之一会和pH发生相同方向的改变（酸或碱性），另一个指标会和pH变化方向相反。与pH改变方向相同的系统即为引起异常的系统（改变方向相反的可能代表代偿反应）。如果两个系统都和pH改变方向相同，那么所有系统都有潜在的异常，即存在混合型酸碱紊乱。

c. 第三步评估是否有适当的代偿反应。另一个系统是否向预期的方向改变？在犬可以利用公式计算代偿反应强度。

## 24. 评估代偿反应的目的是什么？

如果代偿反应没有发生或者代偿的强度小于或大于预期，那么可能发生了混合型酸碱紊乱，此时应评估本应发生代偿反应的系统是否也出现了问题。如果没有发现问题，则可能是个体差异导致的"过代偿"或"代偿不足"。

## 25. 血液pH正常会发生酸碱紊乱么？

尽管影响酸碱平衡的原因有很多种，但可以简单归纳为对$[H^+]$的影响：增加$[H^+]$或者降低$[H^+]$。两种或以上的酸碱紊乱同时发生会对$[H^+]$产生相反的作用，导致pH仍处于正常范围内。$[HCO_3^-]$和$Pco_2$超出参考范围但pH正常时可以考虑混合型酸碱紊乱。

## 26. 什么是TCO₂？

$TCO_2$代表二氧化碳总量（total carbon dioxide），指血液中各种形式的$CO_2$的总和。血液中的$CO_2$主要以碳酸氢根的形式存在，所以$TCO_2$是评估血清$[HCO_3^-]$的指标。血清生化可以测定$TCO_2$，并用于检查是否有酸碱紊乱。$TCO_2$有一小部分是指血中溶解的$CO_2$，所以，$TCO_2$通常比$[HCO_3^-]$大$1\sim2$ mEq/L。

## 27. 什么是碱剩余？

碱剩余是另一种计算值，在标准条件下，即温度和$Pco_2$一定的条件下，用强酸将血样pH调至7.4所需加入的酸量即为碱剩余。计算碱剩余并将$Pco_2$标准化的目的是排除$Pco_2$改变（会通过改变等式3的平衡而继发$[HCO_3^-]$的改变）对总$[HCO_3^-]$的影响，而只考虑代谢紊乱对总$[HCO_3^-]$的影响。如果碱剩余是正数，则存在代谢性碱中毒。如果碱剩余是负数（也称碱不足），则存在代谢性酸中毒。碱剩余有时用来计算动物碳酸氢盐的给药量。

# 二十五、代谢性酸碱紊乱

James H. Meinkoth, Rick L. Cowell 和 Karen Dorsey

## 1. 什么是代谢性酸中毒？

代谢性酸中毒是酸碱紊乱的一种，由机体丢失富含碳酸氢盐的体液或者固定酸蓄积所致。酸蓄积可由酸性代谢产物增多（如丙酮酸）或酸排泄减少（如肾衰竭时）引起。

## 2. 通过血气检查如何判定代谢性酸中毒？

如第四章二十四所介绍的，当患病动物pH降低（酸中毒）并伴有血浆$[HCO_3^-]$下降时，可判定为代谢性酸中毒。如果病畜的$[HCO_3^-]$低于碱中毒代偿反应的预期值，此时可能为代谢性酸中毒并发于呼吸性碱中毒而造成混合型酸碱紊乱。

**3. 代谢性酸中毒是否较常见?**

代谢性酸中毒是伴侣动物最常见的酸碱紊乱。许多常见的疾病会导致代谢性酸中毒。

**4. 发生代谢性酸中毒的两种机制是什么?**

代谢性酸中毒可能由以下一种或两种机制引发:

a. 固定酸的生成或摄入过多，超过了机体的正常缓冲能力，并消耗碳酸氢根。由于缓冲物质被过量的酸滴定，因而也称作滴定性酸中毒。

b. 机体碳酸氢根过量丢失，如动物严重腹泻时。

**5. 有临床症状可以提示患病动物发生了代谢性酸中毒吗?**

临床症状反映的是潜在的疾病过程而不是代谢性酸中毒本身。人代谢性酸中毒时出现有节律的深呼吸，称为库氏呼吸，但在兽医临床没有报道。

**6. 如果没有血气检查，哪些生化结果可提示发生了代谢性酸中毒?**

$TCO_2$减少是生化检测中代谢性酸中毒最特异的指标。$TCO_2$测定的是血液中所有形式的二氧化碳，其中小部分是溶解在血液中的二氧化碳（即血气检查中的$Pco_2$）。血液中大部分（约95%）的二氧化碳是以碳酸氢盐形式存在的，所以$TCO_2$是 $[HCO_3^-]$ 的反映。

高氯血症时血钠浓度正常也是代谢性酸中毒的表现。正常情况下，氯离子浓度改变，钠离子浓度也会随之变化。然而，当动物碳酸氢根（阴离子）丢失引起了代谢性酸中毒，为了维持电中性，氯离子浓度会升高而钠离子浓度不变。

**7. 什么是阳离子和阴离子?**

阳离子是带正电荷的离子，如钠、钾、钙、镁。阴离子是带负电荷的离子，如氯离子、碳酸氢根、磷酸根。

**8. 电中性的意义是什么?**

所有体液中，阳离子和阴离子的数量是相等的。为了保持这种电中性，如果体液中一种阳离子减少了，那么会通过减少一种阴离子或者增加另一种阳离子来补偿减少的阳离子。这一重要概念有助于理解肾脏对离子的调节作用和电解质紊乱。

**9. 什么是阴离子间隙? 计算阴离子间隙的公式是什么?**

阴离子间隙是指血液中常规可测定的阳离子（如钠、钾）和常规测定的阴离子（如氯、碳酸氢根）之间的差值。尽管可以测定很多电解质，但最常用的计算公式是：

$$阴离子间隙 = (Na^+ + K^+) - (Cl^- + HCO_3^-)$$

公式计算结果是正值，犬猫的阴离子间隙通常为15～25，表示血液中已测定的阴离子总数比已测定的阳离子总数少。

### 10. 阴离子间隙的意义?

根据电中性的概念，血液中的阴离子和阳离子数量应该是相等的。已测定的阴离子比已测定的阳离子少是因为未测的阴离子比未测的阳离子多（多余值等于多出的阳离子数）。所以，已测阳离子和已测阴离子之间的差值等于未测阴离子和未测阳离子之间的差值。

如果阴离子间隙高于正常范围，那么未测阴离子和未测阳离子的差增加，意味着未测阴离子增多或者未测阳离子减少。而实际上，未测阳离子的数量极少且相对恒定。所以，阴离子间隙上升反映未测阴离子增多，且大部分是各种类型的有机酸。

### 11. 阴离子间隙的临床意义?

代谢性酸中毒的病畜，测定阴离子间隙可以鉴别是由有机酸过量（阴离子间隙上升）还是其他机制（阴离子间隙不变）导致的酸中毒。

### 12. 阴离子间隙上升的代谢性酸中毒常见原因有哪些?

a. 乳酸酸中毒

b. 尿毒症酸中毒

c. 酮体酸中毒

d. 外源性毒物产生的酸性代谢产物

### 13. 哪些外源性毒物可以导致阴离子间隙上升性酸中毒?

兽医临床最常见的外源性毒物是乙二醇。对于人，水杨酸盐及甲醇中毒也会引起高阴离子间隙性酸中毒，但这些毒物对于伴侣动物不常见。

### 14. 乙二醇导致酸中毒的机理是什么?

乙二醇在肝脏内通过乙醇脱氢酶代谢。最初的代谢产物是乙醇醛。随后代谢产生乙醇酸和乙醛酸。乙醇酸能导致严重的代谢性酸中毒。

**15. 乙二醇中毒的症状是什么?**

乙二醇中毒有三个临床阶段,分别由不同的代谢产物引起,如下:

a. 神经症状:摄入乙二醇12h内,动物可能出现酒醉状或僵直状或昏迷。

b. 心肺功能:摄入乙二醇12~24h内,出现呼吸急促、心动过速,但症状不明显而且很多病例可能观察不到此症状。

c. 肾脏:如果摄入乙二醇的量较大,那么24~72h内会发生急性肾衰竭。

**16. 乙二醇中毒会出现哪些典型的化验结果?**

化验结果取决于动物就诊时的中毒阶段不同。大多数动物直到发生肾衰时才来就诊。这些动物血液尿素氮、肌酐和无机磷升高——典型的肾衰竭指征。尿比重低于参考范围,或者动物可能无尿。病畜常有严重的代谢性酸中毒,导致$TCO_2$降低,阴离子间隙升高。疾病早期,乙二醇的代谢产物可能是阴离子间隙升高的主要原因。之后,随着代谢产物的减少,肾衰竭导致的有机酸的蓄积成为阴离子间隙升高的主要原因。

很多乙二醇中毒病例会由于钙被结合并沉淀成草酸钙结晶而出现低钙血症。

乙二醇中毒早期(24h内)血清渗透压会明显升高,这是由于具有渗透活性的小分子物质(乙二醇及其代谢产物)含量增多所致。生化结果中的血清渗透压是由血液中主要渗透微粒(电解质、尿素、葡萄糖)的浓度计算所得。像乙二醇这种不被测定的渗透性物质不会影响渗透压的计算。所以,计算的血清渗透压和测定的血清渗透压之间存在差异,称为渗透压间隙。

**17. 如何确诊乙二醇中毒?**

如果可以的话,病史调查具有非常重要的诊断意义。有检测乙二醇的试纸条,但如果乙二醇已被代谢则结果呈阴性。草酸钙结晶是乙二醇中毒的特征发现,结合相应的临床症状可对诊断有强烈的指向性。

**18. 摄入乙二醇后多久可以在尿液中发现草酸钙结晶?**

摄入乙二醇不到6h尿液中就会出现草酸钙结晶,此时还没有发生肾衰竭。可疑病例需要准确评估尿沉渣。

**19. 什么是酮症酸中毒?**

酮症酸中毒是由于酮体蓄积过多引起的代谢性酸中毒,酮体是脂肪代谢的中间产物,反映糖代谢向脂肪代谢转变。当糖代谢不能满足机体的能量需求时就会发生酮症酸中毒，如饥饿或奶牛酮病。在小动物临床，酮症酸中毒多由糖尿病引起。

**20. 导致酮症酸中毒的酮体有哪些?**

    a. 丙酮

    b. 乙酰乙酸

    c. $\beta$-羟丁酸

**21. 所有的酮体都能导致酸中毒吗?**

丙酮不能电离，所以不会引起酸中毒。在正常血浆pH条件下乙酰乙酸和$\beta$-羟丁酸几乎完全解离并引发酸中毒。

**22. 哪些化验结果表明酮症酸中毒是引起高阴离子间隙酸中毒的原因之一?**

尿中酮体浓度升高可提示出现了酮症酸中毒。酮体容易从尿液排泄，酮尿出现要早于酮血症。所以，动物血液中要有足够的酮体才能导致酸中毒，这时尿中的酮体浓度已经很高（3~4个加号）。酮血症可通过测定血液$\beta$-羟丁酸水平而直接确诊。

犬猫酮症酸中毒常由未得到控制的糖尿病引起，所以通常还伴有高血糖和糖尿。

**23. 硝普钠反应检测哪种酮体?**

硝普钠是一种用来检测尿酮体的试剂，主要检测乙酰乙酸，与丙酮部分反应，不与$\beta$-羟丁酸反应。糖尿病酮症酸中毒时主要产生$\beta$-羟丁酸，所以尿液试纸会低估酮尿的程度。

**24. 尿毒症酸中毒的发病机制是什么?**

肾衰引发酸中毒是由于肾脏排泄磷酸盐、硫酸盐和有机酸减少。慢性肾衰竭时，除非肾小球滤过率严重下降（小于正常值的20%），否则其代偿反应一般能够维持酸碱平衡状态，此时酸中毒通常在轻度至中度。而在急性肾衰竭时，酸中毒可能会更加严重，因为肾脏没有充足的时间进行代偿。

**25. 什么情况下应该怀疑高阴离子间隙酸中毒是由尿毒症所致?**

当肾小球滤过率显著下降时肾脏才无法维持酸碱平衡。因此由肾衰竭所致的高阴离子间隙通常伴有肾衰竭的典型化验指征：氮质血症、尿浓缩不足、高血磷。

26. **在什么情况下会发生乳酸酸中毒?**

    乳酸是无氧代谢的产物。组织细胞缺氧超过一定时间就会发生无氧代谢并引起乳酸酸中毒。少数时候,在不缺氧的情况下,乳酸酸中毒是由线粒体机能障碍所致。

27. **引起缺氧性乳酸酸中毒的常见原因?**

    a. 血液携氧能力下降

    （1）严重缺氧（例如肺部疾病）

    （2）严重贫血

    b. 组织灌流量不足

    （1）心血管疾病/心脏骤停

    （2）低血容量

    （3）败血症性休克

    c. 需氧量大大超过正常摄氧量

    （1）剧烈运动（灰猎犬比赛）

    （2）抽搐

28. **什么情况下应该怀疑乳酸酸中毒?**

    当患病动物出现高阴离子间隙酸中毒,并伴有适当的临床症状（如组织灌流量不足）且没有证据表明高阴离子间隙是由于其他原因所致（无酮尿、无尿毒症、无乙二醇中毒）,就可以怀疑乳酸酸中毒。

29. **乳酸酸中毒如何确诊?**

    通过测定血液乳酸浓度即可确诊乳酸酸中毒。但通常血液乳酸浓度很难测定。

30. **阴离子间隙正常的代谢性酸中毒最常见的成因是什么?**

    a. 腹泻

    b. 肾上腺皮质机能减退

    c. 稀释性酸中毒

    d. 服用氯化铵

    e. 肾小管性酸中毒

31. **腹泻如何导致正常阴离子间隙的酸中毒?**

    肠液中的 $[HCO_3]$ 要高于血浆,这主要是由胰腺和胆道分泌的碱性液体所致。

$HCO_3^-$过量丢失会导致酸中毒。阴离子间隙正常是由于没有生成其他未测定的阴离子。同时，血清 $[Cl^-]$ 增加以代偿$HCO_3^-$的损失并维持电中性。然而，如果严重腹泻导致组织灌流量不足，在丢失$HCO_3^-$的基础上可能会发生乳酸酸中毒，并使阴离子间隙增大。

### 32. 什么是稀释性酸中毒?

稀释性酸中毒发生于输入大量不含$HCO_3^-$或其他碱性物质的液体（如生理盐水）而造成血浆容量扩大的情况。生理盐水除了不含碳酸氢盐以外，其$Cl^-$浓度高于血浆。因为$Cl^-$会与其他阴离子（如$HCO_3^-$）竞争以被肾脏重吸收，导致更多的碳酸氢盐从尿液流失。

### 33. 什么是肾小管性酸中毒?

肾小管性酸中毒（renal tubular acidosis, RTA）是由于肾小管对$HCO_3^-$重吸收障碍（Ⅱ型RTA）和（或）远端肾小管排泌氢离子障碍（Ⅰ型RTA）而引起代谢性酸中毒的一组疾病。这些疾病较罕见，对于查不出原因的持久性阴离子间隙正常型代谢性酸中毒的病例可加以考虑。

### 34. 肾上腺皮质机能减退引发代谢性酸中毒的机制是什么?

继发于肾上腺皮质机能减退的酸中毒是由于醛固酮缺乏引起的。醛固酮通过直接（$H^+$/ATP酶泵）和间接机制促进远端肾小管排泌氢离子和钾离子。醛固酮缺乏导致肾脏对氢离子排泌减少从而引发酸中毒。因为此类酸中毒是由肾脏对氢离子排泄障碍所致，醛固酮缺乏导致的酸中毒被归为肾小管性酸中毒（Ⅳ型RTA）。

### 35. 代谢性碱中毒的血气分析结果具有哪些特点?

代谢性碱中毒的标志是pH和碳酸氢盐浓度的上升。通常也伴有代偿性的二氧化碳分压增加。

### 36. 对代谢性碱中毒的呼吸反馈有什么生理性限制?

代谢性碱中毒的呼吸反馈是一个适应性的肺换气不足。肺换气不足会导致$Pco_2$增加，使下列反应式的平衡向右移：

$$H_2O+CO_2 \leftrightarrow HCO_3^-+H^+$$

二氧化碳比氧气更容易通过扩散作用穿过肺泡膜。因此，换气不足引起$Pco_2$增加，同时动脉氧分压（$Pao_2$）也降低，从而导致一定程度的缺氧。然而，除非

$PaO_2$降至50～60 mmHg以下，否则缺氧不会上调pH诱导的肺换气不足。所以缺氧通常不是呼吸代偿的重要阻碍。

### 37. 代谢性碱中毒有临床症状吗?

临床症状通常与导致代谢性碱中毒的疾病过程有关，而不是由碱中毒本身所致。

### 38. 哪些生化检查结果能够指示代谢性碱中毒?

$TCO_2$反映$[HCO_3^-]$，所以$TCO_2$升高是代谢性碱中毒最直接的标志。当血清氯离子浓度降低，而血清$[Na^+]$没有出现相似变化时，也可以考虑代谢性碱中毒。

### 39. 代谢性碱中毒的主要原因是什么?

代谢性碱中毒常见的原因是呕吐胃内容物和使用利尿剂，两者都会导致$H^+$和$Cl^-$的相对丢失，此称为氯反应性原因。氯抵抗性原因较少见，其与富含氯离子的液体大量丢失无关，但可见于原发性醛固酮增多。

### 40. 呕吐胃内容物如何引发代谢性碱中毒?

胃液富含$H^+$和$Cl^-$，呕吐胃液会造成这些电解质及体液的流失。$H^+$由胃壁细胞内的碳酸解离而成（$H_2CO_3 \rightarrow HCO_3^- + H^+$）。产生的$H^+$被分泌进入胃腔，会有等量的$HCO_3^-$进入细胞外液（ECF）。对于健康动物，胰腺分泌$HCO_3^-$与胃分泌的$H^+$中和。而呕吐胃液会丢失大量$H^+$，导致等量生成的游离$HCO_3^-$无法被中和，故细胞外液$HCO_3^-$增加，并形成碱中毒。

### 41. 维持碱中毒的主要原因是什么?

阻碍机体纠正碱中毒的两个主要因素是伴随胃液丢失的体液缺乏和氯缺乏。体液流失造成血容量降低时，机体需要最大限度地从尿液中重吸收钠离子来维持血容量。而为了维持电中性，机体需要同时重吸收一种阴离子，或者排出一种阳离子。正常情况下，钠离子会和氯离子一起在近端小管被重吸收。但当代谢性碱中毒的动物出现氯缺乏时，大量的游离钠在远曲小管被重吸收，同时$H^+$和$K^+$被排，这种方式会维持碱中毒并引发低钾血症。

### 42. 使用利尿剂如何引发代谢性碱中毒?

使用利尿剂引发代谢性碱中毒与下列各种因素有关:

a. $Cl^-$相对丢失

b.　到达远曲小管的$Na^+$增多

c.　体液流失导致醛固酮释放

这些因素导致远曲小管重吸收钠离子增多，作为交换排出$H^+$和$K^+$（前述）。

利尿剂，例如髓袢利尿剂在髓袢（亨氏袢）抑制NaCl的重吸收。尽管丢失相同的钠离子和氯离子，但是血浆中氯离子浓度小于钠离子浓度。所以，$Cl^-$相对丢失更多。

体液流失、$Cl^-$相对丢失与胃液丢失的情况类似。在髓袢抑制NaCl的重吸收会导致更多的$Na^+$在远曲小管被重吸收，并作为交换排出$H^+$和$K^+$，导致碱中毒和低钾血症。

# 二十六、呼吸性酸碱紊乱

James H. Meinkoth, Rick L. Cowell 和 Karen Dorsey

1.　**什么是高碳酸血症和低碳酸血症？**

高碳酸血症是指血液中二氧化碳分压（$Pco_2$）升高。低碳酸血症是指血液中二氧化碳分压降低。二氧化碳分压反映了肺泡的换气程度，增加换气会降低二氧化碳分压。

2.　**缺氧和低氧血症的区别是什么？**

缺氧指组织供氧不足，而低氧血症指血液中溶解氧不足（$Pao_2$降低）。动脉氧分压反映肺系统向血液供氧的能力。低氧血症通常可导致缺氧，这取决于低氧血症的严重程度。

3.　**在没有低氧血症的情况下会不会发生缺氧？**

没有低氧血症也可能出现缺氧。严重贫血时（但是肺功能正常）血液中的溶解氧总量显著降低，但是动脉氧分压和血红蛋白饱和度都正常。但当血液流入组织，溶解氧被利用，由于携氧的血红蛋白数量下降会出现氧储备不足。此外，组织灌流量不足也会导致在正常动脉氧分压下的缺氧症状。

4.　**高碳酸血症和低氧血症都是由于气体交换不足所致，那么有没有可能发生低氧血症而不出现$Pco_2$的升高？**

首先，二氧化碳比氧气更容易通过扩散作用穿过肺泡膜。因此，在肺部疾病（影响换气）的发展过程中，$O_2$的扩散作用有可能被损害，而$CO_2$的扩散作用还是正常的。这将会引发正常$Pco_2$下的低氧血症。又由于是通过$Pco_2$诱导$[H^+]$的变化来控制正常呼吸的，所以在二氧化碳分压正常的轻度低氧血症中，缺乏刺激来加快呼吸，低氧血症也就得以维持。

### 5. 什么是呼吸性酸中毒?

呼吸性酸中毒是由原发性高碳酸血症引起的血气异常。

### 6. 呼吸性酸中毒的血气分析具有哪些特征?

呼吸性酸中毒的特征是pH降低伴随$P_{CO_2}$升高。$Pa_{O_2}$也会降低（低氧血症）。通常 $[HCO_3^-]$ 会代偿性增加。

### 7. 引起呼吸性酸中毒的一般机制是什么?

呼吸性酸中毒是肺泡换气（通过肺泡壁进行气体交换）不足的最终结果。肺泡换气不足主要包括下列原因:

    a. 控制呼吸的神经系统受到影响（例如，药物、中枢神经系统疾病）

    b. 机械性梗阻（例如，异物）

    c. 影响肺扩张的疾病（例如，气胸、胸腔积液、肿块）

    d. 肺泡换气减弱（例如，肺炎、肺水肿）

### 8. 呼吸性酸中毒时$Pa_{O_2}$是否始终下降?

$Pa_{O_2}$在呼吸性酸中毒时通常是下降的。$CO_2$比$O_2$更容易通过扩散作用穿过肺泡腔。因此任何能够限制$CO_2$交换的疾病通常也会限制$O_2$交换，低氧血症会在高碳酸血症之前发生。

有一个明显的例外是吸氧动物。吸氧动物可能没有低氧血症，尽管它们的$Pa_{O_2}$呼吸相同浓度氧气的健康动物要低。

### 9. 动物吸氧时$Pa_{O_2}$会有什么变化?

据估计，$Pa_{O_2}$应该是吸入氧浓度（$FiO_2$）的5倍。因此呼吸室内空气的动物（$FiO_2-21\%$）$Pa_{O_2}$接近100 mmHg，那么呼吸100%氧气的动物$Pa_{O_2}$约为500 mmHg。

### 10. 呼吸性酸中毒的动物碳酸氢盐代偿增多的预期程度是什么?

急性呼吸性酸中毒时，每增加10 mmHg的$P_{CO_2}$，$HCO_3^-$会升高大约1.5 mEq/L。慢性呼吸性酸中毒时，每增加10 mmHg的$P_{CO_2}$，$HCO_3^-$会升高大约3.5 mEq/L。

**11. 为什么急性和慢性呼吸性酸中毒的代偿反应会不同?**

代谢性酸碱紊乱时,通常很快出现呼吸代偿(数分钟到数小时)。因此在最初评估时,代偿反应通常已达到最大。相比之下,肾脏对于呼吸性酸中毒的代偿反应需要几天时间才能完成。当$Pco_2$急性升高时,产生的$H^+$被非碳酸氢根缓冲物质滴定,导致碳酸氢盐早期增加,而这通常发生在数小时内。这就是急性情况下的预期代偿反应。而在慢性情况下,碳酸氢盐增加更多,是由于在此基础上增加了肾脏的适应性反应。

**12. 什么是呼吸性碱中毒?**

呼吸性碱中毒是由于原发性$Pco_2$降低导致的酸碱紊乱,是肺泡换气过度的结果。

**13. 哪些血气变化表示呼吸性碱中毒?**

呼吸性碱中毒的标志是pH升高和$Pco_2$降低。碳酸氢盐浓度通常也代偿性下降。根据潜在病因的不同,$Pao_2$的变化不定,可能正常,也可能降低。

**14. 碳酸氢盐的代偿性变化是怎样的?**

与呼吸性酸中毒类似,碳酸氢根对呼吸性碱中毒的代偿反应幅度取决于原发紊乱是急性还是慢性的。对于急性呼吸性碱中毒,$Pco_2$每减小10 mmHg,$HCO_3^-$减少大约2.5 mEq/L。而对于慢性呼吸性碱中毒,$Pco_2$每减小10 mmHg,$HCO_3^-$减少大约5.5 mEq/L。这是犬的预期反应,其他动物也许不适用。

**15. 呼吸性碱中毒的发病机理是什么?**

尽管刺激呼吸量增加的原因是多样的,但呼吸性碱中毒是由肺泡换气过度引起的,其发病机理主要分为三大类:

a. 疾病导致低氧血症

b. 直接刺激呼吸中枢

c. 在非低氧血症的情况下刺激肺部牵张感受器和痛觉感受器

**16. 当严重的肺部疾病引起的氧扩散不足导致低氧血症时,换气过度如何导致$Pco_2$降低?**

由于$CO_2$比$O_2$更容易扩散,肺部疾病会先影响$O_2$交换之后才影响$CO_2$交换。在这样的情况下,低氧血症诱发的换气过度能使过多的$CO_2$从肺部呼出,导致低碳酸血症和呼吸性碱中毒。

### 17. 低氧血症严重到何种程度可以诱发呼吸性碱中毒?

呼吸作用通常由$CO_2$诱导 $[H^+]$ 变化来控制。$Pco_2$通常依靠$Pao_2$来维持。然而,当$Pao_2$降至$50 \sim 60$ mm Hg以下,低氧血症会刺激外周化学感受器并且上调呼吸作用。低氧血症诱发的通气过度不会使氧分压回到正常值,当$Pao_2$回到$50 \sim 60$ mm Hg以上时,低氧血症的控制作用会消失,碱中毒将会抑制换气。因此,由低氧血症诱发呼吸性碱中毒的动物的$Pao_2$应少于60 mm Hg。$Pao_2$大于60 mm Hg 的呼吸性碱中毒可能表明有刺激直接作用于呼吸中枢或者肺部牵张感受器。

### 18. 低氧血症导致呼吸性碱中毒的常见原因是什么?

任何阻碍肺泡气体扩散的疾病都可以通过低氧血症诱发呼吸性碱中毒。肺炎、肺水肿和肺栓塞都会导致氧合降低。另外,严重的贫血症可以导致组织缺氧并引发过度通气,尽管此时$Pao_2$处于正常水平。

### 19. 哪些疾病会直接刺激呼吸中枢导致呼吸性碱中毒?

高热、中枢神经系统疾病(例如创伤、感染)、疼痛、焦虑、革兰氏阴性菌败血症和一些药物(例如水杨酸中毒)能直接刺激呼吸中枢。这些病例的$Pao_2$正常。

# 第五章

# 肾功能与尿液检查

**Heather L. Wamsley 和 A. Rick Alleman** ✐

## 二十七、肾功能评估

1. **尿液形成过程是怎样的?**

尿液来源于血浆。其形成过程包括肾小球对血浆的超滤作用、肾小管对肾小球滤过液中各种物质的重吸收和排泄作用。

2. **什么是肾小球滤过率(glomerular filtration rate, GFR)**

肾小球形成血浆超滤液的速率称为GFR。

3. **GFR是如何调控的?**

血浆超滤液的形成是一种被动过程。促进血液滤过的主要作用力是肾小球流体静压,其直接反映了由心输出量和肾局部血管紧张度产生的流体静压的大小。因此,一些改变肾脏灌流量的肾外因素也能够影响GFR和含氮废物从体内排出。

4. **肾小球的作用是什么?**

肾小球相当于一个分子筛,当血液流经肾小球时,形成无细胞、低蛋白的血浆超滤液,并最终会变成尿液。

5. **肾小球如何发挥超滤作用?**

肾小球主要通过滤过膜发挥超滤作用。血液中的不同物质能否通过滤过膜取决于被滤过物质的分子大小、形状及其所带电荷。相对分子量小于68 kD的物质可以自由通过滤过膜。滤过液中各种物质的浓度会随着肾小管的重吸收和排泄作用而改变。滤过膜上覆盖着带负电的糖蛋白,能阻止带负电的分子通过。如血浆白蛋白,在肾小球功能正常的情况下，因其相对分子量为69 kD且带负电荷，所以很难通过滤过膜。

### 6. 肾小管在尿液形成过程中发挥什么作用？

肾小球滤过液（即原尿）形成后进入肾小管，在多种激素的联合调控下，通过肾小管的重吸收和排泄作用最后形成终尿排出体外。例如，肾小管可以重吸收葡萄糖、氨基酸、水溶性维生素等，也可以排泄废物，如氢离子、氨，以维持稳态和满足机体需要。

### 7. 肾功能与体液平衡的关系是什么？

在抗利尿激素（antidiuretic hormone，ADH）、醛固酮及其他激素的调控下，肾小管主要通过两种方式改变肾小球滤过液的性状，其一，通过保水产生浓缩尿，其二，通过排水产生稀释尿。

### 8. 什么是肾阈值？

某些容易通过肾小球滤过膜的分子（如葡萄糖），只要不是在肾小球滤过液中的浓度过高，几乎能被肾小管完全重吸收。肾阈值是指肾小管所能重吸收某种物质的最大浓度。当血浆，也即超滤液中某物质的浓度超过其肾阈值，那么该物质便会出现在尿液中。

### 9. 什么是尿素？

尿素是肾脏潴留含氮废物的血清生化指标之一。尿素是蛋白质代谢的终产物，在蛋白质代谢过程中会产生氨，两个氨分子在肝脏内结合后形成尿素。尿素合成需经过尿素循环，这是一个消耗能量的过程。

### 10. 尿素是如何进入血液的？

血液中的尿素主要由肝脏合成。从肾小球滤过的尿素又有一小部分被肾小管重吸收后再次进入体循环。此外，由于胰腺分泌含尿素的液体会进入肠道，所以肠道中也含有少量尿素。然而，这部分尿素几乎不能被直接吸收，而是在肠道细菌的作用下转化为氨。在非反刍动物体内氨可以被吸收并再次进入尿素循环。

### 11. 蛋白质代谢如何影响血液尿素氮浓度？

因为尿素是蛋白质代谢的终产物，血液中尿素氮（blood urea nitrogen，

BUN）的浓度直接与蛋白质代谢速率成正比。因此，凡是能够改变蛋白质代谢速率的疾病或者生理状态都会影响BUN浓度。

12. **在肾功能正常的情况下，一些能够增加蛋白质代谢速率，使BUN浓度升高的疾病或生理状态是什么?**
    a. 食入高蛋白日粮
    b. 胃肠道出血
    c. 长时间高强度运动
    d. 发热
    e. 癫痫
    f. 酸中毒
    g. 肾上腺皮质机能亢进或服用皮质类固醇
    h. 感染
    i. 烧伤
    j. 饥饿
    k. 服用四环素

13. **尿素进入血液后的代谢过程?**
    尿素经肝脏合成后进入血液并分布于全身体液。大部分尿素由肾脏排出体外。一部分（在人至少占25%）来自血液的尿素在肠道产尿酶细菌的作用下，生成氨和二氧化碳。这部分氨可被吸收并重返尿素循环。对于非反刍动物而言，这种位于肠道和肝脏之间的尿素循环是无意义的（但在治疗肝性脑病时，控制肠道细菌产氨尤为重要）。对于反刍动物而言，肠道微生物会利用肠道细菌产生的氨作为合成氨基酸的原料。

14. **肾小球滤过液中的尿素浓度会发生变化吗?**
    在肾小球滤过液的形成过程中，尿素在肾小球滤过压的作用下被动通过肾小球基膜层。故肾小球滤过液中的尿素浓度与血液中保持平衡，即血液中的尿素浓度与原尿中相等。然而，滤过液中的尿素浓度会随着其通过远端肾单位而发生变化。因此，终尿中的尿素浓度与最初肾小球滤过液（原尿）有所不同。

15. **肾小球滤过液中的尿素浓度在肾小管的哪些部位发生改变?**
    在滤过液流经肾小管的过程中，尿素浓度在肾单位的以下三个部位发生变化:

　　a.　近曲小管：被动重吸收滤过液中的尿素。

　　b.　髓袢降支：被动分泌尿素至滤过液。

　　c.　髓袢升支：被动重吸收滤过液中的尿素。

## 16.　BUN浓度受肾小管内液流速率的影响吗？

　　肾小管液流速率会影响BUN浓度。尿素通过被动扩散进出肾小球滤过液，重吸收程度取决于肾小管的液流速率。经过肾小管的液流速率越快，尿素被动重吸收的时间越短，因此，由尿排出的尿素相对较多。脱水动物的肾小管液流速率降低，尿素被动重吸收的时间延长，所以由尿液中排出的尿素相对减少。

## 17.　由肾脏重吸收的尿素最终的去向是哪里？

　　重吸收的尿素进入肾间质，构成髓质溶质浓度梯度的组成部分。一部分重吸收的尿素会重返体循环，构成BUN的一部分。

## 18.　什么是肌酐（creatinine）？

　　肌酐是肾脏潴留含氮废物的血清生化指标。肌酐是磷酸肌酸的分解产物，磷酸肌酸是肌肉内的一种能量储存分子，它通过非酶促的、自主的、不可逆的环化作用生成肌酐和游离的无机磷。磷酸肌酸是肌酐唯一的前体。

## 19.　磷酸肌酸（phosphocreatine）是如何形成的？

　　肌酸（creatine）是由蛋氨酸和一种前体（胍基乙酸）在肝脏合成的，胍基乙酸由胰脏、肾脏和小肠产生。肌酸离开肝脏后进入体循环，然后被肌肉吸收。肌肉内所含的肌酸在肌酸激酶（creatine kinase）的催化下加上一个磷酸基后生成磷酸肌酸，磷酸肌酸是肌酐唯一的前体。

## 20.　肌酐是如何进入血液的？

　　血清肌酐浓度主要体现肌肉中磷酸肌酸的分解速率。然而，少量肌酐来自肠道吸收的动物源性饲料。

## 21.　影响血清肌酐产生的因素有哪些？

　　每日的肌酐生成量取决于全身磷酸肌酸的含量，而全身磷酸肌酸的含量主要取决于摄入含有肌酸和磷酸肌酸的肉源性饲料、肝脏内肌酸合成速率和动物的肌肉质量。

## 22. 肌肉质量如何影响血清肌酐浓度?

肌肉质量与血清肌酐浓度成正比。凡是能导致肌肉质量明显下降的疾病（如恶病质）都能引起血清肌酐浓度降低。这也就解释了为什么恶病质的动物在肾衰时，其尿素氮的浓度升高，而血清肌酐浓度却正常。反之，由于身体训练引起的肌肉质量增多能够导致血清肌酐轻度升高。

## 23. 当肌酐进入血液后会发生什么?

肌酐进入血液后，分布于全身体液。肌酐主要通过被动转运从血液转移至肾小球滤过液，肾小球滤过液中的肌酐浓度与血浆肌酐浓度保持平衡。人结肠细菌会代谢一部分肌酐。与尿素不同，这些代谢产物很少被重吸收。

## 24. 肾小管会改变最初肾小球滤过液中的肌酐浓度吗?

通常认为，当肾小球滤过液经过肾小管时，肌酐浓度不会改变。然而，也有例外。在公犬，肾小管能分泌极少量的肌酐。山羊肾小管能分泌肌酐也有报道。如果肾小管能分泌肌酐，那么主要由近端肾小管主动分泌所致。

## 25. 血清肌酐浓度会受肾小管液流速率的影响吗?

肾小管液流速率不会影响血清肌酐浓度。肌酐能自由滤过肾小球，并且在大多数动物，肌酐通过肾小管时浓度不会发生改变。因此，肾小管的液流速率不会影响肾脏排出血清肌酐的数量。对于那些能分泌肌酐的动物，主要通过主动分泌而不是被动分泌，因此是不受肾小管液流速率影响的。因此，肾脏肌酐清除率被用于评估GFR。

## 26. 鉴别评估肾小球功能的常规方法是什么?

测定血清肌酐通常用于评估肾小球的功能。比起尿素氮，肌酐对评价肾小球功能更为可靠。因为BUN易受饮食、胃肠道出血（BUN↑）、并发肝脏疾病（BUN↓）的影响，尤其是反刍动物和其他肠发酵动物，如马。这些动物的肠道菌群能够代谢一部分BUN以促进氨基酸的合成。对于这些动物，肌酐是评价肾小球功能更可靠的指标。

发生肾脏疾病时，通常BUN和肌酐水平都会升高，但它们都不是评价肾脏疾病的敏感指标。只有当75%的肾单位丧失功能，BUN才会升高。每次剩余的有效肾单位数量减少一半，BUN水平将会升高1倍。

肌酐清除率能更准确、更敏感的测定GFR。有些病例，当肾功能丧失20%时，肌酐清除率即会有所反映。此外，测定尿液中的白蛋白和肌酐比值（尿蛋白/肌酐比）是一种简便的检测肾小球损伤的方法。

### 27. 如何测定肌酐清除率？

肌酐清除率用于判定肾脏从循环中清除含氮废物的能力。此法通常适用于疑似肾脏疾病，但未发生氮质血症的动物（75%的肾功能丧失时才会发生明显的肾性氮质血症）。肌酐清除率也可以用于监测肾脏疾病的发展及治疗效果。在某一特定时期，进行尿量、血清肌酐和尿肌酐的测定，并计算尿肌酐与血清肌酐的比值。肌酐清除率试验可以通过收集24h的尿液测定内生肌酐清除率，或者通过皮下注射以测定外源性肌酐清除率，但这种方法需要实施膀胱灌洗术，并分两次收集尿液，每次20min，间隔1h。除了缩短尿液收集时间，外源性肌酐清除率试验排除了血清中非肌酐色素原的干扰，后者可以假性降低内源性肌酐清除率的测定结果，导致低估肾功能。使用下列公式计算肌酐清除率，结果以mL／（min·kg）表示：

尿量（mL）×尿肌酐（mg/dL）÷时间（min）×血清肌酐（mg/dL）×体重（kg）

### 28. 什么是氮质血症？

氮质血症是指含氮废物在血液中蓄积。BUN和肌酐是代表含氮废物蓄积的血清标志。当血液、血清或血浆中的尿素和/或肌酐浓度超过参考范围时则称之为氮质血症。引发氮质血症的原因包括：转运至肾脏的尿素和肌酐减少、内源性尿素或肌酐生成增多、尿素/肌酐清除率下降或者上述情况并发。

### 29. 氮质血症的病因是什么？

氮质血症的病因可分为肾前性、肾性及肾后性。这些病因并非相互独立，有时可能并发。例如，呕吐伴发急性肾衰的病例既有脱水（肾脏血液灌流量不足）所致的肾前性氮质血症又有原发的肾脏疾病所致的肾性氮质血症。

### 30. 什么是尿毒症？

尿毒症是由于肾衰伴发氮质血症引起多系统功能障碍和物质代谢障碍并出现一系列自体中毒症状的综合病理过程，可出现的临床症状包括无力、精神沉郁、食欲不振、呕吐、体重减轻、胃溃疡、尿毒症性脑病、酸中毒、骨病和高血压。出现氮质血症的动物不一定有尿毒症，然而出现尿毒症的动物一定有氮质血症。

**31. 为什么胃肠道出血会使BUN升高但不影响肌酐?**

尿素是蛋白质代谢的终产物,而血清肌酐来源于机体的肌肉含量。因此,BUN浓度易受饮食中摄入的蛋白质影响,而肌酐浓度则不会。胃肠道出血时,进入消化道的血液是一种丰富的蛋白来源,这部分血液蛋白被消化并进入尿素循环。所以,血液相当于一种高蛋白的日粮。

**32. 什么是物质的肾脏清除率?**

物质的肾脏清除率是指某种物质在尿中浓度与其在血清中浓度的比值。肾脏清除率用于测定肾小球的滤过、肾小管的排泄和重吸收的叠加效应。肾脏清除率=尿液中某种物质的浓度/血清中该物质的浓度($U_x/S_x$)。

**33. 哪种内源性物质的肾脏清除率能用于估计GRF?**

肌酐的肾脏清除率能估计GRF。肌酐能自由滤过肾小球,且肾小管既不分泌也不重吸收肌酐。

**34. 什么是物质的部分清除率或部分排泄率?**

物质的部分清除率或部分排泄率是指该物质在尿中的终浓度与其在最初肾小球滤过液中浓度的比值。该物质在尿中的终浓度反映了肾小球的滤过作用、肾小管的重吸收或排泄作用。而物质的部分清除率则是该物质在尿中的浓度与最初肾小球滤过液的理论浓度的比值,因此,其可用于评估肾小管的功能和作用于肾小管的激素作用(如醛固酮)。

**35. 部分清除率是如何计算的?**

物质的部分清除率是该物质的肾脏清除率与肾脏肌酐清除率的比值。一般患病动物,电解质主要通过肾小管潴留,以至于尿液中的电解质浓度相对低于血浆,而尿液中的肌酐浓度要高于血浆,所以电解质的肾脏清除率低于肌酐清除率。故健康动物的电解质部分清除率(fractional clearance,FC)通常远小于1。

$$FC_x = (U_x/S_x)(U_{Cr}/S_{Cr})$$

$U_x$:尿液中某物质的浓度

$S_x$:血清中某物质的浓度

$U_{Cr}$:尿液肌酐浓度

$S_{Cr}$:血清肌酐浓度

36. **犬猫24h的正常尿量是多少？哪些因素能影响尿量？**

犬猫24h的正常尿量一般在20～45 mL/kg。

尿液的产生反映了水摄入量与丢失量的平衡。水的摄入量主要包括饮水量、食物中的含水量、输液量。水丢失主要通过肾脏排尿及不感觉失水，如粪便、呼吸。随尿液排出的水分反映了激素平衡，尤其是抗利尿激素和醛固酮。这些激素的活性及肾小管对它们的反应受一些能改变肾小管浓缩能力的内源性或外源性物质影响（如利尿药、其他激素、日粮）。

不感觉失水是可变的。一般患病动物，其量约为静脉输液维持量的1/3。不感觉失水受环境、动物的运动量、体温（如发热能增加不感觉失水）及粪便的含水量（腹泻的动物粪便含水量增加）的影响。

37. **什么是多尿？多尿的临床意义有哪些？**

多尿指排尿过量。如果犬排尿量超过每天45 mL/kg、猫排尿量超过每天40 mL/kg则认为是多尿。

确定动物是否多尿必须了解其用药史、水合状态、体况、血清生化指标、尿液检查结果。多尿既可以是一种正常的生理反应（饮水过量），也可以是异常反应（各种原因导致的肾功能受影响）。

38. **健康犬猫24h水摄入量是多少？**

犬正常的水摄入量应少于每天90 mL/kg；

猫正常的水摄入量应少于每天45 mL/kg。

39. **什么是多饮？**

动物摄入的水分超过正常需要时表明多饮。

# 二十八、尿液检查之物理和化学检查

1. **为什么要进行尿液检查（urinalysis, UA）？**

健康动物进行UA是为了筛查潜在疾病。UA是一种必要的诊断方法，它也能用于监测疾病发展、治疗效果及潜在肾毒性药物的安全性。

2. **完整的UA包括哪些项目？为什么要做全项？**

完整的UA包括尿液物理、化学性质检查，及尿沉渣检查。

进行全项的UA有助于更好地判读血清生化的肾功能指标及尿检的各个指标。例如，如果不对尿沉渣进行显微镜检查，那么就无法评估蛋白尿的意义；同样，如果存在氮质血症，了解尿相对密度有助于氮质血症的分类，即肾前性、肾性、肾后性。

### 3.　尿液收集方法是如何影响检查结果的？

当判读尿沉渣检查结果时，需要考虑尿液收集方法：膀胱穿刺、导尿、接尿。

每种方法都有可能污染尿样。通过膀胱穿刺获取的尿样应该是无菌的，且只含有少量的（每个高倍视野<5个）上皮细胞。通常膀胱穿刺会造成医源性血尿，并与疾病所致的血尿很难区分，尤其是当膀胱壁发炎时。通过导尿和接尿所收集的尿样能被来自下泌尿道的不等量的上皮细胞、细菌、碎片污染。然而，科学操作的膀胱穿刺在理论上是无菌的。从桌面或地板上收集的尿液中可能包含其他污染物（如清洁剂残留），这会影响化学检查结果。

尿液收集方法也会影响尿液培养及药敏试验的结果。从理论上来说，尿液培养及药敏试验所用的尿样应通过膀胱穿刺采集。然而，这种方法有时候不可行。必要时，可以通过导尿或接尿所获取的样本进行定量的尿液培养及药敏试验。

### 4.　最理想的尿样处理方法是什么？

理想状态下，尿液检查应在采集尿液后30min内进行。如果无法实现，应将尿样存放在一个无菌、不透明、密封的容器中，并置于冰箱内冷藏，放置时间应少于12h，且在进行尿液分析前使其温度恢复到室温。存放尿样的容器也能影响尿液检查结果。容器应灭菌，且需要密封以防止挥发性物质如酮体的损失，并防止二氧化碳丢失而引起pH上升；如果装尿样的容器被清洁剂或食物污染，则可能会影响酶促反应和化学反应结果，如pH测定；如果尿液检查要在采集尿液30min后进行，则应把尿样放入不透明的容器以避光保存，这样会减少感光的被测物的光降解作用，如胆红素。

### 5.　冷藏尿样为什么会影响尿液检查结果？

在对冷藏的尿样进行检查前，应先将尿样温度恢复至室温，以降低因冷藏造成的人为误差。尿样冷藏后其中晶体物质的溶解度会降低，从而导致晶体析出。冷藏的尿样由于温度低会抑制尿液试纸的酶促反应，如尿糖测试，结果假性偏低。因为低温下尿液的密度更高，所以冷藏后尿样的相对密度大于室温尿。

**6. 尿样在室温下放置时间过久会发生哪些变化?**

如果尿样在室温下放置时间过久,由于其中的二氧化碳挥发以及细菌过度繁殖,会使pH升高。细菌过度繁殖不仅会影响尿沉渣检查,也会影响其他测定结果。如增加尿样的浊度、消耗尿样中的葡萄糖。根据细菌的种类不同,尿样pH也会发生不同变化。如果过度繁殖的是非产脲酶细菌,由于它们能代谢葡萄糖产生酸性代谢产物,所以尿样pH呈酸性;相反,如果过度繁殖的是产脲酶细菌,那么尿样pH呈碱性。碱化的尿液会使尿蛋白测试呈假阳性、细胞溶解、管型变性及结晶类型和数量发生改变。

**7. 尿液变色的常见原因有哪些?**

由于尿液中含有尿色素,所以正常尿液呈深浅不一的黄色。正常尿液颜色会因尿液中出现异物而发生改变,如:

a. 血红蛋白或肌红蛋白尿呈深红棕色;

b. 胆红素尿呈深橘红色;

c. 某些药物及其代谢产物会使尿液呈现各种颜色(如蓝色、绿色);

d. 尿液受光照影响导致其中的尿色素降解使尿液呈深黄色。

**8. 尿液混浊的原因有哪些?**

浊尿是由尿液中的颗粒物质(如细胞、结晶、脂质、黏液和细菌)散射光所致。

**9. 为什么正常情况下马的尿液是浑浊的?**

马的尿液混浊是因为其内存在碳酸钙结晶和肾盂腺体分泌的黏液。肾脏是马排泄钙的主要途径。因此,马尿中含有大量的碳酸钙。值得一提的是马肾功能衰竭时常伴发高钙血症,而其他患有慢性肾功能衰竭的动物一般很少伴发高钙血症。

**10. 什么是尿相对密度? 尿相对密度反映肾单位的哪个部分?**

尿相对密度是尿液密度与蒸馏水密度之比。因为尿液中含有被排泄的溶质,所以尿液的密度大于纯水,即尿相对密度总是大于1.000。相对密度的大小与溶液中溶质颗粒的数量和分子量有关,故可用于评估溶液的渗透压(渗透压只受溶质颗粒数量的影响)。尿相对密度主要反映了抗利尿激素作用于肾小管产生的尿浓缩能力。要判读尿相对密度测定的临床意义必须综合考虑动物的水合状态、BUN、血清肌酐。

**11.　什么是等渗尿、低渗尿和高渗尿？**

根据肾小球滤过液的相对密度将尿相对密度进行分类。肾小球滤过液的相对密度在1.008～1.012的范围内。尿相对密度在此范围内属于等渗尿；尿相对密度低于此范围属于低渗尿；尿相对密度高于此范围属于高渗尿。然而，高渗尿未必表明肾脏具有足够的尿浓缩能力，应综合考虑动物的临床症状、水合状态及尿的高渗程度。

**12.　尿相对密度在什么范围表明动物的肾脏具有足够的尿浓缩能力，肾功能丧失到何种程度尿相对密度才会出现异常？**

马、牛的尿相对密度至少在1.025～1.030，犬在1.030～1.035，猫在1.035～1.045时表明肾脏具有充足的尿浓缩能力；然而，尿相对密度远远低于此范围可能与尿样收集不规范及动物的水和状态有关。

肾脏的尿浓缩能力至少损失2/3时，尿相对密度才会出现异常。

**13.　如何根据尿相对密度对氮质血症进行分类（肾前性、肾性、肾后性）？**

氮质血症形成原因：

a. 肾前性因素：由于肾脏灌流量不足导致向肾脏转运的含氮废物减少或者含氮废物产生增多

b. 肾性因素：由于原发性肾功能障碍导致含氮废物清除减少

c. 肾后性因素：由于尿路梗阻或膀胱破裂造成含氮废物清除减少

d. 肾前性、肾性或肾后性因素并发

氮质血症可以根据尿相对密度进行分类：

肾前性氮质血症，肾脏为了代偿灌流量不足而产生浓缩尿，此时犬的尿相对密度大于1.035，猫的尿相对密度大于1.045，牛、马的尿相对密度大于1.030。

肾性氮质血症，犬和牛的尿相对密度通常为1.008～1.029，猫的尿相对密度为1.008～1.035。肾性氮质血症与75%的肾功能损失有关，而68%肾功能丧失时则会出现尿浓缩障碍。因此，肾性氮质血症通常与尿浓缩障碍并发（然而，一些患有肾性氮质血症的猫能保存尿浓缩能力，其尿相对密度大于1.045）。

肾后性氮质血症，尿相对密度不定。此时，需根据其他临床症状，如少尿或无尿伴有膀胱坚实、充盈进行鉴别诊断。

**14.　肌酐、尿素这两种分子谁先达到总体液平衡？有什么临床意义？**

尿素的分子量小于肌酐，所以尿素先达到总体液平衡。例如，对于肾摘除的犬，尿素在1.5h后达到体液平衡，而肌酐在4h后达到体液平衡。

这一知识有助于诊断尿腹所致的肾后性氮质血症。此时测定腹腔液中的肌酐浓度比尿素浓度更有帮助。尿腹时，腹腔液中的肌酐浓度远远高于血清肌酐浓度。

**15. 低渗尿指示肾功能衰竭吗？**

低渗尿不指示肾功能衰竭。肾小管稀释尿液是一个主动过程，故低渗尿表明肾小管具有充足的稀释尿液的功能。

**16. 与低渗尿有关的疾病和药物都有哪些？**

    a. 尿崩症（中枢性、肾性）

    b. 心理性多饮

    c. 肾上腺皮质机能亢进

    d. 高钙血症

    e. 子宫蓄脓（内毒素）

    f. 肝脏疾病

    g. 糖皮质激素

    h. 利尿剂

    i. 抗惊厥药

    j. 过量补充甲状腺激素

    k. 体液疗法

**17. 低渗尿会影响尿液检查结果吗？**

低渗尿指产生稀释的尿液。低渗尿中的红细胞（RBC）由于渗透压梯度吸收水分导致体外溶血。当低渗尿和血尿并发时，尿沉渣中可能只看到RBC血（RBC ghost），而缺乏完整的RBC。当尿样低渗并伴有潜血或血红素阳性反应，而尿沉渣中未见RBC时，应对血尿、血红蛋白尿及肌红蛋白尿进行鉴别诊断。

**18. 测定尿液pH的常用方法有哪些？哪种方法最准确？**

尿液pH测定通常使用尿液试纸。然而，如果要对尿液pH进行准确测定则需使用酸度计。如果用试纸测出尿样pH值为7.0，使用酸度计测定读数范围则在6.2～8.2。猫的尿样用pH试纸测出的读数往往低于酸度计。而犬的尿样使用试纸测出的pH值可较酸度计测出的偏高或偏低。

### 19. 碱性尿的产生原因是什么?

尿液的pH是可变的,可反映动物的饮食状况、尿液收集时间与饮食的关系;动物的酸碱体况因病程不同而异。以素食为主的动物其尿液往往呈碱性。此外,由于在消化时分泌胃酸,餐后会呈现碱性趋势(食后碱潮),所以会导致尿液pH暂时性升高。

碱性尿相关的疾病包括产脲酶细菌(主要为葡萄球菌、变形杆菌属)引发的尿路感染、代谢性或呼吸性碱中毒、呕吐,服用碱性药物(如碳酸氢钠)也能升高pH。在体外环境下能增加尿液pH的原因包括:产脲酶细菌过度繁殖、由于尿样放置时间过久导致二氧化碳挥发、存放尿样的容器上含有清洁剂残留。

### 20. 碱性尿会影响尿液检查吗?

碱性尿能导致尿液试纸蛋白反应呈假阳性,红细胞、白细胞溶解、管型变性、尿样中的结晶数量和类型发生改变。

### 21. 酸性尿的产生原因是什么?

肉食动物的尿液呈酸性。许多引起代谢性或呼吸性酸中毒的疾病能够使尿液呈酸性,如严重的腹泻、糖尿病酮症酸中毒、肾衰、严重呕吐、蛋白质分解代谢。服用某些药物也能酸化尿液,如呋塞米、蛋氨酸。在体外环境下能使尿液pH降低的原因如下:尿液中能够代谢葡萄糖的细菌过度繁殖并产生酸性代谢产物;用尿液试纸测定时,如果蛋白测试端与pH测试端相邻,蛋白测试端的酸性缓冲液可能污染pH测试端,导致尿液pH假性降低。

### 22. 代谢性碱中毒伴发异常酸性尿的临床意义是什么?

对于反刍动物,如果代谢性碱中毒伴发异常酸性尿则表明很可能有皱胃变位。这种情况对于严重呕吐的小动物可能会偶然见到。瘤胃变位或者严重呕吐时,由于水和钾离子摄入、吸收减少导致脱水和低钾血症。此外,由于胃分泌的盐酸被潴留在胃肠道或者在呕吐时丢失从而引起代谢性碱中毒。代谢性碱中毒时尿液通常呈碱性。然而,为什么会出现异常酸性尿呢?因为脱水会刺激肾脏保钠从而保水,氢离子则与钠离子交换而被排出。排出的氢离子使尿液呈酸性,由于动物此时处于代谢性碱中毒的状态,故称之为异常酸性尿。

### 23. 犬猫葡萄糖的肾阈值分别是多少?

犬葡萄糖的肾阈值为180 mg/dL,猫葡萄糖的肾阈值为280 mg/dL。

出现尿糖时常伴有血糖大于等于葡萄糖的肾阈值，即高血糖。然而，如果近曲小管功能受损，则也会出现尿糖，但无高血糖。

### 24. 如何鉴别诊断高血糖性糖尿？

    a. 糖尿病

    b. 肾上腺皮质机能亢进

    c. 急性胰腺炎

    d. 强烈应激

    e. 嗜铬细胞瘤

    f. 胰高血糖素瘤

    g. 药物：葡萄糖、糖皮质激素、孕酮

### 25. 如何鉴别诊断血糖正常性糖尿？

    a. 原发性肾性糖尿

    b. 范可尼综合征

    c. 一过性应激

    d. 肾毒性药物（损害肾小管）（如氨基糖苷类）

### 26. 用试纸测定尿糖出现假性结果的原因是什么？

尿液中的一些有色物质，如色素和某些药物可能会干扰尿糖试纸的判读，因为到反应终点时测试端会出现颜色变化。尤其是当葡萄糖浓度在试纸可测范围的低限时，由于抗坏血酸（维生素C）或者酮体浓度超过40 mg/dL，可能出现假阴性结果。用试纸测定时，如果尿中有葡萄糖，则葡萄糖与试纸上的化学物质反应生成过氧化氢，过氧化氢能使指示剂发生氧化反应并显色。因此，如果测试反应被过氧化氢、漂白剂、氯或者其他具有氧化性的物质污染，则尿糖测定结果会呈假阳性。所以，合理地保存、处理尿样和试纸能有效减少污染。

### 27. 体内产生哪些酮体？酮体生成与机体能量代谢紊乱有何关系？

某些原因引起机体缺乏或无法利用碳水化合物进行能量代谢时就会有酮体生成并从尿排出，包括β-羟丁酸（78%）、乙酰乙酸（20%）和丙酮（2%）。这些原因包括：

    a. 碳水化合物利用减少（糖尿病）

    b. 碳水化合物利用增多或丢失（哺乳期、妊娠期、肾性糖尿、发热）

    c. 日粮中碳水化合物的摄入量严重不足（高蛋白、高脂肪日粮）

**28.　尿液试纸对各种酮体的相对敏感性有哪些差异？**

虽然尿液酮体中主要含有 β－羟丁酸，但无法用尿液试纸检测。试纸对乙酰乙酸最为敏感，对丙酮轻度敏感。约96%出现颜色变化的阳性反应是因为含有乙酰乙酸。如果尿样中含有色素则会影响结果判读；如果发生尿路感染、尿样被细菌污染、尿样中的丙酮挥发，则所测酮体也会减少。

**29.　在何种疾病状态下需要对动物的尿液酮体进行检测？**

对患有糖尿病的犬猫进行尿液酮体监测有利于评估胰岛素的治疗效果；对患有糖尿病的动物进行尿液检查时如果发现尿液中含有酮体，可为糖尿病酮症酸中毒提供诊断依据。

**30.　如何鉴别诊断尿中有酮体但无葡萄糖？**

a.　发热

b.　长期饥饿

c.　糖原贮积症

d.　哺乳

e.　妊娠

f.　碳水化合物摄入受限

g.　测试结果有误

**31.　如何鉴别诊断尿液试纸潜血或血红素反应呈阳性？**

尿液试纸利用潜血或血红素反应检测血红蛋白和肌红蛋白内的血红素。血红蛋白和肌红蛋白存在于RBCs或者游离于尿液中。血尿、血红蛋白尿、肌红蛋白尿都能引起测定结果呈阳性。此时需根据其他化验结果进行鉴别诊断。血尿样本经离心后其上清液不再是红棕色，除非尿样pH极其偏碱或者尿相对密度极低，否则一般尿沉渣中都含有红细胞或影细胞；而血红蛋白尿和肌红蛋白尿样本的上清液仍为红棕色，且尿沉渣中无红细胞。如果尿中含有血红蛋白，则血浆可能呈粉色、溶血样；如果尿中含有肌红蛋白，则会同时伴有明显的肌肉损伤。可以通过测定血清肌酸激酶的浓度来证明肌肉损伤，因为肌肉损伤时其浓度会升高。

**32.　如何鉴别血红蛋白尿和肌红蛋白尿？**

80%饱和硫酸铵沉淀法可鉴别血红蛋白尿和肌红蛋白尿。具体方法如下：将2.8g的硫酸铵加入pH已为中性的5mL尿样中。经过离心，形成沉淀的是血红蛋白尿，尿样上清呈黄色；不形成沉淀的是肌红蛋白尿，上清仍然是红棕色的。

### 33. 血红蛋白尿与蛋白试纸阳性反应的关系是什么？

如果因血红蛋白尿导致蛋白试纸呈阳性反应，那么潜血/血红素反应至少为+++。

### 34. 犬猫胆红素尿的临床意义相同吗？

犬猫胆红素尿的临床意义有所不同。犬容易清除滤过肾小球的胆红素，另外结合胆红素也可由近曲小管排出。对于健康犬，尤其是尿相对密度较高的公犬，一般尿中会含有少量的胆红素。根据尿相对密度判读胆红素十分重要，因为尿相对密度可用于测定尿样中的溶质含量。例如，当犬尿相对密度为1.020，如果胆红素++，则胆红素测定结果具有临床意义；然而，当犬尿相对密度为1.040，如果胆红素++，则测定结果不具有临床意义。

猫排泄胆红素的肾阈值是犬的九倍。因此，无论尿相对密度为多少，猫只要出现胆红素尿就是异常的。犬猫出现异常的胆红素尿时指示患有肝前性、肝性、肝后性疾病，可利用其他信息进行鉴别诊断。

### 35. 尿液检查如何鉴别血管内和血管外溶血？

血管内溶血时，血浆呈粉红色，尿液呈红棕色伴有潜血/血红素阳性反应，尿沉渣中缺乏完整的红细胞，可能出现血红蛋白管型。血管外溶血时，尿液呈橘红色，胆红素反应呈阳性。有些患病动物可能并发两种溶血过程，此时尿液检查有利于鉴别哪种溶血是占主导地位。

### 36. 尿液试纸蛋白反应与磺基水杨酸蛋白沉淀反应的敏感性有什么异同？

比起球蛋白、血红蛋白、免疫球蛋白轻链（本周氏蛋白）和黏蛋白，尿液试纸蛋白反应对白蛋白更敏感。反应中的颜色变化是由蛋白质的游离氨基与指示剂的结合性决定的。上述蛋白中，白蛋白能与指示剂反应的游离氨基含量最多。例如，引起相同颜色变化所需球蛋白的浓度是白蛋白的两倍。磺基水杨酸试验能沉淀大多数的蛋白质，包括本周氏蛋白，生成的云雾状沉淀与蛋白含量成正比。

当尿样呈碱性、尿样或者试纸被清洁剂（如洗必泰、季铵盐消毒剂）污染时，用尿液试纸测定时会出现假阳性；而如果尿蛋白全部为本周氏蛋白，则尿液试纸测定结果呈假阴性。在磺基水杨酸试验中，如果尿样呈强碱性则结果呈假阴性；如果出现假阳性结果，则有可能待检尿样未离心或者尿样中含有外源性物质，如造影剂、一些高剂量的抗生素。

## 37. 试纸蛋白反应呈阳性的临床意义是什么?

各种来源的蛋白都可以沿着泌尿生殖道进入尿液,也可能在尿样收集过程中进入尿液。正常情况下,少量蛋白(< 20 mg/(kg·d))会和其他溶质一起随尿液排出。判定蛋白尿的严重程度时要参照尿相对密度。例如,蛋白反应+,尿相对密度1.020时可能具有临床意义;而蛋白反应+,尿相对密度1.040时则不具有临床意义。

评价尿蛋白时,尿沉渣检查也很重要。通过尿沉渣检查能判断尿蛋白是否来源于肾小球或下泌尿道。膀胱或下泌尿道可能存在的白细胞、红细胞及细菌,会是引发蛋白尿的重要原因。当尿沉渣中如无细胞或细菌,但出现严重的蛋白尿,则应把肾小球机能障碍导致的肾小球性蛋白尿考虑在内。此外,可能但很少发生的是肾小管性蛋白尿,其机制是近曲小管对肾小球滤过液中的小分子蛋白吸收不全。

当尿沉渣未见细胞或细菌,但怀疑有严重的蛋白尿时,则应该进行进一步检查(尿蛋白/尿肌酐比)以判定蛋白尿的严重程度。

## 38. 什么是尿蛋白/尿肌酐比? 何时测定?

每天都有少量蛋白和其他溶质随尿液排出。因此,判定蛋白尿的程度是通过尿蛋白浓度与尿肌酐浓度相比而得出的。肌酐能从肾小球自由滤过,且不会被肾小管分泌或重吸收。初步评价蛋白尿时,如果尿沉渣无细胞或细菌,则通常需测定尿蛋白/尿肌酐比(urine protein/ creatinine ratio, UPC)。定期测定UPC有利于判断病程发展和评价治疗效果。正常情况下,UPC应小于1。如果大于1则应考虑肾小球性疾病(肾小球性肾炎、肾小球硬化症、犬淀粉样变性)、本周氏蛋白尿,肾小管性蛋白尿较少见。

## 39. 什么是本周氏蛋白尿? 在什么情况下会出现本周氏蛋白?

本周氏蛋白尿是以最初发现它的英国医生命名的,它指示尿液中存在免疫球蛋白分子的轻链部分。本周氏蛋白可见于多发性骨髓瘤,确诊多发性骨髓瘤需符合四个条件,除了本周氏蛋白,还包括骨髓中有浆细胞浸润、单克隆 γ 球蛋白病和溶骨性病变。当致瘤浆细胞合成的免疫球蛋白分子的轻链数超过重链时,本周氏蛋白便会在尿液中蓄积。形成本周氏蛋白尿的原因有两种:其一致瘤细胞只合成免疫球蛋白分子的轻链部分,而不合成重链部分。此时无法聚合完整的免疫球蛋白,也就不会发生单克隆 γ 球蛋白病;其二致瘤细胞既能合成轻链部分,又能合成重链部分,但是轻链数量要多于聚合的完整的免疫球蛋白数。此时会并发单克隆 γ 球蛋白病和本周氏蛋白尿。

**40. 哪些疾病能引起临床病理学出现异常导致假性多发性骨髓瘤?**

某些慢性传染病,如慢性埃利西体病和利什曼原虫病能引起骨髓内浆细胞增殖,单克隆 γ 球蛋白病较罕见。然而,这些疾病不会引起本周氏蛋白尿。

**41. 如何鉴别犬猫淀粉样变?**

犬淀粉样变引起肾小球内出现淀粉样沉淀,而猫淀粉样变则影响肾小管。因此,肾小球性蛋白尿可见于犬淀粉样变而不见于猫淀粉样变。

# 二十九、尿液检查之尿沉渣检查

**1. 结晶尿的临床意义是什么?**

当尿液中的晶体溶质饱和时会出现结晶尿。各种体内因素(如尿路感染、饮食)以及一些体外因素决定是否形成结晶。影响结晶形成的体外因素包括:尿样保存时间、保存温度、尿样中的水分挥发、尿液pH、尿样中细菌过度繁殖而影响了其pH(如产脲酶微生物)。

为了使尿样中的结晶更准确地反映其在动物体内的情况,新鲜的尿样应在收集后的1h内进行分析。延长尿样的保存时间,尤其是尿样经冷藏后,会显著促进结晶在体外形成。然而,冷藏可以保存尿样中的化学物质及尿沉渣中的各种成分。所以,在冷藏的尿样中发现结晶时,应及时对新鲜尿液进行检查以证实检查结果。

出现结晶尿不一定表明存在尿结石或者有形成结石的倾向。正常情况下,犬猫尿液中可能含有少量的鸟粪石或者无定型磷酸盐。在马、山羊、兔和豚鼠的尿样中经常可见碳酸钙结晶。如果在尿样中发现异常结晶(如尿酸铵、一水草酸钙)或者有大量的鸟粪石或草酸钙结晶聚集或者在确诊为尿结石的动物的尿样中发现结晶,此时结晶尿才具有一定的诊断意义。在等待完整的尿结石矿物质分析结果时,评价动物尿样中的晶体类型有助于估计尿结石的矿物质组分。然而,结晶尿的类型并不能确切指示尿结石的矿物质含量,因为尿结石通常是多源性的。此外,定期评估结晶尿有助于监测尿结石患者的治疗效果。

**2. 酸性尿中的晶体类型有哪些?**

a. 尿酸铵(重尿酸铵)

b. 无定型尿酸盐

c. 胆红素

d. 一水草酸钙/二水草酸钙

  e.　胱氨酸

  f.　磺胺类药代谢产物

  g.　尿酸

3. **中性尿中的晶体类型有哪些?**

  a.　尿酸铵（重尿酸铵）

  b.　一水草酸钙/二水草酸钙

  c.　胱氨酸

  d.　磷酸铵镁（鸟粪石）

4. **碱性尿中晶体类型有哪些?**

  a.　无定型磷酸盐

  b.　碳酸钙

  c.　磷酸铵镁（鸟粪石）

5. **图29-1中结晶的化学成分是什么?**
   **在什么情况下会出现这些晶体?**

  胆红素形成的沉淀为橘红色至浅红棕色颗粒或针状结晶。通常在犬的尿液中，尤其是在高浓度的尿样中能发现少量的胆红素结晶。如果在其他动物的尿液中发现胆红素结晶或者在犬的尿液中反复发现大量的胆红素结晶，则表明胆红素代谢紊乱，可能是由于肝前性（溶血）、肝性或肝后性机能障碍所致。

图29-1　来自患有肝脏疾病的犬尿沉渣中的胆红素结晶。这些结晶为橘红色、浅红棕色颗粒或针状晶体，通常以"干草堆"的结构呈现。（未染色，125×）

6. **图29-2中结晶的常用名和化学成分**
   **是什么? 在什么情况下会出现这些晶体?**

  磷酸铵镁结晶又称鸟粪石结晶或三磷酸盐结晶（误称），呈无色、大小各异、棺材盖样。但鸟粪石结晶也形态各异，呈三至八边形棱柱、针状或末端倾斜的扁平晶体（图29-2）。它们通常形成于碱性尿中。尿样在体外经过冷藏或由于保存不当使其呈碱性时则可能会形成鸟粪石结晶。如果在保存的尿样中发现鸟粪石结晶，应再对新鲜尿样进行检查以证实检查结果。

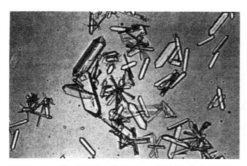

图29-2 猫尿沉渣中的磷酸铵镁结晶（鸟粪石）。这些晶体通常呈三维立体、大小不同、棺材盖样。（未染色，125×）

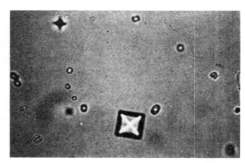

图29-3 犬尿沉渣中的二水草酸钙结晶。注意那些无色、大小不一的八面体。从单一平面来看，外观犹如正方形信封。（未染色，125×）

　　磷酸铵镁结晶常见于犬，猫很少见。如果尿样中发现大量鸟粪石结晶，则通常与产脲酶细菌感染有关，如葡萄球菌、变形杆菌属。然而，猫在无感染的情况下也能出现鸟粪石结晶尿，这很可能与肾小管排泄氨有关。鸟粪石结晶可见于那些尿液呈碱性的健康动物，也可见于患有无菌性或感染性尿结石、或无尿结石但有尿路疾病的动物。

**7. 图29-3中结晶的化学成分是什么？在什么情况下会出现这些晶体？**

　　二水草酸钙结晶呈无色、大小不一的八面体，形状像信封或马耳他十字架。它们主要形成于酸性尿中。延长尿样保存时间，尤其是冷藏会显著增加体外草酸钙的形成；尿样在保存过程中变酸性也能引起体外形成草酸钙；当保存尿样中发现二水草酸钙结晶，应通过检查新鲜获取的尿液进行核实。二水草酸钙结晶可见于健康动物，或者患有草酸钙结石、伴有高钙尿（如使用皮质类固醇）、高草酸盐尿（如摄入草酸含量高的蔬菜，偶见乙二醇中毒）的动物；此外，据报道为了控制猫鸟粪石形成而酸化尿液，以至于并发二水草酸钙结晶尿。

**8. 图29-4中结晶的化学成分是什么？在什么情况下会出现这些晶体？**

　　一水草酸钙晶体无色，且大小各异。这些晶体通常扁平而两端尖，形似大麻籽或者尖桩篱栅（图29-4）。纺锤形和哑铃型晶体则较少见。尽管急性乙二醇中毒时尿样中会出现一水草酸钙或者二水草酸钙，但是一水草酸钙更具有诊断意义，因为它通常只在急性乙二醇中毒时出现，很少见于健康动物。晶体形成与时间有关，即晶体只在中毒早期出现。猫在摄入乙二醇3h内、犬6h有时可能会延长至18h内出现结晶尿。

## 9. 哪些血清生化指标可用于诊断乙二醇中毒？

乙二醇中毒会导致急性肾功能衰竭，临床症状包括少尿/无尿、明显的氮质血症、等渗尿、高磷血症、高钾血症、低钙血症、代谢性酸中毒且阴离子间隙大大升高（40～50 mEq/L）。猫可出现明显的高血糖（＞350 mg/dL）。渗透间隙由实际所测的血清渗透压减去计算的血清渗透压所得，通常为10～15 mOsm/kg。该值超过25 mOsm/kg表明渗透压活性剂中毒，如乙二醇、甘露醇或乙醇。评估渗透压的公式如下（单位：mOsm/kg）：

渗透压=1.86×[Na+（mEq/L）+ $K^+$（mEq/L）] + [葡萄糖（mg/dL）÷18] + [BUN（mg/dL）÷2.8]+9

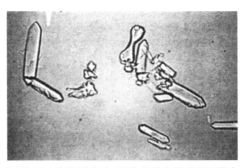

图29-4　防冻剂（乙二醇）急性中毒犬尿沉渣中一水草酸钙结晶。注意那些长的、矩形的、末端尖、大小各异的晶体。这些晶体的外观与磷酸铵镁结晶相似。然而，与之不同的是一水草酸钙结晶呈扁平样，而无棺材盖样或三维立体结构。（未染色，125 ×）

## 10. 图29-5中结晶的化学成分是什么？在什么情况下会出现这些晶体？

碳酸钙结晶会单独或成群出现，且大小各异，呈黄棕色或无色、明亮的球型或者哑铃型，通常形成于碱性尿液中，可见于健康的马、山羊、兔和豚鼠，狗则很少见。

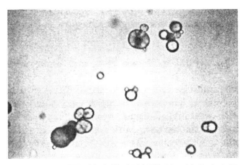

图29-5　马尿沉渣中的碳酸钙结晶。注意大小各异、黄棕色或无色，明亮的球型或哑铃型。（未染色,125 ×）

## 11. 图29-6中结晶的化学成分是什么？在什么情况下会出现这些晶体？

无定型磷酸盐和尿酸盐形状相似，都以不定形的碎片和小球体出现。有两种方式对其进行鉴别：磷酸盐无色，在碱性尿中形成沉淀；而尿酸盐呈黄棕色或黑色，在酸性尿中形成沉淀。健康动

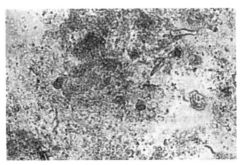

图29-6　一只大麦町犬尿沉渣中的无定型尿酸盐。无定型磷酸盐和尿酸盐形态相似，呈不定形的碎片或小球体。（未染色，125 ×）

物的碱性尿中常会出现无定型磷酸盐，所以这并不具有诊断意义。然而，健康犬猫尿液中是不含尿酸盐的，其可见于患有门脉血管畸形、严重肝脏疾病或尿酸铵结石的动物。无定型尿酸盐常见于大麦町犬和英国斗牛犬，并表明这些犬可能易患尿酸盐结石。大麦町犬患有嘌呤代谢障碍，无法将尿酸转化为尿囊素（大多数其他品种的犬都能将尿酸转化为尿囊素，尿囊素可溶于水，最终随尿液排出）。此外，大麦町犬肾小管重吸收尿酸的能力较低。

### 12. 图29-7中结晶的化学成分是什么？在什么情况下会出现这些晶体？

尿酸铵结晶也称为重尿酸铵，呈金色或棕色的球形，表面具有不规则的突起，外形似山楂或者疥螨（图29-7）。猫的尿酸铵结晶为聚集在一起的球体。尿酸铵结晶可见于患有门脉血管畸形、严重肝病的动物，偶尔可见于健康的大麦町犬和英国斗牛犬。

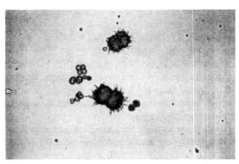

图29-7　肝门静脉短路犬尿沉渣中的尿酸铵晶体，又称重尿酸铵结晶。呈金色或棕色的球形，表面具有不规则的突起，外形似山楂或者疥螨。（未染色，125×）

### 13. 图29-8中结晶的化学成分是什么？在什么情况下会出现这些晶体？

胱氨酸结晶是无色、扁平的等边或不等边六边形。动物产生胱氨酸尿是一种病理现象，由于遗传缺陷导致肾小管无法转运胱氨酸。患病动物易在浓缩的、酸性尿液环境下形成胱氨酸结晶。存在胱氨酸结晶尿的动物易患胱氨酸结石，但并非所有动物形成结石。易患犬种包括：雄性腊肠犬、英国斗牛犬、纽芬兰犬，雌性和其他犬种也易受影响。猫胱氨酸尿可见于雄性和雌性暹罗猫和家养短毛猫。

### 14. 形成结晶尿的医源性原因是什么？

体内结晶尿可见于服用造影剂和药物，比如抗生素（如含硫化合物）或者别嘌呤醇（图29-9）。体外结晶尿是因保存条件改变了晶体的溶解度，其中包括尿样的温度或pH的改变、尿样中的水分蒸发。

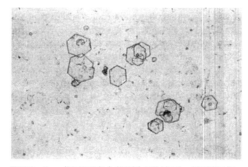

图29-8　犬尿沉渣中的胱氨酸结晶。注意无色、扁平的等边或不等边六边形。（未染色，125×）

### 15. 管型尿及其临床意义是什么?

管型尿表示尿沉渣中存在管型。管型是尿液中的蛋白质类基质在髓袢、远曲小管、集合管内凝固而形成的圆柱状结构物（即透明管型），管型的形成必须有蛋白类物质，其基质物为T-H黏蛋白。蛋白基质会随肾小管上皮细胞的脱落或者白细胞凝聚增多而发生改变。

当管型上有细胞凝聚后将会发生变性，从细胞管型变为颗粒管型，最终形成蜡样管型。无肾脏疾病的动物尿沉渣

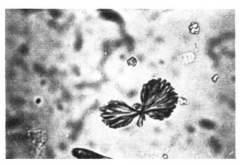

图29-9　服用磺胺甲恶唑-甲氧苄啶的犬尿沉渣中的含硫晶体。注意宽且成群的针状晶体，围绕中心堆在一起。（未染色，125×）

中可见少量的透明或颗粒管型（每个高倍视野下＜2个）。然而，如果颗粒管型数量增多或者存在细胞管型时，则提示有肾脏疾病，导致肾小管上皮细胞变性和坏死。当管型上有白细胞则提示肾小管炎症。但管型的数量不反映肾脏疾病的持续时间、严重性或可逆性。肾小管发生疾病时会定期形成管型，且数量逐渐增多。管型能否脱落、何时脱落取决于肾小管液流速率。可能在形成后马上脱落，也可能在肾小管内停留一段时间，而在这段时间内，管型中的细胞将会继续发生变性。

在某些疾病过程中可见到其他特定形态的管型，如血管内溶血伴发的血红蛋白管型、肾脏出血伴发的红细胞管型、严重的胆红素尿伴发的胆红素管型。

### 16. 颗粒管型、细胞管型和蜡样管型的临床意义是什么?

管型的类型不能指示疾病的严重性，也不能作为反映治疗效果和恢复情况的预后指标。然而，它们可以指示管型发展的不同阶段（图29-10和图29-11）。当

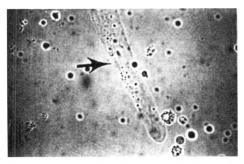

图29-10　犬尿沉渣中的透明管型（箭头所指）。这些管型无色透明，由T-H黏蛋白组成。（未染色，125×）

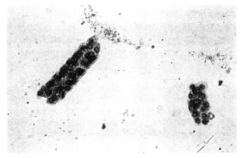

图29-11　患有肾脏疾病的犬尿沉渣中的肾上皮细胞管型。（新亚甲蓝染色，125×）

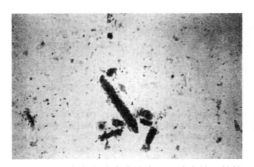

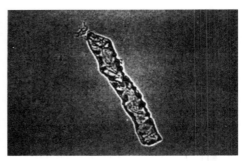

图29-12　患有肾脏疾病的犬尿沉渣中的颗粒管型。（未染色，125×）

图29-13　患有肾脏疾病的犬尿沉渣中的腊样管型。（未染色，125×）

细胞管型上的细胞变性后形成无定型的颗粒物质，从而产生颗粒管型（图29-12）。而当颗粒管型退化后，由单位膜和其他细胞物质形成均质的、含胆固醇的物质，最终产生蜡样管型（图29-13）。因此，通过管型的形态变化可更准确地预知其在肾小管的滞留时间，但不能预测疾病的严重性。

## 17.　UA对尿路感染具有诊断意义吗？

　　UA结果能辅助诊断尿路感染（urinary tract infection，UTI），但无法确诊。UA未发现对UTI有指向性的结果也并不能排除感染的可能性。在一些UTI的病例中（如肾盂肾炎），患病动物会产生大量的稀释尿液，从而使单位体积尿液中的白细胞数相对减少或者白细胞溶解。大量的稀释尿也会使尿沉渣中细菌数量明显减少，以至低于光镜的检测范围（杆菌>10 000个/mL；球菌>100 000个/mL）。尿液培养和药敏试验能最直接地提示尿路感染的可能性。在尿沉渣中发现细菌时，尿液培养和药敏试验有助于确诊尿路感染、鉴定微生物和选择合适的抗菌剂治疗。

## 18.　细菌尿的原因是什么？

　　a.　尿路感染

　　b.　尿样在收集（接尿、导尿）或处理过程中受到污染

　　c.　细菌在体外过度繁殖

## 19.　脓尿并发细菌尿的意义是什么？

　　脓尿（尿沉渣中含有白细胞）并发细菌尿是由原发性或继发性细菌感染导致的尿路炎症（图29-14和图29-15）。当出现脓尿和细菌尿时，应进行尿液培养和药敏试验。

## 20. 尿沉渣中发现细菌，但尿液培养呈阴性的原因是什么？

a. 服用抗菌剂或尿样保存时间过长所致的镜下观察到的细菌是死的，或者细菌培养所需的条件较苛刻。

b. 不合理的培养技术。

c. 尿样在收集或处理过程中受到污染。

d. 将尿沉渣中的非细菌结构误认为细菌。

## 21. 尿液培养呈阴性可以排除UTI吗？

尿液培养呈阴性不能排除UTI的可能性。除了上述原因，病毒、支原体或脲原体也偶尔会造成UTI。

## 22. 如果尿沉渣中未见脓尿能排除UTI吗？

尿沉渣中未见脓尿不能排除UTI的可能性。肾上腺皮质机能亢进、糖尿病和免疫抑制状态（药物诱导性）时会伴发隐性UTI（如不引起炎症反应）。

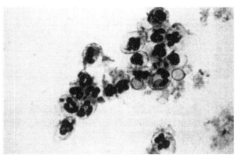

图29-14　患细菌性膀胱炎犬的尿沉渣。注意那些中性粒细胞，其中右上方的中性粒细胞内含有杆菌。（新亚甲蓝染色，125×）

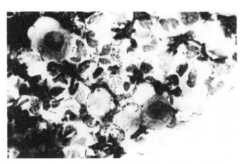

图29-15　患细菌性膀胱炎犬的尿沉渣。注意那些变性的中性粒细胞和两个大的移行上皮细胞。在染色背景中和变性的中性粒细胞胞质内可见一些大的杆菌。（瑞氏-吉姆萨染色，125×）

## 23. 皮质类固醇如何影响UA？

皮质类固醇能促进UTI并影响UA结果。因为皮质类固醇（外源性与内源性）会使动物更易发生UTI性菌尿，可抑制中性粒细胞向组织迁移，并诱发低渗尿稀释尿沉渣。所以，尿液培养和药敏试验对评估体内类固醇水平过高的动物的尿样非常重要。因为它们在UA正常的情况下可能存在隐性的UTI。

## 24. 常规尿液培养与药敏试验和定量培养与药敏试验的区别是什么？何时需进行定量培养和药敏试验？

常规的尿液培养和药敏试验只能简单鉴别细菌及其对抗菌剂的敏感性。定量培养和药敏试验，通过连续稀释法和铺板法，不仅能鉴别细菌，还能以单位容积内菌落形成单位（CFUs/mL）确定细菌的数量。通过定量试验可以确定尿样中培养的细菌是污染物质还是感染物质。虽然不易操作，但是需要进行尿液培养时，最好采用膀胱穿刺的方式采集尿样。如果通过导尿或在动物排尿时采集尿样，此时定量的尿液培养非常重要。如果分离的微生物超过一种，则表明被细菌污染（表29-1）。

表29-1　定量尿液培养结果判读

| 尿样收集方法 | 污染物（CFUs/mL） | | 可疑（CFUs/mL） | | 显著（CFUs/mL） | |
|---|---|---|---|---|---|---|
| | 犬 | 猫 | 犬 | 猫 | 犬 | 猫 |
| 膀胱穿刺 | <100 | <100 | 100～1000 | 100～1000 | >1000 | >1000 |
| 导尿 | <1000 | <100 | 1000～10 000 | 100～1000 | >10 000 | >1000 |
| 排尿 | <10 000 | <1000 | 10 000～90 000 | 1000～10 000 | >100 000 | >10 000 |

CFUs/mL，每毫升菌落形成单位。

### 25. 除了细菌性尿路感染，还有哪些原因能引起脓尿？

脓尿可由非感染性或感染性原因造成的生殖泌尿道炎症引起，如由尿结石、前列腺炎、子宫蓄脓、肿瘤，病毒、支原体、尿原体感染引发的炎症。

### 26. 如何鉴别图29-16中的细胞类型？这些细胞来自哪段尿路？临床意义是什么？

鳞状上皮细胞是大而扁平的细胞，边缘有棱有角，核较小。它们位于尿道远端1/3处、阴道和包皮。通过导尿或排尿收集而被污染的尿样的尿沉渣中可见有数量不等的鳞状上皮细胞。然而，即使是通过膀胱穿刺取得的尿样，也可偶然见到鳞状上皮细胞，主要是由于发生了膀胱鳞状上皮癌或者膀胱鳞状上皮化生，而这可能与移形细胞癌或慢性膀胱刺激有关。

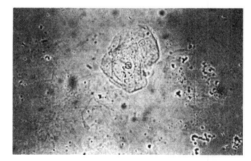

图29-16　犬排出的尿样中的两个鳞状上皮细胞。（上中部）（未染色，125×）

### 27. 如何鉴别图29-17中的细胞类型？这些细胞来自哪段尿路？临床意义是什么？

移行上皮细胞大小各异，比鳞状上皮细胞小，但比白细胞大。形状为圆形、梨形、纺锤形或多边形，含有颗粒样的细胞质，有一个细胞核且较鳞状上皮细胞核大。移行上皮细胞位于膀胱和尿道近端2/3处。在健康动物的尿样中可见有少量的移行细胞（每个高倍视野中少于5个）。通过导尿获取的尿样的尿沉渣中可含有较多的移行上皮细胞，而存在膀胱刺激或炎症的动物的尿沉渣中也会发现大量的移行细胞，且此时移行上皮细胞因经历反应性增生，而出现与恶性肿瘤相似的细胞学特征。因此，当存在炎症时尿沉渣的细胞学检查不能确诊肿瘤。而发生移行上皮细胞癌时也可见有增多的非典型性移行上皮细胞。

## 28. 在尿沉渣中发现什么可提示移行细胞癌？

有膀胱或尿道肿物的动物，如果在其尿沉渣中发现非典型性的移行上皮细胞、但无炎症则提示有移形细胞癌。这些细胞脱落后连成一片或者单独存在。它们有着各种恶性肿瘤的特征，如高核/质比、细胞和胞核大小各异、染色质浓缩、核仁明显和核分裂象（图29-18和图29-19）。

## 29. 哪些原因会造成v-bta试验呈假阳性反应？

v-bta（veterinary-bladder tumor antigen，膀胱肿瘤抗原）试验通过检测尿液中由肿瘤产生的抗原物质以筛查移形细胞癌。含有脓尿或血尿的尿样会引起假阳性结果。然而，膀胱肿瘤常与继发性炎症和出血有关。故由于脓尿或血尿的

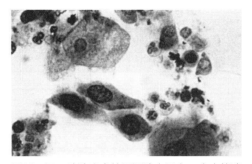

图29-17 膀胱炎犬的尿沉渣中见有三个大的移行上皮细胞、一个大的鳞状上皮细胞（左上方）、一些中性粒细胞（分叶核）、肾小管上皮细胞（圆核）。（Sedi-Stain，125×）

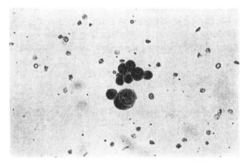

图29-18 患有移行上皮细胞癌犬的尿沉渣。注意一小簇恶性的移行上皮细胞：高核/质比、核不均、明显的多核仁。（新亚甲蓝染色，50×）

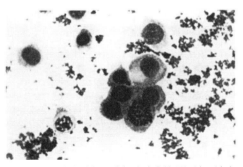

图29-19 患有移行上皮细胞癌犬的尿沉渣。注意右下方的核分裂象。（瑞氏-吉姆萨染色，125×）

干扰，v-bta试验不能有效诊断移行上皮细胞癌。此外，可能由于测试中发生了非特异性反应，v-bta试验的假阳性率较高。因为犬膀胱癌的发病率较低，而v-bta试验假阳性反应较多，所以诊断膀胱癌一般不推荐v-bta试验，除非同时进行其他确诊程序。

### 30. 如何鉴定图29-20尿沉渣中的特殊结构？其临床意义是什么？

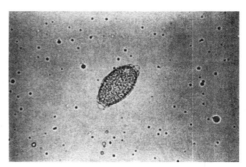

图29-20 猫尿沉渣中的毛细线虫卵。注意两极的卵盖不完全对称而是轻微歪斜。（未染色，125×）

毛细线虫卵的外观与犬鞭虫卵（可见于被粪便污染的尿样中）相似，但可通过两极卵盖的相对位置加以区分。犬鞭虫卵的两极卵盖完全对称，而毛细线虫卵的两极卵盖不完全对称，轻微歪斜（图29-20）。有时可在无症状的猫的尿样中意外发现毛细线虫卵，也可见于发生血尿的猫的尿样中，芬苯达唑治疗后血尿症状会减轻。

### 31. 氨基糖苷类抗生素中毒的尿液检查结果有哪些？

a. 尿相对密度下降

b. 管型尿

c. 血糖正常性糖尿

d. 尿液中 γ-谷氨酰胺转移酶（GGT）的浓度升高

### 32. 急性肾衰与慢性肾衰的临床病理学特点有哪些异同？

急性肾衰和慢性肾衰具有一些相似的临床病理学特点，包括：氮质血症、高磷血症、高钾血症、代谢性酸中毒伴有阴离子间隙增大、尿相对密度异常。可通过红细胞压积来区分急性和慢性肾衰。慢性肾衰时，肾脏产生的促红细胞生成素（EPO）减少，并由此导致正血球性、正血色素性、非再生性贫血。而急性肾衰的动物通常不贫血。

### 33. 肾病倾向和肾病综合征的临床病理学特点有哪些？

**肾病倾向**　　　　　　　　　**肾病综合征**

低白蛋白血症　　　　　　　　　低白蛋白血症

高胆固醇血症　　　　　　　高胆固醇血症

蛋白尿　　　　　　　　　　蛋白尿

　　　　　　　　　　　　　水肿

## 34. 为什么患有肾病综合征的动物会有高胆固醇血症?

　　白蛋白是构成血管内胶体渗透压的主要成分,其自身可以产生胶体渗透压,另外,带负电荷的白蛋白与带正电荷的阳离子(如$Na^+$)由于吉布斯-唐南效应(Gibbs-Donnan effect)而结合,也可产生渗透作用。由于肾病动物患有严重的低白蛋白血症,其血管内胶体渗透压大大降低。肝脏代偿性生成大量胆固醇以维持胶体渗透压。

## 35. 肾病综合征动物血凝过度的发病机理是什么?

　　肾病综合征与肾小球疾病有关,由于肾小球选择性滤过的屏障作用受损,导致蛋白从尿中丢失。白蛋白(分子量69 KD)丢失造成低白蛋白血症和蛋白尿。分子量更小的蛋白也会在尿液中聚集,包括抗凝血酶Ⅲ(AT-Ⅲ,分子量为65 KD),这是一种抗凝剂,通过抑制凝血酶和凝血因子Ⅸa、Ⅹa、Ⅺa、Ⅻa的功能而发挥抗凝作用。由于肾病动物产生大量的肾小球性蛋白尿,它们一般缺乏AT-Ⅲ,从而使机体呈高凝状态而易发生血栓栓塞性疾病。

## 36. 尿路梗阻时,哪些临床病理性异常会立刻威胁生命?尿路阻塞的诊断方法有哪些?

　　尿路梗阻时常会伴发中度至重度的高钾血症,由于其对心脏的影响而可引发生命危险。高钾血症的动物临床表现为嗜睡、虚弱、心动过缓并伴有心电图的特征性异常:帐篷状T波、P波波幅下降或消失、QRS间隔延长。

## 37. 范科尼综合征的临床病理学特征是什么?其易感品种有哪些?

| 临床病理学特征 | 易感品种 |
| --- | --- |
| 正常血糖性糖尿 | 巴辛吉犬 |
| 氨基酸尿 | 挪威猎鹿犬 |
| 蛋白尿 | 喜乐蒂犬 |
| 肾小管性酸中毒 | 雪纳瑞犬 |
| 氮质血症 | |
| 高磷血症 | |
| 低钾血症 | |

第六章

# 肝脏与肌肉

✒ **Douglas J. Weiss**

## 三十、评估肝脏疾病的检查项目

1. **评估肝脏疾病的酶主要有哪些?**

   肝酶主要分为两种:漏出性酶和胆汁淤积性酶。漏出性酶是指肝细胞损伤或坏死时漏入血浆的酶。因此,血清中这些酶活性升高表明存在肝细胞损伤。

   常用于检测的漏出性酶包括:

   ● 丙氨酸氨基转移酶(alanine aminotransferase, ALT;也被称为丙氨酸转氨酶)

   ● 天冬氨酸氨基转移酶(aspartate aminotransferase, AST;也被称作天冬氨酸转移酶)

   ● 山梨醇脱氢酶(sorbitol dehydrogenase, SDH)

   ● 乳酸脱氢酶(lactate dehydrogenase, LDH)

   胆汁淤积性酶是由于胆汁淤积或服用药物导致酶合成增加。胆汁淤积常常是由肝内或肝外胆管阻塞引起的。

   常用于检测的胆汁淤积性酶包括:

   ● 碱性磷酸酶(alkaline phosphatase, ALP)

   ● γ-谷氨酰氨基转移酶(gamma-glutamyltransferase, GGT;也被称作γ-谷氨酰转肽酶)

2. **什么是同功酶?**

   同功酶是功能相似但分子结构不同的酶。一般来说,这些同功酶是由不同的组织产生的。例如,LDH(或称LD)有五种同功酶,$LD_1$和$LD_2$主要位于心肌,而

$LD_5$主要位于肝脏和骨骼肌。通过检查血清中特异性同功酶升高的水平可判定细胞损伤的来源。

3.  **影响血浆中肝酶水平的因素有哪些?**

    影响血浆中肝酶活性的因素有很多，包括:

    a.  肝细胞内酶的含量

    b.  酶合成速率

    c.  受损伤的肝细胞数量

    d.  分子大小

    e.  酶在细胞内的分布

    f.  血浆清除率

    g.  酶的灭活率

4.  **肝酶检测可用于评估肝功能吗?**

    肝酶检测能提供肝细胞损伤或胆汁淤积相关的信息，但是不能确定肝功能损伤的程度。因此，评价肝功需要检测具有特异性的肝功能指标。

5.  **临床上最常用的漏出性酶有哪些?**

    临床上最常用的漏出性酶具有物种差异性。对于犬和猫来讲，ALT是肝脏特异性漏出性酶。因为马、反刍动物以及猪肝脏中ALT含量非常少，当它们患有肝脏疾病时血清ALT不升高，所以这些动物肝脏特异性漏出性酶是SDH。AST是一种用于评价上述动物组织损伤的非特异性指标。

6.  **一过性肝细胞损伤之后，犬猫血液中漏出性酶水平会持续升高多久?**

    犬和猫在受到一次毒性刺激后ALT持续升高1～3周。AST持续升高5～7d（图30-1）。

7.  **一过性肝细胞损伤后，马和反刍动物血液中漏出性酶水平会持续升高多久?**

    SDH持续升高仅3～4d。AST持续升高1～2周（图30-2）。

8.  **漏出性酶升高水平能否指示肝细胞损伤的数量?**

    一般而言，血清中漏出性酶的活性越高，受损的肝细胞数量也就越多。

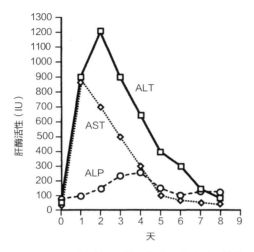

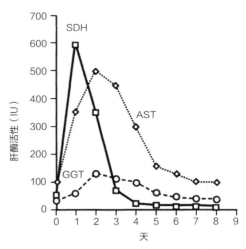

图30-1 犬猫急性一过性肝损伤后血清酶活性变化曲线。犬的ALP轻微的增加，但是猫的仍然保持不变。AST，天冬氨酸氨基转移酶；ALT，丙氨酸氨基转移酶；IU，国际单位。

图30-2 马和反刍动物急性一过性肝损伤后血清酶活性变化曲线。SDH，山梨醇脱氢酶；AST，天冬氨酸氨基转移酶；GGT，γ-谷胺酰氨基转移酶。

### 9. 漏出性酶能否指示肝损伤的可逆性？

漏出性酶不能指示肝损伤是否可逆。由急性可逆性中毒或创伤引起的肝细胞损伤会导致血清中漏出性酶的活性大大升高；而慢性纤维性肝脏疾病是不可逆的，此时漏出性酶可能仅轻度升高。

### 10. 除了肝细胞损伤之外，还有哪些因素会导致血清酶活性增加？

某些能引起酶的诱导的药物会使血清ALT活性轻度至中度升高，例如抗惊厥药、硫醋酰胺（抗犬恶丝虫药）、糖皮质激素。大多数组织中都含有AST，肌肉损伤和肝脏损伤时其活性均会增加。肾脏、胰腺、红细胞中也含有AST。由于人为因素导致血样溶血也会引起血清AST活性升高。

### 11. ALP是肝脏特异性的胆汁淤积性酶吗？

ALP不是肝脏特异性的。ALP的同功酶存在于各种组织，肝脏、骨骼、肾脏、肠道和胎盘中活性最高。肾脏、肠道和胎盘内的ALP同功酶在血浆中的半衰期很短（<6min），因此不会导致血浆中ALP活性显著增强。骨骼的ALP同功酶由成骨细胞生成。处于生长阶段的幼龄动物的血清中ALP活性可达成年动物的3倍。一些导致成骨细胞活性增强的疾病可能会引起血清中ALP活性增加2～4倍。抗惊厥药可

能会引起血清中ALP活性增加2～6倍。皮质类固醇会引起犬肝脏特异性ALP同功酶活性显著增强。在动物使用内源性或外源性皮质类固醇之后，类固醇性同功酶会在6d之内显著升高，并持续3～4周。在动物停用皮质类固醇数周至数月之后，血清ALP活性会慢慢降低。

**12.　怎样鉴别犬血清中的ALP是类固醇诱导性同功酶，还是肝脏同功酶?**

通过添加左旋咪唑可以抑制90%以上的肝脏ALP同功酶活性，而类固醇诱导性ALP同功酶活性对左旋咪唑有一定的耐受性。有些生化检查项目中还包括GGT。因为GGT比ALP更具肝脏特异性，如果ALP和GGT活性同时升高往往和胆汁淤积性肝病相关。

**13.　GGT是否只存在于肝脏?**

大多数组织中都存在GGT，但是肝细胞的胆小管面、胆管上皮和肾小管处的活性最强。血清GGT活性主要来源于肝脏。

**14.　胆汁淤积性酶中GGT比ALP更具有特异性吗?**

胆汁淤积性酶中GGT是否比ALP更具有特异性取决于动物种类。犬肝脏中的ALP含量大约比猫多3倍，并且猫的ALP在血清中的半衰期比较短。因此在发生胆汁淤积性肝病时，猫的ALP活性水平远远比犬的低。所以，对于犬的胆汁淤积性疾病来讲，ALP的敏感性比GGT更高；而对于猫来讲，ALP和GGT的敏感性几乎是等同的。母牛、绵羊、猪和马的肝脏及血清中GGT的活性比犬和猫高。并且，牛、猪、绵羊和马的血清ALP的参考范围很宽，因此对这些物种来讲，GGT对肝脏疾病具有更好的指示意义。马、牛、绵羊在发生急性肝细胞损伤和胆汁淤积性疾病时，GGT的活性都可能会升高。

**15.　肝酶的检查结果能否预示肝脏的病理变化?**

"肝酶检查结果能预示肝脏的病理变化"只是一种非常笼统的说法。血清中漏出性酶和胆汁淤积性酶检查结果分别是肝细胞损伤和胆汁淤积性肝病的敏感性指标。然而，各种疾病都会引起血清中酶活性升高，不具特异性，这给鉴别诊断带来一定的困难。在大多数病例中，急性的肝细胞损伤或坏死可以与慢性纤维化的肝脏疾病进行鉴别诊断。犬猫急性肝细胞损伤时，ALT和AST可能升高50～100倍。而ALP会轻度或中度升高，GGT可能根本不会升高。反刍动物和马发生急性弥散性肝细胞损伤时，SDH和AST会显著升高，而GGT的升高程度从轻度到重度不等。另外，肝外胆管阻塞或慢性肝脏纤维化时，ALP和GGT会显著升高，而漏出性酶仅仅轻度升高。然而，不同物种的动物反应是不同的。犬的胆汁淤积性肝病时血清中ALP的值显著升高，而猫和马的ALP值的升高不如犬明显，反刍动物的ALP则不定。在本人的经验中，只凭血清中酶活性变化来判定其他类型的肝脏病理变化是不可靠的。

### 16. 肝功能检查的定义是什么？

肝功能检查是通过各种生化试验方法检测与肝脏功能代谢有关的各项指标，以反映肝脏特有功能的基本状况。

### 17. 肝功能不全可逆吗？

肝功能不全具有可逆性，尤其是急性肝病。急性中毒性或损伤性肝病时，肝细胞肿胀或者肝细胞代谢的改变可能会导致暂时性肝细胞机能障碍。肝细胞具有再生能力，以此恢复受损的肝功能。在慢性肝炎中，肝细胞破坏和肝脏再生的相互作用最终导致肝脏衰竭。当发现肝功能不全时，往往破坏作用已经超过了再生作用，而这种情况通常是不可逆的。

### 18. 常用的肝功能检查都有哪些？

由于肝脏具有大量独特的代谢功能，因此具有多种肝功能检查方法。这些检查方法可以分为如下几类：

a. 外周血的吸收、结合和分泌：血清胆红素和磺溴酞钠（Sulfobromophthalein sodium，商品名 Bromsulphalein，BSP）清除试验

b. 门静脉血液清除率：氨耐受试验和胆汁酸

c. 肝脏合成功能检查：血糖、白蛋白、尿素和凝血因子

### 19. 肝功能检查的敏感性有差异吗？

在诊断肝功能不全时不同检查的敏感性各有差异。目前对肝功能检查的确切敏感性还没有真正确定，且可能具有物种差异性。最敏感的肝功能检查项目可能是胆汁酸，它对肝功能不全的准确诊断率为40%～50%。BSP和氨耐受试验似乎没那么敏感。血清生化检查中的肝功能检查（例如，总胆红素和白蛋白）是非常不敏感的检查项目，当肝功能不全达80%～90%时指标才会出现异常。

### 20. 常规检查中最好的肝功能检查项目是什么？

血清白蛋白和总胆红素是最便宜、操作最简单的检查，但是具有明显的局限

性。这两种检查的敏感性均较差，且不具有肝脏特异性。在其他检查项目中，血清胆汁酸检查最容易操作，敏感性最高，而且具有肝脏特异性。因此，胆汁酸检查在很大程度上已经代替了BSP和氨耐受试验。

### 21. 怎样进行血清胆汁酸检查?

采集犬和猫空腹（8～12h）和/或餐后2h的血清样品。空腹时，血清胆汁酸浓度比较低，因为胆汁酸从血液中转移到胆囊中储存起来。进食后会刺激胆囊收缩，释放胆汁酸进入肠道。当胆汁酸经过门脉系统时会被重吸收，大多被肝脏清除，但有一部分会进入外周循环。餐后2h的胆汁酸检查增加了试验的敏感性，这对于门脉短路的诊断尤为重要，因为空腹时的胆汁酸浓度可能是正常的。

### 22. 肝细胞机能障碍是怎么导致血清中胆汁酸浓度上升的?

肝脏功能减退或门脉短路导致血液不经过肝脏而直接进入外周循环，使血中胆汁酸的含量增加。此外，由于肝内胆管阻塞引起的肝脏疾病也会导致胆汁酸反流入外周血液。

### 23. 在评价肝功能的检查中，BSP和氨耐受试验与胆汁酸检查相比效果如何?

与胆汁酸检查相比，氨耐受试验和BSP清除试验操作都比较复杂，并且在评价肝功能不全时不如胆汁酸敏感。因此，胆汁酸的检查在很大程度上取代了BSP和氨耐受试验。

### 24. 高胆红素血症（黄疸）是肝病的一个特异性指标吗?

导致高胆红素血症的原因包括肝前性、肝性和肝后性，黄疸并不是肝病的特异性指标。肝前性原因往往与溶血性贫血相关。患肝前性黄疸的动物，高胆红素血症往往伴有中度至严重的贫血，而与慢性肝病有关的贫血通常是轻度的。肝性黄疸常由下列原因所致：弥散性肝细胞肿胀，严重的急性肝炎，慢性肝炎的晚期等。黄疸常常伴发肝性酶病以及低白蛋白血症。肝后性黄疸源于肝外胆管阻塞。

### 25. 除了评价总胆红素，直接胆红素（结合胆红素）和间接胆红素（非结合胆红素）对黄疸的鉴别诊断有用吗?

溶血性的贫血中，非结合胆红素由溶血时血红素的分解产生。因此，血液中的胆红素主要是非结合胆红素。在肝病或肝外胆管阻塞的疾病中，非结合胆红素与剩下的有功能的肝细胞结合，但是由于胆管阻塞，结合胆红素反流入血液。因此伴有肝脏疾病和胆管阻塞的高胆红素血症主要是结合胆红素形成的。然而，在肝前性黄疸和肝性黄疸中，结合胆红素和非结合胆红素浓度的相对比值并不总与理论相符。由于其检测结果的指示意义很可能会不明确，且存在其他较可靠的检查方法来鉴别溶血性疾病和肝脏疾病，所以结合胆红素和非结合胆红素的检测并不常用。

### 26. 胆红素代谢存在物种间的差异吗？

犬的胆红素肾阈值很低，即使无高胆红素血症也常出现胆红素尿。马较易发生黄疸，不管引起高胆红素血症的原因是什么，马的胆红素主要是非结合胆红素，这可能是因为肝脏吸收胆红素是胆红素代谢的限速步骤。如果伴随厌食，吸收会越发减少，最终会导致血清中胆红素浓度显著上升（5～10 mg/dL）。而高胆红素血症并不常发于反刍动物。一旦出现，胆红素的值可能只是轻微升高，并且更倾向于是溶血性的，而非肝脏疾病导致的。

### 27. 肝脏疾病时血清蛋白会出现哪些变化？

低白蛋白血症常出现于慢性肝衰竭晚期。慢性肝病时也常出现高球蛋白血症，可能是由于肠道抗原不经过肝脏而直接进入外周血液造成的。对这些抗原的长期的免疫反应会导致多克隆 γ 球蛋白病。

## 三十一、动物肝脏疾病的实验室评估

### 1. 犬的炎性肝病主要有哪些类型？

尽管研究了几十年，犬的炎性肝病还是没有一种公认的分类方法。虽然病因众说纷纭，但大多数慢性肝炎病例的真正病因还不是非常清楚。慢性肝炎在组织学分类上一直具有争议。"慢性肝炎"只是临床医师常用的一种笼统叫法。"慢性肝炎"可进一步细分为：慢性进行性肝炎、慢性活动性肝炎、慢性小叶解离性肝炎和肝硬化。

### 2. 能导致犬猫急性肝炎的已知病因有哪些？

a. 感染性：细菌性脓肿、胆管炎、肝胆管炎、犬腺病毒Ⅰ型、猫传染性腹膜炎、组织胞浆菌病、弓形体。

b. 药物：硫醋酰胺、乙胺嗪、对乙酰氨基酚、甲苯咪唑、氟烷、甲氧氟烷、安博律定、酮康唑、甲氨蝶呤、萘啶酸、四环素、甲糖宁、甲氧苄氨嘧啶-磺胺嘧啶、地西泮（对于猫）。

c.　化学物质：四氯化碳、狄氏剂（氧桥氯甲桥萘）、氯仿、砒霜（三氧化二砷）、氯代烃类、樟脑、氯化联苯、磷、铜、水银、铁、硒、鞣酸。

3.　**犬慢性肝炎的病因有哪些?**

a.　感染性：细菌性胆管炎或胆管肝炎、犬腺病毒 I 型、钩端螺旋体、犬嗜酸性细胞性病毒性肝炎、组织胞浆菌病、心丝虫病

b.　药物：扑米酮、苯妥英、苯巴比妥、酮康唑、甲氨蝶呤、米勃龙、甲氧苄氨嘧啶-磺胺嘧啶、糖皮质激素

c.　铜累积性病：常见于贝灵顿㹴、西高地白㹴、斯凯㹴、杜宾犬

d.　自体免疫性疾病

e.　$\alpha_1$-抗胰蛋白酶病

4.　**猫肝炎主要有哪几种类型?**

猫的炎性肝病的分类存在很大争议。一些学者认为猫的肝炎只分为胆管炎或者胆管肝炎两种。其他学者则采用了更具体的分类方法，包括淋巴细胞性门脉性肝炎、淋巴细胞性胆管炎/胆管肝炎、化脓性胆管肝炎、慢性胆管肝炎、硬化性胆管炎。因为淋巴细胞会在老年猫的门静脉区集聚，使得这种分类方法变得更加复杂。

5.　**急性肝炎时动物的主要临床症状有哪些? 实验室检查有何异常?**

急性肝炎的临床症状包括厌食，呕吐，黄疸和肝性脑病。ALT和AST通常会同时显著升高（＞100倍），犬的ALP会中度升高，而猫的ALP可能只是轻微升高或者不升高。GGT可能仍在正常范围内或者轻度升高。如果病变是弥散性的，可能会发生肝功能不全，血清胆汁酸或者血清胆红素升高以及BSP滞留。血清白蛋白和球蛋白浓度常常在正常范围内，但如果血液浓缩的话则可能会升高。患有急性肝炎的犬倾向于发展成DIC。

6.　**犬的慢性肝炎的主要临床症状有哪些? 实验室检查有何异常?**

犬慢性肝炎常见的临床症状包括体重减轻、厌食、轻度至中度非再生性贫血、多饮多尿以及肝脏缩小。肝脏衰竭的晚期，可能会出现黄疸、腹水或者肝性脑病。漏出性酶升高的程度不一致，升高值大体上和受损的肝细胞数目呈正相关。慢性活动性肝炎这一术语常常用来描述漏出性酶长时间保持升高状态的肝炎，胆汁淤积性酶也可能会大量升高，并且其升高程度比漏出性酶更高。初诊时大都可以诊断出肝细胞功能不全。慢性活动性肝炎通常还会出现多克隆 γ 球蛋白

病和轻度的非再生性贫血。肝衰竭的晚期可能会出现低白蛋白血症、高氨血症以及高胆红素血症。

**7. 犬类固醇介导性肝病的主要临床症状有哪些？实验室检查有何异常？**

虽然可能会有肾上腺皮质机能亢进的症状或有糖皮质激素的用药史，但类固醇性肝病患犬常常无临床症状。肝脏的病变以多中心的肝细胞空泡变性为特征。细胞内的脂质也可能会增加。由于细胞膜通透性改变及酶的诱导作用，漏出性酶可能会轻度至中度升高。犬的ALP会显著增加。而肝功能检查的结果往往在正常范围内。

**8. 先天性门静脉短路的主要临床症状有哪些？实验室检查有何异常？**

先天性门静脉短路的临床症状主要包括：小肝（肝脏缩小）、肝性脑病、幼龄犬的低血糖性昏迷。漏出性酶和胆汁淤积性酶常常在正常范围内。但血氨浓度和餐后胆汁酸浓度往往是异常的。

**9. 猫的化脓性胆管肝炎的主要临床症状有哪些？实验室检查有何异常？**

化脓性胆管肝炎多发生于青年猫或中年猫。临床症状包括以嗜睡、发热、呕吐、黄疸等为特征的严重病症。肝脏大小可能正常、增大或者缩小。实验室检查包括中性粒细胞增多症、核左移、高胆红素血症（平均4.7 mg/dL）、ALT中度上升至显著上升以及胆汁淤积性酶轻微升高或不变。随着胆管肝炎向慢性发展，中性粒细胞增多症和核左移可能会消失，ALT可能会降低，而胆汁淤积性酶可能会升高。

**10. 淋巴细胞性门脉性肝炎的主要临床症状有哪些？实验室检查有何异常？**

淋巴细胞性门脉性肝炎多发生于老年猫。临床症状包括厌食和呕吐。肝脏大小可能正常，也可能增大或减小。实验室检查异常项目包括ALT轻度至中度升高，ALP正常或轻度升高。可能会出现轻度的高胆红素血症（< 3.0 mg/dL）。

**11. 猫脂肪肝的主要临床症状有哪些？实验室检查有何异常？**

猫脂肪肝的临床症状包括厌食（发生率为100%）、体重减轻、嗜睡、呕吐和肝脏肿大。异常的实验室检查结果包括ALT和ALP显著升高，显著的高胆红素血症（> 5 mg/dL）。胆汁酸和BSP清除试验往往是异常的，并且伴发肝功能不全。血清白蛋白往往是正常的。如果脂肪肝是继发于糖尿病的话，可能会出现高血糖症。

12. **通过全血细胞计数和生化检查如何鉴别诊断猫化脓性胆管肝炎、淋巴细胞性门脉肝炎和脂肪肝？**

表31-1比较了猫的化脓性胆管肝炎、淋巴细胞性门脉性肝炎以及脂肪肝的检查结果。

**表31-1　猫肝脏疾病的鉴别诊断**

| 检查项目 | 化脓性胆管肝炎 | 淋巴细胞性门静脉肝炎 | 脂肪肝 |
| --- | --- | --- | --- |
| 中性粒细胞增多症 | 有 | 无 | 无 |
| 核左移 | 有 | 无 | 无 |
| ALT | 中度至显著升高 | 轻微升高 | 显著升高 |
| ALP | 轻度升高或正常 | 轻度升高或正常 | 显著升高 |
| TBIL | 轻度至中度升高 | 轻微升高 | 显著升高 |

ALT，丙氨酸氨基转移酶；ALP，碱性磷酸酶；TBIL，total bilirubin，总血清白蛋白。

13. **还有哪些检查项目可用于诊断犬猫的肝脏疾病？**

在评估肝脏疾病时，肝脏的活组织检查、细胞学检查以及影像学检查都是非常重要的。肝脏的活组织检查或抽吸对最终确诊是必需的。细胞学检查在最近几年应用较为广泛。和粗针穿刺活检相比，细针抽吸比较安全。通常在超声引导下进行细胞学检查和核芯针活检技术，这样能够在病变局部进行采样。在评估肝脏的局部病变和胆管系统时，超声影像的常规使用可对胆管阻塞进行例行检查。

14. **马肝脏疾病的主要类型有哪些？**
   a. 感染性：泰泽氏病、马疱疹病毒Ⅰ型、败血性胆管肝炎、脓肿
   b. 寄生虫：线虫、吸虫
   c. 代谢：高脂血症和脂肪肝、类固醇性肝病
   d. 毒素：包含吡咯双烷生物碱的植物、马鬃草（马刷子）、藜藜、铁树、羽扇豆、蓝天竺草、蓝-绿海藻、蘑菇、霉菌毒素（发霉玉米、发霉苜蓿）、杂三叶草
   e. 化学物质：四氯化碳、二硫化碳、铁、铜、富马酸亚铁
   f. 药物：异烟肼、利福平、氟烷、丹曲林、吩噻嗪
   g. 肝外胆管阻塞：结石、脓肿、肿瘤、结肠移位、胆管闭锁、寄生虫性疾病

　　h. 先天性：门静脉短路、胆管闭锁

　　i. 肿瘤：肝细胞癌、胆管癌、淋巴癌、血管癌

　　j. 自发性的：泰勒氏病（血清性肝炎）、慢性活动性肝炎

　　k. 继发于其他疾病：门静脉栓塞、胰腺炎、十二指肠溃疡、大结肠移位

**15. 反刍动物肝脏疾病的主要类型有哪些?**

　　a. 感染性：败血性脓肿，衣原体、沙门氏菌以及李氏杆菌，结核，副结核病

　　b. 寄生虫：肉孢子虫、肝片吸虫、蛔虫

　　c. 代谢性：脂肪肝

　　d. 毒素：蓝-绿海藻、含吡咯双烷生物碱的植物、霉菌毒素（发霉干草、发霉牛尾草）、棉籽粉、克莱因草

　　e. 化学物质：铁、铜、磷、砷、四氯化碳、六氯乙烷、棉籽酚、甲酚、沥青、亚硝酸盐、氯化联苯

　　f. 药物：氟烷

　　g. 肝外胆管阻塞：结石、脓肿

　　h. 先天性：肝脏纤维化，萨勒牛的血色素沉着病，门静脉短路，Corrydale和Southdown绵羊的先天性高胆红素血症

　　i. 自发性：脂肪性肝硬化（牛和绵羊）

**16. 评估马的肝脏疾病时需要做什么生化检查?**

　　SDH是马属动物肝细胞损伤的特异性指标。AST可用于肝细胞损伤的评价，但是特异性不强。ALP是衡量胆汁淤积性疾病的良好指标。GGT也是衡量胆汁淤积性疾病的良好指标，但是也见于肝细胞损伤。

**17. 评估反刍动物的肝脏疾病时需要做什么生化检查?**

　　总体来讲，反刍动物的漏出性酶和胆汁淤积性酶的活性升高程度比其他物种低。和马属动物一样，反刍动物的SDH是衡量肝细胞损伤特异性最强的指标，AST对肝细胞损伤的判断有指示作用，但是特异性不强。ALP不是衡量胆汁淤积性疾病的良好指标，而GGT是衡量胆汁淤积性疾病的良好指标，其值升高也见于肝细胞损伤。肝脏疾病时TBIL很少会上升。

**18. 马和反刍动物的肝功能都需要检查什么指标?**

　　试验可以进行马属动物和反刍动物BSP清除。BSP的清除时间是通过测量其血

浆中的半衰期而获得的。胆汁酸检测也已经用于马属动物和反刍动物的肝功能检查，且对两种动物的诊断都很有帮助。

**19. 马的含吡咯双烷生物碱的植物中毒的主要临床症状有哪些？实验室检查有何异常？**

马属动物在初次暴露于含吡咯双烷生物碱的植物后，6个月之内会出现急性中毒。临床症状包括精神沉郁、厌食、黄疸、共济失调以及皮肤损伤。如果症状出现的更慢，可能还有体重减轻。ALP、AST、GGT会显著升高。SDH可能会轻度升高或者不变。根据BSP清除试验和胆汁酸的测量结果，可能会发现肝功能不全。

**20. 马泰勒氏病（血清性肝炎）的主要临床症状有哪些？实验室检查有何异常？**

马泰勒氏病常会在注射全血制品或含有马血清制品4～10周后急性发作。这些马常见嗜睡、厌食、黄疸、肝性脑病等症状。SDH、AST、ALP、GGT及TBIL的活性在诊断时常常会升高。肝功能不全时胆汁酸浓度会升高。

**21. 马慢性肝炎的主要临床症状有哪些？实验室检查有何异常？**

马慢性肝炎的临床症状包括显著的精神沉郁、体重减轻、神经症状、以及黄疸。AST、ALP、GGT的活性常常会升高，有时SDH的活性也会升高。TBIL浓度也会升高，BSP滞留时间延长，胆汁酸浓度也会升高，常伴有肝功能不全。

**22. 马胆管肝炎的主要临床症状有哪些？实验室检查有何异常？**

胆管肝炎是由胆管系统的上行感染所致，马最常见的是沙门氏菌感染。沙门氏菌病中最常见的临床症状包括急性腹泻、发热、精神沉郁及脱水。SDH、AST、ALP、GGT及TBIL的活性常常会升高。

**23. 马胆汁淤积性疾病的主要临床症状有哪些？实验室检查有何异常？**

马胆汁淤积性疾病的主要临床症状包括间歇性腹痛、发热和黄疸。血清ALP和GGT的活性常常升高。超声检查是确诊该病最有效的诊断手段。

**24. 马高脂血症和脂肪肝的主要临床症状有哪些？实验室检查有何异常？**

这种情况往往与继发于怀孕、哺乳、运动和发热的能量负平衡相关，其临床症状是非特异性的。血清浑浊指数，SDH、GGT或者ALP的活性可能会升高。根据脂肪肝的严重程度，胆红素的浓度可能会增加。

### 25. 育肥牛肝脏脓肿的主要临床症状有哪些？实验室检查有何异常？

肝脏脓肿是育肥牛的常发问题，是由肠道生物进入肝肠循环引起的。最常见的生物是坏死梭杆菌、化脓放线菌。唯一和肝脓肿相关的实验室检查异常是高球蛋白血症。

### 26. 牛和绵羊感染肝片吸虫的主要临床症状有哪些？实验室检查有何异常？

肝片吸虫感染的牛几乎不表现临床症状。肝酶检查结果往往在正常范围内，也不出现肝功能不全。死前的诊断是粪便中发现虫卵。

### 27. 牛脂肪肝的主要临床症状有哪些？实验室检查有何异常？

脂肪肝综合征发生于围产期的高产奶牛。目前认为脂肪肝是能量负平衡导致脂肪酸的动员速度超过了其利用的速度，所有围产期奶牛的脂肪倾向于在肝脏聚集，但是一些母牛（尤其是超重的母牛）的肝脏中脂肪积聚量很高，并发展成肝细胞疾病。导致长期厌食的并发症，或某些先天性因素也可能使这种情况更容易发生。据报道，患有脂肪肝综合征的母牛还可出现蛋白激酶-C、卵磷脂-胆固醇酰基转移酶、蛋氨酸的浓度下降。实验室检查的异常是非常微弱的。可能会出现AST和ALP的轻微升高。白蛋白和白蛋白球蛋白的比值也可能会轻度的下降。胆汁酸浓度往往是正常的，BSP潴留可能正常，或者轻微的延长。

### 28. 牛的含吡咯双烷生物碱的植物中毒的主要临床症状有哪些？实验室检查有何异常？

含吡咯双烷生物碱的植物介导的肝脏疾病的临床症状包括体重减轻、虚弱、厌食、精神沉郁以及里急后重。SDH、AST、ALP和GGT活性可能正常或者轻微升高。然而，大多数情况下，BSP潴留和胆汁酸是异常的，表明存在肝功能不全的现象。一些严重的案例中会出现低白蛋白血症，但是由于血清球蛋白浓度的升高，总蛋白浓度往往是正常的。

### 29. 蓝-绿海藻的肝毒性对牛的主要临床症状有哪些？实验室检查有何异常？

感染的母牛有相关的临床症状，包括厌食、对外界刺激无反应以及倒卧。这些蓝-绿海藻的肝毒性症状类似于产乳热。SDH、AST、ALP和GGT可能会出现轻微的升高。

# 三十二、动物肌肉疾病的实验室评估

1. **评价肌肉变性或坏死的血清酶有哪些?**

　　肌酸激酶(creatine kinase, CK)、AST以及LDH可用于评估犬、猫、反刍动物和马属动物肌肉的病变。反刍动物和马属动物的ALT是评价肌肉的特异性酶,因为其肝脏中仅存在很少的ALT。肌肉出现变性或坏死时,血清中酶的活性会升高,但是在肌肉萎缩和肿瘤时则不会升高。

2. **评价肌肉病变时哪种酶的特异性最强?**

　　CK是肌肉损伤时特异性非常强的酶。尽管肠道、子宫、肾脏和膀胱中也含有少量CK,但CK活性的显著升高往往指示心肌或骨骼肌的变性或坏死。CK的活性往往在肌肉坏死的几小时内便急剧升高。CK在血浆中的半衰期很短。因此,CK的活性往往在肌肉损伤停止后的24~48h内回到正常范围。所以CK的持续上升应该解读为肌肉的持续损伤。

3. **评估肌肉损伤时最敏感的酶是哪一种?**

　　CK是评价肌肉损伤的一个敏感性很强的指标。即使是很细微的肌肉损伤,如肌内注射、大动物运输时的轻微创伤及高强度的训练等,都会引起血清CK活性的增强。AST在血浆中的活性升高得较慢。LDH的活性升高比较迅速,但是升高的程度比CK低。

4. **联合CK和AST是否比单独评估CK提供更多的信息?**

　　AST存在于大多数细胞中,但是其活性升高往往和肝脏或肌肉疾病相关。AST也存在于红细胞中,因此溶血也能导致血清中AST活性的升高。AST和CK的联合评估可以用来鉴别AST活性升高的原因。如果两者都升高,疾病过程可能和肌肉损伤相关;如果AST活性升高而CK活性正常,病变可能位于肝脏。但由于肌肉损伤停止后,AST下降的速度比较慢。因此,如果观察到AST活性增强而CK活性正常的话,并不能排除之前的肌肉损伤。

5. **CK的同功酶是否有利于评价血清CK升高?**

　　CK存在两个亚单位:$B$指大脑,$M$指肌肉。每个CK分子都由这两个亚单位构成。$BB$同功酶(CK$_1$)位于大脑,$MB$同功酶(CK$_2$)主要位于心肌,而$MM$同功酶(CK$_3$)则位于骨骼肌和心肌。大脑损伤时脑脊液中CK$_1$的活性可能会升高,但是血浆中的活性不变。骨骼肌的损伤主要导致$CK_3$的升高，而心肌损伤会导致$CK_2$和$CK_3$的升高。

### 6. LDH的同工酶是否有利于评价肌肉损伤？

LDH（也被称作LD）有五种同功酶。每种同功酶都是由两种亚单位构成的四聚体：$LD_1$（$H_4$）、$LD_2$（$H_3M_1$）、$LD_3$（$H_2M_2$）、$LD_4$（$H_1M_3$）、$LD_5$（$M_4$）。$LD_5$是骨骼肌和红细胞中主要的同功酶。$LD_1$主要位于心肌和肾脏中。因此，骨骼肌损伤主要导致$LD_5$的升高，而心肌的损伤主要导致$LDH_1$的升高。

### 7. 一过性肌肉损伤后血清中肌肉酶升高能维持多久？

CK在肌肉损伤之后急剧升高，并在$3\sim7d$内回到正常范围。AST和LDH的升高和下降都比CK慢（图32-1）。

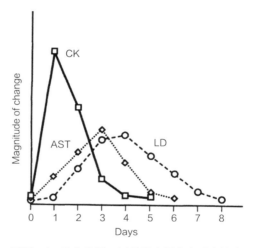

图32-1　动物急性一过性肌肉损伤之后血清中酶的活性。CK，肌酸激酶；LD，乳酸脱氢酶；AST，天冬氨酸氨基转移酶。

### 8. 肌肉损伤时，生化检查结果还会出现哪些变化？

严重肌肉损伤可能会导致肌红蛋白尿和高钾血症。肌红蛋白源自于变性和坏死的肌肉组织，并且迅速从尿液中排出。通过加入饱和硫酸铵可以鉴别肌红蛋白尿和血红蛋白尿。硫酸铵可以去除与血红蛋白相关的颜色，但是不能去除肌红蛋白的颜色。肌肉中钾的浓度很高，严重的肌肉损伤可能会导致高钾血症。

# 第七章

# 脂质与碳水化合物

**Steven L. Stockham 和 Karen S. Dolce** ✦

## 三十三、甘油三酯、胆固醇和其他脂质

1.　**下列术语：脂质、脂蛋白、载脂蛋白、甘油三酯、胆固醇、脂肪酸、高脂血、高脂血症、高脂蛋白血症和脂血的定义分别是什么?**

　　a. 脂质：不溶于水而溶于有机溶剂的一类物质。

　　b. 脂蛋白：该复合物由疏水性脂质（如，甘油三酯）构成核心，外覆由磷脂、载脂蛋白和胆固醇酯构成的包被层。脂蛋白负责在血液中运输脂质。有4种类型脂蛋白：（1）乳糜微粒；（2）极低密度脂蛋白（very-low-density lipoproteins，VLDLs）；（3）低密度脂蛋白（low-density lipoproteins，LDLs）和（4）高密度脂蛋白（high-density lipoproteins，HDLs）。一些分类方法中还包括密度位于VLDL和LDL分子之间的中密度脂蛋白（intermediate-density lipoprotein，IDLs）。

　　c. 载脂蛋白：脂蛋白的蛋白质部分（载体蛋白）。主要有5种类型载脂蛋白，分别为载脂蛋白A、B、C、D和E。

　　d. 甘油三酯：脂质的储存形式，由三个脂肪酸分子连接一分子甘油组成。对该分子更合理的叫法应是"三酰基甘油"，但在大多数医学文献中，都称其为"甘油三酯（triglyceride，TG）"。

　　e. 胆固醇：在肝细胞合成的甾族醇类，用于在肝细胞中生成甾族分子，并被降解为胆汁酸。

　　f. 脂肪酸：某一末端为羧基的碳链。脂肪酸与甘油相连接便构成了脂肪（如单酰基甘油、二酰基甘油和三酰基甘油）。

　　g. 高脂血和高脂血症：指由于血液中的游离脂肪酸、TG、胆固醇或脂蛋白浓度升高，而使血液中的脂质浓度升高的概括性术语。

　　h. 高脂蛋白血症：血液中的脂蛋白浓度升高。

　　i.　脂血：可作为高脂血症和高脂蛋白血症的同义词。在大多数情况下是指由于分子量较大的脂蛋白分子的浓度增加，而使血清或血浆呈现乳液（乳白色）状。

**2.　对于家养哺乳动物，临床实验室检查中最常检测的是哪两类脂质？**

　　最主要的两项分析指标为胆固醇和TG。TG分子和几乎所有的胆固醇分子在循环系统中的运输都依靠血浆脂蛋白。

　　血清胆固醇浓度是指总胆固醇浓度。所检测的胆固醇分子（胆固醇和胆固醇酯）都位于脂蛋白内，通常都位于富含胆固醇的LDL和HDL分子内。相似地，血清TG浓度是指总TG浓度。所检测的TG分子大多数都位于富含TG的脂蛋白（乳糜微粒、VLDLs和IDLs）内。

**3.　如何对脂蛋白进行分类？**

　　依据脂蛋白的电泳迁移率或相对水的密度，对脂蛋白进行分类。脂蛋白的电泳迁移状况和密度取决于脂蛋白的组成成分。依据电泳分类法对脂蛋白进行分类时，体积较大且电荷量小的乳糜微粒会停留在加样点（在 γ 区的末端）。然而，由于在进行常规蛋白质电泳时，是用蛋白质染料对电泳分子进行染色，而不是使用脂质染料，因此体积较小的脂蛋白在进行电泳时，其外部会被包被上带电荷的蛋白质，从而使脂质迁移进入 α 区和 β 区。脂蛋白密度分类法使用脂蛋白的常用名称（如VLDL和IDL），且主要是依据脂蛋白相对水的密度进行分类（表33-1）。

**表33-1　人类脂蛋白的分类、成分和性质**

| 性质 | 脂蛋白 | | | | |
|---|---|---|---|---|---|
| | 乳糜微粒 | VLDL | IDL | LDL | HDL |
| 密度（g/mL） | < 0.95 | 0.95~1.006 | 1.006~1.019 | 1.019~1.063 | 1.063~1.210 |
| 主要脂质 | 食源性TG | 肝源性TG | 肝源性TG和CE | 磷脂和CE | 磷脂和CE |
| 电泳迁移率 | 原点 | β前区 | β区至β前区 | β区 | α区 |
| 直径（nm） | > 70 | 25~70 | 22~24 | 19~23 | 4~10 |
| 使血清呈乳液状 | 会，一段时间后会"漂浮"在血清上方 | 会 | 可能会 | 不会 | 不会 |

续表

| 性质 | 脂蛋白 | | | | |
| --- | --- | --- | --- | --- | --- |
| | 乳糜微粒 | VLDL | IDL | LDL | HDL |
| 形成的主要部位 | 小肠肠细胞 | 肝细胞 | 血浆 | 血浆 | 肝细胞 |
| 降解或转移的主要部位 | 血浆<br>肝细胞 | 血浆 | 血浆 | 非肝细胞<br>肝细胞<br>巨噬细胞 | 肝细胞 |

VLDL、IDL、LDL和HDL分别指极低密度脂蛋白、中密度脂蛋白、低密度脂蛋白和高密度脂蛋白；TG，甘油三酯；CE，胆固醇酯。

（数据来源于Rifai N, Bachorik PS, Albers JJ: Lipids, lipoproteins, and apolipoproteins. In Burtis CA, Ashwood ER, editors: Tietz textbook of clinical chemistry, ed 3, Philadelphia, 1999, Saunders, pp 809-861.)

**4.　人类的血清脂蛋白与家养哺乳动物的血清脂蛋白有什么区别？**

人类和家养哺乳动物血清中的脂蛋白成分是相似的，但是在不同种动物间，脂蛋白的相对含量不同。例如，在人类血清中，VLDL和LDL分子的含量一般要多于HDL，但在犬的血清中，HDL分子的含量一般要多于VLDL或LDL分子。

**5.　主要是哪种脂蛋白浓度过高，导致脂血样本呈乳糜样？**

体积最大的脂蛋白——乳糜微粒和VLDLs会导致脂血样本呈乳糜样（乳白色）或出现浑浊。这两种脂蛋白的体积较大，会干扰光在血清或血浆中的传播，从而使血液样本呈乳糜样。

**6.　临床实验室检查是如何测定血清或血浆的胆固醇和TG浓度？**

胆固醇测定通常是通过酶法来完成的，该法主要为水解胆固醇酯，并用胆固醇氧化酶氧化胆固醇，从而产生过氧化氢（$H_2O_2$），而过氧化氢会与指示型染料发生反应。其他测定方法则是使用氧气敏感性电极来测定氧消耗量。血清中高浓度的胆红素和维生素C会干扰一些检测方法。

TG测定是通过一些反应来实现的，这些反应会产生可被分光光度法检测到的物质。包被在一些红头收集管上的甘油会对一些TG测定产生干扰。

**7.　引发高脂血症的三大主要生理变化是什么？**

当发生下述一种或多种生理变化时，动物出现高脂血症。

a. 肝细胞产生脂蛋白增多；

b. 脂蛋白在血管内的处理过程有缺陷，包括由脂蛋白脂酶进行的脂解过程有缺陷；

c. 细胞对脂蛋白或脂蛋白残余物的摄取过程有缺陷。

## 8. 动物的脂酶有哪些，它们的主要作用是什么？

机体内脂肪的降解需要下述脂酶：

a. 胃脂酶——由胃黏膜细胞产生，可降解摄入的TG。

b. 胰脂酶（三酰基甘油脂酶）——由胰腺泡细胞产生，可催化肠道内食物源性TG的水解。胰脂酶要发挥作用需要胆汁酸来乳化食物源性脂质。

c. 脂蛋白脂酶（lipoprotein lipase，LPL）——主要由非肝脏细胞产生，包括脂肪细胞和肌细胞。LPL一旦产生，便移行至内皮细胞的腔面，并催化乳糜微粒、VLDLs和LDLs中的TG的水解。LPL移至内皮细胞腔面是一个胰岛素依赖性过程。

d. 肝脂酶——由肝细胞产生，位于肝窦内皮细胞，可水解LDL分子中的TG。

e. 激素敏感性脂酶——位于脂肪细胞，可催化储存的TG水解，从而引发脂肪酸释放；该过程由肾上腺素和胰高血糖素激发。

f. 溶酶体酸脂酶——一种细胞内脂酶，可催化胆固醇酯的水解。

## 9. 脂蛋白形成和降解的主要生理过程是怎样的？

图33-1展示和描述了内源性和外源性脂质的主要代谢途径。

## 10. 引起高胆固醇血症的主要生理或病理过程是哪两种？

引起高胆固醇血症的原因包括：（a）肝细胞产生胆固醇增多；（b）脂蛋白在血管内的脂解或加工过程减少。健康动物的上述过程是受激素影响的。胰岛素促进脂质的储存，胰高血糖素和儿茶酚胺促进脂质动员，甲状腺激素（甲状腺素和三碘甲状腺原氨酸）促进细胞摄取和利用脂质。

## 11. 高脂血症（或高脂蛋白血症）的三种主要类型是什么？它们的区别是什么？

a. 生理性高脂血症——也叫餐后脂血症，是指动物采食高脂食物后，血浆中的脂蛋白浓度升高。

b. 原发性高脂血症——是由先天性或遗传性脂蛋白代谢障碍造成的病理状态，该缺陷使血浆中的脂蛋白浓度升高。已报道一只布列塔尼猎犬、一只杂种幼

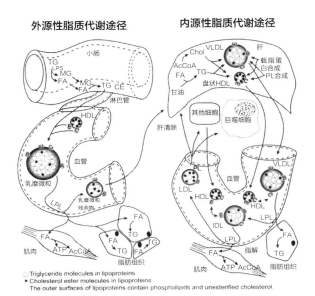

图33-1　通过影响脂蛋白浓度，从而影响TG和胆固醇浓度的三个主要生理过程包括：（1）在肠细胞合成乳糜微粒和在肝细胞合成VLDL；（2）LPL催化内皮细胞膜上的脂解作用；（3）肝细胞清除脂蛋白残余物。机体内存在两个主要的脂质代谢途径，分别是外源性脂质代谢途径和内源性脂质代谢途径。

外源性或食物源性脂质——摄入的TG在胆汁酸和胰脂酶的作用下脂解为甘油一酯（monoglyceride，MG）和脂肪酸（fatty acid，FA）。MG和FA被肠细胞吸收后，又重新形成TG。肠细胞也会产生胆固醇酯（cholesterol ester，CE）、磷脂、载脂蛋白A和载脂蛋白B，然后将这些分子重新组装进富含TG的脂蛋白乳糜微粒。乳糜微粒进入淋巴管，并通过胸导管进入血液。在血液里，乳糜微粒从循环中的HDL获得载脂蛋白C和载脂蛋白E。在胰岛素的作用下，载脂蛋白C-II会激活LPL（位于内皮细胞膜），而LPL会催化TG脂解产生FA。FA进入脂肪细胞以TG的形式储存起来，或进入肌纤维（或其他细胞）参与氧化作用而产生能量。乳糜微粒失去大部分TG分子后，乳糜微粒残余物被肝细胞清除出血浆，且该过程需要载脂蛋白B。

肝细胞产生的内源性脂质——肝细胞可产生TG、磷脂、载脂蛋白和CE，其中CE可能是由食物源性胆固醇合成，或是完全由体内重新合成。

富含TG的VLDL分子是在肝细胞内形成的，后分泌进入肝血窦。在胰岛素的作用下，VLDLs上的载脂蛋白C-II会激活内皮细胞上的LPL，从而激发脂解作用，使TG释放FA。VLDL分子失去TG后，密度增加，形成IDL，其经过进一步的脂解作用后形成LDL。LDL分子输送胆固醇至许多细胞，主要用于维持细胞膜或合成类固醇激素。LDL的肝细胞清除过程包括肝脂酶的作用，以及将富含胆固醇的残余物与肝细胞上的载脂蛋白B受体相连接。LDLs还可通过受体介导过程或非受体介导过程被巨噬细胞移除。盘状HDL分子是由肝细胞产生的，并在血液中获得完整的圆形形状。HDLs有两大主要功能：（1）为其他脂蛋白提供载脂蛋白C和载脂蛋白E；（2）接受来自细胞膜或脂蛋白的胆固醇，并将其运输至肝细胞进行再利用或降解。

　　阴影字母A、B、C和E分别代表载脂蛋白A、载脂蛋白B、载脂蛋白C和载脂蛋白E；LPS指胰脂酶；PL指磷脂；AcCoA指乙酰辅酶A；ATP指三磷酸腺苷。

　　（改编自Stockham SL, Scott MA. Fundamentals of veterinary clinical pathology, Ames, 2002, Iowa State Press。）

犬、家养猫和迷你雪纳瑞患有先天性（或遗传性）脂质代谢紊乱。

c. 继发性高脂血症——是由后天获得的代谢紊乱破坏细胞或改变激素浓度，从而引起脂蛋白代谢缺陷的病理状态，该缺陷使血浆中的脂蛋白浓度升高。引起继发性高脂血症的病因包括犬甲状腺机能减退、糖尿病、胰腺炎和蛋白丢失性肾病。

**12. 引起高TG血症的两个主要生理过程是什么？**

引起高TG血症的原因包括：（a）肝细胞或肠细胞合成TG增多；（b）脂蛋白在血管内的脂解或加工过程减少。这些过程受激素影响，而这些激素主要影响与机体能量有关的代谢途径。

**13. 引起家养哺乳动物患高TG血症的疾病和条件有哪些？**

框33-1列出了会引起高TG血症的疾病和条件。

---

**框33-1　引起高TG血症的疾病和条件**

**TG产生增加**

肝细胞产生增加：

马高脂血或高脂血症

肠细胞产生增加：

餐后高脂血症

**脂蛋白在血管内的脂解作用或加工处理减少**

甲状腺机能减退

肾病综合征

缺乏脂蛋白脂酶（在猫少见，在犬罕见）

**其他的、未知的或多重的机制**

急性胰腺炎

糖尿病（关于类型详见第34章）

高脂日粮

---

---

肾上腺皮质机能亢进或过量的糖皮质激素

一只布列塔尼猎犬的高脂血症

迷你雪纳瑞的特异性高脂血症

---

数据来源于Stockham SL, Scott MA: Lipids. In Fundamentals of veterinary clinical pathology, Ames, 2002, Iowa State Press, pp 521-537.

## 14. 引起高胆固醇血症的三个主要生理过程是什么?

引起高胆固醇血症的原因包括:(a)肝细胞或肠细胞产生胆固醇增多;(b)脂蛋白在血管内的脂解或加工过程减少;(c)肝摄取LDLs存在缺陷。同样地,这些过程受激素影响,而这些激素主要影响与机体能量有关的代谢途径。

## 15. 引起家养哺乳动物患高胆固醇血症的疾病和条件有哪些?

框33-2列出了会引起高胆固醇血症的疾病和条件。

---

### 框33-2 引起高胆固醇血症的疾病和条件

**胆固醇产生增加**

肝细胞产生增加:

    肾病综合征或蛋白丢失性肾病

肠细胞产生增加:

    餐后高脂血

**脂蛋白在血管内的脂解作用或加过处理减少**

甲状腺机能减退

肾病综合征或蛋白丢失性肾病

缺乏脂蛋白脂酶(在犬罕见)

**其他的、未知的或多重的机制**

急性胰腺炎

胆汁淤积(阻塞型)

糖尿病

---

> 肾上腺皮质机能亢进
>
> 伯瑞犬的高胆固醇血症
>
> 迷你雪纳瑞的特异性高脂血症

数据来源于Stockham SL, Scott MA: Lipids. In Fundamentals of veterinary clinical pathology, Ames, 2002, Iowa State Press, pp 521-537.

### 16. 为什么有这么多的疾病或条件会引起高胆固醇血症和高TG血症?

引起高胆固醇血症和高TG血症的疾病或条件会改变脂蛋白代谢。由于脂蛋白含胆固醇和TG分子,因此高脂蛋白血症可能引起高胆固醇血症、高TG血症或两者同时发生,这取决于聚积在血浆中的脂蛋白的类型和含量。

### 17. 餐后高胆固醇血症或高TG血症的发病机制是什么?

动物摄入含脂肪的食物后,TG在胰脂酶的作用下,被消化为MG和FA。MG和FA被肠黏膜上皮细胞所吸收,并成为富含TG的乳糜微粒的一部分。进入淋巴管的乳糜微粒通过胸导管大量进入血液。在乳糜微粒被清除前,血浆中的TG浓度会升高。

同时,肝细胞产生的VLDLs可能增加,但与富含TG的乳糜微粒相比,VLDLs所占有的脂质量很少。由于乳糜微粒和VLDLs含有相对较少的胆固醇,因此血浆胆固醇浓度的升高幅度应低于TG浓度的升高幅度。

### 18. 什么情况下餐后高脂血表示存在病理状况?

在犬和猫,正常的生理过程应使餐后高脂血在8h内清除,且在16h内绝对清除。清除延迟说明存在脂解作用缺陷或血管内脂蛋白加工过程缺陷,从而引起原发性或继发性高脂血症。

### 19. 急性胰腺炎患犬伴发高胆固醇血症或高TG血症的发病机制是什么?

患有急性胰腺炎的病犬常伴发高脂血症,但其机制仍未完全确定。同样地,其他疾病诱发的高脂血症可能使犬易患胰腺炎。急性胰腺炎患病犬伴发高脂血症的机制可能包括胰岛素活性降低(从而降低脂蛋白脂酶的活性)、炎性细胞因子改变脂质代谢以及伴发于阻塞型胆汁淤积的脂质代谢缺陷。无论是由哪种机制或过程引起的,血浆脂蛋白在血管内的脂解作用或加工过程减少,导致VLDLs或乳糜微粒浓度升高。这些分子浓度升高，导致TG浓度升高，以及胆固醇较小程度地升高。

**20. 患肾病综合征或蛋白丢失性肾病的动物伴发高胆固醇血症或高TG血症的发病机制是什么？**

高胆固醇血症（有时伴发高TG血症）通常被认为是由肝合成VLDLs增加，以及血浆中脂蛋白脂解作用有缺陷引起的。肾丢失蛋白质会导致脂解作用缺陷，这是由于这些蛋白质是使脂蛋白与内皮细胞相连接所必需的。患肾病综合征的动物体内所聚积的脂蛋白体积足够大，因此无法自由通过有缺陷的肾小球滤过屏障，而较小的蛋白质可以通过该屏障，从而引发蛋白尿。

**21. 患甲状腺机能减退的动物伴发高胆固醇血症或高TG血症的发病机制是怎样的？**

动物患甲状腺机能减退时，体内甲状腺激素产生减少，且主要为甲状腺素产生减少。较低浓度的甲状腺激素导致血管内脂蛋白（如VLDLs和LDLs）脂解作用或加工过程减少。这些代谢缺陷导致富含胆固醇的LDLs浓度升高，从而使胆固醇浓度升高。脂蛋白代谢缺陷可能是由LPL活性降低或肝脂酶活性降低引起的。如果聚积的脂蛋白富含TG，那么TG浓度会同时升高。

**22. 患脂蛋白脂酶缺乏的动物伴发高胆固醇血症或高TG血症的发病机制是怎样的？**

先天性或后天获得的LPL活性降低会引起血管内脂蛋白的脂解作用或加工过程减少，这些脂蛋白包括乳糜微粒、VLDLs、IDLs和LDLs。该缺陷系统可能会引发肝细胞产生更多的VLDL分子。血浆中这些脂蛋白的聚积，引起TG和胆固醇浓度升高。

**23. 患胆汁淤积的动物伴发高胆固醇血症或高TG血症的发病机制是怎样的？**

患胆汁淤积的动物常见高胆固醇血症，也可能同时发生高TG血症。高胆固醇血症可能是由肝细胞合成胆固醇增加，胆固醇分泌入胆汁存在缺陷和肝细胞摄取LDLs存在缺陷引起的。

**24. 患糖尿病动物伴发高胆固醇血症或高TG血症的发病机制是什么？**

美国糖尿病协会对糖尿病的定义为：糖尿病是一组以高血糖为特征的代谢性疾病，而高血糖是由胰岛素分泌不足、胰岛素作用缺陷或两者同时存在引起的（见第34章——葡萄糖）。引起高血糖的代谢缺陷常也引起脂蛋白代谢缺陷，从而引发高胆固醇血症或高TG血症。在这里，引起脂蛋白代谢缺陷的病因与引起糖尿病的病因一样多。主要的发病机制如下：

a. 脂蛋白脂酶的活性依赖于胰岛素。血浆胰岛素浓度降低导致血管内脂蛋白（如VLDLs和LDLs）脂解作用或加工过程减少。这些脂蛋白聚积在血浆中，使血浆TG和胆固醇浓度增加。

b. 当外周组织利用葡萄糖存在缺陷时，机体会通过降解TG和释放游离FA入血浆来从脂肪组织动员脂质。游离FA大量进入肝细胞促进了VLDL合成，从而引发高脂血症。

## 25. 患肾上腺皮质机能亢进的动物伴发高胆固醇血症或高TG血症的发病机制是什么？

伴发于肾上腺皮质机能亢进的高脂血症与皮质醇的过量产生有直接或间接关系。它们的直接关系表现在，皮质醇会刺激肝细胞合成VLDL分子。皮质醇还会提高脂肪组织里的激素敏感性脂酶，从而使游离脂肪酸的释放增加，最终导致肝细胞的VLDLs生成增加。它们的间接关系表现在，皮质醇会促进涉及脂蛋白代谢障碍的糖尿病的发展。

## 26. 患有各类继发性高脂血症的马发生高胆固醇血症或高TG血症的发病机制是什么？

继发于各种疾病，如厌食、怀孕、泌乳、肾衰和内毒素血症的获得性脂蛋白代谢缺陷是不同的，但趋向于表现一共同特征：由于脂蛋白代谢的激素调控发生变化，使机体处于能量负平衡。儿茶酚胺、胰高血糖素和皮质醇会刺激激素敏感性脂酶，从而促进脂肪组织释放游离FA。孕酮会促进生长激素释放，从而降低外周组织摄取葡萄糖。内毒素（可能通过细胞因子）会刺激肝细胞合成TG和VLDL，还可能抑制脂蛋白分解。这些代谢变化的最终结果是使肝细胞合成的富含TG的VLDL分子增多。同时，如果TG的生成量超过其进入VLDL分子的量，TG分子会积聚在肝细胞内（脂肪肝和肝脂质沉积）。

## 27. 引发低胆固醇血症的主要生理过程是什么？

低胆固醇血症主要由肝细胞合成胆固醇减少引起。

## 28. 引起家养哺乳动物患低胆固醇血症的疾病和条件有哪些？

框33-3列出了引起低胆固醇血症的疾病和条件。

| 框33-3　引发低胆固醇血症的疾病和条件 |
| --- |
| **胆固醇生成减少** |
| 犬和猫的门静脉分流 |
| 蛋白丢失性肠病 |
| **其他机制** |
| 肾上腺皮质机能减退 |

数据来源于Stockham SL, Scott MA: Lipids. In Fundamentals of veterinary clinical pathology, Ames, 2002, Iowa State Press, pp 521-537.

29. **患门脉短路的动物伴发低胆固醇血症的发病机制是怎样的？**

低胆固醇血症可能是由肝细胞合成胆固醇减少引起的，这可能由两个机制引发。首先，门静脉分流导致肝萎缩或发育不良，因此可合成胆固醇的肝细胞减少。其次，分流使得胆汁酸进入全身血液，并聚积在肝细胞中，从而抑制了剩余的可发挥作用的肝细胞合成胆固醇。

30. **血浆浑浊（乳液状）与血清TG浓度之间有什么样的关系（如果有关系的话）？与血清胆固醇浓度又有什么样的关系？**

血浆呈乳液状是由于体积较大的脂蛋白——乳糜微粒和VLDLs聚积引起的。由于这些脂蛋白富含TG，而胆固醇的含量相对较少，因此乳液状的血浆存在高TG，但可能不存在高胆固醇。同时，如果体积较大的脂蛋白的数量不够多，不足以干扰光透射时，血浆虽存在高TG，但不呈乳液状。体积较小、但富含胆固醇的脂蛋白（HDLs和LDLs）的浓度较高时，会引起高胆固醇血症，但它们的体积太小，不会使血浆呈乳液状。

31. **为什么乳糜渗出液的TG浓度要远高于血清的TG浓度？为什么乳糜渗出液的胆固醇/TG比要低于非乳糜渗出液的？**

由定义可知，乳糜渗出液含乳糜微粒，这些乳糜微粒在肠黏膜形成，后进入肠淋巴管，但接着从淋巴渗出而进入体腔；乳糜胸腔积液要比乳糜腹腔积液常见。由于乳糜微粒是富含TG的分子，渗出液含乳糜微粒会使其TG浓度升高。假设机体不存在脂蛋白代谢的全身障碍，空腹动物的渗出液中TG浓度会远高于血浆TG浓度。

乳糜渗出液的胆固醇/TG比要远低于非乳糜渗出液，这是由于乳糜微粒是富含

TG，而胆固醇含量较少的脂蛋白。除非体腔内存在脂肪组织坏死，非乳糜渗出液的TG浓度应较低，这是由于血管外细胞外液的脂蛋白含量一般非常低。

### 32. 脂质渗出液和乳糜渗出液的区别是什么？

脂质渗出液指液体中的脂质浓度升高，这里的脂质可能是TG或胆固醇。乳糜渗出液含乳糜微粒，通常被认为是乳液状渗出液的一种，但目前仍未有相关报道。乳糜渗出液是一种脂质渗出液，但脂质渗出液不一定是乳糜渗出液。

### 33. 如何确定渗出液中存在乳糜微粒？

可利用乳糜微粒的两种性质证明其存在。首先，乳糜微粒的密度相对较低（<0.95），使得它们在水性液体中易浮起，因此在高速离心后，乳糜微粒通常会漂浮在表层。其次，在脂蛋白电泳期间，乳糜微粒始终处于加样点。

在普及使用胆固醇/TG比来确定乳糜渗出液前，最简单的确定方法是将乳液状渗出液用苏丹Ⅲ或苏丹Ⅳ染料来染色。如果在渗出液里出现嗜苏丹染料性液滴，说明样本中存在TG液滴，且一般认为这些TG来源于乳糜微粒，就如一般认为是乳糜微粒造成低胆固醇/TG比。

### 34. 什么是脂质尿？它的出现说明什么？

脂质尿是指尿液中存在脂质，通常是指在对尿沉渣进行镜检时发现脂滴。脂滴可能是尿液中的TG，或样本中的污染物（如润滑剂和仪器或玻璃器皿上的油）。真正的脂质尿常见于猫，且其本身并不代表猫处于病理状态。猫是一种独特的家养哺乳动物，这是由于猫，特别是肥胖猫的肾小管上皮细胞聚积TG。在肾小管上皮细胞正常的更替过程中，这些TG分子被释放进入肾小管液。

血浆中所有富含TG的脂蛋白的体积都较大，因此无法穿过肾小球滤过屏障。直径大于3.4 nm的分子是无法通过该屏障的，只有体积最小的富含胆固醇的HDL分子接近这个直径（表33-1）。因此，高脂蛋白血症不会直接导致脂质尿。

### 35. 血清顶层出现一乳白层表明什么？

如果在室温或冷藏环境下，血清顶部出现一乳脂层，说明样本中含乳糜微粒。检测是否存在乳脂层的标准程序是将血清在4℃环境条件下静置16h。然而，乳脂层不出现时，并不代表样本不含乳糜微粒。乳液状样本可能含VLDLs（静置16h后不会漂浮在顶层）或乳糜微粒（可能漂浮在顶层）。可能需要超速离心（如150 000 g）来分离乳糜微粒与血清。

**36.　显著高脂血症是否会干扰其他实验室指标检测的准确性？**

高脂血症主要通过两种方式干扰临床实验室检测，分别是干扰光透射和取代血浆水含量。

脂质会干扰液体的光透射，因此可能干扰那些涉及透射（或吸收）光度测定或折射性质的指标的测定。由于脂质分子存在多样性，因此很难预测脂质会造成多大的干扰。使用空白对照或动态光度测定可降低干扰的影响。

脂质会取代血浆的水含量，从而导致一些分析指标的浓度偏低。例如，如果血清钠浓度是通过火焰光谱法或间接电位法测定的，脂血会造成钠浓度的测定结果偏低（假性低钠血症）。然而，脂质不会干扰直接电位测定法。

# 三十四、葡　萄　糖

**1.　为什么延迟处理或分析血样会导致葡萄糖浓度降低？**

血清或血浆与白细胞、血小板和红细胞接触过久，会使得这些细胞消耗葡萄糖，从而降低了葡萄糖的浓度。血细胞使用血浆葡萄糖来进行糖酵解过程。血浆或血清葡萄糖浓度通常每小时降低5%～10%。这通常不会干扰对葡萄糖浓度的解读，这是由于对病例样本和用于决定参考范围的样本的处理是一样的（即在采集血液后30～60min内，将血清或血浆与细胞相分离）。当血液中存在较多的细胞时（显著的白细胞增多、显著的血小板增多或红细胞增多），葡萄糖的消耗率将升高。将血样放置在温度较低的环境中，可降低葡萄糖的消耗率，但凝集块的形成和收缩所需时间延长。

血清分离管（带金色或红/黑管塞的管）含有可促进凝集块形成的促凝剂和使血凝块和血清易于分离的凝胶。样本离心后，如果凝胶屏障是完好的，置于冰箱中的血清的葡萄糖浓度在至少48h内是稳定的。

猪的红细胞与其他种类动物的红细胞不同，其红细胞缺乏一种功能性葡萄糖运输体，因此猪的红细胞葡萄糖利用率要远低于其他动物。肌苷（inosine）是猪的红细胞的主要能源物质，而葡萄糖是其他动物的红细胞的主要能源物质。

**2.　如果无法在采集后1h内处理血样，应如何维持样本的葡萄糖浓度？**

可用含氟化钠（sodium fluoride，NaF）的真空管收集血液,这种管的管塞或管帽为灰色的。NaF管可能含草酸钾、EDTA钠或没有抗凝剂。氟离子进入血细胞，并通过与镁离子（magnesium ion，$Mg^{2+}$）——一些酶（如磷酸烯醇丙酮酸水合酶或烯醇酶）的辅助因子——复合来降低糖酵解作用。一些管中的草酸盐或EDTA会连接游离钙离子（calcium ion，$Ca^{2+}$）来防止通过凝集途径形成纤维蛋白。

如果无法使用NaF，让样本处于低温环境（不能冷冻）可降低糖酵解作用。不能冷冻血液样本，这是由于冷冻会使血细胞破裂，从而使细胞内物质进入血浆。

### 3. 使用氟化钠管的缺点是什么？

使用NaF管的缺点是会造成血浆葡萄糖浓度偏低，造成红细胞破裂，以及限制样本用于其他指标测定。对人类、猫和海洋哺乳动物的研究显示，在使用NaF管收集血液1h后，血浆葡萄糖浓度降低了5%～10%。葡萄糖浓度降低可能是由于当血液与高渗盐（NaF和草酸钾）相混合时，红细胞内的水分通过渗透作用进入血浆。其他数据显示，氟化物需要经过1h才能完全抑制糖酵解作用。氟化物的抗糖酵解作用取决于血样中的氟化物浓度。

当与NaF和草酸钾相接触时，特别是当真空采血管未收集到最佳量的血液时，红细胞易发生破裂。红细胞内容物（如血红蛋白、磷酸和钾）的释放会使一些生化检测结果发生偏差。

除了可抑制糖酵解途径中的烯醇酶外，氟化物还可抑制其他酶，包括一些葡萄糖检测中的葡萄糖氧化酶。因此与NaF相混合的血样不适宜用于进行葡萄糖浓度测定。

### 4. 为什么血液的葡萄糖浓度与血浆或血清的葡萄糖浓度不同？

血液葡萄糖浓度和血浆或血清的葡萄糖浓度的差异通常很微小，其差异可能是因为红细胞增多、样本处理错误或检测方法不同。红细胞增多会增大差异，这是由于红细胞的葡萄糖浓度要低于血浆或血清的葡萄糖浓度。血浆$H_2O$和红细胞$H_2O$的葡萄糖浓度是一样的，但红细胞含有较少的$H_2O$（大多数体积被血红蛋白占据），因此每单位体积的红细胞含有较少的葡萄糖。血液中的红细胞浓度越大，血液葡萄糖浓度与血浆葡萄糖浓度的差异越大（血液葡萄糖浓度较低）。表34-1使用下列转化公式计算血浆葡萄糖浓度：

血浆葡萄糖浓度=全血葡萄糖浓度/（1.0 - [ 0.002 4 ×红细胞压积% ]）

表34-1　由全血葡萄糖浓度（whole-blood glucose concentration，WBG）
和红细胞压积（hematocrit，Hct）值计算所得的血样的血浆葡萄糖浓度*

| HCT | WBG（mg/dL） | | | | |
| --- | --- | --- | --- | --- | --- |
| | 50 | 100 | 400 | 800 | 高于 WBG |
| 10% | 51 | 102 | 410 | 820 | 2% |
| 45% | 56 | 112 | 448 | 897 | 12% |
| 60% | 58 | 117 | 467 | 936 | 17% |

改编自Stockham SL, Scott MA: Glucose and related regulatory hormones. In Fundamentals of veterinary clinical pathology, Ames, 2002, Iowa State Press, pp 487-506.

*计算和测定所得的血浆葡萄糖浓度的一致性取决于分析方法的分析性质（准确性、精确性、特异性和敏感性）、样本处理和体外糖酵解的数量。

## 5.　便携式血糖仪是如何测定全血的葡萄糖浓度？

其分析方法各不相同，一般包括由葡萄糖氧化酶、葡萄糖脱氢酶或己糖激酶催化的反应。每种分析方法都各有优缺点。

一些血糖分析仪假设样本的红细胞比容或压积正常，在测定血液葡萄糖浓度后，将其转化为血浆葡萄糖浓度。如果红细胞压积升高或降低，计算所得的浓度将不等于真实的血浆葡萄糖浓度。在检测血糖浓度时，要使红细胞破裂，这样才能测定全血的葡萄糖浓度（血浆葡萄糖+红细胞葡萄糖）。在另外一些检测法里，存在使红细胞不与反应物质相接触的屏障，这样测得的是血浆葡萄糖浓度。

另外一些血糖分析仪通过血浆质量摩尔浓度来确定葡萄糖浓度。蛋白质或脂质取代血浆水而导致数值不准确，一些葡萄糖的氧化途径中，动脉氧分压（高$Pao_2$呼吸麻醉中常发生）升高，会影响结果。

由于目前至少有12种便携式血糖仪，且每种都有其独有的特征，因此使用者应严格按照制造商的说明书进行操作，并应通过制造商或其他来源了解其局限性。

## 6.　大多数血清葡萄糖检测是如何测定葡萄糖浓度的？

目前大多数血清葡萄糖检测是使用己糖激酶、葡萄糖激酶、葡萄糖脱氢酶或葡萄糖氧化酶来催化葡萄糖降解，从而产生可通过分光光度法、氧气检测法或电子传递法来进行检测的物质。葡萄糖氧化酶反应是具有葡萄糖特异性的，但是其他因素会干扰后期阶段的检测（如异丙醇会对试纸法产生正性干扰）。己糖激酶会催化其他己糖发生反应，但是血液中其他类己糖浓度较低，很少会使测定的葡萄糖浓度偏高。

**7. 大多数尿液葡萄糖检测是如何测定葡萄糖浓度的？**

在试纸检测法中，葡萄糖与葡萄糖氧化酶（具有葡萄糖特异性）反应而产生过氧化氢（hydrogen peroxide，$H_2O_2$），它可与一种呈色指示剂发生反应。葡萄糖浓度与试纸的颜色变化呈正比例关系。$H_2O_2$和次氯酸钠污染尿液会导致假阳性结果。维生素C、酮体、高度浓缩的尿液样本和冷却的尿液可能引起假阴性反应。

在铜还原法（硫酸铜片状试剂）中，铜离子（copper ion，$Cu^{2+}$）与一种还原物质（如己糖）反应产生氧化亚铜（$Cu^+$）和氢氧化亚铜，从而产生颜色变化。头孢菌素和维生素C可能引起假阳性反应。

**8. 在健康动物，血浆或血清葡萄糖浓度与脑脊液的葡萄糖浓度有多相似？**

健康动物的脑脊液（cerebrospinal fluid，CSF）的葡萄糖浓度大约是血清或血浆的葡萄糖浓度的60%～80%。如果血浆或血清的葡萄糖浓度突然发生变化，CSF的葡萄糖浓度在30～90min后才会与血浆或血清的葡萄糖浓度达到平衡。当人类CSF发生葡萄糖浓度降低时（脑脊液低葡萄糖），一般将其归因于微生物或炎性细胞（如机体患细菌性脑膜炎时）的葡萄糖代谢增加。然而，上述关系对犬仍未获得一致认可。

**9. 血浆或血清的葡萄糖浓度形成的渗透压占血浆或血清总渗透压的多少？**

计算葡萄糖对渗透压的贡献率的最简单的方法是使用下述方法：1 mmol/L的葡萄糖会形成1 mOsm/L的渗透压（大约为1 mOsm/kg $H_2O$）。因此，健康犬猫的5 mmol/L血糖浓度（正常血糖浓度）会为总血浆渗透压（大约为300 mOsm/kg $H_2O$）提供5 mOsm/kg $H_2O$的渗透压。显著的高血糖会增加血浆或血清的渗透压；例如，如果葡糖糖浓度从5 mmol/L增加至25 mmol/L，血浆渗透压将增加约20 mOsm/kg $H_2O$。相反的，显著的低血糖会降低血浆或血清的渗透压，但若血糖浓度变化很小（如从5 mmol/L降至3 mmol/L），渗透压大约只降2 mOsm/kg $H_2O$（无临床意义）。

如果葡萄糖浓度以非SI单位（如mg/dL）表示，可以使用下述公式将其转换为以mmol/L表示的葡萄糖浓度：mg/dL×0.055 51= mmol/L。该转换是依据葡萄糖的相对分子质量（180 g = 1 mol），并将分升转换为升。

10. **引起高血糖的三种主要生理变化是什么?**

引起高血糖的原因包括:(a)葡萄糖摄入量增加;(b)葡萄糖生成量增加;(c)外周组织摄入葡萄糖量降低。

摄入富含碳水化合物的食物或输注含葡萄糖的液体(如5%葡萄糖注射液),会导致葡萄糖摄入量增加。严格地来说,葡萄糖生成量增加仅指肝细胞的糖异生作用增加。然而,肝脏的糖原分解也会引起葡萄糖释放进入血液。外周组织摄入葡糖糖量降低本身只会导致轻微的高血糖,但葡萄糖摄入量增加或葡萄糖生成量增加,会加重高血糖。图34-1展示了上述生理过程是如何受到激素或其他因子的活动的影响。

11. **什么是糖尿病?**

美国糖尿病协会在2000年的一份报告指出:"糖尿病是一组代谢性疾病,主要特征是由胰岛素分泌缺陷和/或胰岛素活性缺陷引起的高血糖。"1型糖尿病(diabetes mellitus, DM)是由β细胞被破坏引起的疾病,该细胞被破坏通常会导致胰岛素绝对缺乏(以前被称为胰岛素依赖性DM、1型DM,或幼年始发性DM)。2型DM是由伴发胰岛素补偿性分泌反应不足的胰岛素抑制引起的疾病(以前被称为非胰岛素依赖性DM、2型DM,或成年始发性DM)。其他类型的DM是根据引发碳水化合物代谢缺陷的病理状态或状况来进行分类(如胰腺性DM、内分泌性DM、药物诱发性DM、感染性DM和遗传性DM)。

12. **糖尿病的诊断标准是什么?**

当动物出现伴发多尿(由于存在葡萄糖尿)、多饮和体重减轻的临床症状的高血糖时,可诊断其患DM。若动物出现高血糖,但并没有伴发上述临床症状,那么可能是短暂性高血糖,且动物可能并未患引起DM的代谢紊乱。然而,该动物可能处于DM的潜伏期阶段。诊断动物处于潜伏期阶段的标准是出现碳水化合物(或葡萄糖)不耐受。

13. **引起家养哺乳动物患高血糖的疾病和条件有哪些?**

框34-1列出了能引起高血糖的疾病和条件。

| 框34-1 引起高血糖的疾病和条件* |
| --- |
| **生理性高血糖** |
| 餐后 |
| 兴奋或恐惧 |

与糖皮质激素相关的

发情间期

**病理性高血糖**

1型糖尿病

原发性（犬的主要糖尿病类型）

免疫介导性

2型糖尿病

胰岛淀粉样变性（猫的主要糖尿病类型）

DM的特定类型

胰腺性DM：胰腺炎、胰腺癌

内分泌性（非胰腺性）DM：肢端肥大症、胰高血糖素瘤、肾上腺皮质机能亢进、垂体机能亢进、甲状腺机能亢进、甲状腺机能减退、嗜铬细胞瘤、牛产后瘫痪和犬肝性皮肤综合征

药物诱导性DM：糖皮质激素、甲状腺激素和醋酸甲地孕酮

感染性DM：败血症和牛病毒性腹泻（bovine viral diarrhea，BVD）

遗传性DM：荷兰毛狮犬

罕见的免疫介导性DM：抗胰岛素抗体

**药物性高血糖（短暂的）**

与葡萄糖相关的：口服或静脉注射葡萄糖、糖皮质激素、醋酸甲地孕酮、氯胺酮、胰高血糖素、甲状腺素和乙二醇

与胰岛素相关的：赛拉嗪、地托咪啶、普萘洛尔和胰岛素

与生长激素相关的：孕酮（如醋酸甲地孕酮、吗啡）

数据来源于Stockham SL, Scott MA: Glucose and related regulatory hormones. In Fundamentals of veterinary clinical pathology, Ames, 2002, Iowa State Press, pp 487-506.

*全血的葡萄糖浓度要低于血清或血浆的葡萄糖浓度，因此应使用正确的相应参考范围来确定是否高血糖（见正文）。上述DM分类是依据美国糖尿病协会（2000年）的专家委员会提出的分类系统建立的。

### 14. 引起餐后高血糖的生理过程是怎样的？

动物采食含碳水化合物的食物后，碳水化合物被消化形成葡萄糖，葡萄糖被肠

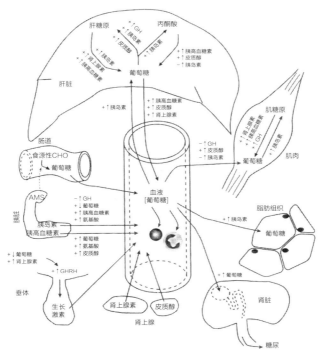

图34-1　影响血液葡萄糖浓度的生理因素

肠道：在单胃动物，日粮碳水化合物（carbohydrates，CHO）在小肠被分解为单糖（包括葡萄糖），并被小肠吸收，之后进入门静脉，如果这些单糖没有被肝细胞吸收，便进入系统血液。

胰脏：胰岛细胞（分别为 β 细胞和 α 细胞）释放胰岛素和胰高血糖素。血液中葡萄糖、生长激素（growth hormone，GH）、胰高血糖素和氨基酸浓度升高，会刺激胰岛素分泌。血液中氨基酸和皮质醇浓度升高，或血液葡萄糖浓度降低，会刺激胰高血糖素分泌。

肝脏：在动物饥饿时，肝细胞是血糖的主要来源。动物可通过糖原分解作用（肾上腺素和胰高血糖素促进该过程，但胰岛素抑制该过程）或糖异生作用（胰高血糖素和皮质醇促进该过程，但胰岛素抑制该过程）获得葡萄糖。胰岛素也促进糖酵解作用。胰高血糖素、皮质醇或肾上腺素浓度增加，会促进肝脏释放葡萄糖。胰岛素通过提高糖激酶活性来促进肝脏摄取葡萄糖。

肌肉：胰岛素通过特定的胰岛素受体和葡萄糖转运载体，来促进肌细胞摄入葡萄糖；GH和皮质醇抑制肌细胞摄入葡萄糖。胰岛素促进肌细胞的肌糖原合成，而GH、胰高血糖素（在心肌细胞）和肾上腺素促进肌糖原分解。

脂肪组织：胰岛素通过特定的胰岛素受体和葡萄糖转运载体，来促进脂肪组织摄入葡萄糖。

肾脏：如果尿中的葡萄糖浓度超过肾糖阈，会发生高血糖性葡萄糖尿。

垂体：当动物出现低血糖或血液中肾上腺素浓度升高后，下丘脑会分泌促生长激素释放激素（growth hormone-releasing hormone，GHRH），该激素会促进垂体释放GH。

血细胞：葡萄糖通过非胰岛素依赖性过程进入红细胞（猪除外）、白细胞和血小板，并被用于糖酵解作用和磷酸己糖支路。猪的红细胞缺乏具有活性的葡萄糖转运载体，因此使用肌苷作为主要能量基质。

（改编自Stockham SL, Scott MA: Fundamentals of veterinary clinical pathology. Ames 2002, Iowa State Press。）

道黏膜上皮细胞吸收，并进入门静脉。如果肝脏无法将葡萄糖从门静脉中完全提取出来，葡萄糖会进入全身血液，从而产生高血糖。

　　动物采食和消化蛋白质后，氨基酸会被肠道黏膜上皮细胞吸收，并进入门静脉。血液中氨基酸浓度升高会刺激胰岛的 α 细胞（或犬胃黏膜）释放胰高血糖素。胰高血糖素通过刺激肝脏糖异生作用和颌颅外周细胞中的胰岛素活性，来促进高血糖的发生。

　　若不治疗患DM的动物，由于胰岛素分泌，和/或胰岛素活性的缺陷，会使动物的餐后高血糖时间延长。

### 15. 引起兴奋或恐惧后高血糖的生理过程是怎样的?

　　兴奋或恐惧会引起肾上腺髓质释放儿茶酚胺（肾上腺素和去甲肾上腺素）。儿茶酚胺会刺激肝细胞的糖原分解作用，最终导致葡萄糖释放入血。儿茶酚胺还会促进生长激素（growth hormone，GH）的释放，该激素会减少肌细胞和脂肪细胞摄入葡萄糖，因此该激素会促进高血糖的发生或增加高血糖的程度。

### 16. 糖皮质激素浓度的生理性升高是通过怎样的生理过程引起高血糖的发生?

　　糖皮质激素（如皮质醇和相关的类固醇）会刺激肝细胞的糖异生作用。过量的肝脏葡萄糖会从肝细胞溢出，并进入外周血液，从而形成高血糖。

　　糖皮质激素浓度增加，会降低葡萄糖膜转运载体（如GLUT-4）的数量或有效性，或通过增加胰高血糖素和游离脂肪酸的浓度，从而引起胰岛素抗性的发生。由于糖皮质激素的促进作用，靶细胞膜的胰岛素受体的数量可能增加。

### 17. 犬的 β 细胞被破坏，诱发高血糖的发病机制是什么?

　　胰脏的 β 细胞被破坏后，胰岛素的产生和释放减少。血浆胰岛素浓度降低，会导致脂肪细胞、肌纤维和肝细胞的葡萄糖摄入量降低。组织对葡萄糖的利用降低，会引发"组织饥饿"，该状态促进肝脏的糖异生作用。糖异生作用增强和细胞摄入葡萄糖量降低，共同引发高血糖。通过肾脏排出葡萄糖（葡萄糖尿）可降低高血糖的严重程度。

### 18. 猫胰岛淀粉样变性诱发高血糖的发病机制是什么?

　　聚积在胰岛的淀粉体会破坏 β 细胞，从而导致胰岛素产生和释放减少。如前所述，胰岛素活性降低会改变葡萄糖的代谢，并产生高血糖。若高血糖持续存在，β 细胞的葡萄糖受体数量或活性降低，导致 β 细胞无法识别高血糖，因此当机体出现高血糖时，β细胞不产生或分泌胰岛素，有时称这种葡萄糖抵抗性为葡萄糖中毒。

### 19. 犬肾上腺皮质机能亢进诱发高血糖的发病机制是什么？

糖皮质激素和相关药物会刺激肝细胞的糖异生作用，从而增加释放入血的葡萄糖量。同时，糖皮质激素会降低葡萄糖膜转运载体（也就是GLUT-4）的数量或有效性，增加胰高血糖素和游离脂肪酸的浓度，从而产生胰岛素抗性。

### 20. 马垂体机能亢进诱发高血糖的发病机制是什么？

垂体瘤会产生过量的促肾上腺皮质激素（adrenocorticotropic hormone，ACTH），该激素会刺激肾上腺产生糖皮质激素。如前所述，过量的糖皮质激素会促进肝细胞产生葡萄糖，并降低靶细胞对葡萄糖的利用。垂体瘤还可能产生过量的GH，该激素会降低肌细胞和脂肪细胞的葡萄糖摄入量。

### 21. BDV诱发高血糖的发病机制是什么？

BVD病毒会破坏胰岛的β细胞，从而使胰岛素的产生和分泌量降低。胰岛素浓度降低会导致脂肪细胞、肌纤维和肝细胞的葡萄糖摄入量降低，从而引发高血糖。

### 22. 下述药物如何引起高血糖？

a. 静脉注射葡萄糖

当葡萄糖进入血液的速率超过从血液清除（通过细胞摄取或肾脏排出）的速率时，机体发生高血糖。

b. 糖皮质类药物

糖皮质类药物的作用与动物患肾上腺皮质机能亢进或应激时，糖皮质激素引起高血糖的作用相似（见前面的内容）。

c. 氯胺酮

氯胺酮会刺激肾上腺髓质释放肾上腺素。肾上腺素会促进糖原分解，增加肝细胞释放的葡萄糖量，从而引发高血糖。

d. 赛拉嗪或地托咪啶

赛拉嗪和地托咪啶会抑制胰岛素的释放，而胰岛素的降低会使肝细胞、肌细胞和脂肪组织对葡萄糖的摄入量减少，从而引发高血糖。

e. 注射过量胰岛素

动物被注射过量胰岛素后，会发生低血糖，而低血糖会促进胰高血糖素、肾上腺素和GH的释放。这些激素促进了高血糖的发展。健康动物可通过内源性胰岛素的释放来降低高血糖。患糖尿病的动物释放的胰岛素，无法进行足够的代偿作用，使动物表现高血糖，而这常被误解为胰岛素注射量不够。过量注射胰岛素的高血糖反应被称为苏木杰效应。

f. 孕酮，如醋酸甲地孕酮

醋酸甲地孕酮是一种类固醇药物，可促进糖异生作用。孕酮会刺激GH的释放，这会导致胰岛素受体和后受体缺陷，从而引发胰岛素抗性。肝细胞释放的葡萄糖量增多，并且从血液清除的葡萄糖量减少，共同引发高血糖。

**23. 引发家养哺乳动物患低血糖的疾病和条件有哪些?**

框34-2列出了引发低血糖的疾病和条件。

---

### 框34-2　引起低血糖的疾病和条件*

**病理性低血糖**

胰岛素分泌增加：胰腺β细胞瘤（胰岛素瘤）

胰岛素颉颃剂减少

• 肾上腺皮质机能减退（皮质醇减少）

• GH缺陷

• 垂体机能减退（皮质醇和GH减少）

糖异生作用减少

• 肝脏糖异生作用不足或障碍：后天性、先天性

• 肾上腺皮质机能减退（皮质醇减少）

• 新生儿或幼年性低血糖

• 饥饿和严重的营养不良

糖原分解作用减少

• 糖原贮积症（少见）

葡萄糖利用增加

• 泌乳性低血糖（自发性牛酮病）

• 劳累性低血糖（猎犬、耐力赛赛马）

• 白细胞增多症，极端情况下

---

- 红细胞增多症，极端情况下

发病机制不确定或不明的其他病理性低血糖

- 伴发于非 β 细胞瘤的低血糖：上皮性和非上皮性

- 败血症，尤其是内毒素血症

- 孕期低血糖

- 猫的慢性肾衰

**药物性低血糖**

胰岛素

磺脲类化合物（如格列吡嗪和格列本脲）

乙醇

数据来源于Stockham SL, Scott MA: Glucose and related regulatory hormones. In Fundamentals of veterinary clinical pathology, Ames, 2002, Iowa State Press, pp 487–506.

*延迟检测血样，或无法适当地将血清或血浆与血细胞分离，将导致假性低葡萄糖浓度。使用 i-STAT仪器进行检测时，溴离子会导致假性低葡萄糖浓度。全血的葡萄糖浓度要低于血清或血浆的葡萄糖浓度，因此应使用合适的相应参考范围来决定动物是否低血糖。

### 24. 导致低血糖的主要五种生理过程变化有哪些？

a. 过量的胰岛素刺激靶细胞，导致靶细胞摄入的葡萄糖量增加；

b. 胰岛素颉颃剂减少，导致胰岛素发挥更强的作用；

c. 糖异生作用减少；

d. 糖原分解作用减少；

e. "饥饿细胞"利用的葡萄糖量增加（非胰岛素作用）。

### 25. 胰腺 β 细胞瘤（胰岛素瘤）引发低血糖的发病机制是怎样的？

增生的 β 细胞不受控制地释放过量胰岛素，造成高胰岛素血症，导致肝细胞、肌细胞和脂肪细胞利用的葡萄糖量增加，而肝细胞产生的葡萄糖量减少，从而共同引发了低血糖。

### 26. 肾上腺皮质机能减退引发低血糖的发病机制是怎样的？

双侧肾上腺皮质发育不良会导致皮质醇的产生量下降。低皮质醇血症会导致糖异生作用减少，并增强靶细胞的胰岛素敏感性，从而共同引发了低血糖。

**27. 肝脏糖异生作用不足引发低血糖的发病机制是怎样的？**

当仍具有功能的肝细胞产生的葡萄糖量无法满足外周组织的需求时，机体发生低血糖。肝脏具有强大的储备功能来产生葡萄糖，因此只有当肝脏疾病导致大量功能性肝组织丢失时，才会发生低血糖。

**28. 厌食会导致低血糖吗？**

当肝脏功能正常时，厌食是不会导致低血糖。动物在厌食时，肝细胞会通过使用脂肪酸和氨基酸来进行糖异生作用，以维持正常血糖浓度。当动物处于极度虚弱状态下，糖异生作用可能无法产生足够的葡萄糖来满足动物的生理需求。

**29. 泌乳性低血糖（牛酮病）引发低血糖的发病机制是怎样的？**

当肝脏糖异生作用产生的葡萄糖量无法满足乳腺的葡萄糖需求时，动物发生低血糖。

**30. 猪附红细胞体病引发低血糖的发病机制是怎样的？**

有证据表明猪附红细胞体（猪嗜血性支原体）消耗葡萄糖的速率要高于猪进行糖异生作用的速率。目前，仍未知犬和猫的血巴尔通体病是否也会造成低血糖。

**31. 为什么在解读免疫反应性胰岛素浓度时，需要知道动物的血清葡萄糖浓度？**

免疫反应性胰岛素（immunoreactive insulin，IRI）浓度升高可能代表机体对高血糖产生适当反应。然而，如果动物血糖浓度正常或发生低血糖，IRI浓度升高可能表明机体的胰岛素释放情况不正常。

如果IRI浓度处于动物血糖浓度正常时的适当参考范围内，但动物确处于高血糖状态，那么IRI浓度表明机体对高血糖未产生足够的胰岛素反应；如果动物处于低血糖状态，IRI浓度表明机体释放了过量的胰岛素。

如果IRI浓度降低，且动物处于低血糖状态，那么引起低血糖的原因不是胰岛素过量；如果动物处于高血糖状态，那么说明动物产生或释放胰岛素的功能存在缺陷。

**32. 为什么已发表的IRI浓度参考范围或IRI/葡萄糖比值可能不适用于动物？**

目前仍没有统一的标准化的胰岛素检测方法，因此对同一样本，可能使用两种免疫检测方法检测，而得到两个不同的胰岛素浓度。大多数血清葡萄糖检测得到的葡萄糖浓度差异不大。然而，由于检测方法和红细胞比容的不同，血液葡萄糖浓度的检测结果可能存在显著差异。临床兽医将临床病例的结果与参考范围进行比较时，应保证进行"一一对应"的比较，即应使用相应的参考范围和单位。

### 33. 应使用修正的胰岛素/葡萄糖比值吗？

不应使用修正的胰岛素/葡萄糖比值。修正的胰岛素/葡萄糖比值是基于未验证的假设，而将葡萄糖浓度减去30单位。如果使用了适当的参考范围，这个计算值并不优于简单的胰岛素/葡萄糖比值。

### 34. 什么是果糖胺和糖化血红蛋白？如何检测这两种物质？

果糖胺是一种酮胺，是葡萄糖通过非酶促作用连接于白蛋白或其他血清蛋白而形成的。这种酮胺的碳骨架与果糖的相同（因此叫作"果糖胺"）。糖化（或糖基化）血红蛋白也是一种酮胺，是葡萄糖通过非酶促作用连接于血红蛋白。血液中酮胺的形成取决于高血糖的幅度和持续时间。因此，患DM的动物会出现果糖胺或糖化血红蛋白的浓度升高。这些糖化蛋白的浓度可用于监测糖尿病病情控制的有效性。由于果糖胺分子的半衰期（2～3个星期）要短于糖化血红蛋白（2～3个月），因此一般认为果糖胺浓度能更好地反映最近的葡萄糖浓度，是评价DM治疗或饮食控制效果的较好分析指标。

果糖胺的浓度可通过分光光度分析法来测定。发生溶血或黄疸的血液的血清或血浆会引起光谱干扰。糖化血红蛋白百分比可通过亲和色谱法来测定，然后再通过分光光度法测定糖化和非糖化血红蛋白的总含量。

### 35. 葡萄糖尿有哪两种类型或分类？

a. 高血糖性葡萄糖尿：高血糖导致原尿中的葡萄糖浓度超过肾小管重吸收葡萄糖的能力（转运极限、阈值），引发高血糖性葡萄糖尿。这种高血糖可是短暂性的或持久性的。不同哺乳动物的肾小管葡萄糖阈值是不同的：犬为180～220 mg/dL，猫约为290 mg/dL，马和牛犊为150 mg/dL，成年牛的可能要比牛犊的低一些。

b. 肾性葡萄糖尿：近端肾小管细胞重吸收葡萄糖存在后天性或先天性的缺陷，从而引发肾性葡萄糖尿。肾性葡萄糖尿是范科尼综合征的诊断标准。

### 36. 糖尿和葡萄糖尿的区别是什么？

这两者的意思相同。

### 37. 碳水化合物和脂质代谢是如何产生酮的?

当外周组织对碳水化合物的获得率或利用率下降(饥饿或糖尿病),机体会从脂肪组织动用脂质,导致游离FA被运至肝脏。在肝细胞内,脂肪酸被 β 氧化形成乙酰辅酶A,该酶可用于糖异生作用。如果乙酰辅酶A形成过多,会导致酮生成过多(尤其在存在胰高血糖素刺激因子时),从而导致酮酸(乙酰乙酸、β-羟基丁酸)和丙酮的形成。丙酮、乙酰乙酸和 β-羟基丁酸通常被称为"酮体",但从化学结构上看,β-羟基丁酸并不属于酮类。酮的化学结构为:一个碳原子以双键与氧原子连接,该碳原子同时与另两个碳原子相连;β-羟基丁酸并不具有上述结构。

### 38. 如何检测尿液和血液中的酮体?

尿液中的酮体(酮尿)可通过试纸条或酮体检测片来进行检测,这两种检测方法都用到硝普盐。乙酰乙酸会与硝普盐反应形成有色复合物,丙酮也会发生该反应,但程度较弱。与试纸条法相比,酮体检测片法具有较低的检测极限。如果尿液染色过深,或尿液中存在左旋多巴或巯基化合物,都会引起假阳性反应。β-羟基丁酸无法通过这些方法进行检测,因为它不与硝普盐发生反应。

血液中的酮体(酮血)也可通过使用试纸条或酮体检测片来进行检测(使用血清)。血样不能发生溶血,因为血红蛋白色素会导致假阳性反应,或使试纸条变色。

可通过将 β-羟基丁酸转化为乙酰乙酸,来测定全血、血浆或血清的 β-羟基丁酸浓度。高浓度的乙酰乙酸会抑制该反应。一些便携式检测仪和自动生化仪已具有 β-羟基丁酸浓度的测定功能。

### 39. 反刍动物和马的碳水化合物消化和代谢与犬和猫的有什么不同?

反刍动物摄入的碳水化合物被瘤胃微生物发酵为挥发性脂肪酸——乙酸、丙酸和丁酸,这些脂肪酸被转运至肝脏进行代谢。反刍动物可由丙酸合成葡萄糖,且丁酸会增加肝脏的葡萄糖产量。乙酸不是一种生糖物质,而是用于脂肪合成。

马盲肠和结肠的微生物发酵碳水化合物,并产生上述挥发性脂肪酸,这些脂肪酸为马提供高达75%的所需能量。

犬和猫主要在小肠进行淀粉的消化。碳水化合物被胰淀粉酶和由空肠刷状缘产生的酶(如麦芽糖酶、糊精酶)分解为葡萄糖和其他单糖。

### 40. 什么是口服葡萄糖耐量试验? 其检测内容是什么?

口服葡萄糖耐量试验(glucose tolerance test,GTT)是用来评价动物利用试验剂量葡萄糖的能力。该试验可用于怀疑其患糖尿病，但未出现持续性高血糖的单胃动物。该试验不用于反刍动物，这是由于反刍动物在瘤胃发酵碳水化合物。

　　动物空腹时，抽取一份血样，接着给动物口服葡萄糖。在3h内对动物血糖浓度进行一系列检测。若动物在口服试验剂量的葡萄糖2h后，仍然存在高血糖，说明该动物患糖尿病。在进行口服GTT期间，血糖浓度取决于三个主要因素：（1）肠道吸收的葡萄糖量；（2）组织利用的葡萄糖量；（3）肾脏排出的葡萄糖量。在解读口服GTT的结果时，应同时考虑上述三大因素。

## 41. 什么是静脉葡萄糖耐量试验？其检测内容是什么？

　　静脉葡萄糖耐量试验可更直接的评价动物利用试验剂量或攻毒剂量的葡萄糖的能力。静脉GTT也可用于怀疑患糖尿病但未出现持续性高血糖的动物。可在反刍动物使用该试验。静脉GTT可确定葡萄糖清除率，或葡萄糖从血浆移除的速率（也就是k值）。患糖尿病的动物葡萄糖耐受力下降，从而导致较慢的葡萄糖清除率。

　　由静脉GTT的结果还可制作胰岛素反应曲线。可使用该曲线评估 β 细胞对高血糖的反应。

## 42. 制作血糖曲线的目的是什么？

　　在治疗糖尿病患病动物的早期阶段，应制作血糖曲线来评估血糖控制效果，以及决定是否需要调整胰岛素治疗方案。每日在给动物饲喂食物和注射胰岛素后，每隔1～2h进行血糖测定，以获得一系列血糖值。可使用血糖曲线来确定胰岛素的有效性，以及最低血糖浓度和胰岛素作用的持续时间。理想状态下，胰岛素治疗的糖尿病患猫、伴发白内障的糖尿病患犬的葡萄糖浓度应维持在100～300 mg/dL，对未发生白内障的糖尿病患犬，应维持其葡萄糖浓度为100～200 mg/dL。应依据血糖曲线结果，对胰岛素的剂量、类型或注射频率进行调整。

　　血糖曲线的缺点是应激（尤其是猫）和食欲不振会影响其结果。同样地，同一病例每天或每月的血糖曲线会存在差异。

## 43. 既然胰高血糖素是一种重要的血糖调节激素，为什么在进行葡萄糖和脂质紊乱诊断时，它不是常规的检测指标？

　　虽然胰高血糖素是调节血浆葡萄糖浓度，影响脂蛋白代谢和酮体产生的重要激素，但由于下述原因不对其进行常规检测：

　　a. 通常，血浆胰高血糖素浓度的变化代表伴发于代谢（或原发性）紊乱的补偿或继发性过程。因此，血浆胰高血糖素浓度并不直接反映原发性紊乱。家养哺乳动物少见原发性胰高血糖素紊乱（如产生胰高血糖素的胰岛细胞瘤）。

    b. 胰高血糖素是一种易发生损伤的多肽激素，因此为获得准确的胰高血糖素浓度，需要特殊的样本采集和处理条件。

    c. 测定胰高血糖素的可用方法很少。一些胰高血糖素免疫检测法检测的是胰高血糖素和胰高血糖素样肽。

# 第八章

# 胃肠道与胰腺

**Michel Desnoyers** ✏

## 三十五、胃 肠 道

**1.　胃肠道由哪些部分组成?**

　　胃肠道由胃、十二指肠、空肠、回肠和结肠组成。十二指肠、空肠、回肠组成小肠。空肠是肠道中最长的一段。

**2.　抗原能被小肠正常吸收吗?**

　　食物抗原中一小部分（约占0.002%）能被小肠完整的吸收，这部分所占比重虽小，却有很重要的意义。这些抗原可能在正常的局部肠道免疫反应中起着重要的作用。

**3.　小肠疾病都有哪些临床症状?**

　　小肠疾病最常见的临床症状是腹泻，腹泻是肠道运动频率、容量和一致性的增加。呕吐症状较少见（猫呕吐可能较常见），特别是以下病例：炎性肠病（见问题58～63）、体重减轻（伴有慢性腹泻）、黑粪症、呕血、贪食、食粪症、异食癖、腹部紧张、腹部疼痛、腹鸣、胃肠胀气。

**4.　导致腹泻的主要原因有哪些?**

　　腹泻可能是渗透性的或者分泌性的，可能由渗透性增强，运动障碍或者吸收不良导致。

**5.　什么时候需要对腹泻进行实验室评估?**

　　大多数腹泻是急性的但非致命的。但是那些严重的急性腹泻和出血性腹泻需要

兽医临床病理学秘密

进行实验室评估，伴有全身症状的病例（例如，发热）或者慢性腹泻的病例也需要进行实验室评估。

6. **急慢性腹泻的病例都需要进行哪些基本检查？**
需要进行粪便的寄生虫检查，血液学检查以及血清生化检查。

7. **胃肠道疾病时全血细胞计数会出现什么样的结果？**
**红细胞指标**
PCV和总蛋白（total protein，TP）同时上升提示血液浓缩（脱水）。相反地，红细胞正常、色素正常的非再生性贫血暗示可能有慢性炎症，或者，如果是急性的，可能存在急性的胃肠道出血。这种急性失血导致的贫血往往和低蛋白血症相关。在慢性胃肠道失血的病例中（例如，继发于钩虫、溃疡、肿瘤），常发生缺铁性贫血。重要的是，继发于胃肠失血的贫血可能是再生性的，因此MCV可能在正常的参考范围内，尽管血涂片上会出现小红细胞。显微镜下进行血涂片的检查常常指示这种情况，MCV在下降之前就有可能出现小红细胞症。
**白细胞指标**
炎性肠病时会出现轻度至中度的中性粒细胞增多症，同时可能伴有核左移，不过这种变化并不是每次都出现。急性严重的胃肠道感染时可能会出现白细胞减少症，并伴随中性粒细胞减少及核左移，例如犬猫的细小病毒感染或者大型动物及小型动物的沙门氏菌感染。寄生虫感染和嗜酸性粒细胞性肠炎时可见嗜酸性粒细胞升高。淋巴细胞减少，尤其是伴随低胆固醇血症时，可能暗示淋巴管扩张。
**血小板**
除了急性或慢性胃肠道出血的病例，血小板都在正常范围内。这种情况是由血小板的增多症引发的，血小板增多是为了减少过多的血液丢失。

8. **胃肠道疾病时生化检查会有什么变化？**
a. 在慢性腹泻并伴随蛋白丢失性肠病（protein-losing enteropathy，PLE）的病例中蛋白（白蛋白和球蛋白）常常下降（见问题56），但是总蛋白检测值的解读往往需要和动物的脱水状况结合起来。慢性腹泻时白球比往往在正常范围内。
b. 血清肌酐浓度正常，BUN浓度，或者和肌酐值相比尿素氮的值不成比例的增加，都暗示小肠近端的出血。这种变化是继发于肠道酶对血红蛋白的降解。
c. 临床症状为慢性腹泻，伴有高胆固醇血症和淋巴细胞减少症，可能暗示淋

230

巴管扩张。

　　d. 原发的胃肠道疾病可能伴随肝酶（ALT、AST、ALP、GGT）的升高，这种升高可能是继发于胃肠道的损伤，损伤导致抗原和细菌毒素的吸收增强。肝脏在肠道毒素及抗原的解毒过程中起着非常重要的作用。

　　e. 电解质的变化是多种多样的。高氯血酸中毒（一些病例会出现碳酸氢盐下降伴随高氯血症及强离子差（SID < 30），尤其是急性腹泻的病例。如果脱水非常严重的话，会出现高阴离子间隙性酸中毒，这种情况可能是由经肾排酸减少（肾前性氮质血症）造成的。一些腹泻的病例中（最显著的是钩虫感染），其电解质变化与肾上腺皮质机能减退病例的变化很相似（低钠血症/低氯血症及高钾血症）。需要进行ACTH刺激试验（促肾上腺皮质激素刺激试验）以确诊肾上腺皮质机能减退，尤其是伴发腹泻的病例。

　　f. 需要注意的是，血常规和生化检查很少能为小肠疾病或者胰腺疾病提供确诊信息，还需要做更精细复杂的检查。然而，血常规检查和生化检查对评估脱水状态和大体状况，以及排除肠外或胰外的病因来讲，都是非常重要的。

## 9. 如果怀疑小肠出血而动物又没有出现明显的黑粪症，粪检中潜血检查的可靠性有多大？

　　所有的检查不仅与血红蛋白发生反应，也和肉源性食物发生反应，这样便会导致假阳性结果。因此，如果想获取可靠的结果，强烈推荐病例在检查前三天禁食肉食。

## 10. 什么是犬的细小病毒？

　　犬细小病毒Ⅱ型（Canine parvovirus type 2，CPV-2）发现于20世纪70年代末，可导致急性出血性肠炎。CPV-2具有高度传染性，并且通过粪口途径传播。它与由猫细小病毒引起的猫泛白细胞减少症（见问题23），以及水貂病毒性肠炎同属细小病毒。CPV-2在环境中很稳定，其感染性可保持数月。

## 11. 犬细小病毒引起的临床病理变化有哪些？

　　幼年动物除了急性出血性腹泻、发热、脱水等临床症状外，患犬常常出现白细胞减少症、中性粒细胞减少症、淋巴细胞减少症，并且出现中毒性中性粒细胞及核左移（图35-1和图35-2）。这种血液学变化见于超过90%的感染动物。白细胞计数低于1500～2000个/μL的现象很普遍。中性粒细胞减少症继发于肠道的丢失增加和骨髓生成减少，因为细小病毒对快速分化的骨髓细胞有毒性。中毒性中性粒细

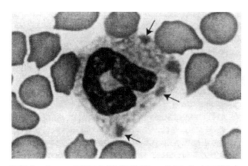

图35-1 一只患有猫瘟的猫，血液中出现了中毒性中性粒细胞，注意观察那些Dohle小体（箭号）。（改良瑞氏染色，500 ×）

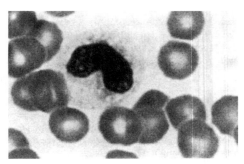

图35-2 一只患有CPV的犬血液中出现了晚幼粒细胞（改良瑞氏染色，500 ×）

胞和核左移继发于胃肠道中性粒细胞需求的增加。细小病毒易感品种包括：罗威那、杜伯曼、比特和英国史宾格犬。

**12. 怎样确诊犬感染了CPV？**

检测到粪便中的病毒或者病毒抗体都可以确诊犬感染了CPV。用于CPV检查的商品试剂盒包括：酶联免疫吸附试验（ELISA，CITE细小病毒试验，IDEXX）或者快速免疫漂移（RIM，WITNESS CPV，Synbiotics）都可以用来诊断犬的CPV，其特异性和敏感性都比较高。

**13. CPV的检查会得到假阳性或假阴性的结果吗？**

被感染的动物通过粪便排毒，潜伏期10～12 d，临床症状持续5～7 d；因此，这个时期过后可能会出现假阴性结果。而注射改良活疫苗后5～12 d内可能会出现假阳性的结果。

**14. 沙门氏菌是导致犬急性腹泻的常见原因吗？**

和其他物种相比，例如马和人类，犬很少发生沙门氏菌感染。然而，它能导致致命的疾病，主要发生于感染寄生虫、群养以及免疫抑制的犬。

**15. 犬急性沙门氏菌感染的临床症状有哪些？**

沙门氏菌感染和细小病毒感染的临床症状有些相似：急性出血性腹泻，常伴发呕吐、发热和脱水。

**16. 犬的沙门氏菌感染会有哪些血液学变化?**

血液学变化可能是非特异性的，常常伴发严重的泛白细胞减少症，或者相反，出现白细胞增多症。大多数病例可能会出现核左移以及中毒性中性粒细胞，是外周组织对靶细胞需求增加的一种表现（图35-1和图35-2）。

**17. 怎样确诊沙门氏菌感染?**

对粪便进行细菌培养是确诊沙门氏菌感染的关键。

**18. 什么是出血性胃肠炎?**

出血性胃肠炎是一种以急性腹泻并伴随严重的血液浓缩为特征的急性综合征。腹泻的大便像草莓酱，往往伴随呕吐和腹部紧张。与细小病毒感染和沙门氏菌感染相比，这种综合征中发热症状比较少见。

**19. 出血性胃肠炎的原因都有哪些?**

出血性胃肠炎的真正原因并不清楚。最近有两种理论解释了出血性胃肠炎的成因：一种是Ⅰ型过敏反应，另一种是产气荚膜梭菌产生的肠毒素。

**20. 出血性胃肠炎有易感品种吗?**

这种综合征的确有易感品种。小型犬例如玩具贵宾犬、迷你雪纳瑞都是易感品种。

**21. 除了临床症状，临床病理变化有助于出血性胃肠炎的诊断吗?**

出血性胃肠炎最常见的血液生化变化可能是显著的血液浓缩，尽管存在胃肠出血，PCV常常高于55%～60%。PCV升高的同时，TP并没有平行的升高。未出现严重的炎症反应时，CBC有助于将该病与CPV感染和沙门氏菌感染进行鉴别。

**22. 怎样确诊出血性胃肠炎?**

由于出血性胃肠炎的确切原因并不清楚，也就无所谓确诊的检查。但是粪便检查产气荚膜梭菌孢子或肠毒素阳性，并结合临床症状，可支持这一诊断。

**23. 猫瘟（泛白细胞减少症）的病因是什么?**

猫瘟的病原是细小病毒，和犬的细小病毒相似。这就意味着猫瘟的临床症状和传染性与犬细小病毒感染相似。

**24. 猫瘟（泛白细胞减少症）的临床病理变化有哪些？**

顾名思义，猫瘟会导致所有WBC的细胞减少，尤其是中性粒细胞和淋巴细胞。WBC计数小于2000个/μL的现象非常常见，并且伴随核左移及出现中毒性中性粒细胞（图35-1和图35-2）。

**25. 犬猫寄生虫感染常见吗？**

犬猫寄生虫感染非常常见，包括蠕虫（线虫、钩虫、鞭虫、绦虫、类圆线虫）和原虫（球虫、隐孢子虫、贾第鞭毛虫）。

**26. 所有寄生虫感染都能导致其宿主产生相应的血液学和生化变化吗？**

尽管能造成肠壁损伤的寄生虫（例如，钩虫）会导致外周血液中嗜酸性粒细胞增加，但球虫类的寄生虫并不会引起血液学和生化检查的变化。因此寄生虫感染时并不总是出现嗜酸性粒细胞增多症。严重寄生虫感染的动物可能会出现低蛋白血症，但是这种情况也不一定会出现。钩虫感染可能会导致失血性贫血，如果感染很严重并且营养不良，则会导致缺铁。粪便检查仍然是确诊寄生虫感染的最好方法。

**27. 什么是吸收不良？**

吸收不良是指营养消化或吸收障碍。各种病理过程都可能导致吸收不良。

**28. 消化不良和吸收不良不同之处有哪些？**

尽管消化不良被定义为食物消化障碍，而吸收不良被定义为被消化的食物出现吸收障碍。这两者之间的区别比较主观。例如，如果食物没有被消化，那么吸收不良是不可避免的。因此，对于一些学者来讲，吸收不良这个全球通用的术语指的是食物没有经过良好的消化或吸收的过程。

**29. 吸收不良的主要原因有哪些？**

吸收不良的原因可以粗略地分为：腔内的、黏膜的，或者黏膜后条件，但是不同类型之间存在较多重叠。

a. 腔内吸收不良的病因包括胰外分泌不足（见问题32），胆汁淤积性肝病以及小肠细菌生长过度。

b. 黏膜性吸收不良的病因包括乳糖缺乏、绒毛萎缩以及炎性肠病（参见稍后的问题）。

c. 黏膜后吸收不良的病因包括淋巴管扩张、肿瘤以及门静脉高压。

## 30. 吸收不良的病例都有哪些临床症状?

最常见的临床症状主要是伴随体重减轻的慢性腹泻，也可能出现呕吐。然而，值得注意的是，吸收不良的病例并不一定出现腹泻。

## 31. 哪些临床病理学的检查可以用于诊断吸收不良?

吸收不良的临床病理学的检查项目取决于潜在的病因。两个最常见的病因是肠道问题和胰腺问题（见如下问题）。

## 32. 什么是胰腺外分泌不足（exocrine pancreatic insufficiency, EPI）?

成年犬EPI最常见的病因是慢性胰腺腺泡的萎缩。虽然在其他动物也有一些案例报道，但主要发生于犬，且某些品种具有自发性。德国牧羊犬和粗毛柯利犬具有一种遗传性的免疫介导性疾病，称为萎缩性的淋巴细胞性胰腺炎，最终也会导致慢性腺泡萎缩。胰腺发育不全和慢性胰腺炎可能是导致犬EPI的罕见原因，猫的情况也相似。

## 33. EPI病例有哪些临床症状?

EPI患犬典型的临床症状包括半成形的大便或者腹泻，往往伴随体重减轻和多食，尽管主诉可能包括厌食和缺氧。大便也可能呈现油腻或者变色的外观，但是这些变化不总出现。也有食粪症和异食癖的报道。患病动物几乎不出现精神沉郁或者嗜睡的现象。猫的临床症状和犬的相似，但是猫比犬更容易出现呕吐和厌食。

## 34. 由于EPI和肠道疾病的临床症状很相似，什么样的检查可以用来诊断犬猫的EPI?

一些检查可以用来检查胰腺外分泌不足，每种方法都各有千秋。包括胰淀粉酶样免疫反应性（trypsin-like immunoreactivity, TLI），胰弹性蛋白酶试验，口服TG（玉米油）激发试验，BT-PABA（苯替酪胺）试验，以及粪便脂肪测试等（见下面的问题）。

## 35. 为什么血液学和常规的生化检查（淀粉酶和脂肪酶）没有列入犬猫EPI的诊断检查项目中?

血液学和常规生化检查并不能充分地显示出胰腺外分泌不足病例的特异性变化，因此兽医师更倾向于把这些项目作为常规体检的项目，而不是把它们作为一种诊断的工具。而且，血清淀粉酶和脂肪酶并不是衡量胰腺功能的可靠指标，不能用于诊断EPI（见下面关于胰腺炎的问题）。

### 36. 哪种检查对诊断EPI比较可靠？

血清TLI是犬猫EPI敏感性和特异性最强的检查项目。因为TLI分析具有种属特异性，需要到兽医实验室而不是人医实验室进行检查。血清TLI测量的是从胰腺中正常渗漏到血液中的胰蛋白酶原的含量。因为胰蛋白酶原具有胰腺特异性，所以TLI试验对胰腺组织功能具有很好的指示作用。诊断EPI病例时TLI的敏感性和特异性几乎达到100%。

### 37. 犬猫患有EPI时TLI的值大概是多少？TLI的检查如何操作？

a. 犬：小于2.5 μg/L（参考范围5～35 μg/L）

b. 猫：小于8～10 μg/L（参考范围17～49 μg/L）

诊断EPI时血清TLI浓度测定前动物需要禁食12h以上，以避免"灰区"值。采样时不需要特异的采血管，红头管即可。

### 38. TLI血清样本送检前需要特殊处理吗？

TLI极度耐热，因此血清样品在室温下放置数小时对结果没有太大影响，冰冻冷藏也是如此。理想条件下，和其他生化分析一样，血凝块形成1～4h后要分离血清。据报道轻度至中度溶血、脂血症或者黄疸不会影响结果。

### 39. 犬猫TLI的"灰区"范围是多少？如果得到这样的结果该怎么办？

犬的TLI的"灰区"范围是2～5 μg/L，猫的TLI的"灰区"范围是10～17 μg/L。对于那些处在"灰区"范围内而又具有EPI临床症状的病例，一些学者认为可以用胰酶进行治疗，并且在1～2个月之后重新检查TLI的值，看TLI的值是否下降的更多。胰酶并不会影响TLI的值。

### 40. 患有EPI的动物在进行TLI检查时其结果可能在正常范围内或者偏高吗？

据病例报道：一只同时患有EPI和胰腺炎的犬，既有胰腺炎的临床症状（呕吐、腹泻），又有胰腺外分泌不足的临床症状（大便稀软、体重减轻）。TLI值很高（50 μg/L），但是其他试验结果（口服TG试验、粪便的蛋白水解消化）符合EPI。尸检时发现该犬患有慢性胰腺炎。因此，EPI病例的TLI值可能正常或偏高，这种情况虽然少见但也可能发生，不过其他临床症状以及除TLI之外的异常检查结果也必须支持相关的病理变化。

41. **由于德国牧羊犬和粗毛柯利犬易发胰腺腺泡萎缩，如果犬的TLI值降低但犬并没有表现出典型的EPI症状时该怎么办？**

一些犬的TLI值在重复检查时可能一直比较低（＜5 μg/L），尽管充足的胰腺储备能防止或者减慢临床疾病的发生（例如，贪吃和体重减轻）。EPI的发展在个体动物间变化较大，一些发展中的EPI病例需要补充胰酶而另一些不需要。对于这些动物（不管有无免疫介导性问题）不推荐使用免疫抑制的疗法。只有患病动物出现EPI的临床症状时才需要给它们补充胰酶。

42. **粪便中的胰弹性蛋白酶1被认为是诊断人类胰腺外分泌不足的金标准，这种方法是否适用于犬猫？**

在人医临床，粪便中胰弹性蛋白酶1的检查是一种非侵入性的胰腺功能测试，具有高敏感性和高特异性。胰弹性蛋白酶是一种专门由胰腺腺泡细胞分泌的酶原，经大便排泄到体外，患有胰腺疾病的病例该值会降低。这种酶原非常稳定，在肠道中不能被蛋白水解酶分解。

最近，发展了一种针对犬的夹心ELISA测试方法，这种方法的敏感性和特异性都很强。现可购买到商品试剂盒（ScheBo，Biotech AG）。但到目前为止，还没有针对猫的相关技术的研究。

43. **其他动物源性的弹性蛋白酶（如含有其他动物弹性蛋白酶的胰酶补充剂）会干扰犬胰弹性蛋白酶商品试剂盒的测试结果吗？**

研究表明：犬EPI夹心ELISA试验中没有发现人类、牛及猪的弹性蛋白酶。这就意味胰酶补充剂对试验结果无干扰。

44. **患有EPI的犬的胰弹性蛋白酶可能出现什么结果？**

因为关于犬胰弹性蛋白酶的研究很少，所以只能给出初步结果。粪样中胰弹性蛋白酶检测值小于10μg/g可以提示EPI，但是需要更深入的研究来证实这一结论。

45. **如果不能立即进行检查，犬的胰弹性蛋白酶能否稳定？**

如果不能立即进行检查，粪样最好冷冻处理（−20℃），以防酶的降解。

46. **明胶对粪便的消化检查（或者X线片）可靠吗？**

粪便的蛋白水解活性已在兽医诊疗中应用了很多年。然而，这种检查方法的结果很令人困扰，其结果取决于检查的方法，在采集粪便样品和分析的间隔期避免蛋白酶自我降解也是非常重要的。X线片、明胶、粪便消化测试易于操作，但是，这些检查的可靠性比较低，因为这一过程并未标准化。而且，明胶消化的判读比较难，能导致很多假阳性的结果。假阳性的结果可能是由肠道细菌的水解造成的。假阴性结果可能是由样品采集与分析之间的时间延误所致，也可能是由严重腹泻使胰酶被稀释造成的。

### 47. 除了X线片测试，还有其他的粪便蛋白水解消化测试吗？

其他可以检查蛋白水解活性的测试包括偶氮酪蛋白或者包含酪蛋白的琼脂凝胶，理论上，患有EPI的犬猫蛋白酶的活性应该比较低，但是一些健康犬猫的粪便可能会间歇性出现低蛋白酶活性。这就意味着需要对不同的粪样进行复检，如果只能获取一次样本的话，待测犬需要饲喂大豆日粮2d以增加真阳性的检出率。

### 48. 经口TG刺激试验以及患有EPI犬的预期结果是什么？

犬患有EPI或者原发性小肠疾病时，脂肪吸收出现障碍，所以可以用经口TG刺激试验进行检测。犬禁食12h后口服玉米油，如果患犬有胰腺或者肠道疾病，餐前和餐后的血清TG浓度应该差不多。用胰酶补充剂（例如，Viokase-V）重复检查的时候，如果动物患有EPI，餐后TG至少会比基础值升高两倍。但是，也会出现假阳性和假阴性结果，而且经口TG刺激试验不能用以确诊EPI。即使胰酶急剧下降或者缺乏，EPI患犬也可能呈现假阳性的结果，因为超过80%的TG可能会被吸收。即使犬使用了胰酶补充剂，一些EPI病例也会出现假阴性的结果，因为肠道游离FA的吸收可能会下降。

经口TG（玉米油）刺激试验不适用于猫。

### 49. BT-PABA试验和患有EPI的病例的预期结果是什么？

在TLI及胰弹性蛋白酶试验未开展之前，BT-PABA（N-苯甲酰-L-酪氨酰-p-氨基苯甲酸）试验，或者苯替酪胺试验，对EPI的诊断很有用。怀疑EPI的犬口服BT-PABA后，对血清或尿液中的BT-PABA的值进行监测。血清中或者尿液中低水平的PABA提示EPI。但是，由于EPI和小肠疾病的检查结果有可能会重合，有时候判读比较困难。与TLI和粪便的蛋白水解分析相比，苯替酪胺试验并不占优势，这种方法现在几乎不用了，特别是该试验难度大、价格贵。BT-PABA和TLI试验相比只有一点优势，就是有助于那些胰液流动受阻的病例的诊断。在这种条件下，胰蛋白酶原释放入血液而不是肠道内，导致EPI样的临床症状，但是血清TLI检查结果在正常范围内；然而，粪便蛋白水解和胰弹性蛋白酶的检查结果应该是异常的。苯替酪胺试验不能用于猫，因为猫的正常参考范围太宽泛。

### 50. EPI病例进行粪便的脂肪检查有用吗？怎样判读检查结果？

粪便的脂肪检查可以是定性的也可以是定量的。犬和猫的粪便定性脂肪检查是不可靠的，因为假阳性率比较高。如果要使用这种检查方法，动物需要在采样前48～72h饲喂脂肪含量中等（大约为8%）的食物，并且至少分析两份样品。定性粪便脂肪检查可以分为直接检查和间接检查两种。直接检查能检测未消化的脂肪（TG），间接检查能检测分解的脂肪（例如，FA）。

直接检查的操作为：放置一点儿新鲜的粪便于玻片上，混合一滴苏丹Ⅲ或苏丹Ⅴ，盖上盖玻片，然后在低倍镜（10×）下观察。每个低倍视野下见到多于3个大的、折光的橘红色的液滴即可判为阳性。

间接检查的操作为：加1～2滴冰醋酸至直接检查的盖玻片边缘，加热玻片近沸腾，当盖玻片下开始出现一些气泡时停止加热。玻片要在冷却之前进行镜检。加热和冰醋酸使粪便转化为不溶性的游离脂肪酸，并聚集成大的脂肪球。肠道吸收不良患犬的粪样在低倍镜下每个视野至少能见到3个大脂肪球。

理论上来讲，患有EPI的动物直接或者间接检查的结果都应该是阳性的，而患有肠道疾病的动物只有间接检查的结果是阳性的。实际上，粪便的脂肪检查并不能鉴别出犬猫的脂肪痢是由胰腺疾病还是肠道疾病引起的。

由于耗时久、价格贵、并且操作不便（收集72h的粪便），粪便的定量检查很少应用。况且，一些研究表明这种检查不能精确地区分病因是EPI还是原发性的小肠问题。

粪便的脂肪检查不能用于确诊，也不能作为EPI的甄别检查项目。

### 51. 如果基于实验室检查结果已经排除了EPI，现在怀疑是小肠疾病，需要做什么样的检查来确诊？

如果已经排除了犬猫寄生虫（粪检）、全身疾病（CBC、生化检查、包括老年猫的甲状腺素），以及肠道问题（X线检查、超声检查），还需要进行一些特异性的检查。这些检查可能包括D-木糖吸收，结合木糖/3-O-甲基-D-葡萄糖，经口TG刺激试验（之前在EPI的讨论中提过），粪便中脂肪排泄物（也和EPI一起讨论过了），以及血清叶酸和钴胺素（$VB_{12}$）浓度（见如下问题）。

### 52. D-木糖吸收试验是怎样的？

D-木糖是一种外源性的戊糖，通过载体转运被小肠吸收。在吸收之后并不进行代谢，而是通过尿液完整的排泄。这种试验的操作方法为：在给予D-木糖3h后检查血液中的木糖浓度，或者5h后检查尿液中木糖的浓度（见第36章中的参考文献）。如果出现继发于小肠疾病的吸收不良，血清中或尿液中会出现较低的峰值。

在人类，D-木糖吸收试验是原发性肠道疾病的筛查工具。犬的木糖试验不够精确，并且特异性和敏感性都相对较差。这可能是由多种因素引起的，包括肠道主动转运能力下降（和人类相比），可能与通过紧密连接或者膜孔的非特异性吸收增加有关。并且，犬50%以上的D-木糖可能在排泄之前已被代谢。这就意味着患有小肠疾病的动物中，血浆木糖的浓度并不一定会降低；或者无小肠疾病的动物中，血浆木糖的浓度可能会下降。另外，患有EPI的犬的结果可能是异常的。

D-木糖检查不能用于猫。由于存在大量的个体差异，这种检查方法似乎对猫的小肠疾病的诊断非常不敏感。

### 53. 木糖/3-O-甲基-D-葡萄糖综合试验是怎样的？

木糖/葡萄糖试验因技术含量高而未被广泛应用，但它对犬猫小肠疾病具有一定的诊断意义。这项检查的合理性在于这两种糖通过小肠黏膜的吸收率不同，3-O-甲基-D-葡萄糖的吸收率接近于100%，甚至在一些严重的小肠疾病中也可以作为"常量"，用以与D-木糖进行对比。

### 54. 血清中叶酸和钴胺素浓度的测量方法是什么？

用以诊断小肠疾病的叶酸和钴胺素浓度检查方法的试验原理在于，（a）叶酸是经过载体转运在空肠近端吸收，（b）钴胺素是由受体介导的内吞作用在回肠中吸收的。近端小肠疾病的病例中，血清叶酸的浓度会下降。远端小肠疾病的病例中，血清钴胺素的浓度会下降。如果肠道发生了弥散性的病变，血清叶酸和钴胺素的浓度都会下降。这种检查对犬猫都很有帮助，但它只是一种筛选试验，不能用来确诊小肠疾病。

### 55. 测量叶酸和钴胺素的浓度时会出现假阳性或假阴性的结果吗？

血清暴露于强光下钴胺素值可能会下降，正确处理血清样本很重要。因为红细胞中富含叶酸，发生溶血的血清样品中叶酸的值可能会升高。小肠细菌生长过度会导致小肠疾病，增加的细菌会过量地合成叶酸并结合钴胺素，可能会导致叶酸浓度升高而钴胺素浓度下降。然而事实上，细菌生长过度很少会导致这些变化。据报道患有EPI的犬血清叶酸的浓度升高钴胺素浓度下降，这可能继发于胰腺外分泌活性下降导致细菌过度繁殖。另外，胰蛋白酶也参与结合蛋白释放钴胺素，而且胰腺是内因子的一种来源，该因子对钴胺素的吸收是至关重要的。因此在检测血清中叶酸和钴胺素浓度之前排除EPI是非常重要的。

### 56. 什么是蛋白丢失性肠病？其临床病理变化都有哪些？

蛋白丢失性肠病（protein-losing enteropathy，PLE）是一个专业术语，指的是一种丢失血浆和其他包含蛋白组织的小肠疾病。很多原因都会导致PLE，包括淋巴浆细胞性肠炎、嗜酸性粒细胞性肠炎、肉芽肿性肠炎、弥散性胃肠道肿瘤、异物、肠套叠、小肠细菌生长过度，病毒、细菌或真菌性肠炎，淋巴管扩张，免疫介导性疾病。稍后详述某些疾病。

PLE病例生化检查时最一致的变化是出现低蛋白血症，通常低白蛋白血症和低球蛋白血症同时出现。但也有例外，例如，巴辛吉犬会出现以低白蛋白血症为特征的PLE，但是同时出现高球蛋白血症。尽管患有弥散性肠道组织胞浆菌病的犬肠道蛋白丢失会增加，但血清球蛋白的值可能在正常范围内或者升高。并且，继发于低白蛋白血症的腹水很少发生，只有当血清中白蛋白的浓度低于1.0～1.2 g/dL时，患病动物才会出现腹水。

患有嗜酸性粒细胞性肠炎的病例未必会出现外周嗜酸性粒细胞增多的现象，不能用于诊断该病。外周嗜酸性粒细胞增多症更常见于寄生虫感染的病例。

在一些淋巴管扩张的病例中，可能会出现低胆固醇血症和淋巴细胞减少的现象。

### 57. 哪种检查可以确诊PLE？

肠道活组织检查仍然是确诊PLE最好的方法。

### 58. 如果犬体况太差，不能承受麻醉、开腹探查、肠道活组织检查的话，还有其他诊断PLE的方法可供选择吗？

当病犬不能承受活组织检查来确诊PLE时，有两种非侵入性的检查可供选择：$^{51}$Cr标记白蛋白和粪便$\alpha_1$-蛋白酶抑制剂。

$^{51}$Cr标记白蛋白测试的操作方法为：通过静脉注射$^{51}$Cr氯化物或者外源性$^{51}$Cr标记白蛋白。通过静脉注射已知剂量的上述一种物质，采集72h内的粪便。粪便中的放射量就会反映出胃肠道中白蛋白丢失的水平。一只健康犬会排出少于5%的标记白蛋白或者氯化物。曾经报道患有PLE的犬蛋白丢失超过50%的案例。

由于检查需要采集72h的粪便，并且使用放射性的材料，这种方法目前很少应用。

粪便α₁-蛋白酶抑制剂是一种内源性的血清蛋白抑制剂，可以抵抗肠道细菌的退化。PLE病例中会有一小部分出现粪便α₁-蛋白酶抑制剂增加的现象，因此通常需要采集三次粪样。

### 59. 什么是炎性肠病？

炎性肠病（inflammatory bowel disease，IBD）是以消化道有炎性细胞浸润为特征的一组异质性疾病。某些类型的IBD会导致蛋白丢失性肠病。炎性细胞包括：淋巴细胞、浆细胞、嗜酸性粒细胞、中性粒细胞或者巨噬细胞。这种类型的胃肠道疾病的典型临床表现为慢性呕吐和腹泻。

### 60. 哪种炎性肠病最常见？

淋巴细胞浆细胞性肠炎（lymphoplasmocytic enteritis，LPE）是小动物IBD中最常见的类型。LPE确切的病因尚不清楚，但是肠道细菌的局部免疫刺激是一种原因。易感品种：巴辛吉犬、拳师犬、德国牧羊犬、沙皮犬。纯种猫易感LPE。

### 61. LPE会引起相关的血液学和生化指标的变化吗？

LPE病例出现轻度中性粒细胞增多症和核左移的报道不多，而其他类型的炎性肠病也有报道，所以这些变化不具有特征性。患有LPE的病例可能会出现低白蛋白血症和低球蛋白血症，其他类型的PLE也可能会出现相似的变化。大约25%患有LPE的猫可能会出现肝酶的轻度升高，包括ALT、AST和ALP。这些酶的升高可能是源自于肝脏对肠道炎症的反应。LPE的病例中没有报道淋巴细胞增多症或者高球蛋白血症。通过肠道活组织检查可确诊该病。

### 62. 除了LPE，哪种类型的炎性肠病最常见？

嗜酸性粒细胞性肠炎的发病率仅次于LPE。犬猫都会发生这种疾病（猫较少见），病因尚不清楚。除了小肠外，嗜酸性粒细胞性肠炎还会牵涉到胃和结肠。和LPE一样，可能会导致PLE。对于猫来说，嗜酸性粒细胞性肠炎是更为严重的高嗜酸性粒细胞性综合征的一部分，多个器官都会被嗜酸性粒细胞浸润。

### 63. 嗜酸性粒细胞性肠炎病例的胃肠道会有嗜酸性粒细胞浸润，那么全血细胞计数会出现嗜酸性粒细胞增多的血象吗？

嗜酸性粒细胞性肠炎病例外周血液中一般不会出现嗜酸性粒细胞增多症。如果出现，辨别嗜酸性粒细胞的来源是很重要的，此时需对寄生虫感染、肠道肿瘤（例如肥大细胞瘤、淋巴瘤）其至肾上腺皮质机能减退进行鉴别诊断。和LPE相同，嗜酸性粒细胞性肠炎也是通过活组织检查确诊的。

# 三十六、胰　　腺

**1.　如何分类胰腺炎?**

胰腺炎是胰腺的炎症反应，可以分为急性和慢性。急性胰腺炎常常以炎症的急性发作为特征，慢性胰腺炎是一种渐进性的炎性过程，如果得不到控制，可能会发展成EPI和DM。

**2.　胰腺炎的发病机制是什么?**

胰腺富含消化酶，对食物的消化吸收至关重要。为了防止胰腺自身消化，一些消化酶是以无活性的酶原形式储存胰腺中的，只有释放入肠道或者在特定的生理条件下才会被激活。酶原合成时被包裹在颗粒中，避免与溶酶体酶反应，以防在胰腺内被意外激活。胰腺炎病例中，普遍认为酶原颗粒的异常融合和溶酶体酶会导致酶原在胰腺内被激活，最显著的变化是胰蛋白酶原转化为胰蛋白酶。一旦胰蛋白酶被激活，就会发生多米诺效应，导致腺体内更多的胰酶被激活，引起胰腺的自身消化。同时，也会激活许多炎性介质，包括肿瘤坏死因子-$\alpha$（tumor necrosis factor-$\alpha$，TNF-$\alpha$），白介素-1（interleukin-1，IL-1），IL-2，IL-6，IL-8，IL-10，干扰素-$\alpha$（interfero-$\alpha$，IFN-$\alpha$），IFN-$\gamma$，一氧化氮（NO），以及血小板活化因子（platelet activating factor，PAF）。这些介质在炎症发展过程中起了非常重要的作用。

**3.　只有犬才会发生急性胰腺炎吗?**

直到20世纪90年代初，人们还认为猫很少发生急性胰腺炎。随着更为复杂的试验的开展（见问题9～13），人们才发现尽管猫胰腺炎的发病率远远低于犬，但还是比之前认为的要多。

**4.　犬猫急性胰腺炎有哪些临床症状?**

大多数犬胰腺炎病例都是超重的中老年犬。临床症状可能与最近摄入含大量脂肪的食物相关，急慢性胰腺炎的临床表现各有不同。急性胰腺炎病例的临床症状包括厌食、沉郁、呕吐以及可能出现严重腹痛。也可能出现腹泻，但是比呕吐少见，一些动物甚至出现休克。慢性胰腺炎病例的临床症状多种多样，无特异性，使得诊断更为困难。

猫的临床症状可能不太明显。一些病例中，猫不表现任何临床症状，只有在尸检时才能确诊；有些症状不易被主人发现。在严重胰腺炎病例中，猫最常见的临床症状为无力、厌食。犬胰腺炎病例常见的临床症状包括呕吐和腹痛，而只有大约1/3的胰腺炎患猫会出现呕吐，大约1/4患猫会出现腹痛。

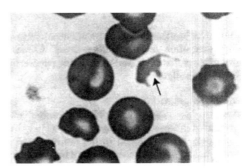

图36-1　一只急性胰腺炎患犬的血涂片，显示裂红细胞（箭号）——红细胞碎片。（改良瑞氏染色，500 ×）

## 5. 急性胰腺炎患犬会出现怎样的血液学变化？

犬急性胰腺炎病例常见中性粒细胞增多症。如果是严重的胰腺炎（常常表现出更严重的临床症状），中性粒细胞增多症可能伴随核左移并出现中毒性中性粒细胞。常见继发于脱水的红细胞增多症（Hct升高，Hgb升高，RBC计数升高）。如果发生了出血性胰腺炎，可能会出现轻微的贫血（非再生性或再生性，取决于病程），但是贫血可能会被脱水掩盖，导致红细胞参数在正常范围内。如果急性胰腺炎非常严重，可能会导致DIC，也可能在血涂片上表现血小板减少症和红细胞的病理变化，包括裂红细胞（图36-1）、角膜细胞（图36-2）以及棘红细胞（图36-3）。

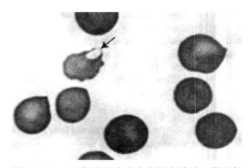

图36-2　一只急性胰腺炎患犬的血涂片，显示角膜细胞（箭号）。注意那些类似钝角的投影变化。（改良瑞氏染色，500 ×）

## 6. 急性胰腺炎患犬的常规生化检查有哪些变化？

a．犬的急性胰腺炎很容易出现高血糖，并且伴发应激以及和胰岛素相关的胰高血糖素生成增加。监测胰腺炎病

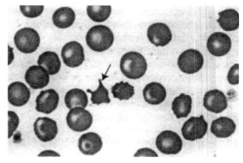

图36-3　一只急性胰腺炎患犬的血涂片，显示棘红细胞（箭号）。这种病理性红细胞在长度和宽度上有各种各样的变化，可以与钝锯齿状红细胞区分开来（改良瑞氏染色，500 ×）

例的血糖很重要，因为糖尿病可能会成为暂时性或永久性的并发症。

b. 肝酶升高，常见 ALT、AST、ALP和GGT浓度升高。肝酶浓度的升高是一系列因素共同作用的结果，包括肝脏损伤、肝脏局部缺血，以及继发于毒性产物的损伤。这些毒性产物由胰腺释放，通过门静脉进入肝脏，如果肝细胞的损伤很严重，可能会出现肝内或肝外胆汁淤积，导致高胆红素血症，并且可能出现黄疸。

c. 常见高胆固醇血症和高TG血症，发生严重的高TG血症时，血清可能呈牛奶样外观。

d. 可能会出现低钙血症，尤其是胰腺坏死的病例，但是往往没有严重到出现临床症状的程度。低钙血症的病因目前仍不清楚，但是可能与钙盐沉积（像肥皂一样）相关，源自于释放入腹腔的胰酶对脂肪的分解。另外一种解释是细胞膜的完整性受到破坏之后，钙转移至软组织（例如，肌肉）。

e. 常出现继发于脱水的肾前性氮质血症，因此血BUN和肌酐的水平会升高。急性胰腺炎时监测血清肌酐和BUN的水平很重要，因为胰腺炎可能并发急性肾衰，可能与严重的血管收缩和血容量降低持续时间延长相关，尽管较少发生急性肾衰。

f. 犬发生急性胰腺炎时，电解质的变化也相对较为常见。可能会出现继发于呕吐的血容量降低的症状。如果急性胰腺炎患犬出现了短暂的糖尿病，尽管有呕吐，血钾可能仍在正常范围内。因为升高的胰高血糖素/胰岛素的比值可以阻止细胞内的钾离子从血清转移至细胞。氯离子可能会上升（如果动物出现脱水），或者在正常范围内，或者降低（呕吐丢失HCl）。钠离子可能会升高（脱水）、或者在正常范围内、或者降低（腹泻或者继发于胰腺炎的腹水从第三腔丢失）。

**7. 淀粉酶和脂肪酶有助于诊断犬胰腺炎吗？**

淀粉酶和脂肪酶都来源于胰腺，但是也有一部分自胰腺外的组织，例如小肠和胃黏膜。淀粉酶和脂肪酶都经过肾脏消除，因此肾衰时这两个值可能会升高2～3倍。肾前性的氮质血症能否引起淀粉酶和脂肪酶升高尚存争议。临床医生在判读严重脱水的动物的淀粉酶和脂肪酶指标时要慎重，除非升高至上限的4～5倍，且临床症状符合，才很可能是胰腺炎。

由于脂肪酶比淀粉酶分布的组织少，在诊断犬胰腺炎时脂肪酶比淀粉酶更具有参考价值。然而，其他非胰腺因素也可能会导致脂肪酶升高。使用皮质类固醇（地塞米松或泼尼松）可能会导致脂肪酶升高3～5倍，而淀粉酶不会平行增加。因此，如果怀疑一只使用了地塞米松或者泼尼松的犬患有胰腺炎，应该参考淀粉酶和脂肪酶的值，如果两者都升高的话，才考虑胰腺炎。

**8. 因为淀粉酶和脂肪酶在诊断胰腺炎时都存在缺点，还有更好的检测方法吗？**

理论上有两种方法可以确诊犬胰腺炎：胰蛋白酶样免疫反应性（trypsin-like immunoreactivity，TLI）和胰脂肪酶免疫反应性（pancreatic lipase immunoreactivity，PLI）。奇怪的是，在诊断胰腺炎时，TLI比总脂肪酶的敏感性低，只有35%。在TLI值升高的病例中，酶的值常常很高（> 35 μg/L）。但是，血清TLI值高低似乎和疾病的严重性没有直接的联系。最近的研究指出，在20只患有胰腺炎的犬中，只有3只犬的TLI的水平高于对照组的最高值，这证实了一些胰腺炎患犬的TLI值可能处于正常范围内。与淀粉酶和脂肪酶一样，肾脏也排泄TLI，因此对肾功指标的评价有助于探究TLI水平异常的原因，因为肾功能衰竭可能会导致TLI升高2～3倍。TLI的分析具有种属特异性，因此应在兽医实验室测定TLI值。

迄今为止，诊断犬胰腺炎最好的方法是测定PLI。犬的PLI的参考范围是2.1～102.1 μg/L。如果将诊断犬胰腺炎的临界值设为200 μg/L，则PLI的敏感性高达82%，高于总脂肪酶（55%）、TLI（35%）和腹部超声检查（68%）的敏感性。而且，脱水、肾衰和使用泼尼松不会引起PLI值升高。

**9. 猫胰腺炎可能会出现什么样的血液学变化？**

一些猫在刚发病时会出现中性粒细胞增多症，同时可能伴有核左移。有些猫还可能出现贫血，但是再水合后贫血猫的比例会更高，这指示初诊时贫血可能会被脱水掩盖。贫血可能是再生性或非再生性的，可能继发于胃肠道或腹部失血，或者治疗脱水或休克时的紧急输液。血小板计数往往在正常范围内。

**10. 猫患胰腺炎时，血液生化检查可能会出现什么样的变化？**

大多数胰腺炎患犬会出现生化变化，胰腺炎患猫也一样（见问题6）。患有胰腺炎的猫比犬更易发生高胆红素血症和黄疸。患有坏死性胰腺炎的猫易于发生高血糖，与此相反的是，患有化脓性胰腺炎的猫倾向于发生低血糖。与犬不同的是，猫的低钙血症往往和原发性的低白蛋白血症相关。

**11. 淀粉酶和脂肪酶也可用于诊断猫胰腺炎吗？**

一些研究表明，淀粉酶和脂肪酶对猫的胰腺炎的诊断没有什么帮助。

**12. 诊断猫胰腺炎最好的方法是什么？预期结果是什么？**

腹部超声、腹部断层扫描以及血清TLI已用于猫胰腺炎诊断的研究。TLI的测定被认为是敏感性最高的诊断方法，尽管其敏感性远远低于100%。如果用TLI >

49 μg/L作为诊断临界值，则其敏感性为86％，如果使用TLI > 100 μg/L作为诊断临界值，则其敏感性为33％。尽管如此，TLI仍被认为是敏感性最高的诊断方法。

13. **如上所述，是否表明猫胰腺炎病例的TLI值可能在正常范围内？**

由于猫胰腺炎的性质，其TLI值可能在正常范围内。患猫在疾病初期时可能会释放大量的酶，继而少量释放，此时TLI值可能处于正常范围内。

14. **由于猫发生胰腺炎时TLI值并不一定升高，那么PLI值会升高吗？**

初步研究表明在猫胰腺炎的诊断上PLI优于TLI。PLI值在发病前4天内升高（TLI值在发病前2天内升高），但是PLI对猫胰腺炎是否具有诊断意义还需要进一步的研究证明。

15. **猫PLI的参考范围及临界值为多少？**

初步研究表明猫PLI的参考范围为2.0～6.7 μg/L。指示患胰腺炎的临界值为12 μg/L。正如问题14所述，这些发现是否正确有待进一步研究证明。

# 第九章

# 内分泌系统

✦ **Susan J. Tornquist**

## 三十七、甲状腺疾病实验室检查

1. **猫甲状腺机能亢进的最佳诊断试验是什么？**

   大多数甲状腺机能亢进患猫的血清总甲状腺素（thyroxine，$T_4$）浓度超过参考值。对于大约90％患有甲状腺机能亢进的猫，检测总$T_4$浓度具有一定的诊断意义。

2. **检测血清总三碘甲状腺原氨酸（triiodothyronine，$T_3$）浓度对于诊断猫甲状腺机能亢进有何作用？**

   猫甲状腺机能亢进时血清总$T_3$浓度通常会升高，但是有33.5％的患猫血清总$T_3$浓度处于参考范围。因此，和总$T_4$相比，总$T_3$诊断意义不大。实际上，所有的猫的总$T_3$浓度上升时，其$T_4$浓度也会上升。

3. **为什么有些甲状腺机能亢进的猫总$T_4$浓度会处于参考范围内？**

   有些甲状腺机能亢进的猫总$T_4$浓度之所以会处于参考范围内，是基于以下几种原因：

   a. 处于甲状腺机能亢进早期，此时甲状腺素的过度产生才刚刚开始。

   b. 采样时造成$T_4$浓度的正常浮动恰巧使总$T_4$浓度处于参考范围内。

   c. 甲状腺机能亢进的猫并发非甲状腺疾病时，总$T_4$浓度可能降至参考范围内。

4. **如何诊断总$T_4$浓度处于参考范围但患有甲状腺机能亢进的猫（占10％）？**

   有三种方法可以诊断患有甲状腺机能亢进但其总$T_4$浓度却处于参考范围内的猫：

   a. 几周后重新测定总$T_4$浓度。

　　b.　测定游离$T_4$浓度。

　　c.　使用动态甲状腺功能测试，$T_3$抑制试验或促甲状腺素释放激素（thyrotropin-releasing hormone，TRH）刺激试验。

## 5.　为什么在几周后重新测定总$T_4$浓度有助于诊断甲状腺机能亢进？

　　甲状腺机能亢进患猫的总$T_4$浓度在2周内可能会发生显著变化，在此期间即使多次测定总$T_4$浓度也可能处于参考范围内。$T_4$峰值并不会在一天的特定时间出现。若猫出现甲状腺机能亢进的临床症状，而总$T_4$处于参考范围时，几周后重复测定总$T_4$浓度可能有助于诊断。

## 6.　测定游离$T_4$能否确诊甲状腺机能亢进？

　　作为猫甲状腺机能亢进的诊断试验，测定游离$T_4$浓度比总$T_4$浓度敏感性更高。不足的是，游离$T_4$特异性较低。换句话说，一些甲状腺机能正常的猫患有非甲状腺疾病时，游离$T_4$浓度较高，但是总$T_4$低于参考范围。所以，建议在总$T_4$结果、临床症状以及体检的基础上判读游离$T_4$结果。游离$T_4$浓度升高并且总$T_4$浓度高于或处于参考范围很可能和甲状腺机能亢进有关。

## 7.　测定游离$T_4$的方法会不会影响试验的敏感性？

　　此方法的确会影响试验的敏感性，应该用平衡透析法测定游离$T_4$浓度。

## 8.　何时进行甲状腺功能动态试验？

　　如果一只猫具有甲状腺机能亢进的临床症状，但重复总$T_4$测定和游离$T_4$测定都不能确诊该病时，可以进行$T_3$抑制试验或者TRH刺激试验。

## 9.　如何进行$T_3$抑制试验？

　　对于正常猫，外源性$T_3$能够抑制脑垂体释放促甲状腺激素（thyroid-stimulating hormone，TSH），因而减少甲状腺中$T_4$的生成。超过50%的甲状腺机能正常的猫在给予$T_3$后，$T_4$浓度降低。而对于甲状腺机能亢进的猫，$T_4$浓度不会降至这种程度，主要是由于循环中过量$T_4$的负反馈调节作用导致TSH释放受抑制。

　　为了进行$T_3$抑制试验，应采集血样以测定血清$T_3$和$T_4$基础水平，接下来的两天内每隔8h给猫口服15~25μg碘塞罗宁钠。第三天早晨第七次给药，2~4h以后采血做$T_3$和$T_4$化验。高于基础值的$T_3$水平指示合成的$T_3$已经给药成功并被吸收。此试验无临床副作用。

10. **如何进行促甲状腺素释放激素（TRH）刺激试验，结果如何判读？**

    采集血样测基础血清$T_4$，然后以0.1 mg/kg静脉注射TRH。TRH给药4h后采集第二份血样测血清$T_4$。对猫的副作用包括流涎、排尿、排便、呕吐、心动过速和呼吸急促。刺激后结果判读如下：

    a. 升高的浓度低于基础血清$T_4$的50%，提示与甲状腺机能亢进有关。

    b. 升高的浓度高于基础血清$T_4$的60%，则为正常。

    c. 升高的浓度处于基础血清$T_4$的50%～60%，则不具有诊断意义。

11. **内源性促甲状腺激素（TSH）的测定是否有助于诊断猫甲状腺机能亢进？**

    现无检测猫TSH的有效方法，尽管猫和犬TSH试剂存在一些交叉反应。

12. **如果实验室报告中$T_3$和$T_4$所用单位与其他实验室不同，如何将nmol/L换算成μg/dL？**

    表37-1列出了$T_3$和$T_4$实验中的换算方法。

表 37-1  $T_3$和$T_4$检测中的单位换算

| 分析物（原单位） | 换算因数（除以） | 所得单位 |
|---|---|---|
| 总$T_4$（nmol/L） | 12.87 | μg/dL |
| 总$T_3$（nmol/L） | 1.536 | ng/dL |
| 游离$T_4$（pmol/L） | 1.287 | pg/dL |
| 游离$T_4$（pmol/L） | 12.87 | ng/dL |
| 游离$T_3$（pmol/L） | 1.536 | pg/dL |
| 游离$T_3$（pmol/L） | 15.36 | ng/dL |

13. **甲状腺激素的参考范围是什么？**

    甲状腺激素结果的判读应该基于检测实验室所给出的参考范围，因为不同的试验方法和试剂也会影响参考范围。

14. **猫甲状腺机能亢进时血象和血清生化有无典型变化？**

    虽然某些甲状腺机能亢进患猫会出现血象异常，但是这些异常变化都不足用于诊断。猫患甲状腺机能亢进时，ALP、ALT、AST通常会升高；这些酶活性的升高通常会随着甲亢的有效治疗而恢复正常。其他血清生化改变，比如氮质血症和高磷血症也很常见，但不及肝酶变化的相关性强。

CBC、血清生化和尿检有助于鉴别诊断影响总$T_4$和游离$T_4$浓度的非甲状腺疾病。

### 15. 并发的非甲状腺疾病如何影响总$T_4$和游离$T_4$？

一项针对大量甲状腺机能亢进患猫、正常猫和非甲状腺疾病患猫的研究表明：非甲状腺疾病患猫的总$T_4$都没有超过参考范围，而40%的猫总$T_4$浓度低于参考范围；游离$T_4$浓度基本处于参考范围内（大约75%），有些较高，但很少超过三倍以上。

### 16. 如何在治疗后有效监测甲状腺机能亢进的猫？

对于用放射碘治疗的甲亢患猫，测定血清游离$T_4$可能比总$T_4$更敏感，但是长期研究的结果还未发表。患猫用甲硫咪唑或者甲亢平治疗后，以总$T_4$来看，甲状腺机能通常在一周内转为正常。继续治疗后，很多猫总$T_4$浓度降至参考范围以下，但是甲状腺机能减退的临床症状并不明显，血清游离$T_4$可能保持在参考范围内。

### 17. 用ELISA试剂盒测定总$T_4$是否有利于猫甲状腺机能亢进的诊断？

ELISA试剂盒和放射性免疫试验（radioimmunoassy，RIA）相比，后者被认为是甲状腺检测的金标准，但对于猫来说相关系数较低（0.59）。ELISA试剂盒的检出率比RIA高，检测阳性中有一半病例可能会出现误诊和不当治疗。

### 18. 检测犬甲状腺机能减退的最佳方法是什么？

犬甲状腺机能减退的检测可直接用于具有典型临床症状、血象及血清生化结果的犬，且无并发症，最近用药史不包括糖皮质激素、抗惊厥药或磺胺类药。这些犬的血清总$T_4$浓度较低与甲状腺机能减退有关，特别是当总$T_4$极低时。但是，我们很难排除并发非甲状腺疾病以及药物影响，其他疾病的临床症状和实验室结果也可能与甲状腺机能减退类似。同时，有一些犬可能会产生针对$T_4$、$T_3$或甲状腺球蛋白的自身抗体，总$T_4$水平不总是低到可以确诊。在这些病例中，可以利用附加试验、联合试验或替代试验来诊断犬甲状腺机能减退。

### 19. 如何判读犬血清总$T_4$？

总$T_4$浓度包括循环中与蛋白结合的$T_4$、游离$T_4$或有代谢活性的$T_4$。总$T_4$浓度处于参考范围内表示此犬不太可能患甲状腺机能减退。因此总$T_4$可以有效地排除甲状腺机能减退。如果总$T_4$低于参考范围，此犬可能为甲状腺机能减退，也可能受到非甲状腺疾病、药物或者正常血清$T_4$水平浮动的干扰。

**20. 如何进一步检测总$T_4$水平低的犬？**

用平衡透析法测定游离$T_4$是诊断犬甲状腺机能减退特异性较好的方法。换句话说，与总$T_4$相比，游离$T_4$较不易被药物或非甲状腺疾病等因素干扰。因此低水平游离$T_4$比低水平总$T_4$对甲状腺机能减退更具有诊断意义，尽管游离$T_4$也可能受糖皮质激素、苯巴比妥或非甲状腺疾病影响而降低。因为用平衡透析法测定游离$T_4$需更多的劳力和时间，且该试验的费用相对于总$T_4$更昂贵。尽管如此，在很多情况下游离$T_4$还是作为首选的筛查试验。

**21. 测定TSH能为犬甲状腺机能减退提供什么信息？**

甲状腺机能减退的犬，缺乏对脑垂体的负反馈调节（正常或增加的循环$T_4$水平对脑垂体产生负反馈作用），其TSH会水平增加。虽然大多数甲状腺机能减退的犬TSH水平有所上升，但是对于诊断甲状腺机能减退，TSH并没有极佳的敏感性和特异性。将该检测与平衡透析法（测定游离$T_4$）相结合，效果会比较好。

大约5%的患犬是由于TSH缺乏而继发甲状腺机能减退。显然，这些犬的TSH浓度可能降至不可检测的水平。

**22. 考虑到试验的敏感性和特异性，犬甲状腺机能减退能否确诊？**

如果犬表现典型的甲状腺机能减退的临床症状，而且没有并发非甲状腺疾病或服用某些药物，同时，血清TSH浓度升高，平衡透析法测得游离$T_4$水平降低，可以诊断该犬是否患甲状腺机能减退。

**23. 测定总$T_3$是否有利于诊断犬甲状腺机能减退？**

测定血清总$T_3$意义并不大，这是由于从甲状腺机能减退患犬、无甲状腺疾病的犬和临床健康犬中获得的数值有很大的重叠。

**24. 甲状腺激素的自身抗体如何影响犬甲状腺功能检测？**

犬原发性甲状腺机能减退常与免疫介导的甲状腺损伤有关。因此有些犬循环中含有针对甲状腺球蛋白、$T_3$和/或$T_4$的自身抗体。其中，抗甲状腺球蛋白的自身抗体最常见。尽管这些自身抗体的意义尚不明确，因为它们不仅存在于多达一半的甲状腺机能减退犬中，也存在于一些甲状腺功能正常的犬。

抗$T_3$的自身抗体比抗$T_4$的自身抗体更常见，但是很少有关于这两种抗体的报道（<1%）。因为它们在试验中可与激素竞争性结合，所以自身抗体可能会影响试验结果，其中$T_3$、$T_4$的假性升高最为常见。例如，甲状腺机能减退的犬总$T_4$浓度正常或偏高；也有报道$T_3$假性降低。

如果采用平衡透析法进行游离$T_4$试验，则不会受$T_4$自身抗体的影响。

### 25. TSH刺激试验对诊断犬甲状腺机能减退是否有价值？

大多数学者认为TSH刺激试验是诊断犬甲状腺机能减退的金标准，虽然它并不能完全将患犬与非甲状腺疾病或受药物影响的犬相区分。TSH试验测定了甲状腺在外源性TSH刺激下产生$T_4$的能力。患犬的典型表现为对TSH刺激无应答反应，$T_4$相对或绝对升高。由于TSH价格不菲，所以TSH刺激试验通常不用于临床，而主要用于科研。

### 26. TRH反应试验能否用于犬甲状腺机能减退的诊断？

TRH反应试验不能用于诊断犬甲状腺机能减退。因为它不能有效区分甲状腺机能减退和甲状腺功能正常的犬。

### 27. 如何有效监测$T_4$对犬的治疗作用？

通过测定服用$T_4$后4~6h的血清总$T_4$来监测甲状腺素对犬的治疗作用。如果剂量合适而且给药成功并吸收，总$T_4$浓度应正常或偏高。另外，TSH浓度处于参考范围表示试验前几天药物控制得当。

### 28. 能否对给予过$T_4$的犬确诊甲状腺机能减退？

外源性甲状腺素对犬甲状腺正常的分泌功能具有抑制作用。为了不受服用的甲状腺素的影响，应在停药6~8周后进行检测。

### 29. 苯巴比妥、皮质类固醇和磺胺类药物对犬甲状腺功能检测有何影响？

苯巴比妥能够降低血清总$T_4$浓度，升高TSH浓度，但和甲状腺机能减退的临床症状无关。在同一个研究中，接受过苯巴比妥的犬游离$T_4$也降低，这表明$T_4$水平低并不是由于药物作用引起的蛋白结合的改变而导致的。

皮质类固醇可以不同程度地降低犬总$T_4$、游离$T_4$以及总$T_3$水平，其作用取决于给予的剂量和具体药物。

一些磺胺类药物实际通过降低甲状腺球蛋白的碘化作用造成可逆的甲状腺机能减退，因而之前三周接受磺胺类药物治疗的犬会出现$T_4$和$T_3$浓度降低、TSH升高。

已知的很多药物都会影响人类甲状腺功能检测，它们可能对犬也有相似的作用。

### 30. 还有哪些实验室检查结果异常与犬甲状腺机能减退有关?

犬甲状腺机能减退最常见的异常血象为轻度至中度非再生性贫血。最常见的血清生化异常结果为高胆固醇血症和高脂血症（空腹）。

### 31. 犬甲状腺机能亢进的患病率是多少?

犬甲状腺机能亢进不常见，因为只有25％左右的甲状腺肿瘤生成的$T_4$会高到足以引起临床症状或使血清$T_4$水平增加。

### 32. 用于甲状腺功能检测的血样和处理方法有什么要求?

大多数甲状腺功能检测需用血清，但一些实验室可能使用EDTA抗凝血浆。塑料管内的冷冻血清或血浆中总$T_4$的含量较稳定，而冷冻血浆中游离$T_4$可能会升高，这取决于不同的检测方法。在室温下，血清中总$T_4$和游离$T_4$有长达5天的稳定期，所以有充足的时间送检。

### 33. 如何检测马甲状腺机能减退?

马驹长成母马期间摄入过量碘或者含甲状腺肿素的植物时，其新生儿可能发生甲状腺机能减退，但很少有记载成年马患甲状腺机能减退。在加拿大西部，还有一种较为普遍的自发性新生儿甲状腺机能减退。在诊断马甲状腺机能减退时会遇到与犬相同的问题，即非甲状腺因素，例如并发疾病、食物匮乏、能降低血清甲状腺激素浓度的药物等。在人为造成的马甲状腺机能减退实验中，血清TSH浓度升高，总$T_4$和游离$T_4$浓度下降。自然形成的马甲状腺机能减退也会出现上述异常。目前马特异性TSH检测方法还未商品化。

# 三十八、肾上腺素疾病实验室检查

### 1. 导致犬肾上腺皮质机能亢进的因素有哪些?

犬肾上腺皮质机能亢进（hyperadrenocorticism，HAC）是由于血清可的松水平持续升高所致，主要原因包括肾上腺肿瘤分泌可的松或垂体瘤分泌的促肾上腺皮质激素（adrenocorticotropic hormone，ACTH）不断刺激肾上腺释放可的松。85%的肾上腺皮质机能亢进病例属于垂体依赖型（pituitary-dependent hyperadrenocorticism，PDH）的，另外的15%属于肾上腺依赖型（adrenal-dependent hyperadrenocorticism，ADH）。确定导致犬肾上腺皮质机能亢进的因素对于治疗方法的选择是非常重要的。

2.　**检测犬肾上腺皮质机能亢进的最佳方法是什么？**

　　检测犬肾上腺皮质机能亢进的最佳方法还没有定论。运用最广泛的就是低剂量地塞米松抑制试验（low-dose dexamethasone suppression test，LDDST）和ACTH刺激试验。另外一些不常用的检测方法包括尿液的可的松/肌酐比的测定、LDDST与ACTH刺激试验结合试验。所有这些试验都缺乏较高的敏感性（阳性检出率）和特异性（假阳性筛除率）。当犬具有典型的临床症状，其他实验室检测结果也指示HAC时，通常只需进行其中一项检查就能确诊。但是，有些病例需要进行多项检测或者选择其他诊断方法。

3.　**如何进行犬低剂量地塞米松抑制试验，结果如何判读？**

　　LDDST最好在上午8：00～9：00开始。先采集血样测基础可的松浓度，然后按0.01 mg/kg静脉注射地塞米松或地塞米松磷酸钠。分别采集注射地塞米松3～4h和8 h后的血样以测定可的松水平。正常犬的可的松水平在4h和8h会降至1.0 µg/dL以下。HAC犬在8h的可的松浓度超过1.4 µg/dL，如果可的松浓度介于1.0～1.4 µg/dL范围内则无法确诊。

　　一些犬静脉注射地塞米松4h后测定可的松浓度可用于区别PDH和ADH。假如4h后可的松浓度受抑制（＜1.4 µg/dL或者低于基础水平的50%），此犬一般患PDH，因为ADH患犬在4h后测定的可的松浓度不会受抑制。大约40%PDH患犬在4h后测定的可的松浓度不受抑制，因此此种情况也无法确诊。

4.　**LDDST的优缺点分别是什么？**

　　LDDST比ACTH刺激试验敏感性高（HAC检出率），但特异性低（排除HAC）。LDDST的操作和结果判读相对简单，且能够鉴别PDH和ADH，所以不需要做进一步的试验。LDDST不能用于诊断医源性HAC。该试验很容易受应激、非HAC疾病和苯巴比妥等药物的影响，而且试验需要8h才能完成。

5. **如何进行ACTH刺激试验，结果如何判读?**

先采集血样测定基础可的松浓度，然后以2.2 IU/kg肌内注射ACTH凝胶，或肌内/静脉注射250 μg合成的ACTH（促肾上腺皮质激素）。尽管用低剂量合成的ACTH在此试验中一样可以取得很好的效果，但是一瓶合成ACTH的含量通常为250 μg，所以这个剂量通用于各种体型的犬。在注射ACTH凝胶2 h后或者注射合成的ACTH 1 h后采集第二份血样测定可的松浓度。一般来说，正常犬接受刺激后可的松浓度会达到6～18 μg/dL。假如刺激后可的松浓度达到18 μg/dL或者更大，即认为患有HAC。每个实验室对结果的判读可能各有不同，这取决于实验室提供的参考范围。

6. **ACTH刺激试验的优缺点是什么?**

犬HAC的诊断试验中，ACTH刺激试验比LDDST试验敏感性低，但特异性高。因此，大多数患有HAC的犬，特别是ADH型，在刺激后并不能超过参考范围。然而，ACTH刺激试验可以有效地排除假阳性HAC，尤其是非肾上腺疾病导致LDDST出现假阳性反应。ACTH刺激试验是唯一用于诊断医源性HAC和监测疗效的检测方法。但此试验无法区别ADH和PDH。ACTH刺激试验所用时间要比LDDST短，而且随时都可以进行。

7. **LDDST/ACTH刺激试验结合试验是一种有效的检测方法吗?能否用于分型?**

LDDST/ACTH刺激试验结合试验对于检测HAC、鉴别ADH和PDH看似方便，但是其准确性较低，所以不予推荐。

8. **尿可的松/肌酐比值是否能用于检测犬肾上腺皮质机能亢进?**

患有HAC时尿可的松分泌增加，但其浓度随尿量不同而变化。尿肌酐则以恒定速率排出体外，所以测定同一样品中的肌酐浓度可以排除尿量对检测结果的影响。本试验的敏感性非常高，几乎所有患有HAC的犬该比率都将升高。因为很多非HAC疾病也可以引起尿可的松/肌酐比率升高，所以该试验特异性较低，只能用于排除HAC。

9. **检测皮质类固醇诱导的ALP同功酶能否用于犬肾上腺皮质机能亢进的诊断?**

可以测定皮质类固醇诱导产生的ALP同功酶。然而，非肾上腺疾病或某些药物（如，苯巴比妥）也能诱导产生这种酶。所以，这种检测方法特异性较差。此外，它的敏感性也不高。因此不予推荐。

10. **哪种试验可以用来区分肾上腺依赖型和垂体依赖型犬肾上腺皮质机能亢进？**

除了LDDST（4h）测定可的松浓度，还有两种实验室检测方法可用于一些犬的诊断高剂量地塞米松抑制试验（high-dose dexamethasone suppression test，HDDST）操作与LDDST操作的差别仅在于地塞米松剂量不同，HDDST中地塞米松的剂量是0.1 mg/kg，而LDDST所用剂量为0.01 mg/kg。正常动物的可的松水平在4h和8h后都会被抑制。ADH患犬可的松水平在4h和8h后都不会被抑制。大约有25%的PDH患犬在4h和8h后可的松水平也不会受到抑制。因此，HDDST实际上对PDH而非ADH具有诊断意义。但是，对于那些可的松浓度没有受到抑制的PDH犬则无法诊断。这一试验通常采集基础血样和给药8h后血样，几乎没有证据表明4h后采血可以提供其他信息。HDDST中可的松浓度受抑制与LDDST相同（< 1.4 μg/dL或低于基础水平的50%）。

内源性ACTH的测定是区分PDH和ADH的另一种方法。肾上腺依赖型HAC患犬的血浆ACTH浓度通常低于10 pg/mL（有些以20 pg/mL作为临界值）。当患犬的ACTH浓度超过45 pg/mL时（每个实验室设定的临界值可能有所不同，一般在15～40 pg/mL之间），通常被认为是垂体依赖型的。如果ACTH浓度介于两者之间则不可确诊。此时，测定第二次采集的血样中ACTH浓度通常具有诊断意义。ACTH很不稳定，必须尽快移至含有肝素或EDTA的冷冻注射器、塑料试管或者硅玻璃试管中。样本必须立即离心（最好4℃离心），分离血浆并冷冻在塑料试管中，然后用干冰保存，送至相关实验室。可以在EDTA抗凝血中加入抑肽酶（蛋白酶抑制剂），以在室温离心和4℃运输过程中保持试管中ACTH的免疫活性。注意：抑肽酶并不适用于所有的ACTH试验。

11. **可的松检测需要什么类型的样品？**

采集的血样应该加入EDTA或肝素抗凝。血浆需要冷冻保存或者使用冰袋运输。血清也可用于检测可的松，尽管血清中的可的松不如血浆稳定，且必须冷冻保存。动物在采血前不需要禁食。

12. **肾上腺功能检测中不同单位的换算系数。**
- 可的松浓度单位由μg/dL转换为nmol/L，乘以27.6。
- μg/dL转换为ng/mL，乘以10。
- ACTH浓度单位由pg/mL转换为pmol/L，乘以0.22。

亦可见表37-1。

13. **肾上腺皮质机能亢进患犬的CBC和生化结果具有哪些特点?**

CBC最常见的异常变化是典型的应激性白细胞象:成熟中性粒细胞增多、淋巴细胞减少、单核细胞增多和嗜酸性粒细胞减少。最典型的生化结果异常表现为ALP升高。也可见ALT、GGT、胆固醇和葡萄糖浓度升高。

14. **猫肾上腺皮质机能亢进的最佳检测方法是什么?**

猫HAC比犬少见。与犬相似,大部分患猫都属于PDH型而非ADH型,而且猫HAC也没有理想的检测方法。ACTH刺激试验和地塞米松抑制试验同样适用于猫,但在操作程序和结果判读上与犬不完全相同。

猫进行ACTH刺激试验时,首选合成的ACTH,因为它比ACTH凝胶能更持久地刺激肾上腺皮质。先测定基础可的松浓度,接着肌内或静脉注射125 µg合成的ACTH。然后分别在30 min和60 min后采集血样,假如在30 min或60 min时可的松浓度超过13 µg/mL,则诊断为HAC。然而,只有50%~60%的患猫接受刺激后可的松浓度会达到这种水平,可见此方法敏感性较低。另外,许多患有各种慢性疾病的猫接受刺激后可的松浓度也会升高。

尽管LDDST也可用于猫,但其敏感性和特异性非常差。所以,推荐使用HDDST检测猫HAC。操作方法与犬相似,先测定基础可的松浓度,然后按0.1 mg/kg静脉注射地塞米松,分别采集4 h和8 h血样测可的松浓度,也可以采集2 h和6 h血样。如果可的松浓度再次低于1.4 µg/mL,则通常认为受到抑制,如果在设定的任何时间点可的松浓度没有受到抑制则表明该猫患HAC。

15. **如何鉴别猫的PDH和ADH?**

猫垂体依赖性和肾上腺依赖性HAC很难鉴别。有人主张使用超高剂量的地塞米松试验,地塞米松以1.0 mg/kg静脉注射。在此剂量下,ADH患猫的可的松浓度不受抑制,而有些PDH患猫的可的松浓度将受抑制。检测内源性ACTH可能有一定作用,取样和结果判读与犬相似。然而,正常猫的ACTH范围与肾上腺肿瘤患猫有很大重叠。

16. **导致犬肾上腺皮质机能减退的原因有哪些?**

犬肾上腺皮质机能减退通常是由于肾上腺皮质的损伤,其病因常与免疫介导相关。这种类型被称为原发性肾上腺皮质机能减退或阿狄森氏病,此病与盐皮质激素和糖皮质激素缺乏有关。继发性肾上腺皮质机能减退是由于垂体分泌ACTH不足导致糖皮质激素生成减少,但盐皮质激素生成不受影响。

**17. 肾上腺皮质机能减退患犬的全血细胞计数和血清生化中典型异常有哪些?**

CBC通常无明显异常,患犬缺乏应激性白细胞象,有时可见轻度非再生性贫血。最典型的生化异常是高钾血症、低钠血症、钠/钾比低于27:1。这些异常在肾上腺皮质机能减退中不一定都表现,也可能出现其他系统疾病。其他实验室异常结果包括肾前性氮血症、低氯血症、高磷酸盐血症、高钙血症、轻度低血糖和代谢性酸中毒。

**18. 实验室检查如何诊断犬肾上腺皮质机能减退?**

ACTH刺激试验可用于确诊肾上腺皮质机能减退。操作方法与检测HAC相同。患犬静息可的松水平通常偏低或正常,对于ACTH刺激几乎没有反应,即使有也可忽略不计。

**19. 服用糖皮质激素会影响ACTH刺激试验吗?**

血清可的松浓度不受地塞米松影响,但泼尼松、泼尼松龙、可的松和氢化可的松会产生交叉反应而影响试验结果。由于肾上腺机能减退患犬通常表现急性临床症状,所以在进行ACTH刺激试验前应该先采取积极的输液和地塞米松治疗。如果使用其他糖皮质激素,ACTH刺激试验应该推迟至少24h后进行。

**20. 如何鉴别犬原发性和继发性肾上腺皮质机能减退?**

继发性肾上腺皮质机能减退一般无离子异常,但这不足以鉴别这两种疾病,继发性肾上腺皮质机能减退时可能出现低钠血症。原发性肾上腺皮质机能减退患犬的血浆ACTH浓度会升高,而继发性肾上腺皮质机能减退患犬的血浆ACTH浓度非常低,有时甚至无法检测。

**21. 哪种试验或实验室检查结果可用于诊断猫肾上腺皮质机能减退?**

猫原发性肾上腺皮质机能减退非常罕见。继发性肾上腺皮质机能减退可能是由于服用糖皮质激素或孕激素抑制垂体生成ACTH。血清生化结果往往与犬类似,但CBC有所差异。ACTH刺激试验是确诊猫肾上腺皮质机能减退的最佳诊断试验,具体操作方法与检测猫HAC相同。患猫静息可的松浓度偏低或正常,对ACTH刺激试验几乎无反应。测定内源性ACTH可鉴别原发性和继发性猫肾上腺皮质机能减退(结果判读同于犬),若为原发性,则ACTH浓度非常高。

**22. 有无实验室检查方法用于诊断嗜铬细胞瘤?**

嗜铬细胞瘤(肾上腺髓质肿瘤)是犬猫罕见的功能性疾病(肿瘤分泌儿茶酚

胺）。人的这类肿瘤是通过检测血浆和尿中儿茶酚胺或香草基杏仁酸（儿茶酚胺代谢产物）浓度升高来确诊的。但这些试验不易操作，且很难进行结果判读，因为疾病相关的参考范围尚未明确设定。另外，这些肿瘤会间断性释放儿茶酚胺，所以单一样本不具有诊断意义。

## 三十九、马脑垂体疾病实验室检查

### 1. 导致马库兴氏综合征的病因有哪些？

库兴氏综合征是由于血液循环中长期过量的糖皮质激素造成的。该综合征往往与脑垂体前叶的中间叶形成肿瘤或细胞增生有关。肿瘤可引起过量的ACTH和相关肽的产生。这些物质刺激肾上腺过量地产生糖皮质激素并导致马可的松的正常生理调节能力丧失。

### 2. 马库兴氏综合征时，是否有全血细胞计数和血清生化的异常？

CBC常常有异常，但并不绝对，可出现成熟中性粒细胞增多和淋巴细胞减少。马脑垂体机能障碍时，血清生化检查最常见轻度到中度的高血糖，并伴随有糖尿。

### 3. 诊断脑垂体中间叶的机能障碍的最好方法是什么？

与其他的内分泌疾病一样，多种不同的测试和诊断程序可以用于诊断马脑垂体中间叶的机能障碍，但是都不能用于确诊。这些测试大多需要与相应的临床表现和病史结合来确诊疾病。

首要推荐的检查项目是地塞米松抑制试验（dexamethasone suppression test，DST）。对于马，过夜的DST变化最明显。方法是肌内注射地塞米松40 μg/kg，然后采血获得血浆样本的基础值。因为白天会正常产生可的松，DST应当在下午5点开始，在刺激后的19 h采集血浆样本进行检测，这时正常马的血浆可的松水平将下降到1.0 μg/dL，如果此时可的松浓度高于1.0 μg/dL，即可诊断为马脑垂体中叶机能障碍。一些马仅表现部分抑制，可能处于疾病的早期或病情较轻，但这还没有被充分证实。

有报道称DST可以检查出蹄叶炎，但不是可以经常发现。

### 4. ACTH刺激试验对诊断马库兴氏综合征有用吗？

虽然ACTH刺激试验已经应用于马，但是它并不能可靠地鉴别正常马与患病马，所以不予推荐。

5.　**检测内源性血浆ACTH可以用于诊断脑垂体中间叶的机能障碍吗?**

患马的血浆ACTH平均浓度较正常马明显升高。尽管实验室的数据相差很大,但如果ACTH的浓度高于50 pg/mL时,可以怀疑为此病。这项测试的敏感性和特异性相当好。尽管不立即冷冻血样时,马的ACTH可能比犬的更稳定一些,但是仍需要小心处理样本,从小心收集到塑料管中,立即分离血清,并且及时送冷冻样本到实验室进行检测。每个实验室的检测方法和所用试剂可能有所不同,结果的判读也是基于每一个实验室所设立的参考范围而定。

对于很可能出现蹄叶炎的患马,建议用血浆ACTH检测代替DST。

6.　**还有哪些方法用于马库兴氏综合征的诊断?**

其他用于诊断马垂体中间叶机能障碍的实验室检查包括尿液的可的松/肌酐比(cortisol/creatinine ratio)、血清胰岛素水平测定、TRH刺激试验、DST/TRH刺激联合试验,但是因为存在敏感性、特异性、重复性、实验开销等各方面的问题,上述试验都没有得到广泛应用。

7.　**如何监测正在接受治疗的垂体中叶机能障碍患马?**

通过使用不同的药物并改变饲养管理条件和日粮来治疗马库兴氏综合征。经过治疗后,临床症状虽然得到改善,但实验室检测结果可能没有相应变化,所以定期进行实验室检测对评价疗效是非常必要的。血糖测定和DST或ACTH试验可以在治疗见好后1个月左右进行,或者在马病情稳定后,一年进行两次检测。

# 第十章

# 细胞学

✎

## 四十、样本的采集和制备

Rick L. Cowell, Ronald D. Tyler和James H. Meinkoth

### 1. 为什么要进行细胞学检查?

细胞学检查能够快速确诊,并且能鉴别病变的病程,据此临床医生可以设计快速而经济有效的治疗方案。细胞学检查很安全,大多数病例仅存在很小的风险。细胞学不是组织病理学的替代检查方法,而更多是一种补充的检查手段。

### 2. 在送检实验室之前,细胞学涂片应进行染色或固定吗?

总体而言,涂片在送检实验室之前是不需要进行染色和进行其他任何特殊准备操作的。因为大多数细胞病理学家都使用罗曼诺夫斯基染色剂,因此送检的涂片只需要简单风干,然后仔细进行包装以防止玻片破裂即可。在寄出样本前不需要使用酒精或其他任何保存剂"固定"玻片。大多数实验室都希望有一些未染色的涂片,以防需要使用特殊染液染色,并且很多细胞病理学家偏好使用他们最熟悉的染液和实验室使用的染液。如果需要特别指导,可以向实验室或细胞病理学家咨询。

### 3. 在送检细胞学涂片时有哪些重要的注意事项需要考虑?

送检细胞学样本的主要问题是玻片在运输途中破碎,因此送检兽医应该确保样品包装良好。如果是送检液体样本,送检兽医应该确定将液体装入EDTA抗凝管,并且同时送检制作好的涂片。使用液体预先制作好的风干涂片能够很好地保存细胞,以便据此作出更好的判读。液体样本涂片送达实验室时会发现运输过程中人为因素造成的细胞变化。动物主人、动物姓名和样本采集的部位都必须使用铅笔标记到玻片的磨砂端,以防止玻片在送检到实验室后混淆。此外,没有染色的细胞学涂片绝对不能和组织病理学样本一同运输。福尔马林的蒸气会固定细胞学涂片上的细胞，导致细胞无法被罗曼诺夫斯基染色剂着染，无法判读。

### 4. 采样部位需要特殊处理吗？

对于皮肤肿块，采样部位可以按照注射要求进行处理。如果要对样本进行微生物培养或是要穿刺进入到体腔中（例如腹腔、胸腔、心包、关节腔、关节、通过环甲韧带进行的气管冲洗），穿刺区域应该按照手术的要求进行消毒。

### 5. 用于采集细胞学样本的常用技术有哪些？

a. 细针抽吸技术
b. 细针非抽吸活检技术
c. 压片
d. 刮片
e. 棉拭子蘸取

### 6. 使用细针采样技术需要使用多大的针头和注射器（抽吸和非抽吸）？

25～22G的小号针头应该用于细针采样技术。使用较大的针头通常会导致出现较多的血液污染，偶尔还可采集到组织块，而非单个细胞。

注射器大小不会影响到非抽吸采样技术，但在抽吸采样时则具有不同的要求。如果是采集诸如淋巴结这样容易脱落细胞的组织，应使用较小的注射器（5mL）。但是对于大部分组织而言，如果要提供足够的负压采集组织细胞，需要使用12mL或是20mL的注射器。

### 7. 如何进行细针抽吸采样？

对皮肤的肿块进行细针抽吸采样，应该使用一只手的拇指和食指固定住肿块，同时将针头（连接有注射器）插入团块之中。

通过快速回抽注射器的活塞至2/3~3/4容量的部位可以提供采样所需的负压吸引力。应该抽吸采集团块多个区域。如果肿块足够大，同时动物足够安静，可以在维持住负压吸引力的同时改变针头在团块中的方向。如果团块较小，或者动物很难进行保定，那么应该先释放负压，然后改变针头的穿刺方向，然后再抽吸产生负压吸引力（图40-1）。

在将针头拔出团块前很重要的是要先释放抽吸产生的负压吸引力，因为如果抽吸到肿块周围的组织，可能会对样本造成污染。此外，如果样本采集到的数量较少，样本可能会由于没有释放负压而被压入针筒中而无法取出。无论何时，如果在针头或注射器中发现有血液成分，应该马上停止抽吸。如果继续抽吸，样本可能会由于具有过多的血液成分而被稀释。在对样本的数个区域进行采样后，可以释放抽吸产生的负压，将针头从团块中移出，然后将针头从注射器中取下，将空气抽吸进入注射器中，将针头重新接上注射器，然后通过快速压缩活塞将样本喷至干净的玻片上。（使用某种技术）将采集到的样本进行涂片并风干。细胞学样本可以染色后评估，也可以将染色后的或没染色的玻片送检至细胞病理学家进行判读。

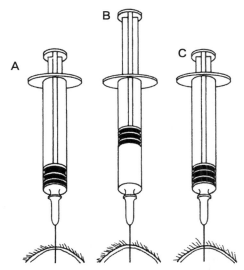

图40-1　对坚实性团块进行的细针抽吸检查。在进入到肿块内后（A），通过快速的回抽活塞在注射器中产生负压吸引力（B），通常回抽到注射器1/2~3/4的容量。在维持负压的同时将针头改换数次方向，可在针头不离开团块的情况下完成采样操作。在从团块中移出针头前，要先放开活塞以释放注射器中的负压（C）。（引自 Cowell RL, Tyler RD, Meinkoth JH: Diagnostic cytology and hematology of the dog and cat, ed 2, St Louis, 1999, Mosby.）

### 8. 如何进行非抽吸性细针活检采样？

在进行非抽吸性的细针活检采样时，在采样时不需要进行负压抽吸。将小号的针头连接到3mL或更大的注射器上（注射器的大小并不重要，因为不需要进行负压抽吸），在注射器中抽吸入2mL或3mL的空气，以便采集到的样本能够快速喷至载玻片上。使用拇指和食指握住连接有针头的注射器或是针头末端（如同握笔或是飞镖一样）。如同之前使用抽吸技术那样固定好要采样的肿块，然后将针头插入到肿块内部。然后将针头前后移动8~10次，尽量在每次穿刺时都穿刺同一个组织通道。这样的操作能够让细胞通过切割和负压作用进入到针芯中。一定要小心保证在穿刺过程中采样的针尖保持在肿块内部，以免被周围的组织污染。然后将针头从团块中移出，通过快速按压活塞将针头内部的样本喷至载玻片上。将采集到的样本涂片并风干。一般这样的采样操作只能采集到仅够一张涂片的样本，并且只是采集到团块中一个部位的细胞。因此应在团块多区域采样。

### 9. 如何采集压片样本？

压片可以从皮肤溃疡或是渗出性病变部位、手术移除团块和剖检时暴露的组织中采集到样本。溃疡病变的采样应该是先压片、清洁和再次进行压片。为了能够从手术或剖检的组织中进行压片采样检查，采样的组织应该先切开暴露出新鲜创面，然后使用吸水材料（例如纸巾、手术纱布）吸取创面上过多的血液和组织液，其后使用一个干净的玻片接触这个新鲜的创面。这样采样后不需要再进行后续的制片操作。一定注意不要将组织在玻片上滑动，而应轻轻接触玻片后直接提起。然后将涂片风干。

### 10. 如何进行刮片采样？

刮片样本可以从皮肤病变、手术或剖解移除的组织上采集。使用手术刀片对手术切除或剖检采集样本的新鲜切面进行轻柔刮擦，可以采集到足够的样本。将刀片采集到的样本转移到载玻片上进行涂片制作，随后将其风干即可。

### 11. 何时使用棉签采集细胞学样本？

通常只有在其他采样方法无法进行的情况下（例如耳道、阴道细胞学、窦道）才会使用棉签采样。干燥区域棉签采样，最好先使用无菌生理盐水湿润棉签后再进行采样。另外，如果要进行培养，应该使用无菌棉签进行采样，然后再对采样区域进行棉签刮擦，将棉签在载玻片上滚动涂片，风干即可。

### 12. 对细胞学样本常用的制作涂片技术有哪些？

a. 从坚实组织采集到的细胞学样本
（1）"按压"技术（载玻片叠压技术）
（2）血涂片技术
（3）"海星样"制片技术
b. 从充盈有液体的团块或体腔液中采集到的样本
（1）血涂片技术
（2）线性制片技术

### 13. "按压"制片方法（载玻片叠压技术）是什么？

将一种或多种技术采集到的样本（例如从非抽吸性的细针活检样本，刮片样本）放置到干净玻片的中间部位（涂片），然后用第二张载玻片（推片）垂直放置到这张载玻片上。由于推片本身的重量，样本将扩散到玻片上。一旦样本开始扩散，可以轻轻地拉动推片，将样本涂开（图40-2）。一定要注意不能对推片施加过大的向下的压力。过度的压力可能导致细胞破碎。

玻片叠压技术能够很好地将不是太过脆弱的组织（例如癌变）分散开来。但是

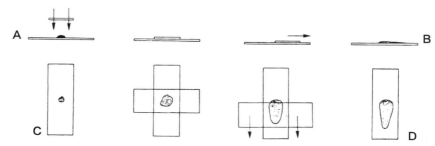

图40-2 "按压"制片（玻片叠压技术）。A. 将采集到的一部分样本喷到载玻片上，将另一张载玻片放置到样本上。B. 放置的载玻片将让样本扩散。如果样本扩散不良，可以用手指轻轻地从上方向下按压玻片。注意不要施加过度的压力导致细胞破裂。C. 轻柔滑动载玻片。D. 这样的操作通常能够制作出分布良好的涂片，但是可能导致过多的细胞破裂。（引自 Cowell RL, Tyler RD, Meinkoth JH: Diagnostic cytology and hematology of the dog and cat, ed 2, St Louis, 1999, Mosby.）

这样的按压制片可能会导致脆弱组织（例如淋巴结）发生过多的细胞破碎。一旦样本分散开后，可以让制作好的涂片自然风干，不需要进行固定。

### 14. 血涂片技术是什么？

血涂片技术制作细胞学涂片的方法与使用血液制作血涂片完全相同。将采集到的样本放置于载玻片的一端（涂片）。然后将第二张载玻片（推片）以45度角放置于样本之前，然后向后退直到有一半或更多样本扩散到涂片上。然后如同制作血涂片一样快速向前推动推片（图40-3）。血涂片技术比按压制片技术产生的剪切力小

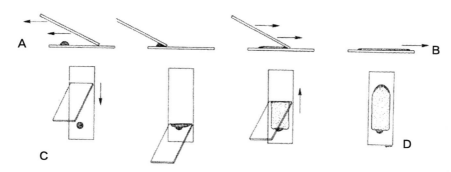

图40-3 血涂片技术。A. 将一滴液体样本放置于显微镜载玻片的一端，然后使用另外一张载玻片倒退接触到液体的前端。B. 当样本同载玻片末端接触后，液滴将快速地沿着接触边缘在两张玻片之间扩散开。C和D，然后平滑的沿着载玻片的长轴推动载玻片，从而形成一个具有羽状缘的涂片。（引自 Cowell RL, Tyler RD, Meinkoth JH: Diagnostic cytology and hematology of the dog and cat, ed 2, St Louis, 1999, Mosby.）

很多，会导致较少细胞破裂。但是这样的血涂片推片技术并不像使用玻片叠压技术那样能够很好地让细胞分散开。

**15. "海星样"制片技术（针尖涂布技术）是什么?**

在将样本放置到载玻片上之后，可以使用针尖向不同的方向拖拽采集到的样本，造成采集到的样本形成海星样外形。海星样制片技术用力轻柔，不容易造成细胞破裂；此外，这样的制片技术会导致细胞周围留有组织液，从而形成较厚的组织层，这可能会阻止细胞扩散成正常的大小和形状。但是在涂片上通常会具有某些仍然可用于判读的区域（图40-4）。

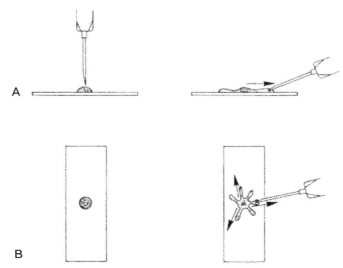

图40-4 "海星样"制片（针尖涂布技术）。A. 将一部分抽吸样本喷到载玻片上。B. 将针尖放置到抽吸的样本上，然后向四周移动，将样本涂布开。在数个方向上重复这个动作，直到样本形成有多个突起部分的涂片。（引自 Cowell RL, Tyler RD, Meinkoth JH: Diagnostic cytology and hematology of the dog and cat, ed 2, St Louis, 1999, Mosby.）

**16. 线性制片技术是如何应用的?**

线性制片技术对于无法通过利用离心制作沉淀涂片的样本很有帮助，可以使用这种技术将液体样本中的细胞浓缩富集，易于判读。在玻片的一端（涂片）滴上一滴液体样本，然后用第二张玻片（推片）以45度角放置于样本之前，然后向后退直到接触到涂片上的液体样本。对推片施加中等程度的向下的压力，这样能够让有核细胞跟随着推片的移动而移动（例如被涂片的末端被拉动）。然后如同制作血涂片一样的向前推动推片，只是不会制作出羽状缘这样的结构。在前进到涂片大概2/3~3/4的位置之后，在羽状缘形成前停下推片的运动，然后直接提起推片。这样就能够在涂片的一端形成一条线状结构的样本，在这个线状结构中的有核细胞密度要比其他部分高很多（图40-5）。

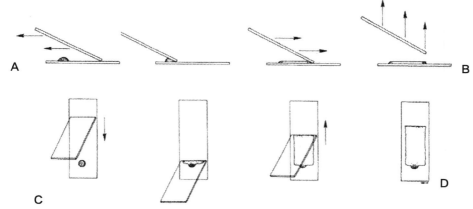

图40-5 线性制片技术。A. 将一滴液体样本滴到载玻片的一端，然后将另外一张载玻片后退滑动至接触到液滴的前缘。B. 当接触到液滴后，液滴将沿着两张玻片的接触部分快速扩散开。C. 然后平滑并快速的向前推动推片。D. 在推动大概2/3的距离之后，将推片直接向上提起，这样就形成一个具有浓集的细胞成分的线结构。（ 引自 Cowell RL, Tyler RD, Meinkoth JH: Diagnostic cytology and hematology of the dog and cat, ed 2, St Louis, 1999, Mosby. ）

# 四十一、炎性反应的细胞学

Rick L. Cowell, Theresa E. Rizzi和James H. Meinkoth

## 1. 什么是中性粒细胞性炎症？

当涂片上有超过70%～75%的细胞为中性粒细胞时可判定为中性粒细胞性炎症（图41-1）。化脓性炎症是另外用于描述这种中性粒细胞占主要细胞比例（>85%）的炎症反应的名词。偶尔会使用"活性"或"急性"炎症这样的名词来描述这样的细胞反应，但在这样的情况下，这个名词仅仅指细胞类型，而不是指病变的时间段。

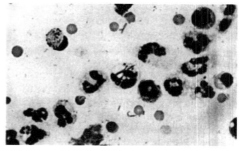

图41-1 脓毒性的中性粒细胞炎症。从一只犬的团块中抽吸出的样本显示有大量退行性中性粒细胞和混合性细菌。在细胞内和细胞外均可见到细菌的存在。（瑞氏染色，250×）

2. **中性粒细胞性炎症的病因是什么?**

　　中性粒细胞性炎症的最常见病因是细菌感染。其他生物（例如孢子菌）和很多非传染性病变（例如肿瘤坏死区域、免疫介导性病变）也能导致产生中性粒细胞性炎症。

3. **什么是化脓性肉芽肿性炎症?**

　　当涂片中的炎性细胞种群中同时含有中性粒细胞和很大一部分巨噬细胞时（15%~50%为巨噬细胞），这种情况被称为化脓性肉芽肿性炎症（图41-2）。"慢性活动性炎症"这个名词有时用于指称这种类型的炎性反应，但是这种说法已经逐渐不再使用，因为这样的细胞学表现仅能反映细胞的反应，而不应该与时间段的反应联系起来。多核巨细胞、反应性成纤维母细胞和淋巴细胞也可能会出现在化脓性肉芽肿性炎症的病变过程中。

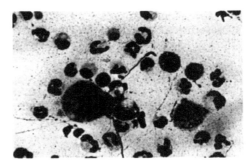

图41-2　化脓性肉芽肿性炎症。一只犬的皮肤肿块抽吸物涂片，在点状的黏液蛋白质着染的背景中可见很多的中性粒细胞和中等数量的巨噬细胞。（瑞氏染色，250×）

4. **化脓性肉芽肿性炎症的诊断意义是什么?**

　　化脓性肉芽肿性炎症的出现提示相关的病因不仅仅是"常规的"细菌感染。真菌感染（例如芽生菌病）、更严重的细菌感染（例如放线菌）、分枝杆菌、原虫感染和非感染性的病变（例如异物、坏死）是化脓性肉芽肿性炎症的常见病因。

5. **什么是肉芽肿性（慢性）炎症?**

　　当涂片中有超过50%的细胞是巨噬细胞时，这样的情况就被称为肉芽肿性炎症。偶尔会使用"慢性炎症"这个名词，但是这个名词只是与出现的细胞类型有关，并不能提示病变的相关时间和范围，因此现在已逐渐停止使用这个名词。多核巨细胞、反应性成纤维母细胞和淋巴细胞也可能会出现在肉芽肿性炎症的病变过程中。

6. **肉芽肿性炎症的病因是什么?**

　　引起肉芽肿性炎症的病因和导致化脓性肉芽肿性炎症的病因很相似（例如真菌、分枝杆菌、原虫、异物、坏死）。

**7. 嗜酸性粒细胞性炎症是什么?**

当涂片中具有很大比例的细胞是嗜酸性粒细胞时（>10%～20%），这样的情况通常被称为嗜酸性粒细胞性（或混合性）炎症。其他出现的细胞类型通常包括混合出现的中性粒细胞、巨噬细胞、肥大细胞和淋巴细胞。偶尔嗜酸性颗粒可能在组织涂片中被着染为黄褐色或褐色，可能很难识别出这样的肿瘤类型。但是这样的细胞所具有的明显颗粒结构还是能够帮助我们识别出这是嗜酸性粒细胞。此外，中性粒细胞偶尔会在较厚的渗出液中具有微细的嗜酸性点状结构，要注意不要将这种中性粒细胞误判为嗜酸性粒细胞。

**8. 嗜酸性粒细胞性炎症的病因是什么?**

嗜酸性粒细胞性炎症的常见病因包括免疫/过敏反应、寄生虫性病变（例如肺线虫、某些节肢动物叮咬）、某些真菌感染（例如藻菌病）和某些肿瘤性病变（例如肥大细胞瘤）。

**9. 什么是淋巴细胞性或是淋巴细胞/浆细胞性炎症?**

当从非淋巴组织采样所制作的涂片中含有很大比例的成熟淋巴细胞（小淋巴细胞和浆细胞）时，这种病变就被称为淋巴细胞性或淋巴细胞/浆细胞性炎症。这种情况的出现与皮肤淋巴瘤（淋巴肉瘤）的病变不同，因为皮肤淋巴瘤通常主要含有大淋巴母细胞。但如果是小淋巴细胞性淋巴瘤的病变，则通常要求进行活检和组织病理学检查来评估组织的结构以求能够作出确定性诊断。

**10. 淋巴细胞性或淋巴细胞/浆细胞性炎症的病因是什么?**

某些注射反应、某些昆虫叮咬的病变部位、猫口炎/齿龈炎和淋巴细胞/浆细胞性胃肠炎时会发生淋巴细胞性或淋巴细胞/浆细胞性炎症。

**11. 什么是退行性中性粒细胞?**

退行性中性粒细胞是失去控制细胞内水分平衡的能力和发生水肿性退行性变化后的中性粒细胞。随着水分进入细胞之中，会导致细胞出现肿胀的变化。水分能够通过细胞核核孔进入到细胞核中，导致细胞核肿胀，占据更多的细胞质空间，并且染色为均一性的嗜酸性着染特性。

**12. 退行性中性粒细胞的诊断意义是什么?**

退行性中性粒细胞的出现提示潜在的细菌性病因，因为这样的退行性变化主要是由于细菌所产生的毒素（例如内毒素）所造成的。但是因为没有出现退行性中性粒细胞并不能排除细菌感染的可能，因为细菌可能数量很少，并且某些细菌只会产生低水平的毒素物质。因此当退行性中性粒细胞出现时，怀疑细菌感染的可能性增高。虽然所有类型的细胞都可能受到同样毒素的影响，但只对中性粒细胞进行退行性改变的评估。此外退行性变化也可能由于细胞自溶（腐败）而导致。因此从死亡动物采集的样本、采集后储存一段时间才制作涂片的样本都可能出现退行性病变和细胞固缩。

### 13. 什么是非退行性变化的中性粒细胞?

具有浓缩致密，并且嗜碱性着染的细胞核染色质的中性粒细胞被称为非退行性病变的中性粒细胞。少量或很多中性粒细胞可能会表现出分叶过多或核固缩的情况（细胞核染色质裂解为致密的圆形球状结构），这种情况的出现代表了在体内或体外可能发生的老化性改变。

### 14. 细菌在细胞学检查中有什么表现? 有什么样的判读意义?

通过常规的血液染色（例如瑞氏、Diff-Quik、Dip Stat），所有的细菌（革兰氏染色阳性和阴性）都会着染为蓝色至紫色（嗜碱性染色）；少量的例外情况包括分支杆菌并不会被着染。细胞内的细菌存在提示具有细菌感染的情况（原发性或继发性），而细胞外的细菌可能代表细菌感染或者污染。细菌感染通常会表现出细胞内和细胞外有细菌，而污染时细菌仅出现在细胞外。此外，应该对细菌进行评估以判断是否只有一个种属的细菌种群存在（例如单一形态表现的球菌或杆菌）、是否是杆菌和球菌的混合种群、存在不同大小的杆菌（例如多形性细菌种群）。例如多形性细菌常见于胃肠源和咬伤感染的情况。

### 15. 如何识别出分支杆菌?

任何类别的分支杆菌的感染都倾向于引起肉芽肿性炎症反应。这样的微生物具有脂质成分的细胞壁，因此并不会被常规的细胞学染色剂着染，而会表现为在巨噬细胞和巨型细胞的细胞质中不着染的小杆菌形态。此外不着染的结构可能也会出现在涂片的背景之中。分支杆菌会被抗酸染色剂染色。需要进行培养以判断分支杆菌的种属。

### 16. 在细胞学的检查中会使用革兰氏染色吗?

可以使用革兰氏染色进行检查，但是当细菌存在于渗出液中时，很难通过这种染色方法获得有重复性、准确的染色结果。细胞和渗出液中的蛋白质会被革兰氏染料着染为红色。而无论细菌是革兰氏阳性或阴性，在渗出液中的细菌都倾向于被染为红色。因此如果要证实细菌的存在，革兰氏染色并不是一个很好的选择，因为很难在一个红色着染的背景中找出红色的细菌。

**17. 在进行细胞学检查时常见哪些种属的球菌？**

兽医学中病原性球菌都是典型的革兰氏阳性菌（葡萄球菌和链球菌）。刚果嗜皮菌会发生横向和纵向复制，从而产生双链的球菌长链，看起来类似小的蓝色铁轨构造。

**18. 致病性细菌杆菌的独特特点是什么？**

小的杆状细菌会表现为典型的革兰氏阴性菌，同时所有的致病性、小的双极杆菌都是革兰氏阴性菌。常见的小的杆菌包括大肠杆菌和巴斯德菌。大的、会形成芽孢的杆菌通常是梭状芽孢杆菌。丝状的杆菌通常是放线菌或诺卡氏菌（图41-3）。这样的杆菌特征性的表现为长的、细长的（丝状的）条带，会着染为淡蓝色、具有间断性的、小的粉红色或蓝色区域结构。

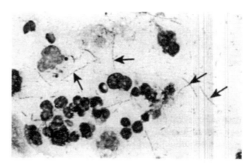

图41-3 放线菌病。从一只犬的胸水抽吸液中发现具有较多退行性中性粒细胞和大量混合性细菌。丝状细菌（箭头）提示这种细菌是放线菌或是诺卡氏菌。（瑞氏染色，250×）

**19. 在常见的家畜动物中，哪些常见的真菌在体温条件下只会产生酵母菌？**

真菌在细胞学中具有足够的特异性能够被鉴别出来，在家畜动物的体温条件下只会产生酵母菌的真菌可以进一步分类为产生小酵母菌、中型酵母菌或大酵母菌的真菌。只会产生小酵母菌的常见真菌病是孢子丝菌病和组织胞浆菌。会产生中型酵母菌的常见真菌病为芽生菌病和隐球菌病。会产生大的酵母菌的真菌病是球孢子菌病。

**20. 如何识别出申氏孢子丝菌？**

申氏孢子丝菌是圆形至椭圆形、甚至纺锤形（雪茄形）的微生物，大概有长3～9μm，宽1～3μm。它们会着染为灰白至中等程度的蓝色，同时具有轻微偏粉红色或紫色细胞核。申氏孢子丝菌通常周围会环绕一层薄的、透明的晕环结构

（图41-4）。

## 21. 如何识别荚膜组织胞浆菌？

荚膜组织胞浆菌是圆形至轻度椭圆形的微生物，区分荚膜组织胞浆菌和孢子丝菌的主要特征是荚膜组织胞浆菌不会表现出纺锤形的外形。荚膜组织胞浆菌直径为2～4μm，染色为灰白至中等程度偏蓝色，其中包含一个偏粉色至紫色着染的细胞核，细胞核通常表现为月牙形。通常在酵母菌周围会由于人为造成的皱缩而出现一个薄层的、透明的晕环结构（图41-5）。

## 22. 如何识别皮炎芽生菌？

皮炎芽生菌呈深蓝色、球形，直径为7～20μm，具有厚的、有折光性的外壁层。偶尔可见这种微生物表现出广基的出芽表现。

## 23. 如何识别新型隐球菌？

新型隐球菌的大小差异性极大，但是通常在没有包囊的情况下直径为4～15μm，加上包囊直径会达到8～40μm（厚层类黏蛋白）。该微生物会染色为粉红色至蓝紫色，可能有点类似颗粒状。其包囊通常透明并且均质（图41-6）。此外，也可能发现有无包囊的隐球菌。这样的隐球菌会具有类似于有包囊隐球菌的表现，但是具有较薄的、透明的包囊。偶尔可见组织表现出基部狭窄的出芽现象。通常会看到这样的病变只有很小程度的细胞反应。

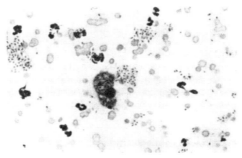

图41-4　孢子丝菌病。猫的窦道所进行的棉签采样，在巨噬细胞和涂片中发现有中等数量的孢子丝菌微生物。（瑞氏染色，250×）

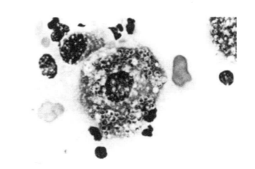

图41-5　组织胞浆菌病。犬的抽吸液中显示在巨噬细胞中含有中等数量的组织胞浆菌。（瑞氏染色，250×）

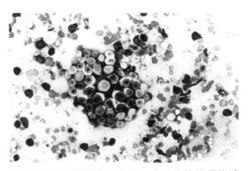

图41-6　隐球菌病。猫的一个团块的抽吸物涂片，显示有一组淡染至深染的隐球菌，伴有中等大小的透明包囊。此外还可见红细胞的存在。（瑞氏染色，125×）

### 24. 如何识别粗球孢子菌？

粗球孢子菌的直径为10~100μm，甚至可能会更大。这样的微生物表现为蓝色或透明的双波轮状球形表现，具有细致的颗粒状原生质，通常表现为折叠或是皱缩。圆形的内生孢子直径为2~5μm，可见于某些比较大的个体之中。偶见内生孢子从破裂的内胞囊中释放出来，可见在涂片的染色背景上游离出现（图41-7）。

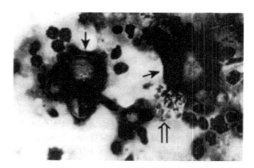

图41-7　球孢子菌病。犬的肺部抽吸检查，可见数个大的球孢子菌芽孢（箭头）和某些内生孢子（双箭头）从破裂的芽孢中释放出来游离在背景之中。（瑞氏染色，250×）

### 25. 如何识别杜氏利什曼原虫？

杜氏利什曼原虫（无鞭毛型）是椭圆形的结构，直径2~4μm。其具有蓝色至淡紫色着染的细胞核，还有一个小的、深蓝色至紫色的、杆状动基体。虽然各有不同，但是动基体倾向于存在于细胞核与最大体积的细胞质之间（图41-8）。利什曼原虫倾向于导致肉芽肿性或化脓性肉芽肿性反应。

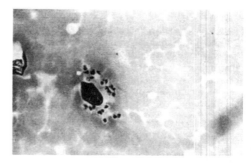

图41-8　利什曼原虫病。从犬的一个皮肤团块抽吸出的物质中具有大量的血细胞和含有利什曼原虫的巨噬细胞。（瑞氏染色，250×）

### 26. 如何识别原藻菌感染？

原藻菌感染倾向于导致肉芽肿性或是化脓性肉芽肿性反应。原藻菌是圆形至椭圆形的微生物，宽为1~14μm，长为1~16μm，具有颗粒化的嗜碱性细胞质和单薄的透明细胞壁（图41-9）。这种微生物感染与猫发生的皮肤感染和犬的散发性病变有关，通常会表现出胃肠道症状。

### 27. 如何在组织抽取物中识别胞簇虫病？

胞簇虫病是由于猫胞簇虫这种原虫

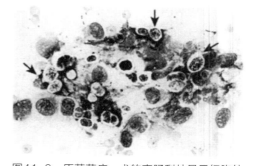

图41-9　原藻菌病。犬的直肠刮片显示细胞外细菌、红细胞、上皮细胞、中性粒细胞和原藻菌（箭头所指）。（瑞氏染色，250×）

性寄生虫所导致的病变。通过在红细胞内（在病变的早期可能无法发现或是数量非常少）或是组织抽吸物中发现特征性的环状体寄生虫可以作出诊断。胞簇虫病的病例，全身的巨噬细胞中都能够出现裂殖体，组织抽吸或压片中发现巨噬细胞含有发育性的裂殖子即可确诊。这样的巨噬细胞会表现为极其增大的单核细胞，同时具有中等数量至大量的细胞质内嗜碱性染色物质或嗜酸性点状物质，其具体表现取决于组织发育的程度（裂殖体是完全发育的裂殖子）。巨噬细胞的细胞核通常会含有大量增大的核仁（图41-10）。这样的巨噬细胞通常能出现在肝脏、肺脏、淋巴结、脾脏和骨髓的细胞学涂片。

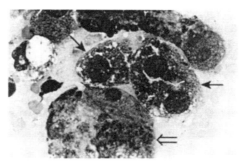

图41-10　胞簇虫病。猫的肝脏穿刺涂片。可见肝细胞（箭头）和大的巨噬细胞，其中充满胞簇虫的发育期的裂殖子（双箭头）。（瑞氏染色，250×）

### 28. 如何在细胞学上识别弓形虫病？

弓形虫病是由于鼠弓形体这种原虫感染造成的病变。通过发现小的（5×2μm）新月形的速殖子可以作出细

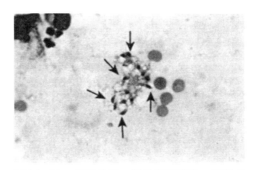

图41-11　弓形体病。猫的气管灌洗，可见少量红细胞和很多弓形体（箭头）。（瑞氏染色，250×）

胞学诊断。速殖子会染色成为淡蓝色至蓝紫色的结构，同时会具有偏离中心的深染的细胞核（图41-11）。不幸的是，从细胞学上无法将弓形虫同新孢子虫相鉴别。

### 29. 如何识别犬新孢子虫？

从细胞学上而言，犬新孢子虫的组织病变阶段与弓形虫类似，因此仅从形态上无法对这两种病变进行鉴别。可以使用特殊的抗体免疫荧光分析（IFA）和聚合酶链式反应（PCR）识别犬新孢子虫。

### 30. 是不是所有的炎性反应都和感染有关？

很多炎性反应都和感染无关，非感染性的炎性反应包括囊肿、肿瘤、注射部位反应、嗜酸性粒细胞性肉芽肿、脂肪组织炎和免疫介导性疾病。

### 31. 囊肿性病变的细胞学表现是什么？

来自不同囊肿性病变（例如唾液腺囊肿、血清肿、水囊瘤）可以特征性的进行细胞学评估。大部分的囊肿性液体成分中含有大量的巨噬细胞，不过某些囊肿中的细胞数量很少。巨噬细胞可能会是相对很小的未受刺激的巨噬细胞，形态类似血液中的单核细胞，或是体积较大的、活化的吞噬巨噬细胞，具有大量空泡化的细胞质。可能会由于囊肿存在引起的炎症而出现不同数量的中性粒细胞（中性粒细胞的出现意味着炎症，而不是感染）。偶尔会发生囊肿内的出血，可以通过存在红细胞崩解后的产物（含铁血黄素、胆红素）来鉴别。来自唾液腺囊肿的液体通常能够通过在细胞间出现无特定形态的蓝色黏液样"簇"而识别出来。

### 32. 肿瘤是如何引起炎症反应的？

肿瘤通常会出现超过其血液供应能力的过度生长，从而导致其出现含有很多炎性细胞的坏死区域（中性粒细胞、伴有或不伴有巨噬细胞）。

### 33. 注射部位反应的细胞学表现是什么样的？

注射部位反应可能是中性粒细胞性、化脓性肉芽肿性、肉芽肿性或淋巴细胞性表现。在疫苗反应的病例中偶尔在细胞外或巨噬细胞内见到无特定结构的、质地均一的、明亮的嗜酸性染色的物质（图41-12）。

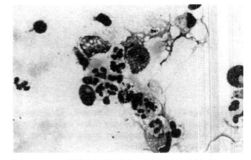

图41-12　注射部位反应。具有中性粒细胞、巨噬细胞和淋巴细胞的混合型炎症反应。靠近中央区域的大巨噬细胞胞质内含有红色物质，这种物质典型的见于疫苗反应的病例中。（瑞氏染色，250×）

### 34. 嗜酸性粒细胞性肉芽肿的细胞学表现是什么？

来自嗜酸性粒细胞性肉芽肿的刮片或抽吸物中通常含有大量的嗜酸性粒细胞。尤其是刮片样本，在涂片的背景中可见大量游离嗜酸性粒细胞颗粒。并且可见数量不等的成纤维母细胞和巨噬细胞。

### 35. 脂肪炎的细胞学表现是什么？

从发生炎症的脂肪区域抽吸出的物质通常含有炎性细胞和大量大小不等的脂质空泡（图41-13）。肉芽肿性（巨噬细胞性）炎症只是最常见的表现，不过也可能出现化脓性肉芽肿性炎症和化脓性炎症。巨噬细胞的细胞质中通常含有大量小的、透明的脂质空泡。常常可以见到大的多核巨噬细胞，注意千万不要把这种细胞误认为肿瘤细胞。

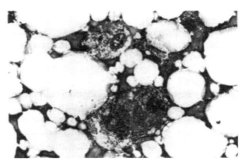

图41-13 脂肪炎。在犬的皮肤肿块抽吸物质中，可见红细胞、很多脂质空泡和中等数量的巨噬细胞。（瑞氏染色，250×）

**36. 免疫介导性皮肤病变的脓疱抽吸物质的细胞学表现是什么？**

从诸如落叶天疱疮这样的免疫介导性皮肤病的穿刺样本中可见很多非退行性变化的中性粒细胞和一些坏死的碎屑。偶尔的情况下可见棘层松懈细胞（圆形鳞状上皮细胞）。

# 四十二、肿瘤细胞学

Rick L. Cowell, Debbie J. Cunningham和James H. Meinkoth

**1. 在进行细胞学检查时，怎样对组织细胞进行有效评估和分类？**

a. 在细胞学样本中发现的组织细胞可能来源于正常的、增生的、发育不良的或肿瘤性的组织。虽然在细胞学中无法见到组织结构，但是很多病例可以通过对细胞构型、细胞数量和任何细胞外的物质进行评估而得到诊断结果。

b. 应该通过对组织细胞的大小、形状和分布模式这样的大体特征进行评估（单个的离散的细胞或是成组且聚集出现的细胞。）细胞可以基于以下的标准分类为圆形、梭形或是上皮（表42-1）：

（1）外形（大小和形状）

（2）形成集落的倾向（黏着性）

（3）细胞外基质的产生情况

c. 然后评估组织细胞以判断其恶性标准。主要是对上皮和梭形细胞肿瘤使用恶性标准进行评估。

（1）符合足够恶性标准的上皮细胞肿瘤被分类为癌变或是腺癌。

（2）符合足够恶性标准的梭形肿瘤被分类为肉瘤。

（3）圆形细胞瘤通常可以很容易通过细胞形态进行识别，并分别进行命名。

#### 表42-1 基本肿瘤类别的细胞大体表现

| 肿瘤类型 | 大体的细胞大小 | 大体的细胞形状 | 示意图 | 抽吸样本的细胞清晰度 | 是否常见聚集或集落 |
|---|---|---|---|---|---|
| 上皮细胞 | 大 | 圆形至有尾部结构 | | 通常很高 | 是 |
| 间质细胞（梭形细胞） | 小至中等 | 梭形至星形 | | 通常很低 | 否 |
| 离散的圆形细胞 | 小至中等 | 圆形 | 肥大细胞 淋巴瘤<br>传染性性病瘤 组织细胞瘤 | 通常很高 | 否 |

引自 Cowell RL, Tyler RD, Meinkoth JH: Diagnostic cytology and hematology of the dog and cat, ed 2, St Louis,1999, Mosby.

**2. 细胞的恶性标准有哪些?**

总体而言，由同一表现的细胞组成提示肿块为良性病变，而细胞形态的多样化提示恶性病变。一个重要的例外情况是淋巴瘤（淋巴肉瘤），因为这种肿瘤基本上是由具有均一形态的淋巴母细胞所组成，而淋巴器官增生则由于混合有小淋巴细胞、淋巴细胞前体、淋巴母细胞和浆细胞表现出明显的多形性。恶性的细胞核被认为具有诊断意义，而表现出恶性的细胞质特征则只具有确定恶性肿瘤病变的辅助意义。要称一个肿块为"恶性肿瘤"，很重要的一点是在很多细胞之中发现其中一些细胞符合3个以上的细胞核恶性标准（表42-2）。

**细胞核的恶性标准**

a. 细胞核大小不均：细胞核大小具有差异性

b. 巨型细胞核：细胞核增大（>10μm）

c. 细胞核/细胞质比例增高：细胞核增大，细胞质减少（在某些类型的细胞中为正常，例如小淋巴细胞）

d. 巨型细胞核仁：细胞核仁的直径超过5 μm

### 表42-2　组织细胞恶性的标准

| 标准 | 描述 | 示意图 |
| --- | --- | --- |
| **大体标准** | | |
| 细胞大小不均和大细胞 | 细胞的大小多样，某些细胞大于或等于典型细胞的1.5倍 | 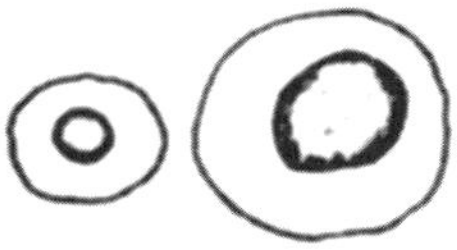 |
| 细胞数量增多 | 由于细胞之间的黏附作用减弱导致细胞的剥脱性增强 | 无图示 |
| 多形性（淋巴组织的情况例外） | 同一类别的细胞大小和形状不同 |  |
| **细胞核标准** | | |
| 巨型细胞核 | 细胞核增大 |  |
| 细胞核/细胞质比例增大 | 正常的非淋巴性细胞，根据组织的不同，核/质比例应该是1：3~1：8。核/质比例增高（例如1：2、1：1）提示恶性的病变 | 见巨型细胞核图示 |
| 细胞核大小不均 | 细胞核大小不同；特别重要的是具有多个细胞核的细胞中的细胞核大小不等 | 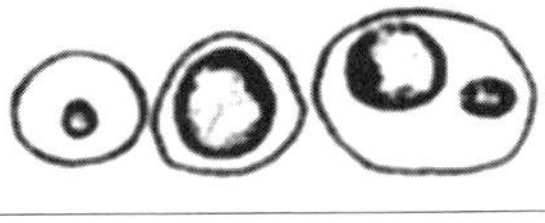 |
| 多个细胞核 | 在一个细胞中出现多个细胞核；如果这些细胞核大小不均，则这个现象特别重要 | 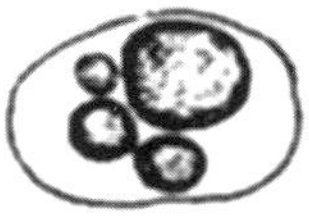 |
| 有丝分裂象增多 | 在正常组织中有丝分裂很罕见 |  正常　异常 |
| 异常的有丝分裂 | 染色质的对位异常 | 见有丝分裂象增多图示 |

续表

| 标准 | 描述 | 示意图 |
|------|------|--------|
| 染色质构造粗糙 | 染色质的构造比正常的粗糙，甚至出现拉丝或是索状的染色质 | |
| 核塑型 | 由于在同一个细胞或是临近细胞中的其他细胞核而造成细胞核的变形 | |
| 巨大细胞核仁 | 核仁增大；核仁≥5 μm强烈提示肿瘤为恶性的，猫RBCs参考值为5~6μm，犬为7~8μm | <br>红细胞 |
| 核仁成角 | 核仁表现为纺锤形或具有成角的现象，而不是正常的圆形或是椭圆形 | |
| 细胞核仁大小不等 | 细胞核仁的形状或是大小不等，在同一个细胞核中出现这种现象尤其重要 | 见核仁成角图示 |

改写自 Cowell RL, Tyler RD, Meinkoth JH: Diagnostic cytology and hematology of the dog and cat, ed 2, St Louis, 1999, Mosby.

e. 异常明显的核仁，而且核仁具有不同的形状。核仁出现成角现象，而不是圆形或椭圆形

f. 异常有丝分裂象：染色体排列不恰当

g. 染色质构象粗糙：拉丝或是索状的染色质

h. 核塑型：细胞核沿着同一个细胞的其他细胞核或是其他细胞的细胞核发生变形（塑型）；提示细胞之间的接触抑制现象缺失

**细胞质的恶性标准：**

a. 细胞质嗜碱性加强：RNA合成/含量增高

b. 异常空泡化和/或分泌颗粒

c. 对于该种细胞而言较少的细胞质：大的上皮细胞中的细胞质减少

**总体的恶性标准：**

a. 细胞大小不均：细胞的大小不同

b. 巨型细胞增多：比这种细胞应该具有的大小更大

3. **圆形细胞肿瘤有哪些?**

　　a. 肥大细胞瘤

　　b. 组织细胞瘤

　　a. 传染性性病肿瘤（transmissible venereal tumor，TVT）

　　b. 淋巴肉瘤

　　c. 浆细胞瘤

　　偶尔基底细胞瘤和黑色素瘤可能看起来像剥脱性的圆形细胞，但是这两类肿瘤并不被包括在圆形细胞瘤中。

4. **圆形细胞瘤的总体特点是什么?**

　　圆形细胞瘤倾向于剥脱出大量的单个细胞（例如细胞不是成片或聚集的），细胞的形状大多是圆形，具有明显的细胞边缘。细胞核为圆形，可能有凹痕（例如淋巴细胞）。圆形细胞比上皮细胞小。

5. **如何从细胞学上识别肥大细胞瘤?**

　　肥大细胞瘤会脱落大量细胞，这样的细胞具有中等程度的细胞质，在细胞质中含有一定量或很多小的、红紫色（异染性）的颗粒（图42-1）。这些颗粒是肥大细胞瘤最明显的特征。细胞具有圆形至椭圆形的细胞核，细胞核可能被颗粒所遮挡。可能会出现数量不等的嗜酸性粒细胞。很重要的一点是记住某些染色剂（例如Diff-Quik）偶尔可能无法着染肥大细胞颗粒。

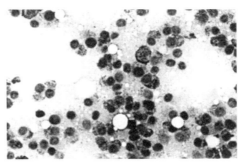

图42-1　肥大细胞瘤。犬皮肤上的肿块在组织液的染色背景中具有大量的离散圆形细胞。很多的圆形细胞中含有红紫色的细胞质颗粒。（瑞氏染色，125×）

6. **如何从细胞学上识别组织细胞瘤?**

　　组织细胞瘤会剥脱出小的、良性、圆形、离散的细胞。这样的细胞具有圆形至椭圆形的细胞核，具有细致的点状染色质和清晰的核仁。组织细胞瘤具有中等数量的均质的灰色至蓝灰色细胞质，这样的细胞质染色通常比周围的组织液染色背景更轻微（图42-2）。可能也会出现淋巴样细胞（无至大量）。中等数量至大量小淋巴细胞的出现提示免疫反应，组织细胞瘤可能会自发性消退。

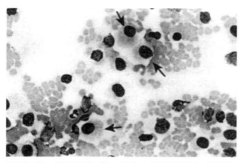

图42-2　组织细胞瘤。犬的皮肤团块的细胞学压片表现出了大量圆形至椭圆形细胞核，细致的点状染色质和不清晰的核仁都符合组织细胞瘤细胞的特征（箭头处）。此外还可见一些小淋巴细胞。（瑞氏染色，125×）

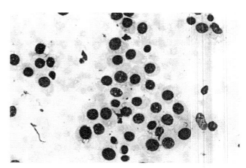

图42-3　TVT。犬皮肤肿块的细胞学涂片上有大量的红细胞和中等数量的圆形细胞。这样的圆形细胞具有中等数量的嗜碱性着染的细胞质，其中含有中等数量的细胞质内空泡。（瑞氏染色，125×）

**7.　如何通过细胞学鉴别TVT？**

　　TVT会脱落大量圆形细胞，这样的圆形细胞具有中等数量的嗜碱性染色的细胞质，其中含有少量或很多清晰的细胞质内空泡（图42-3）。在涂片的染色背景上也可能见到这样的透明空泡。来自TVT的细胞具有圆形的细胞核，细胞核的染色质粗糙（拉丝样），并且具有一个或多个明显的核仁。细胞和细胞核的大小可能具有多样性（细胞大小不均，细胞核大小不均）。可能见到有丝分裂象。

**8.　如何通过细胞学鉴别皮肤淋巴瘤？**

　　皮肤淋巴瘤（淋巴肉瘤）通常由形态均一的淋巴母细胞组成，淋巴母细胞具有椭圆形或其他形状的细胞核，具有精细的颗粒性染色质和一个至多个核仁。这些细胞通常具有少量至中等数量的淡嗜碱性着染的细胞质，这样的细胞质并非在所有的细胞核周围都可见到，因为细胞质会与细胞核在某些部分融合在一起。在细胞涂片的背景中可见细胞质的破碎片段。偶尔可见淋巴母细胞呈组织细胞样的表现。

**9.　如何通过细胞学辨别皮肤浆细胞瘤？**

　　皮肤浆细胞瘤会剥落下很多的浆细胞样细胞，这样的细胞具有圆形的、偏离中央区域的细胞核和中等数量的高嗜碱性细胞质。通常可见环绕细胞核周围的透明区域（高尔基体），这个区域通常位于细胞核和细胞质较多的部分之间。常见双核或多核细胞。细胞大小不均和细胞核大小不均是非常典型的表现（图42-4）。

### 10.　什么是上皮细胞?

上皮细胞起源于组织表层（例如皮肤）、实质组织（例如肝脏）或腺体组织（例如乳腺），这些细胞是典型的大细胞，具有圆形至多边形的外形，并且具有明显的细胞质边界（图42-5）。上皮细胞倾向于具有很好的细胞和细胞之间的连接性，因此常常是片层样（单层细胞）或是集落样（球形排列）剥落，但是仍然可见一些单个的细胞。

### 11.　上皮细胞肿瘤有哪些?

上皮细胞肿瘤可能是良性或恶性的，也能够表现为囊性病变或非囊性病变。良性上皮细胞瘤被称为"瘤"（例如肝瘤、腺瘤），而恶性上皮细胞肿瘤被称为癌或是腺癌。例如乳腺瘤和乳腺癌、甲状腺瘤和甲状腺癌、肛周腺瘤和肛周腺癌、移行细胞癌等。

### 12.　如何区分良性上皮细胞肿瘤和恶性上皮细胞肿瘤?

总体而言，恶性上皮细胞肿瘤的细胞符合三个或更多恶性特征。良性肿瘤仅表现出很少或无恶性特征。但是和所有规则一样，这些标准不是100%准确的。某些恶性肿瘤（例如肛门囊腺癌、某些胆管腺癌）并不会表现出很多恶性细胞的特征。熟悉那些恶性肿瘤偶尔仅会表现出少量的恶性特征有助于提高诊断的准确性。

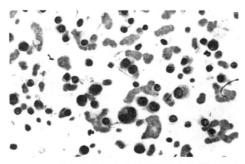

图42-4　浆细胞瘤。犬皮肤肿块的细胞学涂片上可见大量红细胞和中等程度数量的圆形细胞，这样的圆形细胞呈浆细胞样，具有圆形、偏离中央区域的细胞核和中等数量的高度嗜碱性细胞质。（瑞氏染色，125×）

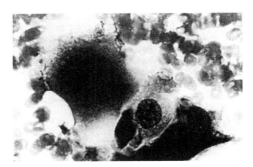

图42-5　上皮细胞肿瘤。犬肿块抽吸物可见大量的血液和具有大量细胞质和明显核仁的大上皮细胞。（瑞氏染色，250×）

### 13.　什么是间质（梭形）细胞肿瘤?

梭形细胞肿瘤常被称为间质细胞肿瘤，因为这样的肿瘤常常具有纺锤形、星形或梭形的外形，看起来像是间质胚胎期的结缔组织（图42-6）。这种细胞的细胞核通常呈圆形至椭圆形，细胞质边界通常不清晰。梭形细胞肿瘤典型的特征是会剥脱下单个的细胞，但是偶尔也可能见到细胞集落的出现。在细胞之间可能出现嗜酸性细胞外基质。某些纺锤形细胞肿瘤的剥脱性很差。纺锤形细胞是结缔组织来源的细胞（例如成纤维母细胞、成骨细胞、肌细胞、内皮细胞、脂肪细胞）的典型表现。

### 14. 间质（梭形）细胞肿瘤有哪些？

总体而言，良性肿瘤被称为"瘤"，而恶性肿瘤则被称为肉瘤。例如骨肉瘤、血管周围细胞瘤、纤维瘤和纤维肉瘤、脂肪瘤和脂肪肉瘤。

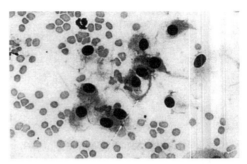

图42-6　梭形细胞瘤（血管周围细胞瘤）。犬的皮肤肿块中可见中等数量的红细胞和梭形细胞。这些细胞具有圆形至椭圆形的细胞核和嗜碱性染色的细胞质。（瑞氏染色，125×）

### 15. 从脂肪瘤中抽吸出的脂肪细胞看起来像是大上皮细胞，为什么它们会被分类为间质细胞瘤？

脂肪瘤是由充满脂肪的脂肪细胞所组成，是间质细胞肿瘤。正常的脂肪细胞（在充满脂肪成分之前）是梭形细胞。然而一旦充满脂肪后，这样的细胞会变得非常大，并且会丧失其梭形外观。脂肪肉瘤通常会剥落下某些梭形细胞，因为在这样的细胞中通常含有较少的脂肪成分。要记住常规的细胞学染色液（例如罗曼诺夫斯基染色）中含有酒精成分，能够溶解脂肪。因此，从破裂的细胞中溢出的脂质成分可能不会被着染。不过如油红O这样的染色剂能够对脂肪进行很好的染色。

### 16. 黑色素瘤和恶性的黑色素瘤总是含有梭形细胞吗？

黑色素瘤和恶性黑色素瘤是少数几种不一定具有单一细胞形态的肿瘤。黑色素瘤和恶性黑色素瘤的细胞可能会具有梭形、圆形或上皮细胞的特征（图42-7）。

### 17. 黑色素瘤和恶性黑色素瘤一定含有可以被识别出的色素颗粒吗？

分化良好的肿瘤倾向于具有比较多的颗粒化现象，有很多黑绿色的颗粒，

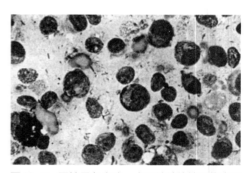

图42-7　恶性黑色素瘤。犬口腔肿块抽吸物中显示很多具有恶性表现（大的细胞核仁、细胞大小不等）的细胞，细胞中含有黑色素颗粒，外观呈圆形。黑色素瘤和恶性黑色素瘤可能呈圆形、梭形或上皮细胞肿瘤的表现。（瑞氏染色，250×）

可能会遮盖住细胞核，导致无法对细胞的恶性特征进行评估。分化不良的肿瘤可能会含有较少颗粒，或没有颗粒存在。某些肿瘤可能仅含有发灰的粉尘样颗粒结构。

**18.　是不是所有的囊性病变都与肿瘤相关？**

虽然某些囊性病变与肿瘤有关，但还是有很多囊性病变与肿瘤无关。很多因素都会诱发囊性病变，这些因素包括继发于导管阻塞（例如唾液腺囊肿）和继发于创伤性病变（例如血清肿）。

## 四十三、淋巴结和胸腺细胞学

Rick L. Cowell, Debbie J. Cunningham 和 James H. Meinkoth

**1.　何时应该穿刺淋巴结进行细胞学检查？**

淋巴结穿刺对于单个或多个淋巴结肿大都是很有用的检查。很难对未发生肿大的淋巴结进行穿刺抽吸操作，通常会抽吸到大量淋巴结外的脂肪组织，仅有一点或没有淋巴组织存在。然而，某些情况下为了检查转移性肿瘤，还是需要尝试对未肿大的淋巴结进行检查。

**2.　哪些情况可以通过淋巴结抽吸作出诊断？**

 a.　反应性或是增生性淋巴结病

 b.　淋巴结炎（中性粒细胞性、组织细胞性或巨噬细胞性、嗜酸性粒细胞性）

 c.　淋巴瘤

 d.　转移性肿瘤

 e.　淋巴结外组织的抽吸物（脂肪、唾液腺）

 f.　感染介质（例如细菌、真菌、藻菌、原虫、立克次氏体）

**3.　从正常的淋巴结穿刺出的细胞学有怎样的表现？**

从正常淋巴结穿刺出的细胞会包含75%～95%（通常大概90%）的小的、成熟的淋巴细胞（图43-1）。小淋巴细胞比犬RBC稍大一些，是猫RBC的1.5～2倍。这样的细胞表现为深染，具有圆形细胞核和密集浓缩的染色质，无

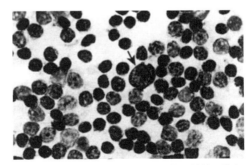

图43-1　正常淋巴结。一只犬的淋巴结抽吸物细胞学图片，图中有大量小淋巴细胞，只有一个淋巴母细胞（箭头所指）。（瑞氏染色，250×）

明显可见的细胞核仁。小淋巴细胞具有极少的清晰至淡蓝色着染的细胞质，并且通常仅在细胞核的一侧可见（不是在细胞核的所有方向都可见到）。其他少量出现的细胞可能包括淋巴母细胞、淋巴细胞前体细胞、浆细胞、巨噬细胞、中性粒细胞和肥大细胞。涂片上也有可能会见到淋巴腺小体、裸露的细胞核和细胞核染色质条带。

### 4. 什么是淋巴腺小体？

淋巴腺小体是淋巴细胞胞质的碎屑片段。所有的淋巴组织中都能正常发现。注意不要将淋巴腺小体混淆为微生物或细胞。

### 5. 增生性淋巴结的细胞学表现是什么，如何将其同正常淋巴结区分开来？

从细胞学上而言，区分正常的和增生的淋巴结并没有一个明确的界限。这两者看起来可能都是一样的，因为有淋巴结增大的现象，才会将对淋巴结抽吸物涂片的结果报告为"增生性"的。

### 6. 什么是反应性淋巴结？如何将其同增生性淋巴结区分开来？

当采集到的样本中炎性细胞（巨噬细胞、中性粒细胞、嗜酸性粒细胞）、淋巴母细胞或成淋巴细胞的数量有轻度升高时，通常会更多的使用"反应性"这个词，而不是"增生性"。在这种情况下浆细胞的数量可能会轻度或明显增高。

### 7. 什么是Mott细胞？

Mott细胞是细胞质中存在着不被着染或是淡蓝色着染的圆形颗粒的浆细胞（图43-2）。这样的颗粒被命名为拉塞尔小体，是免疫球蛋白聚集而成。

### 8. 不同类型的淋巴腺炎有哪些？

a. 中性粒细胞性淋巴腺炎

b. 嗜酸性粒细胞性淋巴腺炎

c. 组织细胞性（巨噬细胞性）或颗粒细胞性淋巴腺炎

d. 任何组合类型的（例如化脓性肉芽肿性淋巴腺炎、中性粒细胞性和嗜酸性粒细胞性淋巴腺炎）

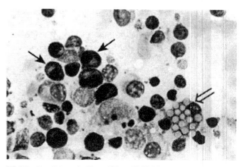

图43-2 Mott细胞。淋巴结的抽吸涂片显示有很多的小淋巴细胞和浆细胞（箭头处），一个巨噬细胞和一个Mott细胞（双箭头处）。在涂片的染色背景中可见很多的淋巴腺小体存在。（瑞氏染色，250×）

### 9. 细胞学中如何识别出中性粒细胞性淋巴腺炎？

当中性粒细胞比例超过淋巴结抽吸或是压片上有核细胞数量的5%时，就可诊断为中性粒细胞性淋巴腺炎。这是在中性粒细胞性炎症的引流区域淋巴结中常见的发现。当淋巴细胞的数量超过有核细胞数量的20%时，有些人会使用化脓性或是脓性淋巴腺炎这样的名词进行描述，而其他人则认为这样的名词等同于中性粒细胞性淋巴腺炎。大部分淋巴结的细菌感染会导致出现大量的中性

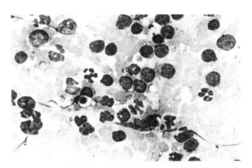

图43-3　继发于隐球菌病的中性粒细胞性淋巴腺炎。犬的淋巴抽吸物可见很多红细胞、小淋巴细胞和中性粒细胞。此外还可见一个隐球菌。（瑞氏染色，250×）

粒细胞（图43-3），并且这样的淋巴结抽吸物常常看起来像是脓肿的抽吸物，而不像淋巴结的抽吸物。一种例外情况是淋巴结发生分枝杆菌感染的情况，这样的感染会造成发生肉芽肿性反应。其他会导致发生中性粒细胞性淋巴腺炎的情况包括肿瘤性和免疫介导性的情况。血液污染细胞学的样本能够导致出现类似于中性粒细胞性淋巴腺炎的表现，特别是发生外周血中性粒细胞增高的情况时。

### 10. 如何识别出嗜酸性粒细胞性淋巴腺炎的细胞学表现？

当嗜酸性粒细胞比例超过淋巴结抽吸或压片上有核细胞数量的3%时，就可诊断为嗜酸性粒细胞性淋巴腺炎（图43-4）。造成出现嗜酸性粒细胞性淋巴腺炎的一部分病因包括过敏性或寄生虫性病变、猫嗜酸性皮肤病变、高嗜酸性粒细胞性综合征和肿瘤（例如肥大细胞瘤、癌变、某些淋巴瘤）。

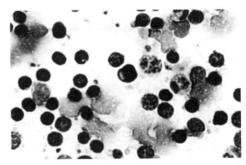

图43-4　嗜酸性粒细胞性淋巴腺炎。犬的淋巴结抽吸物可见许多小淋巴细胞和某些嗜酸性粒细胞。（瑞氏染色，250×）

### 11. 如何识别组织细胞性（巨噬细胞性）淋巴腺炎的细胞学表现？

在淋巴结抽吸或压片上见到巨噬细胞的数量增多提示组织细胞性淋巴腺炎。很难定义什么情况符合巨噬细胞数量增多的表现。无论什么情况下，如果能够在一个油镜视野下发现有超过5个的巨噬细胞，可诊断为组织细胞性淋巴腺炎。组织细胞性

淋巴腺炎病变时会表现出少量巨噬细胞，但是之前提及的数量判定标准能够防止这种病变被过度诊断。此外，中性粒细胞的数量也会随着巨噬细胞的数量增多而增高，这是由于发生了化脓性肉芽肿性炎症导致的。导致发生组织细胞性淋巴腺炎的病因包括真菌感染、原虫感染、分枝杆菌感染和立克次氏体感染（三文鱼病）。

**12. 如何识别出淋巴瘤（恶性淋巴瘤、淋巴肉瘤）的细胞学表现？**

肿瘤性淋巴样细胞和非肿瘤性淋巴样细胞从细胞学上无法区分开来。用于判断上皮细胞（癌变）和梭形细胞（肉瘤）的恶性程度的标准无法用于判断淋巴样细胞的恶性程度。从细胞学上是通过判断母细胞性/非母细胞性淋巴样细胞的比例来识别淋巴瘤的。当母细胞性淋巴样细胞占涂片上有核细胞的比例超过50%时，可以诊断为淋巴瘤（高级别）。小细胞性淋巴瘤（低级别）很难在淋巴结的抽吸涂片上鉴别出来，因为正常的淋巴结也几乎都是由小淋巴细胞所组成的。小淋巴细胞性淋巴瘤通常要求进行手术切除淋巴结，然后进行组织病理学检查以评估淋巴结的结构以求得到确定性诊断。

**13. 细胞学诊断母细胞性（未成熟的淋巴细胞，高级别的）淋巴瘤的主要困难之处是什么？**

淋巴母细胞和淋巴细胞前体极其脆弱，很容易在采样和/或制作涂片的过程中破裂。诊断母细胞性（例如淋巴母细胞性、中心母细胞性、免疫母细胞性）淋巴瘤的主要困难在于获得具有足够完整的细胞涂片。因此涂片制作者尝试使用不同的涂片技术（血涂片、压片、星形）以找出最佳制片方法非常重要。大多数犬和猫的淋巴瘤都是母细胞性（高级别）淋巴瘤（图43-5）。另外一个问题是涂片由于细胞不够分散而导致样本层过厚。涂片过厚时细胞着染会很差，而且无法很好的观察到单个细胞，因此过厚的涂片往往无法进行恰当的评估。

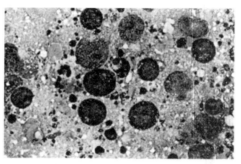

图43-5　淋巴瘤。犬的淋巴结抽吸物中可见多个大淋巴母细胞。在图片背景中可见大量淋巴腺小体。（瑞氏染色，250×）

**14. 如何从细胞学上识别出大颗粒性淋巴瘤？**

大颗粒性淋巴瘤是淋巴瘤的一种亚型，其特征主要是由细胞质内具有嗜天青颗粒（嗜酸性）的大淋巴样细胞所组成。大颗粒性淋巴细胞可能是细胞毒性T细胞或自然杀伤（NK）细胞（图43-6）。

### 15. 如何区分T细胞和B细胞淋巴瘤？

对细胞抽吸物进行免疫染色和细胞化学染色能够用于鉴别T细胞和B细胞淋巴瘤。B细胞淋巴瘤通常测试 CD21、CD79a和表面免疫球蛋白阳性。T细胞淋巴瘤通常测试CD3、CD4、CD8和非特异性酯酶（CD4和CD8是细胞亚型标记物）阳性。

### 16. 如何从细胞学上识别肿瘤向淋巴结转移？

转移性肿瘤的诊断是发现在淋巴结中本来数量很少的细胞如肥大细胞，出现了极大增多，或是发现不应该出现在淋巴结抽吸物中的细胞，同时这样的细胞具有3个或3个以上的恶性特征（例如上皮细胞、梭形细胞）（图43-7）。

### 17. 当尝试抽吸淋巴结时，偶尔会抽吸到哪些非淋巴样组织？

淋巴结外周脂肪是常被偶尔抽吸到的非淋巴样组织（图43-8）。在某些病例中，涂片上可能只有脂肪组织，而其他涂片上可见脂肪和淋巴样组织的混合物。而试图抽吸下颌下淋巴结时，可能会偶尔抽吸到唾液腺组织。

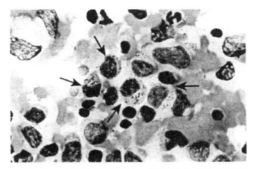

图43-6　大颗粒性淋巴瘤。该图像上可见很多红细胞、中等数量的大颗粒性淋巴细胞（箭头处）（瑞氏染色，250×）

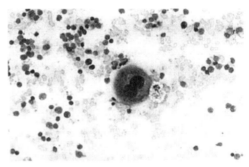

图43-7　转移性癌变。犬的淋巴结抽吸物中可见很多RBCs、分散的淋巴细胞、单个的大上皮细胞，该细胞具有大的明显核仁和一个巨噬细胞。（瑞氏染色，250×）

图43-8　淋巴结脂肪。从一只犬的腘淋巴结处抽取的脂肪，细胞学涂片中可见成簇的大脂肪细胞。（瑞氏染色，250×）

# 四十四、肝脏细胞学

Rick L. Cowell, Sylvie Beaudin和James H. Meinkoth

1. **在正常肝脏抽吸物中能够见到哪些细胞类型?**

   a. 肝细胞

   b. 胆道上皮细胞

   （1）来自于小胆管的立方上皮细胞

   （2）来自于大胆管的柱状上皮细胞

   c. 血液（伴有血液中的白细胞）

   d. 巨噬细胞（罕见）

   e. 肥大细胞（罕见）

   在正常肝脏的抽吸物中可能偶尔见到间皮细胞（衬细胞）的片层结构。重要的是不要将这样的细胞误判为肿瘤细胞。

2. **正常肝细胞的细胞学表现是什么样的?**

   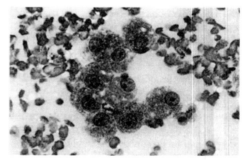

   图44-1　正常肝细胞。犬的肝脏抽吸物中可见正常的肝细胞和大量红细胞（RBCs）。（瑞氏染色，250×）

   在涂片上正常的肝细胞会表现为从较小至较大的细胞集落或是细胞团块，此外也可见单个细胞。肝细胞是大的上皮细胞，具有大量的淡蓝色细胞质，细胞通常具有椭圆形至多边形外观。细胞质中具有大量蓝染的核糖体和透明至淡粉色的细胞器结构，因此细胞质通常具有颗粒状表现。肝细胞通常具有圆形、大小均一、并具有中等粗糙程度的染色质的细胞核，此外细胞核中还会有一个或多个小核仁（图44-1）

3. **正常胆道上皮细胞的细胞学表现是什么样的?**

   胆道上皮细胞通常出现的数量都很少，仅可见少量的细胞团块或细胞片层，可见到15～20个细胞。这些细胞通常是立方形至低度柱状细胞表现。这些细胞倾向于具有圆形的细胞核，并且细胞核通常位于细胞中央，具有少量淡蓝色细胞质。通常见不到核仁。

4. **肝脏抽吸物中可见的主要色素成分有哪些?**

　　a. 胆色素

　　b. 含铁血黄素

　　c. 脂褐素

　　d. 铜

　　e. 超声耦合剂污染物

5. **如何从细胞学上识别出胆色素?**

　　胆色素表现为肝细胞细胞质中的亮绿色至深绿色颗粒，或是表现为肝细胞之间深绿色至黑色的胆色素管型（在胆小管）（图44-2）。胆色素数量增多提示胆汁瘀积，但胆汁瘀积的病变可能没有严重到能够引起高胆色素血症或黄疸的程度。某些胆色素可能出现在正常肝细胞的细胞质中。胆色素管型提示胆汁瘀积病变。对某些涂片进行Hall's染色能够确定其中出现的色素颗粒为胆色素，因为这种染色方法能将胆色素染成绿色。但临床诊断中很少会去染色以确定出现的色素是否为胆色素。

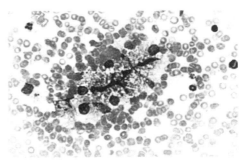

图44-2　胆汁淤积。犬的肝脏抽吸物中可见血液和伴有胆色素管型的空泡化的肝细胞集落。（瑞氏染色，125×）

6. **如何从细胞学上识别出含铁血黄素，导致出现含铁血黄素沉着的原因有哪些?**

　　含铁血黄素会表现为肝细胞或是巨噬细胞细胞质中的金色至金褐色颗粒。使用普鲁士蓝对涂片进行染色能够将含铁血黄素染为蓝色，从而得到确定的诊断结果。含铁血黄素沉着会发生于慢性溶血和过度补铁的情况（特别是使用注射铁剂）。

7. **如何从细胞学上识别脂褐素，出现这种结构的意义是什么?**

　　脂褐素表现为肝细胞细胞质中的蓝绿色颗粒。脂褐素的出现能够通过使用固蓝髓鞘染色进行确定，脂褐素能够被这种染色染成蓝色（很少会进行这样的染色）。脂褐素常见于老年动物的肝细胞中。脂褐素的聚集并不能提示病变，而更多表示这是一种老年化病程，因为脂褐素是随着细胞的老化、细胞的脂质降解分化形成的。

**8. 如何从细胞学上识别出肝脏铜蓄积症，哪些品种的犬最常发现这种病变？**

铜蓄积症一定要先达到明显病变程度才能够从细胞学涂片上识别出来。铜蓄积颗粒具有反光性，淡绿色至蓝绿色的细胞质内颗粒。铜蓄积颗粒的性质能够通过红氨酸染色得到确定。过量的肝脏铜蓄积症病变最常见于贝灵顿㹴、西高地白㹴和迷你杜宾犬。

**9. 如何从细胞学上识别超声凝胶染色杂质？**

超声凝胶染色杂质表现为红染的色素颗粒（图44-3）。出现的数量可能是轻度、中度或明显增多。超声凝胶大量污染涂片可能导致无法通过细胞学涂片得出诊断结果。超声凝胶能够被很明显的着染，会遮蔽细胞和其他结构。因此，要记住如果使用超声引导的方法采集细胞学样本，在进针部位一定要清除

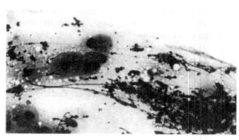

图44-3 超声凝胶污染。犬的肝脏抽吸物中可见少量正常的肝细胞和大量深红色着染的物质（超声凝胶）。（瑞氏染色，125×）

超声凝胶。采集细胞学样本的时候，可以使用酒精替代超声凝胶。

**10. 在肝脏抽吸物中会见到的非肿瘤性病变有哪些？**

a. 细胞降解或损伤
（1）脂质沉淀
（2）糖皮质激素引起（糖原蓄积）
（3）淀粉样变

b. 炎症
（1）中性粒细胞性
（2）组织细胞性或是巨噬细胞性
（3）淋巴细胞性-浆细胞性
（4）嗜酸性粒细胞性

c. 髓外造血

d. 增生性结节

**11. 如何在细胞学上识别猫的肝脏脂质沉积？**

肝细胞中的脂肪成分改变会表现为分散的、清楚的、圆形的细胞质内空泡。轻

度至中度的脂肪沉积并不能等同于肝脏脂质沉积的细胞学诊断结果。要作出这样的细胞学诊断，脂肪的沉积一定非常明显。通常这种情况时肝细胞会被脂肪成分填充，很难识别出它们是否为肝细胞（图44-4）。此外，在这样的涂片中也可见到背景中有很多脂肪成分存在。可以通过对未染色的肝脏抽吸物涂片使用苏丹Ⅲ染色（可以将脂肪染色为红色）以确定脂肪成分的存在。

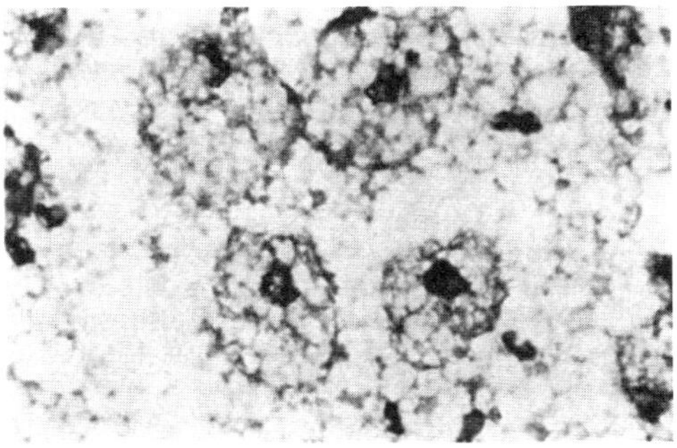

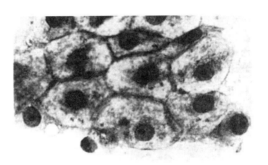

图44-4  肝脏脂质沉积。猫的肝脏抽吸物涂片显示肝细胞具有明显的脂质沉积，在背景中有很多的脂肪空泡。（瑞氏染色，250×）

### 12.  如何在细胞学上识别糖原贮积症？

肝细胞中的过度糖原蓄积会表现为模糊的（稀疏的）空泡结构（图44-5）。因为发生糖原和水分蓄积时，肝细胞可能比正常的肝细胞要大。可以通过过碘酸-希夫氏（PAS）染色确定糖原的存在。在犬之中，高浓度的血浆糖皮质激素水平是导致过度糖原蓄积的常见原因（类固醇性肝病）。

图44-5  糖原贮积。犬的肝脏抽吸物涂片显示一组具有明显糖原贮积现象的肝细胞。（瑞氏染色，250×）

### 13.  如何在细胞学上识别出淀粉样变？

淀粉样变表现为与肝细胞紧密联系的细胞外的、嗜酸性的、非晶态的涡状形。使用刚果红染色后，在偏振光下淀粉样变会表现为双折射性的苹果绿。淀粉样变是不常见的发现。

### 14.  在肝脏抽吸物中会见到的炎症类型有哪些？

a.  中性粒细胞性炎症

b.  组织细胞性或巨噬细胞性炎症

c.  淋巴细胞性或淋巴细胞浆细胞性炎症

d.  嗜酸性粒细胞性炎症

**15. 如何在细胞学上识别出中性粒细胞性炎症?**

相对于红细胞数量而言，出现更多的成熟中性粒细胞提示中性粒细胞性炎症。但是在被发生外周白细胞增多的动物的血液污染时会有类似的表现。在肝细胞团块中出现中性粒细胞提示有中性粒细胞性炎症。

**16. 造成中性粒细胞性炎症的病因有哪些?**

中性粒细胞性炎症的常见病因包括坏死、细菌感染（图44-6）、无菌性炎症（例如胰腺炎引起的肝炎）、FIP和猫化脓性胆管肝炎。血液污染，特别是被发生外周血液中性粒细胞增多的动物的血液污染时，能够造成细胞涂片上中性粒细胞数量增多的假象，这种情况可能被误认为是中性粒细胞性炎症。

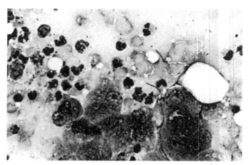

图44-6　化脓性中性粒细胞性炎症。犬的肝脏抽吸物涂片显示有许多的中性粒细胞、一些肝细胞和杆菌。此外还可见中等数量的红细胞。（瑞氏染色，250×）

**17. 导致发生组织细胞性或是巨噬细胞性炎症的病因有哪些?**

导致发生组织细胞性炎症的病因包括分枝杆菌、真菌和原虫感染，FIP和免疫介导性病变。

**18. 导致发生淋巴细胞性或是淋巴细胞浆细胞性炎症的病因有哪些?**

淋巴细胞性胆管炎或胆管肝炎的老年猫中常可见小淋巴细胞，伴有或不伴有浆细胞，慢性进行性肝炎的犬也可能会出现这种变化。通常需要进行活检和组织病理学检查以排除小细胞性淋巴瘤的可能。

**19. 什么是混合型细胞炎症，造成这种炎症的病因有哪些?**

混合型细胞炎症是指出现多种数量不等的炎症细胞类型（例如中性粒细胞、小淋巴细胞、巨噬细胞）。导致发生混合型细胞炎症的病因包括传染性病变［例如，真菌性、原虫性、病毒性（FIP）］、慢性中性粒细胞性胆管肝炎和老年犬的结节性再生性增生。

**20. 导致发生嗜酸性粒细胞性炎症的病因有哪些?**

导致发生嗜酸性粒细胞性炎症的病因包括猫的高嗜酸性粒细胞综合征、肝吸虫、偶见的嗜酸性粒细胞性肠炎和弥散性肥大细胞瘤。

### 21. 如何从细胞学上识别髓外造血现象？

虽然在正常肝脏的抽吸物涂片中偶尔能够见到造血前体细胞，但是一定要在涂片上找到成熟过程所有阶段的造血细胞，并且其中主要是处于更为成熟阶段的造血细胞才能确诊为髓外造血现象。如果病变与贫血有关，则主要为红细胞系细胞。此外还可能出现颗粒性细胞和巨核细胞，并且颗粒细胞可能是主要的细胞类型，特别是在犬的结节性、再生性、增生病变中更是可能出现这样的情况。如果主要的细胞类型是不成熟的造血细胞前体细胞，这种情况提示肿瘤病变（非髓外造血）。髓脂瘤是很罕见的肿瘤，这是良性肿瘤，其中会含有脂质成分和造血细胞，因此在细胞学上这样的肿瘤病变可能会被误判为是髓外造血现象。

### 22. 增生性结节和肝脏腺瘤的细胞学特征是什么？如何对这两种病变进行区分？

增生性结节和肝脏腺瘤都可能表现为单个或多个团块。在细胞学上，这样的病变可能很相似，无法同正常肝细胞区分开来。此外还可见轻度细胞大小不均和细胞核大小不均，细胞质的嗜碱性增加，双核的肝细胞和细胞核内包含体的数量增多。在某些病例中，可将细胞学结果、临床发现、诊断影像结果和病史综合起来，借以区分增生性结节和肝细胞的肿瘤。但是单纯从细胞学上不可能鉴别增生性结节和肝脏腺瘤，如果要得到确定性诊断，需要进行活检和组织病理学检查。

### 23. 能够从细胞学上识别肝细胞癌变吗？

肝细胞癌不常见。这样的病变可能由表现相对正常的肝细胞组成，可能无法完全从细胞学上识别出恶性的细胞。这样的病变也可能由异常肝细胞组成，这样的肝细胞可能很容易被识别为恶性细胞。所以具有极其异常变化的肝细胞的肝细胞癌变能够从细胞学上得到诊断，但是很多其他的癌变无法从细胞学上得到确诊，需要进行组织病理学检查。

### 24. 能够通过细胞学诊断胆道肿瘤吗？

很多胆道肿瘤具有弥散性，因此细胞学诊断的价值很高。相对正常表现的胆道上皮细胞，胆道腺瘤和癌变倾向于剥脱。这些细胞倾向于紧密的联结成集落或是片层。偶尔可能观察到腺管结构的形成。某些腺癌会表现出恶性的细胞特征，能够让我们通过细胞学作出诊断，但是另外一些腺癌则需要进行组织病理学检查以得到确定性诊断。

**25. 能够通过细胞学诊断犬传染性肝炎吗?**

犬I型腺病毒是导致犬传染性肝炎的病因介质,这种病毒能够导致肝细胞中出现较大的嗜酸性细胞核内包含体。

**26. 在某些肝细胞的细胞核中见到的菱形结晶的临床意义是什么?**

这样的菱形结晶不具有任何临床意义,多见于年龄较大的犬。

# 四十五、气管冲洗和支气管肺泡灌洗

Rick L. Cowell, James H. Meinkoth 和 Sylvie Beaudin

**1. 进行气管冲洗(transtracheal wash, TTW)和支气管灌洗(bronchoalveolar lavage,BAL)(TTW/BAL)的适应证有哪些?**

TTW/BAL适用于采集患有长期咳嗽或对治疗无反应、无诊断结果的支气管肺病的病例,以便培养或细胞学评估。

**2. 对正常动物进行TTW/BAL有哪些常见表现?**

正常动物的气管冲洗液中主要含有肺泡巨噬细胞。在TTW液中,通常可以见到中等至大量的纤毛柱状上皮细胞(图45-1),此外还可见立方上皮细胞。进行BAL可见数量不等(少量至中等数量)的小淋巴细胞、少量黏膜,此外还可见一些红细胞,偶见中性粒细胞、嗜酸性粒细胞、淋巴细胞和肥大细胞。还可能见到少量杯状细胞。

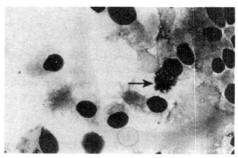

图45-1 犬的气管冲洗液涂片显示散在的纤毛柱状上皮细胞和杯状细胞(箭头处)。(瑞氏染色,250×)

**3. TTW/BAL的常见细胞学判读结果有哪些?**

a. 口咽部污染物

b. 嗜酸性粒细胞浸润

c. 中性粒细胞浸润

d. 组织细胞性或巨噬细胞浸润

e. 存在异常细胞

f. 多种微生物

样本数量不足意味着没有细胞存在或用于评估的细胞数量不足。

4. **什么是杯状细胞，如何识别这种细胞？**

杯状细胞是产生黏液的细胞。这类细胞是上皮细胞，呈柱状，细胞核位于细胞底部，并具有中等大小的、位于细胞质内的黏液颗粒（图45-1）。偶尔可见这样的颗粒组织极大地扩张细胞质部分，会导致细胞看起来呈圆形。这样的颗粒在不同的染色剂下会被染成红色、蓝色或透明色。杯状细胞的数量可能会由于任何长期的气道刺激而增多。

5. **什么是黏液栓（Curschmann螺旋）？**

黏液栓是小支气管形成的黏液管型结构。这样的结构表现为螺旋状、扭曲的黏液团块，并可能具有垂直放射样的外形，看起来像"试管刷样"外观（图45-2）。黏液栓能够在所有导致出现慢性、严重的、产生黏液的病变中出现。

图45-2　犬的气管冲洗涂片显示出黏液栓结构、黏液和一些中性粒细胞。（瑞氏染色，250×）

6. **如何从细胞学上识别出口咽部位的污染物？**

口咽部污染物的标志是出现浅表的鳞状上皮细胞和/或西蒙斯氏菌。通常可见浅表鳞状上皮细胞上披覆混合的细菌种群，这样的细菌种群代表口咽部和食道的正常菌群。如果存在口咽部的污染，那么培养的意义则相对有限。如果炎症影响到了口咽部位（例如牙齿病变、溃疡），那么中性粒细胞可能继发于口咽部污染物质。当口咽部污染物质和炎症同时存在时，可能会很难或无法鉴别出炎症的来源（肺部、口咽部区域）。

7. **什么是西蒙斯氏菌，如何识别出这种细菌？**

西蒙斯氏菌是杆状细菌，在纵向上表现出平行排列，使得这种细菌排列看起来像是单个的大细菌（图45-3）。这种细菌是非致病性微生物，它的出现提示有口咽部位污染物。这样的细菌可能黏附到表层鳞状上皮细胞上，或在涂片背景中呈现游离状态。

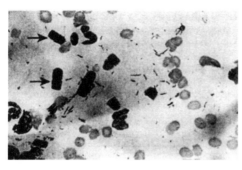

图45-3 犬的气管冲洗物涂片上可见红细胞、杆菌和散在分布的西蒙斯氏菌（箭头处）。（瑞氏染色，250×）

### 8. 在重复进行下一次TTW/BAL之前应该等待多长时间？

总体而言，可以因为任何原因而重复进行TTW/BAL，要么可以立即重复进行冲洗，或是等待48h后再进行冲洗。任何一次TTW/BAL，即使使用的是无菌生理盐水，也会引起中性粒细胞性反应，这样的反应在24小时左右会达到峰值，但是在48h后就会减轻。因此，如果在冲洗后的第二天就进行再次冲洗，就很难将由于冲洗而继发的轻度至中度中性粒细胞性炎症同肺部炎性病变区分开来。可以立即重复进行冲洗，而且即使冲洗后可能会采集到之前冲洗造成的污染物，但是只要第二次冲洗时不造成更多的污染，则这样的污染程度非常轻微。等待48h进行再次冲洗能够让肺部有时间清除口咽部的污染物，但是可能会造成诊断结果的延迟。如果是使用TTW/BAL来检查真菌微生物（例如组织胞浆菌、芽生菌）、原虫（例如弓形虫）或是肿瘤细胞（罕见），则即使冲洗物中存在上次冲洗的污染物，再次冲洗也具有诊断意义。

### 9. 什么表现是TTW/BAL冲洗液的嗜酸性粒细胞性炎症？

嗜酸性粒细胞性炎症（过敏反应）的特点是冲洗液中嗜酸性粒细胞的数量增高（图45-4）。有报道称在某些正常猫的支气管冲洗液中嗜酸性粒细胞的数量高达20%~25%，但是在犬的冲洗液中嗜酸性粒细胞数量超过5%或是猫的冲洗液中嗜酸性粒细胞数量超过10%就可以视作是数量增多，也可算作是支持嗜酸性粒细胞性炎症的依据。肺的嗜酸性粒细胞性炎症可能伴有外周血液嗜酸性粒细胞增多。

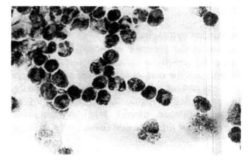

图45-4 犬的气管冲洗物中显示大量嗜酸性粒细胞和少量罕见的中性粒细胞。（瑞氏染色，250×）

10. **造成在TTW/BAL中出现嗜酸性粒细胞性炎症的病因有哪些?**

　　造成犬猫出现嗜酸性粒细胞性炎症（过敏反应）的常见原因包括过敏性支气管炎和肺炎、猫哮喘、肺吸虫、心丝虫、某些真菌感染和肺部嗜酸性粒细胞性肉芽肿病。

11. **什么表现是TTW/BAL冲洗液的中性粒细胞性炎症?**

　　在冲洗液中出现的中性粒细胞比例超过5%则提示为中性粒细胞性炎症（图45-5）。中性粒细胞性炎症可能由传染性病变或是非传染性病变造成的。

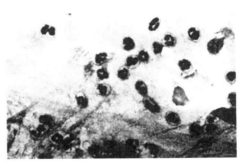

图45-5　犬的气管冲洗涂片显示有很多黏液组织和中等数量的中性粒细胞。（瑞氏染色，250×）

12. **TTW/BAL冲洗液的组织细胞性或巨噬细胞性炎症有哪些特点?**

　　组织细胞性或巨噬细胞性炎症通常很难识别，因为在正常的冲洗液中也会存在肺泡巨噬细胞。辨别巨噬细胞数量增多通常非常困难，甚至是不可能的。在慢性炎症病变中，巨噬细胞会被活化，通常可以见到双核的巨噬细胞存在。多核的炎性巨细胞提示存在组织细胞性或是巨噬细胞性炎症。某些文献中称如果出现多核的炎性巨细胞，则将这样的反应归为"肉芽肿性"病变。

13. **组织细胞性或是巨噬细胞性炎症的病因有哪些?**

　　组织细胞性或是巨噬细胞性炎症可能与很多种病变有关，比如真菌感染、病毒感染（例如FIP）、原虫感染、细菌感染（例如分枝杆菌），气道的先天性异常、气道纤毛的功能异常和吸入有害物质（例如吸入烟草）。

14. **TTW/BAL冲洗液的混合细胞性炎症有哪些特点?**

　　混合细胞性炎性反应是由中性粒细胞和巨噬细胞构成的炎性反应，在很多病变中都可能表现出这样的炎性反应，包括吸入性肺炎、肺叶扭转、某些真菌感染性、FIP和原虫感染等。

15. **如何从细胞学上识别肺内出血病变?**

　　从TTW/BAL的细胞学涂片上鉴别肺内出血和血液污染的方法与在其他细胞学

样本中鉴别血液污染的方法相同。被吞噬的红细胞和红细胞崩解产物（类胆红素、含铁血黄素）提示采集到的样本为真正的肺内出血病变。如果冲洗液被留存了一段时间或是经过一夜才送检，可能会在采样管中发生红细胞吞噬现象。立即使用沉淀物质制作涂片或是送检预先制作好的涂片能够防止这种情况的发生。

16. **为什么肺部样本中能够出现的肿瘤细胞不会出现在TTW/BAL的细胞学涂片上?**

为了能够在冲洗液中发现肿瘤细胞的存在，则肿瘤必须是位于冲洗液能够达到的部位（例如，在支气管树部位），并且支气管/细支气管必须没有被黏液阻塞住。很多肺部肿瘤都是间质性的，位于TTW/BAL无法到达的部位。这种病例常常需要采用经胸壁进行的细针活检（抽吸或非抽吸技术）采集样本。

17. **什么样的肿瘤最容易剥脱细胞进入TTW/BAL样本中?**

有两种肺部肿瘤最容易剥脱细胞进入到冲洗液中并且能够通过细胞学检查发现肿瘤细胞的存在，这两种肿瘤分别为原发性细支气管腺癌（图45-6）和淋巴肉瘤。没有发现肿瘤细胞的存在不能排除这两种肿瘤或其他肿瘤。

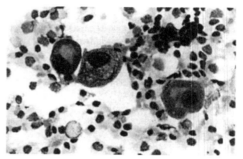

图45-6 犬的气管冲洗涂片显示大量肺泡巨噬细胞和柱状细胞、分散的红细胞和3个大的上皮细胞；这样的上皮细胞具有明显的恶性特征（例如特别大、核仁明显、细胞核染色质粗糙）。(瑞氏染色，125×)

# 四十六、体腔积液（腹部、胸部、心包）

Rick L. Cowell, Theresa E. Rizzi和James H. Meinkoth

1. **体腔积液有哪3种主要类型?**
   a. 漏出液
   b. 改性漏出液
   c. 渗出液

2. **什么是漏出液?**

漏出液是透明、无色的液体，具有较低的蛋白质浓度（<2.5g/dL）和较低的有核细胞数（<1500 个/μL；某些文献中使用1000 个/μL作为判定点）。这样的液

体通常被定义为纯漏出液。

### 3. 漏出液或纯漏出液是如何形成的？

大体而言，漏出液是由于蛋白质含量低的液体从小血管中漏出所形成的，这样的情况通常是由于血管压力增高或血浆渗透压降低所导致。在尿腹症的早期阶段，其中所含有的液体可能处于漏出液的定义范围内，因为尿液的蛋白质含量很低，并且其中的细胞也非常少。

### 4. 导致纯漏出液的病因有哪些？

因为血浆白蛋白浓度是控制血浆渗透压的主要因素，因此严重的低蛋白血症是导致出现纯漏出液的常见病因。其他病因包括高血压、早期心肌功能不全、肝功能不全和门脉短路。

### 5. 什么是改性漏出液？

改性漏出液是具有较高的蛋白质含量和细胞数量的漏出液。不同的作者可能对于改性漏出液参考范围数量定义有些许的不同。但是总体而言，犬猫发生的改性漏出液具有超过2.5g/dL的总蛋白质浓度、有核细胞数为 1 000~7 000个/μL（有些文献的范围为 1 000~5 000 个/μL）。马的细胞计数值通常更高一些，通常为 1 000~10 000 个/μL。在纯漏出液和改性漏出液的定义之间有一定的重叠区域。通常如果一种液体的蛋白质含量高于 2.5 g/dL，那么即使它的有核细胞计数值位于漏出液的范围内也会被分类为改性漏出液。

### 6. 改性漏出液是如何形成的？

改性漏出液是由于血管通透性增高，并且局部血管床的流体静压升高造成液体从小血管中漏出而形成。

### 7. 改性漏出液的常见病因有哪些？

a. 充血性心力衰竭（肝脏和脾脏血压增高）

b. 非化脓性炎症（例如胰腺炎、肝炎、脾炎）

c. 无菌性刺激（例如尿腹症）

d. 血管刺激（例如肺栓塞）

e. 猫传染性腹膜炎（FIP）

f. 肿瘤（剥脱性或非剥脱性）

### 8. 什么是渗出液?

渗出液是指具有较高总蛋白浓度和较高有核细胞数的液体。和之前讲到的情况一样,不同的文献会有不同的数值规定。一般而言,犬和猫的体腔液的总蛋白质浓度超过3 g/dL,并且有核细胞数超过7 000 个/μL(有些文献的范围为>5 000 个/μL)即定为渗出液。马的有核细胞数常超过10 000个/μL。

### 9. 渗出液是如何形成的?

渗出液是由蛋白含量高的液体从高通透性的血管中渗出以及白细胞因对趋化因子产生反应而移行进入体腔中形成的。

### 10. 造成渗出液的病因有哪些?

渗出液的形成可能是由于化脓性原因(例如细菌、真菌、原虫、病毒)或是非化脓性原因(例如胆汁性腹膜炎、胰腺炎、脂肪组织炎、脓肿、与肿瘤有关的炎症)。

### 11. 什么是乳糜液?

乳糜液是含有大量乳糜微粒的淋巴液。乳糜液最常见于胸腔之中。经典的乳糜液为乳白色,主要含有大量成熟的小淋巴细胞(图46-1)。总体而言,还可见到散在分布的泡沫样巨噬细胞、中性粒细胞和一定量的嗜酸性粒细胞。但并非所有的乳糜液都是乳白色的,小淋巴细胞也不一定是主要的细胞类型。

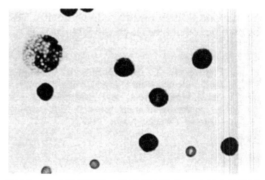

图46-1 小淋巴细胞、两个红细胞和一个单个的泡沫样细胞。(瑞氏染色,250×)

### 12. 乳糜液是如何形成的?

乳糜液是由于乳糜从淋巴管中渗出而形成,这样的渗出可能是由于淋巴系统压力增高或是主要的淋巴管破裂造成的。

### 13. 可以进行哪些测试来证实积液为乳糜液?

积液内胆固醇/TG比值低于1.0可以认为是乳糜液。其他测试包括乳糜液中TG浓度高于100mg/dL,且比血清TG浓度高出3倍以上。

**14. 造成乳糜液的病因有哪些?**

胸腔出现乳糜液的原因包括心血管病变、肿瘤（通常为非剥脱性肿瘤）、心丝虫、纵隔肉芽肿、膈疝、肺扭转、长期咳嗽、呕吐和胸导管破裂。腹腔出现乳糜液的情况不常见，但是确实会发生这种情况。其病因包括肿瘤、胆汁性肝硬化、淋巴管破裂、先天性淋巴管缺陷和腹腔内脂肪炎。

**15. 什么是尿腹症?**

尿腹症是指在腹腔中出现了尿液成分。

**16. 导致尿腹症的常见病因有哪些?**

导致尿腹症的病因包括输尿管、膀胱和尿道破裂。

**17. 如何从细胞学上识别尿腹症?**

急性的尿腹症病例通常会形成纯漏出液，因为尿液中蛋白质含量低、有核细胞数量少。在慢性或是长期存在的尿腹症病例中，可能发展出化学性腹膜炎，其中存在的液体可能属于改性漏出液或渗出液。此外，如果之前存在膀胱炎或蛋白丢失性肾病，这样的病变可能形成改性漏出液或渗出液。通过测定腹腔积液和外周血液中的肌酐水平能够诊断尿腹症。在尿腹症病例中，腹腔积液中的肌酐浓度会明显高于血液中的肌酐浓度（通常为2∶1）。比较少见的情况是可能在腹腔积液中见到尿液中的结晶成分从而有助于诊断尿腹症。

**18. 如何从细胞学上识别胆汁性腹膜炎病变?**

胆汁性腹膜炎的第一个特征为腹腔积液的颜色呈绿色或是橙黄色（胆汁色）。这样的液体比较典型的表现为改性漏出液或是渗出液。在巨噬细胞中会含有吞噬的胆色素颗粒（蓝绿色至黄绿色），这样的吞噬现象提示胆汁性腹膜炎（图46-2）。可以测定腹腔积液和外周血液中的胆红素水平，这样有助于鉴别胆汁性腹膜炎。在发生胆汁性腹膜炎病变时，在腹腔积液中的胆红素水平会明显升高。

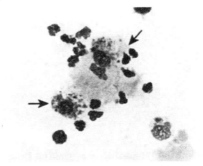

图46-2　胆汁性腹膜炎。犬的腹腔积液涂片中可见中性粒细胞、小淋巴细胞和巨噬细胞。巨噬细胞中含有绿色的胆色素颗粒（箭头处）。（瑞氏染色，250×）

### 19. 继发于心血管病变的体腔积液的典型细胞学特征是怎样的？

继发于心血管病变的体腔积液通常都属于改性漏出液。但是偶尔也可见这样的液体表现出纯漏出液的性质。在兽医学中常见的情况是继发于右心衰的腹水。这样的腹水是继发于肝内压力增高和随后的肝内淋巴管中高蛋白质成分的淋巴液漏出。在这样的体腔积液中没有细胞学的发现是诊断心力衰竭的标识。简而言之，在患有心力衰竭的动物，如果出现改性漏出液，则多建议这样的体腔积液是继发于心血管病变。

### 20. 继发于FIP的体腔积液的细胞学特征是怎样的？

FIP病变典型的体腔积液为无味、稻草色至金黄色、黏稠的液体，在摇晃时会有起泡的现象。在体腔积液中可能出现纤维蛋白丝和块状结构，甚至这样的体腔积液可能会有结块的现象。这种典型的体腔积液具有较高的蛋白质含量（>3.5 g/dL）和中等数量的有核细胞数（2 000 ~ 6 000个/μL），这种液体属于改性漏出液。然而，也可能属于渗出液，有报道称其有核细胞数会超过 25 000个/μL。在细胞学涂片上，细胞主要由非退行性变化的中性粒细胞组成，这样的细胞会存在于一层较厚的、有沉淀表现并伴有新月形蛋白质着染区域的嗜酸性着染背景中。细胞学诊断结果虽然不能确诊FIP，但是这种表现可以高度怀疑为FIP。

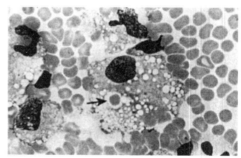

A

### 21. 如何鉴别血性体腔积液和采样过程中的血液污染？

体腔内出血后，红细胞很快被吞噬，并且随着时间的推移，形成红细胞的崩解产物。此外，在体腔中的血小板能够很快地凝集、脱颗粒，并被清除。因此，如果是采样时血液污染了样本，则样本中还可见血小板成分，而见不到红细胞被吞噬或红细胞崩解产物。体腔内出血现象会倾向于具有红细胞被吞噬的现象（根据持续时间的不同，会伴有/不伴有红细胞崩解产物）而没有血小板的成分（图46-3）。

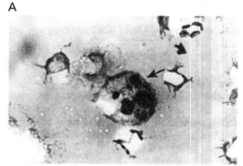

B

图46-3　腹腔内出血。A. 腹腔液经过离心后涂片显示有很多的红细胞成分、少量的淋巴细胞和巨噬细胞。可见有红细胞被吞噬的现象（箭头处）。B. 与A图为同一个病例，显示一个含有红细胞崩解产物的巨噬细胞（含铁血黄素）（箭头处）。（瑞氏染色，250×）

然而，慢性活动性出血或被血液污染的出血性积液都能导致出现血小板，并同时伴有被吞噬的红细胞。此外，如果样本被血液污染，而且存放一段时间以后才制作涂片，那么在采样管中也可能出现红细胞被吞噬的现象。

**22.　如何从细胞学上识别肿瘤性体腔积液？**

体腔积液中的肿瘤细胞通常是通过找到大量未成熟母细胞性细胞（例如淋巴母细胞），或是找到伴有足够恶性标准征象的上皮细胞（或是罕见的梭形细胞）来作出肿瘤的诊断（图46-4）。很重要的是不要将反应性间皮细胞同癌变细胞混淆起来，在心包积液中更要注意这个问题。很多肿瘤性体腔积液并不存在剥脱的肿瘤细胞，因此这样的体腔积液无法通过细胞学作出诊断。

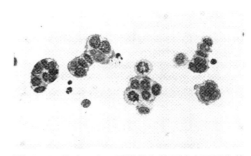

图46-4　腺癌。在一只猫的胸腔积液中可见集落样（腺泡样）的上皮细胞，同时伴有很多恶性表现。最后通过剖解诊断为转移性乳腺癌病例。（瑞氏染色，250×）

# 四十七、脑脊液分析

Rick L. Cowell, James H. Meinkoth和Theresa E. Rizzi

**1.　采集犬猫脑脊液（cerebrospinal fluid, CSF）有哪两个常用部位？**
    a.　寰枕关节腔（小脑延髓池）
    b.　腰椎蛛网膜下腔：位于第五和第六腰椎之间（L5-6）

**2.　如何选择CSF的采集部位？**

穿刺部位的选择取决于病变所在的神经位置。当病变位置在枕骨大孔之上或位于颅颈部脊髓末端时，选择寰枕关节腔（小脑延髓池）采集CSF。而当病变位置低于颅颈部脊髓时，则选择腰椎蛛网膜下腔（L5-6）采集CSF。

**3.　可以安全采集多少CSF？**

可以按照每公斤体重最大为0.2mL的标准安全采集CSF。

**4.　采集CSF的禁忌证有哪些？**

当有麻醉禁忌证和动物颅内压升高伴有脑疝的风险时都应禁止采集CSF。

5. **正常的CSF是什么情况?**

CSF为清亮、无色、透明的液体，具有非常少的细胞成分（大多是无细胞的）。犬的细胞数量参考范围为0~5个/μL，而猫的为0~8个/μL。大多数正常犬猫的CSF中的细胞数量为0~2个/μL。此外CSF中的蛋白质含量也非常低（寰枕关节腔采集的CSF蛋白质含量为10~20mg/dL；L5-6位置采集的CSF蛋白质含量低于40mg/dL）。

6. **常规CSF检查项目有哪些?**
   a. 检查CSF的物理指标（例如颜色、浑浊度）
   b. 总有核细胞计数值
   c. 红细胞计数值
   d. 蛋白质浓度
   e. 沉淀涂片的细胞学评估

7. **在进行CSF分析时还有什么其他试验可以做?**

在进行CSF分析时还能进行其他试验，包括Pandy试验、测定多个生化指标（例如葡萄糖、肌酸激酶（creatine kinase）、乳酸脱氢酶）、电泳和微生物培养。

8. **Pandy试验是什么?**

Pandy试验是判断CSF中是否存在免疫球蛋白。在正常的动物中，Pandy试验的结果应该是阴性的。

9. **如何进行Pandy试验? 其敏感性如何?**

Pandy试验是将几滴CSF加入到1mL的10%羧酸溶液中（Pandy试剂）。如果出现浑浊，则结果为阳性（存在有免疫球蛋白）。该试验能够测出每分升CSF中50mg的免疫球蛋白。

10. **进行CSF分析的时候应该要多快?**

在采集CSF后的30~60min内应该完成细胞计数和细胞学涂片检查。

11. **为什么应该尽快进行CSF检查?**

CSF的蛋白质浓度较低导致细胞很快发生溶解。

12. **如果不能很快地对CSF样本进行分析应该怎么办？**

如果不能在30min内对CSF样本进行分析，可以按照1∶1的比例将40%乙醇溶液与CSF混合以便保存其中存在的细胞结构。其他可以选择的保存剂包括血浆、20%的白蛋白、4%～10%的中性缓冲福尔马林溶液或50%～90%的酒精，也是按照1∶1的比例与CSF混合。此外还有人建议在1～2mL的CSF中可以加入1滴10%的福尔马林溶液。但福尔马林可能会干扰到样本的染色（罗曼诺夫斯基染色），因此很多实验室不推荐使用福尔马林溶液作为保存剂。所有的这些保存剂都可能会干扰到其他测试（例如生化分析），也可能会造成细胞计数结果假性下降（稀释效应）。所以应该将测定的细胞计数结果乘以2以纠正这样的稀释效应。此外，因为CSF样本常常会分装到不同的容器，因此可以在其中一半的样本中加入40%的乙醇溶液（或是其他保存剂）来保存细胞形态以便进行细胞计数和细胞学检查。不将乙醇（或其他保存剂）加入另外一半的样本中，这样这些样本还能够用于其他的测试，例如进行蛋白质浓度测定或生化分析。此外冷藏保存同样有助于减缓细胞溶解的速度。

13. **如何计数CSF中总的有核细胞数目？**

可以通过抽吸少量新亚甲蓝溶液进入一个微量血容管中，然后移出血容管，倾斜血容管平面以形成一个小的气囊的方法来进行细胞计数。在形成这样的小气囊结构后，将CSF吸入血容管中（CSF和新亚甲蓝会被这个小的气囊结构分隔开来），接下来轻柔的前后滚动血容管数次，这样在血容管中的这两个液体条柱也能前后移动。贴着血容管内壁的少量染色剂能够着染由于液柱移动而通过其上的CSF中的细胞。然后将这个血容管在不受任何感染的情况下静置一段时间（不超过10min）。接下来将CSF直接放置入血液计数器中进行细胞计数。经过适当的练习后，操作人员可以在不使用新亚甲蓝的情况下直接进行计数。之所以只用这个方法进行计数，是因为正常CSF中的总有核细胞计数量过低而无法使用自动血液计数仪或是标准Unopette计数系统进行计数。

14. **通过折射仪或用于测定血清或是血浆总蛋白浓度的方法能够准确测定CSF中的蛋白质浓度吗？**

CSF中的蛋白质浓度由于过低而无法使用折射仪或测定血清蛋白质浓度的方法进行测定。

15. **在实验室中是如何测定CSF蛋白质浓度的？**

考马斯（Coomassie）亮蓝法——微量蛋白测定方法可以用于实验室测定CSF

的蛋白质浓度。因为CSF的蛋白质浓度极其低，因此一定要使用一种微量蛋白的测定方法进行测定。

### 16. 可以在诊所中进行CSF的蛋白质浓度测定吗？

虽然大部分诊所都没有仪器可以进行微量蛋白质水平的定量测定，但是还是可以使用尿液测试试纸条进行半定量测定。尿液测试试纸条的蛋白质测试板是针对测定非常低浓度的白蛋白而设计的。这个测试板对球蛋白非常的不敏感，因此可能会低估蛋白质的水平，特别是在球蛋白占到CSF（某些炎症病变的过程）中蛋白质成分的比例很高的情况时更是如此。当无法定量测定微量蛋白时，可以使用尿液测试试纸条估测CSF中的蛋白质水平。

### 17. 如何使用CSF制作细胞学涂片？

因为正常CSF的细胞数量非常低，因此必须使用某种方法制作细胞浓集涂片。大多数实验室都会使用细胞离心机制作细胞浓集涂片。如果在诊所中评估CSF的细胞学涂片，大多数操作人员都会使用沉积技术制作细胞浓集涂片。虽然可以使用很多技术制作这样的涂片，但大多数操作人员都会使用注射器针筒沉积技术。

### 18. 什么是细胞-蛋白分离？

CSF中的蛋白质浓度升高通常与总有核细胞计数值升高有关。细胞-蛋白分离这个名词用于CSF中的蛋白质浓度升高但总有核细胞计数值还在参考范围内的情况。

### 19. 导致细胞-蛋白分离的病因是什么？

a. 血液污染

b. 椎间盘病变

c. 创伤

d. 纤维软骨栓塞

e. 颈椎脊髓病

f. 退行性脊髓病变（例如德国牧羊犬的退行性脊髓病）

g. 肿瘤——特别是深达脑实质的原发性中枢神经肿瘤

### 20. 无论从哪个部位采集CSF都会表现出细胞-蛋白分离吗？

是否会表现出细胞-蛋白分离现象取决于病变的位置。当CSF是从病变之下的位置采集时更有可能看到或是能够看到更显著的CSF蛋白质水平升高。因此从L5-6部位采集的CSF比寰枕关节腔部位采集的CSF更有可能见到CSF蛋白质浓度升高。

### 21.　导致CSF浑浊的原因是什么?

浑浊是由于在液体中有悬浮的颗粒所致。如果要能够看出CSF表现出浑浊的现象，需要在每微升CSF中存在至少200个有核细胞或400个红细胞。

### 22.　正常CSF中存在红细胞吗?

正常的CSF中不存在红细胞。在CSF中出现红细胞表示要么在采集样本的过程中出现了血液污染样本的情况（损伤性滴入）或是真正的腔内出血（破裂性出血：血管壁不完整；血细胞渗出性出血：血管壁完整）。

### 23.　如何鉴别损伤性滴入性出血还是真正的腔内出血?

损伤性滴入性出血通常为粉红色至红色的CSF，离心后会变得透明（透明上清液，在试管底部红细胞形成的红色沉淀）。这样的CSF通常开始为透明，然后发生变为红色的变化；或开始时为红色，然后开始变得透明。真正的腔内出血多具有红细胞崩解产物，从而导致CSF变为黄色至橙色（黄色），在离心后并不会变得透明。其中的巨噬细胞中可能会含有吞噬的红细胞或是红细胞崩解后的产物（含铁血黄素、类胆红素）。在采集过程中即可见到CSF已经变色了。

### 24.　什么是CSF细胞增多症?

CSF中的有核细胞数量增高被定义为CSF细胞增多症。CSF细胞增多症能够进一步分为中性粒细胞性、单核细胞性、混合性或是嗜酸性粒细胞性。

### 25.　在一次阴性结果的脊髓造影检查后8h采集的CSF样本会有异常吗?

在这种情况下采集的CSF样本会出现异常，因为脊髓造影会在90min内引起炎性反应，并且这样的炎性反应至少能够持续24h。这样的炎性反应通常会是混合性炎性反应，但也有可能是中性粒细胞性炎症。

### 26.　引起中性粒细胞性CSF细胞增多症的病因有哪些?

a.　类固醇反应性脑膜炎

b.　坏死性血管炎

c.　感染

　（1）FIP

（2）细菌

（3）立克次氏体（例如伊文氏埃利希体）

（4）真菌性（例如隐球菌病）

d. 椎间盘病变

e. 脊髓创伤

f. 坏死

g. 肿瘤（原发性脑膜瘤）

h. 颈椎脊髓病

**27. 导致单核细胞性CSF细胞增多症的原因是什么？**

a. 犬瘟热病毒

b. 肉芽肿性脑膜脑炎

c. 坏死性脑膜脑炎（巴哥犬脑炎）

d. 犬埃利希体感染

e. 弓形虫病

f. 新孢子虫病

g. 使用抗生素治疗后的细菌性脑膜炎

**28. 导致混合细胞性CSF细胞增多症的原因是什么？**

导致出现混合细胞性CSF细胞增多症的原因包括肉芽肿性脑膜脑炎（GME）、会导致出现中性粒细胞性CSF细胞增多症的疾病。

**29. 导致嗜酸性粒细胞性CSF细胞增多症的原因是什么？**

a. 原发性、嗜酸性粒细胞性脑膜脑炎

b. 原虫性脑炎（弓形虫病，新孢子虫病）

c. 幼虫移行

d. 原壁菌病

e. 某些真菌感染（例如隐球菌病）

# 四十八、阴道细胞学

Rick L. Cowell, James H. Meinkoth 和 Debbie J. Cunningham

**1. 在细胞学涂片上能够见到的4种阴道上皮细胞分别是什么？**

a. 基底细胞

  b.　副基底细胞

  c.　中间细胞

  d.　表层细胞

## 2.　**什么是基底细胞?**

基底细胞是位于基底膜部位的细胞，它们是其他阴道上皮细胞（副基底细胞、中间细胞、表层细胞）的前体细胞。在阴道细胞学涂片中很少能够见到基底细胞，这类细胞会表现为具有少量嗜碱性细胞质的小型细胞。

## 3.　**什么是副基底细胞?**

副基底细胞是在细胞学涂片上最小也是最不成熟的上皮细胞。它们会表现为小的圆形细胞，具有少量细胞质和圆形的细胞核。具有细胞质内空泡的副基底细胞被称为泡沫样细胞。

## 4.　**什么是中间细胞?**

中间细胞比副基底细胞大，通常有其两倍大或是更大。根据其大小，中间细胞被进一步分类为小的和大的中间细胞。中间细胞的大小取决于他们的细胞质的数量，因为大中间细胞和小中间细胞的细胞核大概是同样大小，都是典型的圆形形态。小中间细胞的细胞核通常质地平滑，表现为圆形或是轻度椭圆形。大中间细胞的细胞核会倾向于成角，偶尔可能会表现出不规则的外形和折叠。小中间层和大中间层上皮细胞的细胞质都表现为典型的蓝色至蓝绿色。偶尔将大中间细胞称为表层或是过渡型细胞。

## 5.　**什么是表层细胞?**

表层细胞是阴道上皮各个阶段细胞中最成熟的细胞。它们为大的细胞，具有大量成角或是折叠的蓝色或是蓝绿色细胞质。细胞质中可能含有少量至多量的空泡结构，某些细胞可能具有意义不明的黑色着染的染色体。这种细胞的细胞核比中间细胞小，可能会褪色甚至缺失（无核化）。表层细胞的成熟进程和发展通常被称作角化，同时表层细胞有时也被称为角化细胞。

## 6.　**发情期的细胞学阶段分为哪几个?**

  a.　发情前期

  b.　发情期

    c. 发情间期

    d. 乏情期

**7. 犬在发情前期的细胞学特征是什么?**

    a. 副基底细胞,小中间层和大中间细胞以及表层上皮细胞混合出现

        (1)在发情前期早期阶段,副基底层细胞和小中间细胞是主要的细胞类型。

        (2)随着发情前期接近发情期,大中间细胞核表层细胞的绝对数量和比例增加,这些细胞变为出现在细胞学涂片上的主要细胞类型。

        (3)大概在LH达到峰值之前的4d时间,在细胞学涂片上不再能够见到副基底和小中间细胞了。

    b. 通常可见有少量至多量的红细胞和中性粒细胞,但是也有可能完全见不到这样的细胞。在发情前期的晚期阶段这些细胞的数量减少。

    c. 细菌(通常是小的杆状细菌)常会大量存于整张涂片中,这些细菌能够黏附到上皮细胞上和游离存在。虽然这些细菌通常大量存在,但是在细胞学涂片上还是可能看到从完全没有细菌至很多细菌的情况。

    d. 可能会有足量的黏液存在,这样的黏液会导致涂片的背景看起来有些"脏"。

**8. 在发情前期的细胞涂片上见到的红细胞是来自于阴道血管吗?**

    在发情前期见到的红细胞不是来源于阴道血管,而是从子宫毛细血管中渗出。

**9. 犬的发情前期持续时间有多久?**

    正常犬的发情前期时间范围为2~17d(取决于参考数据),平均持续时间为9d。

**10. 猫的发情前期的细胞学特征表现同犬的不同之处是什么?**

    在猫的发情前期细胞学涂片中没有红细胞和中性粒细胞,只有上皮细胞。上皮细胞的变化情况同犬。此外还可能见到细菌。

**11. 犬发情期的细胞学特征是什么?**

    a. 超过90%的上皮细胞为表层细胞(图48-1)。这些细胞可能全部为具有很小的固缩细胞核的表层上皮细胞,可能全部为无核的细胞,或是这两种类型细胞的混合表现。偶尔这些细胞会比较像大中间细胞(较大的细胞核)。

    b. 应该没有中性粒细胞。中性粒细胞的出现是异常情况,提示存在炎症。

c. 可能有或没有红细胞。如果有红细胞，则这些红细胞来自于子宫毛细血管。

d. 通常会有大量细菌，不过细菌的数量可能会很多。也可能不存在细菌。

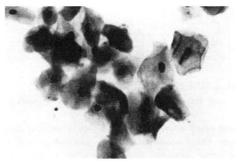

图48-1　发情期，犬的阴道涂片显示由大概100%的大表层上皮细胞组成。（瑞氏染色，125×）

**12. 猫的发情期的细胞学特征和犬有什么不同?**

猫的发情期的细胞学特征和犬很相似，除了猫的表层上皮细胞的数量可能少于90%（40%～88%），没有红细胞的存在。无核的表层上皮细胞通常会占到上皮细胞的10%～40%。此外，在大部分猫的发情期涂片中可见一个明显的清洁涂片背景，这种情况一定意义上是猫发情期的一个敏感标志。

**13. 细胞学是判断犬促黄体生成素达到峰值和排卵时间的良好指标吗?**

细胞学并不是判断犬LH达到峰值和排卵时间的良好指标，因为这种情况可变性太大。细胞学意义上的发情期表现的发生时间可能在LH达峰的6d前或3d后。而排卵通常发生于LH达峰后的1～3d。

**14. 犬的发情期持续多久?**

成熟犬的发情期的持续时间具有较大的变动范围，从3d至21d不等，平均持续时间为9d。

**15. 猫的发情期持续多久?**

猫的发情期持续时间从3d至16d不等，平均持续时间为8d。

**16. 犬和猫的发情期周期相同吗?**

犬和猫的发情期周期不相同。猫是季节性的多发情期，如果没有排卵，则发情期之间的间隔时间为4～22d（平均为9d）。除发情期之外的其他所有阶段都可能发生在这个间歇期之中。

**17. 因为猫是诱导排卵的，那么进行阴道抹片采样会引起排卵吗?**

阴道涂片采样能够引起排卵，但是这种情况很罕见。

**18. 当猫排卵后，能够推迟下次发情期的发生时间吗？**

排卵和假孕都可能推迟下一次的发情期大概45d的时间。

**19. 犬发情间期的细胞学特征是什么？**

在犬的发情间期时，表层上皮细胞会突然下降，副基底细胞和中间细胞的数量会有增多。虽然其数量多变（没有至很高），但通常能在细胞学涂片中见到中等数量的中性粒细胞。此外还能在上皮细胞的细胞质中见到中性粒细胞的存在（见下一问题）。在犬的发情间期的细胞学涂片上可能见到，也可能见不到红细胞的存在。

**20. 什么是发情后期细胞？**

发情后期细胞是指在细胞质中具有中性粒细胞的上皮细胞。它们能够发生于正常犬除发情期之外的所有其他发情周期各阶段，因此这样细胞的出现并不能特异性提示发情间期（发情后期）的阶段。发情后期细胞最有可能在发情后期出现，因为中性粒细胞移行穿过上皮细胞的情况会发生于发情间期。

**21. 犬的发情间期何时出现？**

犬的发情间期发生在LH达峰后的6～10d，平均持续时间为8d。

**22. 猫的发情间期的细胞学特征和犬的有什么区别？**

猫发情间期的阴道细胞学涂片中不包括红细胞。中性粒细胞通常也并不存在，但是可能会见到少量的中性粒细胞。上皮细胞的变化情况和犬相似。

**23. 在评估猫的阴道涂片时，缺乏中性粒细胞和红细胞有问题吗？**

如果不是评估一系列涂片，缺乏中性粒细胞和红细胞可能会有问题。在从发情期至发情间期转化阶段所采到的样本进行的猫阴道涂片结果会有类似发情前期的表现。很有必要连续数天内每天评估一次涂片，以便准确地鉴别发情期的各个阶段。

**24. 犬乏情期的细胞学表现是什么？**

犬乏情期的阴道细胞学涂片主要由副基底细胞和中间层上皮细胞组成。不存在中性粒细胞和细菌，或是仅仅只有少量存在。

**25. 猫的乏情期细胞学特征和犬的有什么区别？**

除了不存在中性粒细胞外，猫的乏情期细胞学表现与犬相同。

26. **青春期以前的犬的阴道细胞学涂片是什么样的?**

青春期以前的犬的阴道细胞学涂片与乏情期的相似,不过可能会具有非常多的副基底细胞,这类细胞可能会成片剥落。当副基底细胞成片剥落的时候,很重要的是不要将这些细胞同肿瘤细胞相混淆。

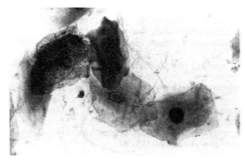

图48-2 精子(交配后)。猫的阴道抹片显示一个大的表层上皮细胞和很多精子的存在。(瑞氏染色,250×)

27. **在阴道细胞学涂片中发现了精子的存在,能否确定有交配的情况?**

采样的时间越靠近配种时间,越可能采集到阳性样本证实交配的发生。已有报道称在配种24h后,有65%的阴道涂片上能够发现精子或是精子头的结构存在,而在48h后发现这些结构的动物比例则下降到了50%(图48-2)。如果没有发现这些结构,并不能排除交配发生的可能性。

28. **在阴道涂片中发现子宫腺上皮细胞的意义是什么?**

子宫腺上皮细胞是阴道涂片中的偶然发现,在生产后和有胎盘复旧不全的犬中容易见到。

29. **患有开放式子宫蓄脓的犬的阴道涂片是什么样的?**

在患有开放式子宫蓄脓的犬的阴道涂片中,可见大量的细胞成分,主要是由退行性中性粒细胞组成。在一些或很多中性粒细胞的细胞质中可能见到细菌。

30. **如何从细胞学上区分发情间期和子宫蓄脓?**

从细胞学上,开放式子宫蓄脓病例应该能够见到退行性中性粒细胞和被吞噬的细菌,而在发情间期的病例中能够见到非退行性变化的中性粒细胞,并伴有/不伴有被吞噬的细菌(在某些犬发情间期的阴道涂片上可能见到被吞噬的细菌)。

# 第十一章

# 禽类与爬行动物临床病理学

✦ **Armando R. Irizarry–rovira**

本章并非旨在对正常禽类血液学和禽类血液疾病的诊断（四十九）及禽类生化分析（五十），正常爬行动物血液学和爬行动物血液疾病的诊断（五十一）及爬行动物生化分析（五十二），或是禽类和爬行动物的细胞学（五十三）进行详细、广泛地讨论，而是旨在为禽类和爬行动物医学中一些易混淆的问题提供快速参考的指导。主要讨论的问题是如何利用血液学和生化分析来诊断禽类宠物（四十九和五十）和爬行类宠物（五十一和五十二）疾病，以及利用细胞学对活体或者尸体进行疾病的诊断（五十三）。第四十九和五十节有对野生禽类和家禽疾病的补充性介绍。

对这些章节所涉及内容的详细讨论，请参阅第五十三节的参考文献。

## 四十九、禽类血液学

1. **如何区别禽类和哺乳动物的血细胞？**

禽类血细胞与哺乳动物血细胞在某些方面有相似之处，但在其他方面存在很大差别，特别是形态学。与哺乳动物相似的是，禽类的血细胞也由红细胞、白细胞和血小板组成，血涂片经空气干燥，再通过罗曼诺夫斯基染色后很容易识别。

2. **识别血涂片中的禽类白细胞有哪些重要原则？**

a. 正确识别禽类白细胞，取决于对白细胞形态和禽类的种属的熟悉程度、血液样品是否处理及时、血涂片的质量和染色技术。

b. 新鲜血液（无抗凝）、乙二胺四乙酸（EDTA）或肝素抗凝的血液样品均可进行白细胞染色，应优先选用新鲜的血液样品。当需要进行细胞计数时，最好将样品冷藏。长时间运输可能导致白细胞计数不准确、形态异常或者溶血（如鸵鸟血液用EDTA抗凝时）。

c. 经常检测不同种属正常和患病动物的血液样品，可增强对白细胞形态的熟悉程度。胞浆颗粒对染色剂的亲和力可能存在种属差异。

　　d.　始终使用同一种染色技术和方法，以防造成细胞染色差异，并保证对白细胞识别的一致性和准确性非常重要。

　　e.　福尔马林哪怕仅有几步之遥，仍能通过改变细胞蛋白而改变白细胞染色的强度和亲和力。因此血液样品要尽可能远离福尔马林并及时染色。

　　f.　如果血涂片需要保存相当长的时间，以便后期检查或者归档，需要用适当的溶剂清除浸油，并用盖玻片永久性封存。

### 3.　禽类白细胞都有哪些种类？

　　禽类白细胞包括异嗜性粒细胞、嗜碱性粒细胞、单核细胞、淋巴细胞和嗜酸性粒细胞，以下描述是基于血涂片罗曼诺夫斯基染色（及瑞氏-吉姆萨染色、diff-quik染色）。

　　a.　在很多种属的健康禽类血液中，异嗜性粒细胞占大部分，很多疾病中该种粒细胞也占绝大多数（图49-1）。核深染、呈分叶状，相比于哺乳动物分页程度相对较低。大部分鸟类的异嗜性粒细胞胞浆内有伸长的、棒状到梭形、橘红色到砖红色的颗粒。

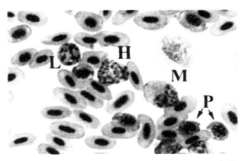

图49-1　来自折衷鹦鹉（Eclectus parrot）的血涂片。图中显示异嗜性粒细胞（H）、淋巴细胞（L）、单核细胞（M）和多染红细胞（P，箭头所示）（瑞氏染色；放大1000×）。

　　b.　嗜酸性粒细胞内有大量小的圆形胞浆颗粒，从鲜红色到粉红色不等，颜色取决于动物种属（图49-2）。少数种属的嗜酸性粒细胞颗粒经罗曼诺夫斯基染色呈薰衣草蓝。与异嗜性粒细胞相比，嗜酸性粒细胞不常见。同一张血涂片中，嗜酸性粒细胞的颗粒与异嗜性粒细胞的颗粒染色存在差异。与其他鸟类相比，猛禽循环血液中嗜酸性粒细胞的数量相对较多。

　　c.　嗜碱性粒细胞内有大量小的圆形、深洋红到紫色的胞浆颗粒，与哺乳

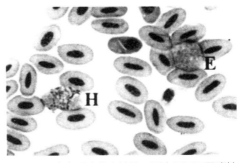

图49-2　来自秃鹰的血涂片。图中显示了异嗜性粒细胞（H）和嗜酸性粒细胞（E）。异嗜性粒细胞有分叶的核以及梭形的胞浆颗粒，嗜酸性粒细胞有圆形的核以及圆形的细胞颗粒。（瑞氏染色，放大1000×）

动物不一样的是，有圆形到椭圆形、无分叶的核（图49-3）。嗜碱性粒细胞的颗粒内容物会被罗曼诺夫斯基染色剂溶解，使得嗜碱性粒细胞内有泡沫样、空泡状外观，偶见少量颗粒。仔细辨别血涂片中的各类细胞就能够发现特征性颗粒，尤其是细胞核上，有助于将这些细胞划分为嗜碱性粒细胞。

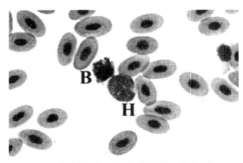

图49-3　来自猫头鹰的嗜碱性粒细胞（B）和异嗜性粒细胞（H）。（瑞氏染色，放大1000×）

　　d. 禽类单核细胞与哺乳动物的相类似。禽类单核细胞是一个大的单核细胞，有大量胞质，圆形到椭圆形浓缩的核（图49-1）。缺少颗粒细胞中的大量胞质颗粒，但是可能含有细微的、尘样、粉红的颗粒以及清晰的空泡。

　　e. 禽类淋巴细胞的形态也与哺乳动物的形态相类似，在某些种属的鸟中，淋巴细胞占白细胞的绝大部分（图49-1）。属于单核细胞，有少量蓝染的胞质、细胞核/胞质（N/C）比很高，细胞核呈圆形。鸟类的循环血液中通常有小淋巴细胞和大的淋巴细胞。检查时需要注意不要将小淋巴细胞误认为血小板。与淋巴细胞相比，血小板更小、更呈椭圆形，核更深染更浓缩，胞质苍白不清到无染色，更容易在血涂片中聚集。

## 4. 最常见的白细胞变化有哪些？

　　最常见的白细胞变化包括白细胞增多症和白细胞减少症。白细胞增多症指的是循环血液中总的白细胞（WBC）数量绝对增加。白细胞减少症指的是循环血液中的白细胞（WBC）数量绝对减少。这两种改变是某种白细胞类型单个增加（"细胞性"或"嗜"）或减少（"缺乏"）的结果。

## 5. 白细胞总数计数的常用方法有哪些？

　　包括间接法（血涂片计数、嗜酸性粒细胞计数板5877）和直接法（Natt 和 Herrick's）。细胞计数板、直接法需要较多的人力，因为都需要用血球计数器进行人工计数。

　　a. 理想情况下，利用血涂片对白细胞计数的准确性比其他方法差，但是在兽医临床中能够使用的方法。

　　b. 嗜酸性粒细胞计数板5877系统可用于定量异嗜性粒细胞和嗜酸性粒细胞，但需要先估计总白细胞数。

c. Natt 和 Herrick's法可以直接对总白细胞和红细胞进行定量。

d. 采用嗜酸性粒细胞计数板5877、Natt 和 Herrick's法时，需要另外制作血涂片，对白细胞进行分类计数。

全自动细胞计数仪是一种根据流式细胞术能够更快速、自动、直接对细胞进行定量。这些全自动细胞计数仪能够对禽类的白细胞进行定量，但是，已知该技术的缺点包括将有核红细胞和血小板当作白细胞来计数，且通常情况下对白细胞的分类计数结果不可靠。因此需要通过血涂片对白细胞进行分类计数辅助全自动细胞计数仪。流式细胞术费用昂贵，仅在商业性实验室有这样的设备，因为该设备费时、昂贵且需要专职人员操作。与所有的全自动设备一样，需要每天进行质控/质量校准，这样才能获得准确的结果（关于白细胞计数技术的详细讨论，请阅读第53章后面的参考文献）。

## 6. 引起异嗜性粒细胞增多的原因有哪些?

通常情况下，异嗜性粒细胞增多的原因有三种，可能是单个因素或多个因素共同作用的结果。

a. 生理性白细胞增多症通常可以导致短暂性异嗜性粒细胞增多，伴随有淋巴细胞正常或增多。常见于年轻的鸟或者主人经常把玩的鸟。生理性白细胞增多症是由肾上腺素释放和突然体力消耗所致。

b. 皮质类固醇释放或者外源性给予皮质类固醇能够引起短暂性异嗜性粒细胞增多，伴随有淋巴细胞减少症。发生在创伤、疼痛、疾病、应激状态和外源性给予糖皮质类固醇的情况。用于形容该血象特征的词称为应激性血象。

c. 炎症是宠物鸟出现异嗜性粒细胞增多的重要原因，常由感染性或非感染性病因所致。

---

**框49-1 禽类异嗜性粒细胞增多的原因**

炎症反应
感染
**结核分枝杆菌**
鹦鹉热衣原体
其他细菌性和真菌性感染
非感染性
组织损伤和坏死（创伤、手术）

---

异物
卵黄泄殖腔炎
肿瘤
出血、溶血
皮质类固醇
外源性
给予糖皮质类固醇
内源性（"应激"）
过度捉拿、生理性束缚、陌生环境
运输、密度大
食物不足、疾病
**生理性白细胞增多**
肾上腺素介导
年轻激动的鸟
突然性体力消耗

慢性粒细胞白细胞血症很少引起家养动物中性粒细胞增多，据作者所知，在宠物鸟中尚未有报道。

**7. 生理性白细胞增多、皮质类固醇和炎症如何导致异嗜性粒细胞增多？**

    a. 异嗜性粒细胞再分布

    b. 由循环进入组织减少

    c. 造血产生增多

**8. 异嗜性粒细胞再分布的机制是什么？**

在正常情况下采血时，边缘池（marginal pool, MP）中的血液不会被采到，主要是血管中的异嗜性粒细胞，但是边缘池中的血液能够沿着内皮细胞表面滚动，或者停止流动。在皮质类固醇、突然运动或者肾上腺素的影响下，哺乳动物的中性粒细胞以及禽类的中性粒细胞有可能从边缘池进入到循环池中（circulating pool, CP）。

**9. 阻止外周血中的异嗜性粒细胞外溢的原因有哪些？**

目前认为阻止外周血中的异嗜性粒细胞进入组织的主要原因有皮质类固醇的影响，以及黏附分子黏附到白细胞或内皮细胞表面下降所致。

**10.　何种情况下造血组织中的异嗜性粒细胞前体会增多?**

外周组织中对异嗜性粒细胞的需求增多时可以使造血组织中的异嗜性粒细胞前体增多。感染（如肺炎、肠炎、皮炎）、损伤、免疫介导的创伤、骨折和肿瘤等都可以导致对异嗜性粒细胞的需求量增加。炎性细胞、感染源和损伤组织释放的化学介质刺激骨髓产生更多的异嗜性粒细胞前体。健康的鸟，造血产物主要在骨髓中产生；然而，当需要量增加时，便可以发生髓外造血（如脾、肝、肾）。

**11.　异嗜性粒细胞增多或生理性白细胞增多的鸟在进行CBC时，可能会出现何种结果?**

家养动物中，典型情况下可能出现中性粒细胞轻度到中度的增加；然而，少数情况下，伴有生理性白细胞增多的多种禽类，异嗜性粒细胞增多的幅度尚未见到有文献报道。通常情况下，白细胞计数可能高于1 000个/μL。例如，鹦鹉雏鸟的白细胞计数可达到20 000～40 000个/μL，其中大部分的白细胞属于异嗜性粒细胞。其他有帮助的CBC提示是生理性白细胞增多伴有正常或增多的淋巴细胞，以及异嗜性粒细胞核左移或者异嗜性粒细胞发生毒性反应。

**12.　由皮质类固醇影响而导致异嗜性粒细胞增多时CBC会有什么结果?**

与生理性白细胞增多一样，异嗜性粒细胞增多或者皮质醇诱导的白细胞增多的幅度为轻到中度，大部分的白细胞属于成熟的异嗜性粒细胞（无核左移、无细胞中毒现象）。典型的特征是淋巴细胞减少，这点有助于与生理性白细胞增多症相区分。皮质醇诱导的白细胞血象中，CBC结果容易与炎性疾病活骨髓增生性疾病混淆。

**13.　由炎性疾病导致的异嗜性粒细胞增多时CBC会有什么结果?**

轻度的炎性疾病中唯一的异常是轻度的异嗜性粒细胞增多。伴有严重的核左移（未成熟的异嗜性粒细胞增多，如杆状、晚幼粒细胞、髓细胞、早幼粒细胞）、异嗜性粒细胞毒性（胞质嗜碱性增多、异常空泡、胞质颗粒形状异常、脱颗粒、大的异嗜性粒细胞增多），以及大量的异嗜性粒细胞出现和组织对异嗜性粒细胞的需要量增加。也可能出现单核细胞增多。严重的炎性疾病中（如支原体病、分枝杆菌病），总白细胞计数可达到活超过100 000个/μL。切记，严重的炎症反应能够引起异嗜性粒细胞减少，伴随着核左移和异嗜性粒细胞毒性（见随后的问题）。炎性疾病中，淋巴细胞的数量可能下降、正常或增加。

**14.　引起异嗜性粒细胞减少的主要原因有哪些?**

异嗜性粒细胞减少可能由以下原因所致：可以是单个原因或多个原因联合作用

的结果（框49-2）：

  a. 严重的炎症反应会增加组织对异嗜性粒细胞的需要量。

  b. 骨髓中异嗜性粒细胞的生成下降。

  c. 内毒素血症或革兰氏阴性菌感染可导致异嗜性粒细胞再分布。

---

**框49-2  鸟类异嗜性粒细胞减少的原因**

**炎症反应**

大量细菌感染引起的炎症反应

病毒感染

**异嗜性粒细胞生成量下降**

药物的副作用

- 环磷酰胺
- 其他已知能够引起骨髓抑制的药物
- 芬苯达唑：彩绘鹳
- 强力霉素和派拉西林：虎皮鹦鹉有一个报道病例

骨髓痨综合征

- 白血病
- 多发性淋巴肉瘤

**异嗜性粒细胞再分布**

内毒素血症

革兰氏阴性菌感染

---

**15. 严重的炎症反应最常见病因有哪些?**

  严重的炎症反应主要是由于感染性或非感染性病因引起大量炎性细胞因子的释放，以及组织对异嗜性粒细胞的需要量增加所致。鉴别诊断至少包括传染性细菌感染、泄殖腔炎、严重肠道炎和大量的肿瘤坏死。任何的炎症情况中，异嗜性粒细胞流出循环系统的速度大于骨髓产生异嗜性粒细胞的速度时都会引起异嗜性粒细胞减少。最后，如果组织对异嗜性粒细胞的需要量下降或骨髓产生的速度足够快，异嗜性粒细胞的速度会增加，但仍然在正常范围之内，或者可能出现异嗜性粒细胞增多症。

**16. 引起骨髓产生异嗜性粒细胞数量减少的原因有哪些?**

  异嗜性粒细胞产生异常可能是由于异嗜性粒细胞前体破坏、颗粒细胞生成受到激素/化学性物质抑制，或者骨髓病。禽类的异嗜性粒细胞前体破坏可能是由于病毒感染或药物副作用（如彩绘鹳的芬苯达唑副作用，虎皮鹦鹉的哌拉西林和/或多西环素的副作用）所致。激素治疗（孕酮）和其他骨髓抑制性治疗（环磷酰胺、癌症的化疗、放疗）等能够抑制颗粒细胞的生成。发生骨髓疾病时，如肿瘤性疾病（白血病、淋巴肉瘤），能够浸润到骨髓，并取代造血前体。

**17.　除了严重炎症反应之外，内毒素血症如何造成异嗜性粒细胞减少？**

家养动物中，内毒素血症和革兰氏阴性菌感染期间，中性粒细胞细胞从CP到MP再分布。禽类发生内毒素中毒时也可能发生异嗜性粒细胞从CP到MP再分布。

**18.　最初的CBC如何帮助确定异嗜性粒细胞减少的病因？**

虽然异嗜性粒细胞减少仅可能是血液学方面的异常，发生炎性疾病的鸟也有炎性血象（核左移、异嗜性粒细胞毒性）。患有白血病、接受骨髓抑制治疗或者特异性药物反应能够引起泛细胞减少症。循环血中出现非典型性细胞说明存在白血病。

**19.　引起淋巴细胞增多症的原因有哪些？**

淋巴细胞增多可由以下三个原因中的某一个或多个共同作用所引起（框49-3）。

a.　伴有淋巴细胞增多的生理性白细胞增多，同时出现异嗜性粒细胞增多。常见于年轻的鸟以及经常被捉拿的鸟只。生理性白细胞增多是由于肾上腺素释放或者突然体力消耗所致。

b.　慢性抗原刺激可能会导致循环池中的淋巴细胞数量大大增加。主要见于慢性炎症（感染性或者非感染性）。鸟类慢性炎症最常见的原因是感染（病毒性、真菌性、寄生虫性和细菌性）。

c.　淋巴细胞增殖性疾病（白血病、淋巴肉瘤）可能出现淋巴细胞增多，后者增多的幅度为轻度到严重（>100 000个/μL）。宠物鸟中很少见到。

| 框49-3　鸟类淋巴细胞增多的原因 |
| --- |
| **生理性淋巴细胞增多** |
| 突然体力消耗 |
| 肾上腺素释放 |
| **慢性抗原刺激** |
| 感染（细菌、真菌、病毒和寄生虫） |
| 疫苗 |
| **淋巴细胞增殖性疾病** |
| 白血病 |
| 淋巴肉瘤 |

**20. 生理性白细胞增多、抗原刺激以及淋巴细胞增殖性疾病如何导致淋巴细胞增多？**

a. 短暂的体力消耗后可以产生淋巴细胞从MP到CP的再分布（如试图逃脱身体束缚），此外，淋巴细胞从MP到CP的再分布主要是由于肾上腺素所引起。

b. 慢性抗原或者是细胞因子的刺激，或者肿瘤性淋巴细胞的自体克隆增殖等都可以导致淋巴细胞数量的增多。继发于抗原刺激的淋巴细胞增殖属于适当的、反应可控制的异质淋巴细胞群增殖的结果，而肿瘤性淋巴细胞增殖则属于过度的，且无法控制。

**21. 生理性白细胞增多所产生的淋巴细胞增多在CBC检查时有何特征？**

淋巴细胞增多属于一过性，且通常伴有轻度到中度的异嗜性粒细胞增多，没有核左移或者细胞毒性现象。淋巴细胞增多在轻度到中度之间，且有可能淋巴细胞数量多于异嗜性粒细胞，尤其是健康状态下淋巴细胞占多数的种属。

**22. 慢性抗原刺激导致的淋巴细胞增多在CBC检查时有何特征？**

淋巴细胞增多处于轻度到中度范围，有一篇文章报道鹤的淋巴细胞增多高达45 000个/μL。淋巴细胞增多的幅度可能与生理性白细胞增多或者淋巴细胞增殖性疾病早期淋巴细胞增多的幅度类似。实施鉴别诊断的关键是，慢性炎性疾病的淋巴细胞增多并非属于暂时性，而生理性白细胞增多引起的淋巴细胞增多属于暂时性。慢性炎性疾病所致的淋巴细胞增多可伴有异嗜性粒细胞增多且核左移或者细胞毒性变化，或者单核细胞增多。反应性淋巴细胞增多见于血液循环中。疫苗接种（鸭瘟、巴氏杆菌病）在某些种属的鸟类中由于抗原刺激而引起淋巴细胞增多。

**23. 淋巴细胞增殖性疾病的淋巴细胞增多在CBC检查时有何特征？**

淋巴细胞增多的数量远远多于生理性白细胞增多或慢性炎性疾病所导致的淋巴细胞增多，但可能会发生重叠。在患有淋巴样白血病的一只鹦鹉和一只斑点亚马逊鹦哥的淋巴细胞计数中，淋巴细胞数量可高达38 000~49 000个/μL。其他种属的鸟类（鸸鹋、鸭）患淋巴样白血病时，淋巴细胞计数可高达200 000个/μL。循环血液中可能出现非典型外观的淋巴细胞，此时提示存在肿瘤性疾病；然而，淋巴细胞具正常外观。做一系列的CBC有助于把轻度肿瘤疾病和生理性白细胞增多或慢性炎性疾病进行鉴别诊断。同时可能出现贫血或泛血细胞减少，提示存在骨髓浸润。

**24. 引起淋巴细胞减少的病因有哪些?**

淋巴细胞减少症可由以下三个原因中的某一个或多个共同作用所引起（框49-4）。

    a. 皮质类固醇的释放/使用

    b. 淋巴细胞的生成受到抑制

    c. 急性感染

---

**框49-4　鸟类淋巴细胞减少的原因**

**皮质类固醇**
外源性
给予糖皮质激素
内源性（"应激"）
过多被触摸、身体限制、不熟悉的环境
运输、饲养密度过高
食物限制、疾病
**其他原因**
药物副作用
- 环磷酰胺
- 其他免疫抑制性药物
辐射
急性感染（病毒、细菌）
有毒物质（赭曲霉素）

---

**25. 皮质类固醇、淋巴细胞生成受到抑制和急性感染如何引起淋巴细胞减少?**

淋巴细胞减少的发生机制包括淋巴细胞再分布、淋巴细胞被诱捕到淋巴样组织中，淋巴细胞增殖受到抑制以及淋巴细胞破坏。

**26. 淋巴细胞再分布和淋巴细胞被诱捕到淋巴样组织中的机制是什么?**

皮质类固醇（内源性或外源性）能够促进淋巴细胞从CP到MP或其他部位（骨髓、淋巴样组织）的再分布。急性炎症期间的炎性细胞因子释放以及有时伴有皮质类固醇释放时，能够影响到淋巴细胞从CP到MP或其他部位（骨髓、炎性灶、淋巴样组织）的再分布。炎性细胞因子也可能会促进淋巴细胞在淋巴样组织中暂时封存，作为抗原递呈过程的一部分。

**27. 淋巴细胞增殖抑制和淋巴细胞破坏的机制是什么?**

淋巴样组织以及骨髓，属于淋巴细胞增殖的场所，极易受到抑制增殖的物质感染。癌症的化疗、毒素、辐射、环磷酰胺以及大量的皮质类固醇可以直接抑制或者破坏淋巴细胞产物。感染淋巴细胞的病毒可能具有细胞毒性。家养动物中少见先天性淋巴细胞生成缺陷，鸟类中也未见有报道。

**28. 急性感染如何导致淋巴细胞减少?**

急性感染引起的淋巴细胞减少，认为是由于皮质类固醇诱导、淋巴细胞再分布以及可能是淋巴细胞生成受到干扰共同作用所引起。但是在禽类尚未有足够的研究证实。

**29. 鸟类由于皮质类固醇影响而产生的淋巴细胞减少在CBC检查时有何特征?**

皮质类固醇引起的淋巴细胞减少属于暂时性，通常伴有异嗜性粒细胞增多，但无核左移也无细胞毒性现象。

**30. 鸟类由于淋巴细胞生成受到抑制所产生的淋巴细胞减少在CBC检查时有何特征?**

大部分的淋巴抑制和骨髓抑制性治疗都能够使几个血液细胞系的生成下降，引起某些细胞减少或者泛血细胞减少。如果同时存在炎症，CBC可能提示炎症性变化（如异嗜性粒细胞增多、单核细胞增多、核左移）。

**31. 导致单核细胞增多的原因有哪些?**

宠物鸟的急性或慢性炎性疾病是导致单核细胞增多的主要原因；然而，据文献报道，单核细胞增多最常见于慢性炎症过程中（框49-5）。衣原体、分枝杆菌、曲霉菌、寄生虫和病毒感染（鸭瘟或禽痘病毒疫苗接种）所引起的炎性都可以引起单核细胞增多。其他报道的病因有鸡食物中锌缺乏和皮质醇（内源性和外源性）。

| 框49-5　引起鸟类单核细胞增多的原因 |
|---|
| 炎症 |
| 急性或慢性，大部分伴有慢性炎症反应 |
| 细菌 |
| • 鹦鹉热衣原体 |

---

- 结核分枝杆菌属
- 支原体属
- 其他种属

真菌性（曲霉菌）

病毒性

- 疫苗接种（禽痘病毒、鸭瘟病毒）
- 鸡传染性法氏囊病

寄生虫

异物

**营养性**

锌缺乏（鸡）

**皮质醇**

外源性

给予糖皮质类固醇

内源性（"应激"）

过度捕拿，身体束缚，陌生环境

运输，高密度

食物受限，疾病

---

32. **炎症如何引起单核细胞增多?**

炎症中的单核细胞增多主要是由于炎性细胞因子刺激，使骨髓中单核细胞前体的生成增多所致。皮质类固醇导致的单核细胞增多很可能是由于从MP到CP的再分布所致。

33. **炎性疾病所致的单核细胞增多在CBC检查时有何特征?**

单核细胞增多可能伴有异嗜性粒细胞减少、异嗜性粒细胞增多、核左移和细胞毒性现象。抗原刺激引起的慢性炎性疾病中也可能出现淋巴细胞增多。如果是由于皮质类固醇影响所致，则出现淋巴细胞减少。

34. **单核细胞减少有何临床意义?**

其临床意义尚未清楚，但单核细胞减少见于实验性攻毒的动物（鸡的赭曲霉素A中毒和鹌鹑百草枯中毒）。

35. **嗜酸性粒细胞增多的原因有哪些?**

鸟类的嗜酸性粒细胞增多少见，但可能发生于寄生虫感染（螨虫、肠道寄生虫，寄生虫在组织中的移行）。实验性接触外来抗原、鸡接种多杀性巴氏杆菌疫苗，以及某些毒素（如马拉硫磷、黄曲霉毒素）都可能导致禽类的嗜酸性粒细胞增多（框49-6）。嗜酸性粒细胞增多通常是由于骨髓生成过多所致。宠物鸟是否会发生肿瘤增殖性嗜酸性粒细胞增多尚未清楚。

| 框49-6　嗜酸性粒细胞增多的原因 |
| --- |
| 寄生虫 |
| 外来抗原 |
| **毒素** |
| • 马拉硫磷（鹌鹑） |
| • 黄曲霉毒（鸡） |
| 疫苗接种 |
| • 多杀性巴氏杆菌（鸡） |

### 36. 鸟类嗜酸性粒细胞增多的诊断计划有哪些？

应该进行血涂片、皮肤和粪便检查，寻找是否发现寄生虫。对于某些寄生虫（空气囊螨），可能需要采用影像学诊断技术。

### 37. 血涂片评估如何帮助确定嗜酸性粒细胞增多的原因？

血涂片的检查可以发现血液寄生虫或者确定是否出现嗜酸性粒细胞增多，并且与异嗜性粒细胞增多进行鉴别诊断。

### 38. 鸟类嗜酸性粒细胞减少的原因？

在没有进行绝对计数的情况下，很难证明发生嗜酸性粒细胞减少，因为循环血液中嗜酸性粒细胞的数量本身就很少。与哺乳动物一样，嗜酸性粒细胞减少可能是由于内源性或外源性皮质类固醇所致（框49-7）。在某些禽类种属中试验性暴露毒虫畏、敌百虫、呋喃唑酮能够产生嗜酸性粒细胞减少。

| 框49-7　鸟类嗜酸性粒细胞减少的原因 |
| --- |
| **皮质醇** |
| 外源性 |
| 给予糖皮质类固醇 |

内源性（"应激"）
过度捉拿，身体束缚，陌生环境
运输，高密度
食物受限，疾病
**毒素**
试验性暴露（禽类）
毒虫畏
敌百虫
呋喃唑酮

## 39. 鸟类嗜碱性粒细胞增多的原因有哪些?

嗜碱性粒细胞增多在鸟类很难检测得到，但严重的组织损伤、炎症、寄生虫、严重应激（食物受限、饥饿）、接触毒素以及摄入霉菌毒素或呋喃唑酮（框49-8）。有传闻报道衣原体病能够引起禽类的嗜碱性粒细胞增多。这些原因仅在禽类中得到证明。具体的致病机制尚不清楚。

### 框49-8　鸟类嗜碱性粒细胞增多的原因

严重的组织损伤和炎症
寄生虫
内源性（"应激"）皮质类固醇：严重的饲料受限
试验性暴露：霉菌毒素、呋喃唑酮

## 40. 引起鸟类嗜碱性粒细胞减少的原因有哪些?

引起鸟类嗜碱性粒细胞减少的原因和临床意义尚未清楚。

## 41. 有哪些白血病可以影响到鸟类?

a. 淋巴细胞性白血病和淋巴肉瘤

b. 骨髓性白血病，主要来自于颗粒细胞

白血病（淋巴样、骨髓样、红白血病）最常见于鸡，且大部分是由于病毒感染所致（疱疹病毒、反转录病毒）。在其他种属的鸟中也有白血病报道，但是并未发现属于病毒感染所致。宠物鸟很少诊断出白血病，且所报道的病例中大部分来自于淋巴样组织。颗粒细胞组织肿瘤（颗粒细胞肉瘤）在鸟类有报道，但是宠物鸟未见有颗粒细胞白血病的完整报道。

## 42. 病征如何有助于禽类白细胞异常的鉴别诊断?

a. 生理性白细胞增多、皮质类固醇诱导的白细胞血象和炎症可见于任何年龄、种属或性别的鸟类中;然而,生理性白细胞增多经常发生于年轻、易激动或者易受惊吓的鸟中。

b. 炎症反应引起的异嗜性粒细胞增多或减少可见于任何年龄或品种的鸟中。

c. 虽然少见,但是任何年龄或种属的鸟都可发生药物的副作用。

d. 肿瘤性疾病(白血病,其他肿瘤)常见发生于老年性鸟,且某些品种具有易感性(如家禽比鹦鹉更容易患病)。

## 43. 病史如何有助于禽类白细胞异常的鉴别诊断?

a. 患有生理性白细胞增多的鸟类可能有短暂的体力消耗(如躲避身体束缚)。

b. 内源性皮质类固醇引起的应激诱导白细胞血象见于鸟处在陌生或者应激性环境中(兽医诊室);鸟不习惯被捉拿或者禁闭;长时间捉拿、禁闭或身体束缚;患病的鸟等。外源性皮质类固醇诱导产生的异嗜性粒细胞增多应具有皮质类固醇的用药史。

c. 患炎性疾病的鸟多有以下病史:扭伤、呼吸困难(如肺炎)、排便异常(如肠炎、肝炎)、体重减轻、增生团块、生活艰苦、营养不足及近期的外科手术。

d. 异嗜性粒细胞减少症可能有近期的给药史(特异的药物反应导致的异嗜性前体结构破坏)。

e. 骨髓抑制药物的注射会产生白细胞。

f. 患白血病和其他肿瘤病的鸟类会有体重减轻。

## 44. 体格检查如何有助于禽类白细胞异常的鉴别诊断?

a. 仅患有生理性白细胞增多症的鸟类临床表现为心率、呼吸和肌肉活力增加,其他病症不明显。

b. 应激性白细胞增多症临床表现为行为异常、姿势异常、自伤、啄羽。如果伴有其他疾病(如外伤、感染、肿瘤),则临床表现更为复杂。

c. 炎性白细胞增多症(急性或慢性)临床变现各异,包括外伤(自伤,其他);占位性病变(如脓肿、肿瘤);胸部过度运动或摆尾,有时伴有张嘴呼吸(如肺炎引起的呼吸困难、寄生虫);便血(如肠炎);发热、轻瘫或瘫痪(肾或生殖道脓肿和肿瘤);跛行;精神沉郁;腹围增大、腹痛(如卵黄泄殖腔炎)、眼鼻分泌物

（鼻炎、结膜炎）；排泄物消化不良；出血。

　　d. 肿瘤性白细胞增多症临床表现各异，一些表现与炎性疾病相似，可能存在肿物。

## 45. 白细胞异常的患病鸟其诊断计划有哪些？

　　临床检查及发现有助于将检查的重点集中于某个器官系统或者解剖部位，并决定是否需要进一步的诊断。外周血涂片评估、额外CBC以及血清生化分析等适用于持续性异常或生病的鸟。可能需要额外的检查，包括骨髓抽吸/活检（用于白血病）、影像学诊断技术、细胞学样品和组织活检的显微镜检查、微生物培养、分子诊断技术（用于感染性病原体）和血清学等。

## 46. 影像学诊断技术如何帮助白细胞异常的鸟进行鉴别诊断？

　　影像学诊断技术如放射影像学、超声检查和内窥镜检查等，可以检查到器官肿大、异物（如金属物）、渗出、肿块和肺/气囊异常，并对损伤的器官进行定位便于细胞学或活检采样。超声波检查和内窥镜检查可能受到鸟体型大小的影响。特殊的影像学技术和设备（如CT、荧光显微镜、造影等）可能也需要，但是常受到患病动物体型大小、费用、时间和设备的获得等条件的限制。

## 47. 何时适合给鸟实施抽吸或手术采样进行活检？

　　当患病动物存在占位性肿物、渗出、任何器官异常（大小、形状、质地、位置、回声），以及任何骨髓疾病的证据时，都适合进行。过度呼吸困难、长期出血和过度应激时都不适合采用上述操作。

## 48. 禽类的红细胞有什么特点？

　　对血涂片做罗曼诺夫斯基染色时，禽类的RBC属于有核、椭圆形细胞，细胞质为橙-粉红色。通常比哺乳动物的RBC大（长度10~15μL），细胞核呈椭圆形、浓缩，位于细胞中心。网织红细胞轻微增多（有大小差异）和异形红细胞症（有细胞形状差异）等可见于健康鸟。然而，如果增加的幅度和频率比较明显，这些形态学的变化可能提示存在疾病（如贫血、红细胞生成异常）。

## 49. 评估禽类患病动物红细胞疾病时需要考虑哪些重要因素？

　　a. 红细胞形态变化的评估需要在新鲜血涂片（无抗凝）或经EDTA或肝素抗凝处理的血涂片中进行。

b. 需要在EDTA或肝素抗凝的血液样品中进行红细胞计数。注意：EDTA长时间接触可能会溶解RBC。此外，如果需要少量血液样品对血液学和生化指标进行分析时，需要采用肝素锂而非肝素钠对血液样品进行处理，以获得尽量多的血浆用于生化检查。EDTA、肝素钠和枸橼酸可能会影响到某些生化指标。

c. 检查红细胞是否出现网织红细胞、异性红细胞、多染红细胞和细胞内寄生虫（疟原虫、变形学原虫）。

## 50. 如何对红细胞体积进行评估？

a. 通过测定Hct即红细胞在全血中的百分比来对红细胞体积进行评估。离心少量血液后测定PCV便可以测定Hct。

b. 红细胞计数和血红蛋白（hemoglobin，Hgb）浓度是评估红细胞体积的另外一些指标，通常有全自动血液分析仪提供。可以通过Natt和Herrick's法或者Unopette 5850系统人工对红细胞进行计数。

c. 健康宠物鸟的PCV应该为35%～55%；然而，由于禽类的红细胞大于哺乳动物的，红细胞计数相对较低 [（1.5～4.5）×$10^6$个/μL]。正常情况下，家养或者宠物鸟的PCV有轻微的种属和年龄差异。雏鸟到6月龄的鸟其PCV、红细胞和血红蛋白值都会偏低。

## 51. 什么是MCV和MCHC？

MCV是指红细胞体积的计量标准，通常有全自动血液分析仪检测。平均MCHC是指单个红细胞内的血红蛋白浓度的计算值。大部分的全自动血液分析仪用于检测。这两个红细胞指标用于确定贫血的特征以及贫血的原因。这些指标的使用依赖于商业化实验室或全自动血液分析仪的获得。

## 52. 什么是网织红细胞和多染红细胞？

网织红细胞是含有数量正在增加的核糖核酸（RNA）的未成熟红细胞。网织红细胞通过红细胞染色后可见，常用的染色剂是新甲基蓝（NMB）。含有更多RNA的网织红细胞在外周血的罗曼诺夫斯基染色中成为多染红细胞。在检测未成熟红细胞中对网织红细胞计数比对多染红细胞计数更敏感。

多染红细胞属于未成熟的红细胞，含有数量较多的RNA。外周血在罗曼诺夫斯基染色下可见蓝染的红细胞细胞质。蓝色越深，表明多染红细胞中的RNA含量越多，由此可以知道红细胞的不成熟度。NMB染色中的多染红细胞以网织红细胞形态出现。但是在罗曼诺夫斯基染色下不是每个网织红细胞都以多染红细胞的形式出现，因为某些网织红细胞含有的RNA数量不足以识别为多染红细胞。

健康、非贫血的鸟在循环血液中经常可以看到未成熟的红细胞。鸟类1%～5%的红细胞属于多染红细胞，而2%～10%属于网织红细胞。与哺乳动物相比，鸟类循环血液中的网织红细胞和多染红细胞相对较多的原因，可能是由于禽类的红细胞寿命期明显短28-45d的缘故。

## 53. 红细胞大小不均与异性红细胞分别是指什么?

红细胞大小不均属于红细胞的大小变化不定。异性红细胞的是指红细胞的形态出现异常。

## 54. 宠物鸟最常见的红细胞异常都包含哪些?

贫血，以PCV、RBC和/或Hgb下降为特征，是鸟类最常见的红细胞异常（框49-9）。鸟类的PCV低于35%则认为处于贫血。红细胞增多症（红细胞数量增多）在宠物鸟类不常见。

---

### 框49-9　鸟类贫血的原因

**再生性贫血**
血液丢失（非慢性）
- 创伤
- 凝血
- 肿瘤或器官破裂
- 寄生虫
溶血
- 寄生虫
- 毒素（铅、锌）
**非再生性贫血**
炎性贫血（急性/慢性、感染性/非感染性）
营养性（铁缺乏）
慢性外出血
骨髓抑制治疗（肿瘤化疗、辐射）
甲状腺功能减退
药物副作用（鹳的芬苯达唑）
病原体（如病毒）对红细胞样前体的直接损伤
食物诱导性肾炎（鸡）
- 高蛋白/高钙/维生素A缺乏

---

**55. 贫血如何分类?**

  a. 是否存在再生性反应

  b. 测定MCV来衡量RBC大小，并通过血涂片评估来确定

  c. 测定MCHC来衡量每个细胞中Hgb的含量，并通过血涂片评估来确定

  d. 导致贫血的病理生理学机制

**56. 如何确定红细胞的再生性?**

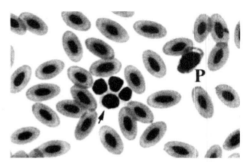

  a. 网织红细胞的数量：一个确定红细胞再生的最好估量指标

  b. 多染红细胞的数量（图49-4，也可见图49-1）：低估网织红细胞的实际数量，但却是确定再生性的快速、简单的好指标

  c. 骨髓的红细胞样肿瘤

图49-4　红尾鹰的一组血小板（箭头所指）和一个多染红细胞（P）。血小板表现为胞质透明，互相吸附。（瑞氏染色，1000×）

**57. 鸟类中网织红细胞或多染红细胞数量增多有何临床意义?**

  网织红细胞或多染红细胞数量增加（>红细胞数量的5%～10%）提示对贫血的红细胞再生性反应。如果该百分比足够多，则没有必要对骨髓进行检查就可以确定是否为再生性。

**58. 鸟类中未成熟红细胞样前体的数量进行性增多有何临床意义?**

  在严重的再生性反应期间，双核红细胞、核分裂象以及更幼稚的红细胞前体（中幼红细胞、早幼红细胞）出现在循环中，伴有大量的多染红细胞。更幼稚的红细胞前体染色时细胞质更加蓝染，细胞核更大且逐步表现出全能性（rounder）。如果循环中出现未成熟的细胞，且没有比例适当增加的多染红细胞，则应考虑红细胞性白血病（宠物鸟未见报道）或者前体从骨髓中不适当的释放（由于贫血、铅或其他毒素中度）。锥尾鹦鹉出血综合征是鸟类的一种疾病，其特征是不连续性出血，显微镜检查显示有大量的多染红细胞和未成熟的红细胞，呈再生性。在其他文献被称为"红细胞性白血病"，但是对此尚未有结论性的病因证据（肿瘤性或非肿瘤性）或关于本病的介绍（见第105个问题）

**59. 小红细胞、小红细胞增多症和小细胞分别指什么?**

　　a. 小红细胞是指红细胞体积变小。外周血涂片中小红细胞表现为小的红细胞

　　b. 小红细胞增多症是指循环血液中小红细胞的数量增多

　　c. 小细胞描述的是一种贫血状态,其特征表现为红细胞体积变小。如果小红细胞所占的百分比足够大,则MCV下降。

**60. 鸟类小红细胞增多症有何临床意义?**

　　宠物鸟的小红细胞增多症见于铁缺乏(少见),可以是营养性或者慢性失血所致,小鸡试验性给予环磷酰胺和感染鸡沙门氏菌时可发生本病。

**61. 什么是大红细胞、大红细胞增多症和大细胞?**

　　a. 大红细胞是指体积增大的红细胞。在外周血涂片中大红细胞表现为大的红细胞

　　b. 大红细胞增多症是指循环血液中的大红细胞数量增多

　　c. 大细胞描述的是一种贫血状态,其特征表现为红细胞体积变大。如果大红细胞所占的百分比足够大,则MCV升高。

**62. 鸟类大红细胞增多症有何临床意义?**

　　大红细胞增多症伴有循环血液中出现未成熟的红细胞,主要是多染红细胞。尽管多染红细胞的出现提示红细胞再生,大红细胞和多染红细胞也可见于急性铅中毒,据报道可能是再生性反应和红细胞样前体的不适当释放所致。

**63. 什么是低色素红细胞和血红蛋白减少症?**

　　低色素红细胞是由于红细胞内血红蛋白浓度下降而导致细胞质淡染所致。血红蛋白减少症是指低色素红细胞数量增多。如果低色素红细胞所占的百分比足够多,则MCHC下降。

**64. 鸟类血红蛋白减少症有何临床意义?**

　　血红蛋白减少症见于铁离子缺乏(营养性、慢性血液丢失)、炎性疾病、再生性反应期间(由于出现多染红细胞),据报道某些病例是由于铅中毒所致。

**65. 血红蛋白增多症是否属于体外人为所致?**

　　血红蛋白增多症,是以细胞质内高血红蛋白浓度的红细胞数量增加为体征,通过MCHC升高可以确定,体外人为或者体内的溶血都可导致。除了表明所采到的

血液样品中存在溶血，否则血红蛋白增多症不具有临床意义。

### 66. 鸟类贫血的病理生理机制有哪些？

a. 失血性

b. 溶血性

c. 红细胞生成减少（非再生性贫血）

### 67. 鸟类失血的原因有哪些？其临床意义是什么？

a. 创伤：钝力损伤、打架、恶意伤害，犬/猫咬伤

b. 凝血功能障碍：先天性病因（很少见）、毒素（华法林、来自发霉食物的黄曲霉毒素）、病毒性感染（多瘤病毒、帕切科氏病病毒、呼肠孤病毒）、严重肝脏疾病、细菌性败血症。

c. 失血性损伤：溃疡、寄生虫引起的肠道出血、肿瘤引起的出血、内脏器官的创伤和破裂、血管炎

d. 吸血性寄生虫（不常见）

鸟类对急性出血具有很好的耐受性。实验条件下，鸡和鸽子失血达到血容量的30%～60%时并不引起出血性休克，PCV在3～7d内恢复到正常值。这点在鸽子和鸡已经得到很好的证实，还暗示着鹦鹉对出血也有类似的反应能力。

### 68. 鸟类溶血的病因是什么？

a. 寄生虫性：疟原虫和埃及小体属是重要的病原。相反，变形血原虫属和白细胞虫属通常不会引起溶血或影响到身体的健康状况，除非感染非常严重且鸟出现免疫抑制。

b. 毒素：黄曲霉毒素、石油产品、重金属（如铅、锌的急性中毒）、苯

c. 细菌性败血症

d. 免疫介导的溶血性贫血：鸟类少见

### 69. 导致鸟类血液寄生虫病的原因是什么（图49-5至图49-7）？

a. 原虫

　　1）疟原虫：配子细胞和多细胞的裂殖体大量发现于红细胞中，同时也存在其他血细胞中

　　2）变形血原虫：仅在红细胞中发现配子细胞（图49-5）

　　3）白细胞虫：仅在红细胞中发现配子细胞（图49-6）

　　4）Atoxoplasma spp.：仅在单
　　　核细胞中发现子孢子

　　5）锥虫：胞外寄生

　　b．立克次体：埃及小体属（红细
胞内）

　　c．线虫：微丝蚴（胞外寄生）（图
49-7）

　　血液寄生虫感染很少出现在人工圈
养繁育的宠物鸟中，而常出现在野生捕
获的宠物鸟及野生鸟类中。变形血原
虫、锥虫和某些种类的住白细胞虫一般
被认为不具有致病性除非感染非常严重
或者患鸟本身免疫功能低下。疟原虫、
埃及小体属和弓形虫可能会引起很高的
发病率和死亡率。微丝蚴通常不会以疾
病的形式出现，但成虫（如围心囊）寄
生位置可能会影响鸟类的健康。

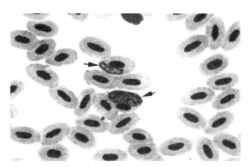

图49-5　变形血原虫（箭头所示）感染的鸽子血
涂片。（瑞氏染色，1000×）。

## 70. 疟原虫、变形血原虫、住白细胞虫和埃及小体是如何区分的？

　　a．住白细胞虫显著地充满寄生的
红细胞并使其发生变形。它们不产生颗
粒色素或形成裂殖体。

　　b．变形血原虫不会使红细胞显著
变形，但可能会占用超过50%的细胞
质。一部分变形血原虫会围绕在细胞核
周围，但并不造成细胞核移位。它们会
产生颗粒色素，不形成裂殖体。

　　c．疟原虫一般不会使感染的血细
胞变形，占据少于50%的细胞质。会产
生颗粒色素。与变形血原虫相比，疟
原虫多细胞裂殖体也会围绕在疟原虫
周围。

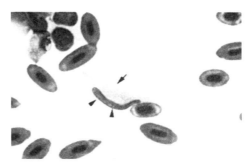

图49-6　白细胞虫（箭头所指）感染的猫头鹰血
涂片。红细胞核压向一侧（无尾箭头所指）。和变
形血原虫相比；白细胞虫使红细胞严重变形。

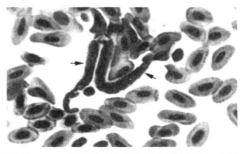

图49-7　有微丝蚴感染的普通海鸦血涂片。（瑞
氏染色，1000×）。

d. 埃及小体形成明显小于疟原虫和变形血原虫的细胞质内含物。埃及小体为无浆体样，不形成颗粒色素。

**71. 引起红细胞产生减少的原因是什么?**
  a. 炎性疾病：急性或慢性，感染性或非感染
  b. 骨髓抑制治疗：放疗
  c. 药物副作用：芬苯达唑对鹤的作用
  d. 营养缺乏：铁（可见于慢性外伤失血）、叶酸、饥饿、其他
  e. 感染性病原：直接破坏造血前体或骨髓腔
  f. 甲状腺机能减退
  g. 毒素：黄曲霉毒素、铅中毒（可能是慢性和/或同时存在并发症或炎症）
  h. 脊髓痨综合征：白血病

在上述情况下，鸟类比哺乳动物相对更快发生贫血，可能是因为鸟类红细胞寿命更短。

**72. 鸟类已知的贫血类型有哪些?**
  a. 小细胞的、低色素性、非再生性贫血
  b. 大细胞的、低色素性、再生性贫血
  c. 正常红细胞性、正常血色素性、非再生性贫血

**73. 导致鸟类小细胞、低色素性、非再生性贫血的因素有哪些?**
  小细胞、低色素性、非再生性贫血主要由慢性外出血或营养缺乏导致的缺铁所致。慢性外出血引起的铁利用率下降阻碍了血红素生成并导致更少更小、胞质中血红蛋白含量也降低的红细胞产生。体腔（腹腔）内出血应该不会导致该类型的贫血，因为红细胞和铁元素会被及时再利用。胃肠道内失血被认为是外部失血。宠物鸟中营养性铁元素缺乏引起的贫血不常见，主要见于家禽。哺乳动物的慢性铅中毒，或许还有鸟类，偶尔可以导致非再生性贫血。

**74. 导致鸟类大细胞、低色素性、再生性贫血的因素有哪些?**
  大细胞、溶血性、再生性贫血通常由急性失血（一次或多次失血，慢性失血的初始阶段）所致，可见于急性铅中毒的急性病例中。

  急性失血初始阶段为正细胞正色素性贫血，因为唯一的变化是红细胞丢失。随着时间的推移，红细胞再生反应开始，释放体积较大（大细胞）不成熟（低血色

素）的红细胞。鸟类（1~3d）比哺乳类动物（数天）对失血的反应更早。

铅中毒病例，多染性红细胞、大红细胞和释放于更早阶段的网织红细胞的成熟可能是由继发于溶血的骨髓损伤和再生引起网织红细胞前体不适当的释放所导致的。铅中毒一般通过检查血液中的铅、δ-氨基酮戊酸脱水酶和自由红细胞原卟啉来诊断。铅中毒的宠物鸟红细胞中嗜碱性颗粒并不普遍存在。

**75. 导致鸟类正细胞正色素性、非再生性贫血的因素有哪些?**

正细胞正色素性，非再生性贫血产生原因有：（a）单次急性失血，（b）骨髓抑制（骨髓瘤、放疗），（c）饥饿，（d）炎症性贫血。

正如问题74所提到的，急性失血性贫血是血细胞正常，血色素正常的，因为反应太快多染红细胞来不及出现在循环血中。骨髓抑制治疗（放疗）和饥饿可抑制红细胞生成，但并不出现红细胞明显的体积变化和血红蛋白浓度的变化。骨髓病严重时可导致红细胞前体被置换（白血病，纤维化）。

**76. 导致鸟类炎性疾病贫血的机制有哪些?**

炎性疾病贫血（inflammatory disease，AID）的发病机理是复杂的并且受炎性细胞因子介导。大量的研究仅集中在非鸟类物种，其机制可能适用于鸟类。其发病机理可能与红细胞成活率下降及红细胞生成受抑制有关。

按照惯例,AID通常伴发于慢性炎症疾病（鸟类分枝杆菌病、曲霉病、鹦鹉热、痛风）；但是，急性和慢性炎症疾病都会导致AID。可能是由于鸟类红细胞寿命较短，与慢性炎症有关的炎性疾病贫血更加明显。红细胞成活率下降的确切原因尚未清楚；但是，红细胞生成抑制可能的原因与铁元素摄取/利用下降，促红细胞生成素的产生减少，以及对促红细胞生成素的反应降低有关。

**77. 病征对鸟类贫血的鉴别诊断有何帮助?**

任何原因导致的贫血可发生于不同种类、性别、年龄的鸟类中。但是，老年鸟类可能存在慢性炎症疾病（例如，肿瘤、肉芽肿肺炎），雏鸟可能存在营养不良和急性炎症疾病，如细菌性败血症和创伤（如强制饲喂引起的食道损伤食物烧伤）。

**78. 病史对鸟类贫血的鉴别诊断有何帮助?**

病史可能有失血（外伤、可见的皮肤出血、便血、大的肿瘤）、炎症疾病（呼吸困难；占位性肿物，例如脓肿、肿瘤）、红细胞生成抑制（近期给药、饥饿）以及接触毒物（摄取含铅的物品、镀锌或含锌的物体，接触石油产物）。

**79. 如何通过临床检查对鸟类贫血进行鉴别诊断?**

临床检查的异常情况包括但不限于：明显出血或血肿、流血、呼吸困难（肺炎）、占位性肿物、消瘦、皮肤病和寄生虫（如螨虫）。

**80. 禽类的贫血性疾病中，除了出现贫血之外，CBC检查还会有哪些发现?**

a. 患有炎性疾病的禽类可能出现不明显的白细胞血象变化或者存在多种变化，包括白细胞增多/减少、异嗜性粒细胞增多/减少，异嗜性粒细胞核左移、异嗜性粒细胞毒性和单核细胞增多。具体的炎性血象模式取决于炎症的类型、严重程度和持续时间。

b. 如果受到抑制性皮质类固醇的影响会出现淋巴细胞减少。

c. 淋巴细胞增多出现于抗原慢性刺激或生理性白细胞增多所致的慢性炎性疾病中。

d. 虽然很难证明，但是血小板减少可能发生。

e. 失血性贫血或溶血性疾病的鸟类，其CBC异常变化很小或不出现。皮质醇诱导的变化或生理性白细胞增多可能出现。如果出血的原因与炎性疾病有关，CBC检查结果可能更加明显，并超出以上所述。

**81. 鸟类贫血的诊断计划有哪些?**

尽管贫血的程度及鸟的体型大小都可能限制多次采血，但反复进行CBC及血液生化分析仍是必要的。如果连续的CBC都未提示再生性，则有必要检查骨髓来确认是否有红细胞肿瘤或者其他红细胞生成异常。影像学检查诊断、抽吸及活组织检查可以找到炎症、出血或肿瘤的病灶。微生物培养及分子生物学对诊断感染性疾病的原因有帮助。

**82. 如何通过影像学技术对鸟类贫血进行鉴别诊断?**

见第46题。

**83. 什么是红细胞增多症?**

红细胞增多症，是指红细胞在血液中比例增高，通过PCV、血红蛋白和红细胞计数来计量。红细胞增多症在鸟类中很少见，其发病机理可能与哺乳动物类似。

**84. 红细胞增多症分为哪几类?**

a. 由于血浓缩导致相对红细胞增多症：不表现红细胞数量绝对升高。

b. 原发性红细胞增多症：真正的红细胞增多。

c. 继发性红细胞增多症：适当或不适当的分类。

## 85. CBC检查和血清/血浆生化检查中出现何种变化可支持鸟类出现血液浓缩？

PCV、血红蛋白、红细胞计数、蛋白质（主要是白蛋白）和电解质（钠和氯）同时升高支持血液浓缩。严重病例中尿酸也会升高。患鸟在大量失水时临床表现为脱水。红细胞的绝对数量并不是真的增多，只是更密集。

## 86. 什么是原发性红细胞增多症？

原发性红细胞增多症即红细胞增多症，一种慢性骨髓造血过多性疾病。红细胞前体自发和有序的增殖会造成大量成熟红细胞的增多。这与其他白血病红细胞失调（红白血病[AML-A6],骨髓组织增生红斑[M6Er]）中所见的不成熟红细胞前体不同。红细胞增多症在鸟类中尚未发现，但在家禽中已出现有网织红细胞肿瘤。

## 87. 导致继发性红细胞增多症的原因有哪些？

导致促红细胞生成素增多、红细胞生成以及红细胞增多的原因都可引起继发性红细胞增多症。继发性红细胞增多症的分类如下：

a. 生理性继发性红细胞增多：由于慢性低氧条件引起促红细胞生成素增多（肺部疾病、心脏疾病、高海拔）

b. 非生理性继发性红细胞增多：由于非生理性产生促红细胞生成素（非低氧引发）引起的红细胞增多症。尽管在鸟类中尚未报道，但在家养的其他物种中良性或恶性肿瘤和肾脏囊肿可引发促红细胞生成素的非生理性产生。

## 88. 鸟类红细胞增多症的初始阶段诊断计划有哪些？

在鸟类红细胞增多症中，血涂片检查、CBC、血清/血浆生化分析都可以辅助判断是否存在血液浓缩。如果没有发现血浓缩，就必须进行另外的CBC、生化分析、血气分析以及骨髓抽取检查。如果怀疑有肺部疾病和肾脏疾病，必须做影像学检查。血氧不足或严重的肺部疾病，脱水不明显时，则怀疑为继发性红细胞增多症。如果条件允许，血气分析有助于诊断血氧不足。

## 89. 鸟类的血小板有哪些特征？

血小板很小，呈圆形或椭圆形，有核细胞，胞质淡蓝色至无色，染色质密度高（图49-4）。在血涂片中血小板往往聚集在一起，并可能含有小的粉色颗粒。血小板计数非常困难，因为它们容易凝集在一起且大小与小淋巴细胞相同。一般来说，通过Natt and Herrick's方法可以对血小板进行计数，或者对优质血涂片通过显微镜检查来估测。对于大多数鸟类，每毫升血液中有20 000～30 000个血小板认为是正常的。这些数字可以换算成每个100倍油镜视野中有1～2个血小板。

### 90. 如何区分血小板和淋巴细胞？

与小淋巴细胞相比，血小板细胞核染色较深，细胞核与胞质比例较小，胞质浅蓝色至无色。血小板一般聚集在一起。这些聚集物一般在血涂片的边缘。这可以帮助我们首先寻找与血小板一致的细胞，再与涉及的有疑问的细胞进行比较。

### 91. 鸟类常见的血小板疾病有哪些？

尽管很少有报道，但是据报道血小板减少症是鸟类最常见的血小板疾病。血小板功能性疾病在鸟类中尚未报道。

### 92. 引起鸟类血小板减少症的原因有哪些？

据报道引起鸟类血小板减少症最常见的原因是细菌性败血症。其他原因还有病毒感染（圆环病毒）和DIC。

### 93. 血小板减少症的发病机制是什么？

血小板减少症与血小板利用增加和血小板生成减少及血小板被破坏有关。它们的机制都涉及细菌性败血症引起的血小板减少。DIC可导致血小板消耗速度加快。

### 94. 病史及临床检查如何提示出现血小板减少？

皮肤及黏膜表面的出血瘀斑和注射或静脉穿刺中持续出血提示出现血小板不足。并发的凝血障碍包括凝固途径的其他方面。

### 95. 鸟类血小板减少的初期诊断计划有哪些？

为确认血小板不足并非细胞分布不均造成的假象，有必要反复进行血涂片。如果许多血小板在血涂片的边缘凝集成团，很难对于血小板进行准确评估。

### 96. 哺乳动物与鸟类凝血的区别是什么？

由于技术的难易程度（适当试剂/试验的可利用性/变化性，试验优化）以及鸟类的凝血疾病也明显少发，所以对鸟类凝血的了解明显比哺乳动物少。众所周知，与哺乳动物相比，鸟类凝血主要取决于外在的途径，内在通路在鸟类凝血中并不是主要的。

### 97. 凝血的外在通路是怎样的？

凝血外在通路的激活取决于血液与组织凝血素/受损伤组织释放的组织因子和活化内皮细胞的接触，凝血因子Ⅲ（组织因子）结合并活化钙离子依赖的凝血因子Ⅶ。凝血因子Ⅲ-Ⅶ复合物活化钙离子和磷脂依赖的凝血因子Ⅹ。凝血因子Ⅹ进一步激活凝血的一般途径。凝血一般途径的激活最终导致纤维蛋白凝块的形成和稳定。

### 98. 什么实验室检测方法可检测凝血外在途径的活化？是否可以作为鸟类的常规检测方法？

PT可检测凝血外在途经的活化。PT试验主要用于实验室研究，并已经应用于检测鸟类凝血。

由于技术限制、费用、试验最优所需的工作量以及鸟类血浆的性质，PT方法作为常规检测方法的实际应用受到限制。例如，冷冻的鸟类血浆运输到实验室时PT值显著升高，检测结果不可靠。

### 99. 检测内在凝血途径的方法可否应用于鸟类？

检测内在凝血途径的方法由于其在鸟类凝血中有限的用途，故临床诊断意义很小。

### 100. 已知可导致鸟类凝血障碍的原因有哪些？

a. 肝脏代谢疾病：脂肪肝

b. 感染性病因：细菌、病毒

c. 营养失衡：维生素K缺乏，维生素E过量

d. 毒素：灭鼠剂、黄曲霉毒素、赭曲霉素、T-2毒素

e. 先天性疾病

### 101. 肝脏代谢性疾病是如何导致凝血障碍的？

肝脏作用的严重损伤可导致许多蛋白质合成减少，包括凝血途径的多种凝血因子。如果血浆凝血因子明显减少，便出现凝血障碍。严重的肝脏代谢性疾病与由此产生的出血性素质可见于患有脂肪肝的鸡中。宠物鸟由于缺乏运动、饮食热量过剩

与营养缺乏结合导致脂肪肝（日常饮食为全种子的鹦鹉）。患有脂肪肝的家禽可出现出血性疾病。

### 102. 感染性因素是如何引发凝血障碍？

感染性因素可能通过诱导严重肝脏功能损伤（脂肪坏死）和血小板不足以及DIC引发凝血障碍。

多瘤病毒和疱疹病毒（鹦鹉疱疹病毒）严重损伤肝脏，并伴发出血。这些疾病中出血性因素的发病机理可能是肝脏损伤引起凝血蛋白减少和DIC的共同作用。禽类感染沙门氏菌、大肠杆菌和猪丹毒杆菌时可能出现DIC。此外，尽管在目前的研究中没有记录，但是患有败血症或内毒素血症的鹦鹉确实可引起DIC。

### 103. 什么营养失调可导致凝血障碍？

维生素K缺乏在禽类很常见。禽类和鹌鹑中的失血伴发于维生素E过量，但在宠物鸟中尚未发现。

### 104. 哪种毒素可导致禽类凝血障碍？

　　a.　抗凝血杀鼠剂

　　b.　黄曲霉毒素、赭曲霉毒素、T-2毒素

抗凝血杀鼠剂（溴鼠灵、杀鼠灵、敌鼠）对鸟类都具有毒性，并可以通过抑制维生素K依赖的凝血因子导致出血。抗凝血杀鼠剂对肉食鸟类更加危险，因为肉食性鸟类会捕食其他中毒的动物。黄曲霉毒素中毒经常出现在食入被曲霉属真菌污染食物的鸟类中。曲霉菌产生的毒素可导致严重的肝脏损伤，凝血因子合成下降。

### 105. 什么是锥尾鹦哥失血综合征？

锥尾鹦哥失血综合征是一种某些种属锥尾鹦哥的自发性疾病。使动物出现反复性多位点出血。血涂片检查显示大量多染的和其他早期前体。致病原因尚未清楚，同时也不清楚表面上的再生性反应与所表现的临床症状是否是肿瘤。

## 五十、禽类生化分析

### 1. 理解禽类生化分析的重要原则有哪些？

　　a.　与哺乳动物的生化分析相比，目前对禽类临床生化的理解尚处于初始阶段。

b.　禽类各项生化参考值在种内和种间都存在差异。变化范围可能受一些因素的影响，包括营养差异、环境/地理差异，所用设备/分析方法差异，受测动物的数量、年龄和样品质量。

c.　虽然目前已有禽类生化的参考值，但是是以某些具体宠物禽类品种的少数研究为主，完整比较性和对照性的研究侧重于某些具体禽类正常参考值或者具体疾病相关模型。

d.　鉴于在分析的时候存在种间差异，因此所发表的参考值（或由实验室提供的）仅可作为参考，不能作为解释生化变化的绝对值。

e.　血浆（仅为肝素锂处理后）或者血清可以用于禽类生化检测。推荐使用血浆，这样能够尽可能多地收集到用于分析的液态样品量，并且可尽量减少因与血液中细胞成分接触时间延长而形成的误差。

f.　血清或血浆应该及时分离并分析，以减少人为性因素的影响。

2.　**体内或体外溶血如何影响生化结果?**

a.　直接干扰分析物的测定。对测定干扰的大小取决于所使用的方法和仪器。

b.　红细胞内容物的释放可能会有利于血浆/血清的成分（如AST、LD）。对实际的检测方法没有直接影响。但当红细胞中所含内容物的浓度高于血浆/血清中的浓度时，影响将非常明显。

c.　红细胞内容物的释放将提供生化反应中的辅助因子。

3.　**引发禽类高糖血症的原因有哪些?**

a.　糖皮质醇：内源性（应激）或外源性。

b.　肾上腺素：兴奋，"或战或逃反应"。

c.　糖尿病：各种鹦鹉中有报道。

d.　卵黄泄殖腔炎：血糖暂时性升高见于被感染的一种澳洲鹦鹉。

e.　饥饿约72h的鸽子，在其他禽类中未见有报道

与哺乳动物相比，禽类血糖浓度正常参考值更高，通常高于150mg/dL，且曾有报道可达800 mg/dL。

4.　**引发禽类低糖血症的原因有哪些?**

低糖血症可见于饥饿（某些禽类品种饥饿短达12h）、肝功能下降（由于帕起柯氏病病毒、多瘤病毒、黄曲霉毒素中毒引起严重的弥散性肝炎）、小肠寄生虫、营养不良、创伤性损伤（见于猛禽中）、肠炎、给予赛拉嗪药物（仅见于鸡）、小肠

吸收不良综合征、细菌性败血症（见于家禽中）、尖峰死亡综合征。肝脂质沉积能够干扰禽类在禁食期间对血糖浓度降低的反应能力。

### 5. 评估泌尿系统时检测的生化项目有哪些？

尿酸是评估泌尿系统的检测指标，BUN对某些禽类（如鸽子）早期肾脏疾病的检查有一定帮助。

其他指标（如钾、磷）在肾脏疾病中并不总是发生变化，但是有必要做进一步的检查。禽类的BUN和肌酐值很低（低于很多检测方法的最低检测值），通常不作为其肾脏疾病和脱水程度的检测指标。

### 6. 如何用尿酸浓度诊断肾脏疾病？

a. 高尿酸血症可能提示存在严重脱水和严重的肾脏疾病（近端小管损伤）。

b. 尿酸在肾脏疾病中并不是一个敏感指标，因为尿酸主要是由近端小管分泌，而且肾小球滤过率必须下降80%以上，才能检测到尿酸浓度升高。

c. 食肉性禽类（猛禽、企鹅），进食后尿酸浓度明显升高。因此在检测这些动物的肾脏功能时，建议禁食24h。对于患病个体，较短时间禁食是有必要的。

d. 肾脏疾病并不总是伴发有高尿酸血症，因为有些肾衰的禽类对尿酸的浓缩能力仍然正常。

e. 尽管存在缺陷，但是如果有物种的参考值范围，尿酸仍然是检测肾脏疾病的实用指标。

f. 如果已经出现高尿酸血症，需要排除是否存在脱水。有必要对肾脏进行内窥镜和活组织检查，以确定是否真的存在肾脏疾病，以及进一步描述病理过程。

### 7. 禽类的尿液分析有助于肾脏疾病的诊断吗？

a. 对一份新鲜、真空保存的尿液样品进行分析有助于诊断禽类肾脏疾病。然而，由于较难获得清洁的尿液（没有粪便污染或者尿结晶），因此很少进行尿液分析。

b. 通常情况下，从健康禽类采集到的、没有污染的尿液中，蛋白检测结果为阴性（酮体、葡萄糖和血红蛋白均为阴性），尿比重为1.005～1.020，pH为6.5～8.0，某些品种的禽类分泌的尿液酸性更强。尿沉渣中可能含有鳞状细胞、球形尿酸盐结晶、少量细菌，在高倍镜下（40×物镜）每个视野中红细胞和白细胞的数量不超过3个。

c. 黄色或绿色的尿液或尿酸盐（胆绿素血症）提示存在肝脏疾病。

　　d. 红色尿液提示血红蛋白尿，可能存在血管内溶血（铅中毒）。但是，饲喂含有动物性蛋白饲料的健康宠物禽类可能见到变色的红褐色尿液。

8. **禽类肾脏疾病的病因有哪些?**
　　A. 感染性原因：
　　　　（1）细菌：经血液散播或者由泄殖腔上行感染
　　　　（2）真菌：曲霉菌病
　　　　（3）病毒：大部分以肾脏为靶器官的病毒感染（如禽多瘤病毒）生化指标不会出现明显的变化，因为在出现明显肾损伤之前禽类就已死亡。有些鹦鹉感染病毒后，可能会继发免疫复合物性肾小球肾炎。
　　　　（4）寄生虫：常见于野生禽类；但是，其感染对肾功能损伤的影响并不清楚。
　　B. 中毒性因素
　　　　（1）肾毒性混合物（氨基糖苷类、其他）。
　　　　（2）日粮中维生素D含量超标会导致转移性矿化，从而导致肾脏衰竭和痛风。
　　　　（3）胆绿素血症：胆绿素可能具有肾毒性，但尚未完全证明其对肾脏功能的损伤作用。
　　C. 淀粉样变性（鸭、鹅、其他野生和动物园禽类）
　　D. 肿瘤，尚未清楚肾脏肿瘤是否会损伤肾功能，但是弥散性肿瘤可能会使肾脏发生大面积损伤。
　　E. 其他原因：
　　　　（1）严重持续性脱水
　　　　（2）高胆固醇饮食（鸽子）
　　　　（3）易致肾炎的饮食（鸡）
　　　　　　（a）高蛋白
　　　　　　（b）高钙
　　　　　　（c）维生素A缺乏

9. **讨论禽类肝胆系统疾病时，需要考虑的哪些重要原则?**
　　进行生化检查（如酶和胆汁酸）其目的在于确定是否存在肝胆疾病。这里，肝胆疾病是指引起肝细胞损伤和/或坏死和/或影响肝脏功能的病理过程（如血液中胆汁酸的清除率下降）。两个过程可以同时发生或者作为彼此的结果。
　　一组生化指标可以确定肝脏的结构或功能是否发生改变，以及肝细胞组分（肝细胞和/或胆管系统）是否出现病变。ALP是在哺乳动物胆管上皮和胆汁中淤积的一种酶，但不幸的是，ALP在禽群中不具有特异性。肝脏疾病中GGT活性增加，但在禽类胆管上皮和胆汁中淤积的GGT的特异性需要进一步验证。血清/血浆酶活性（AST，LD，CK；见问题10）主要用于确定是否存在肝细胞损伤，并帮助对某些特定细胞（肝细胞或肌细胞）的病变过程进行定位。在家畜和家禽中，某些血清/血浆酶活性增加仅发生于一些可逆或者不可逆（坏死或凋亡）的细胞损伤中，而其他酶活性增加则提示该酶的产量增加。

同时需要测定其他生化指标，才能确定是否有干扰肝功能的因素。肝功能检测，如血清/血浆胆汁酸浓度，并不是针对某种肝细胞类型（肝细胞和胆管上皮细胞）而是针对整个肝功能。

**10. 在评估禽类肝细胞损伤时，需要进行哪些生化指标的检测？**

a. AST：对组织损伤（肝脏和骨骼肌）具有敏感性，但无特异性。

b. LD：组织损伤非特异性指标。

c. GD：对某些品种鹦鹉的严重肝细胞损伤（坏死）具有特异性，但敏感性低；并未广泛应用。

d. CK：是肌肉损伤敏感性和特异性指标

其他血清/血浆酶，包括ALT和SDH，哺乳动物中与肝细胞损伤相关的酶在禽类医学中很少使用。需要再次强调的一点是：禽类所有生化酶活性和肝细胞损伤的相关性并不完全类似于哺乳动物，而且仅仅对少数几个品种的禽类进行了研究。因此，对宠物禽类临床酶学做进一步研究是非常必要的。

**11. 如何对天冬氨酸转氨酶、乳酸脱氢酶和肌酸激酶的变化进行判读？**

a. AST和LD活性增加提示存在肝细胞损伤。需要同时进行CK检测，因为CK的变化可以提示是最近发生或者正在发生的肌肉损伤。肌肉损伤能够引起AST和LD活性的增加。

b. 病史调查非常重要，因为AST、LD和CK活性增加应该怀疑患病动物是否存在可见的肌肉损伤。

c. AST、LD和CK活性同时升高，提示存在肌肉损伤，且可能同时存在肝细胞损伤。

d. 与AST比，由于禽类的LD和CK半衰期短且清除快（LD下降最快，其次是CK，最后是AST），因此，当发现AST单独升高时，可能存在一过性肌肉损伤或肝细胞损伤。

e. 同时出现AST和LD活性一过性升高，而CK活性没有升高，提示存在有急性或正在发生的肝细胞损伤。

f. 在多次的生化检测中AST和LD活性同时持续性升高而CK活性没有升高，提示存在进行性肝细胞损伤。

g. 不发生溶血的样品很重要，因为禽类红细胞溶解可以导致AST和LD活性同时或者个别升高。

h. 在一定时期内进行一系列的生化检测比一次单个检测更具有临床意义。

i. AST和LD活性在参考值范围之内并不排除存在肝脏疾病（如肝功能下降）。

j. 某些特定疾病病因的确诊（即肝炎、癌症）需要对肝脏进行活组织检查和病理学评估。

**12. 禽类禁食后导致血清/血浆胆汁酸浓度升高的一般机理是什么?**

由于胆汁淤积（胆汁流出受阻）引起胆管排出胆汁酸减少，见于肝炎、脂肪沉积、胆结石、肝脏纤维化、胆管炎、肿瘤和其他原因引起的胆管堵塞。血液中胆汁酸清除率下降见于弥散性肝脏疾病或者门脉血管异常所引起的肝功能下降。这些机理在人类和其他哺乳动物中已经得到很好的研究，很有可能应用于禽类。

**13. 血清/血浆中的胆汁酸浓度是否有助于禽类肝脏疾病的诊断?**

血清/血浆中的胆汁酸浓度对于禽类肝功能障碍可能具有敏感性和特异性；但是在宠物禽类中的应用需要进一步的研究和验证。建议禁食后测定（<12h），因为某些禽类进食后胆汁酸浓度会升高，且嗉囊中可能贮存胆汁酸，并在进食后释放。但是对于患病禽类或体型小的禽类需要注意，因为禁食12h左右可能会发生低血糖。

家养动物其他生化指标异常可能提示存在有肝功能异常，包括低血糖、低白蛋白血症和低胆固醇血症，但不局限于此。单独判读这些指标的变化有一定的困难，因为并没有对禽类进行验证，同时对功能障碍也不敏感，不能总作为肝功能下降的特异性指标。其他非肝脏性疾病也能够引起类似的变化。因此，需要结合肝胆疾病的临床和实验室指标进行综合判读。也有其他肝功能检测的报道，但是通常不适用于临床，或者需要更大的工作量（如清除率检测）。

**14. 引起禽类肝脏功能障碍的因素有哪些?**

a. 严重的弥散性肝炎：疱疹病毒、多瘤病毒，细菌性疾病、其他。在检测到肝功能障碍之前患禽已经发生死亡。

b. 血色素沉着病

  c. 严重的弥散性肝脂肪沉积

  d. 肝脏纤维化

  e. 肝脏肿瘤弥散性浸润（淋巴肉瘤、其他）

  f. 黄曲霉毒素中毒

### 15. 胆红素和胆绿素浓度是否可以作为禽病中诊断胆汁淤积的常用指标？

  血清/血浆胆红素或胆绿素浓度在禽类医学中不常用。因为禽类缺乏胆绿素还原酶，该酶能够催化胆绿素向胆红素转换。与哺乳动物相比，禽类血清/血浆胆红素浓度非常低，尽管在某些种属的实验性研究中能够引起胆红素的升高，但是这种升高不足以在临床中应用。

  血清/血浆胆绿素浓度可用作诊断禽类胆汁淤积潜在的诊断工具，但尚未得到充分地研究。

  哺乳动物胆汁淤积的其他生化指标（ALP、GGT）不常作为诊断禽类胆汁淤积的指标。禽类ALP活性主要与成骨细胞的活性相关，而利用GGT来诊断禽类肝胆管疾病还需要进一步的研究。

### 16. 引起禽类TG和胆固醇升高的原因有哪些？

  a. 食物中脂肪含量过高：鹦鹉以多种子性植物作为日粮

  b. 肥胖：见于患有严重肝脏脂质沉积的禽类

  c. 其他因素/病因：性别、激素影响、黄瘤症、卵黄泄殖腔炎、产蛋

### 17. 引起高钠血症的病因有哪些？

  a. 脱水

  b. 过度饮食：家禽和野生禽类经常有食盐中毒的报道。宠物禽类也可能受到相同的影响。

  其他导致家养动物高钠血症的病因在禽类尚未得到充分调查，但禽类也可能发生。

### 18. 引起禽类低钠血症的病因有哪些？

  a. 饮水过度：过度摄入水或者静脉给予低渗性液体

  b. 肠炎引起肠道钠丢失

  低钠血症也可发生于患有肾上腺皮质机能减退的家养动物（阿迪森病）。尽管尚未有禽类肾上腺皮质机能减退自然发病的病历报告，但是实验已经证明切除肾上腺后能够引起低钠血症。

**19. 引起禽类高胆固醇血症的病因有哪些?**

　　a. 脱水和/或热应激

　　b. 代谢性酸中毒: 高胆固醇血症可发生于酸碱失衡的鸡/家养动物和人类; 但是, 在宠物禽类中还没有得到充分证实。

　　家养动物高胆固醇血症的其他病因在禽类尚未得到充分研究, 但是禽类也可能发生。

**20. 引起禽类低胆固醇血症的病因有哪些?**

　　a. 由于肠炎经肠道丢失: 寄生性疾病(鸡感染艾美尔球虫)

　　b. 代谢碱中毒: 低胆固醇血症可能发生于实验性酸碱、营养失衡的禽类和其他家养动物, 而在宠物禽类中尚未得到充分验证。

　　家养动物低胆固醇血症的其他病因尚未得到充分的研究, 但是禽类也可能发生。

**21. 引起禽类高钾血症的病因有哪些?**

　　a. 体内和体外溶血: 禽类红细胞内含有高浓度的钾

　　b. 血清/血浆与血细胞组分的延迟分离(金刚鹦鹉)

　　c. 肾脏疾病所引起的尿液排出减少

　　导致高钾血症的其他原因包括严重的组织坏死、无机酸中毒、肾脏梗阻和肾脏疾病。已经有报道称, 禽类肾脏疾病可继发高钾血症; 然而, 也可能发生低钾血症。需要进一步确证肾脏疾病是如何影响血液中钾离子浓度的。实验性肾上腺切除导致高钾血症, 但是自然发病的肾上腺机能低下引起高钾血症在禽类尚未有报道。血清和血浆相比, 现已证实都可能存在血钾浓度升高或降低的现象, 可能是种属差异的原因; 金刚鹦鹉4h之内不将血清/血浆从血细胞组分中分离会使钾离子浓度升高30%, 但是则会引起鸡血浆钾离子浓度下降。

**22. 引起禽类低钾血症的病因有哪些?**

　　a. 由于肠道疾病经肠道丢失

　　b. 由于肾脏疾病经肾脏丢失

　　c. 长时间未将血清/血浆从血细胞组分中分离(鸡、鸽子)

　　d. 摄食下降

　　e. 代谢性碱中毒: 低钾血症可发生于酸碱紊乱的禽类和其他家养动物; 而在宠物禽类中尚未得到充分的验证。

家养动物低钾血症的其他病因在禽类尚未得到充分的研究，但是禽类也可能发生。

### 23. 引起禽类高钙血症的病因有哪些？

a. 维生素D摄入过量或者中毒

b. 日粮中钙含量超标或者钙/磷比率失调，最常见于家禽

c. 产蛋：主要是由于蛋白结合钙增加

d. 挟蛋症

e. 卵黄泄殖腔炎

大部分商业分析仪检测的是总钙量（蛋白结合钙和游离钙），需要特殊仪器才能检测出游离钙的浓度。脂血症可能会引起钙浓度假性升高。

家养动物高钙血症的其他病因在禽类尚未得到充分的研究，但禽类也可能发生。

### 24. 引起禽类低钙血症的病因有哪些？

a. 自发性：主要见于非洲灰鹦鹉。日粮中添加的钙可以部分代偿低钙血症。

b. 低血清白蛋白或总蛋白：使蛋白与钙的结合降低。

c. 日粮中维生素D缺乏：在产蛋期间会恶化

d. 日粮中钙/磷比例失调：大部分见于家禽

e. 镁缺乏（鸡）

f. 日粮中实验性铝超标（鸡）

g. 热应激引起的酸碱紊乱（鸡）

h. 发霉的日粮中含有草酸（鸡）

家养动物低钙血症的其他病因在禽类尚未得到充分的研究，但是禽类也可能发生。

### 25. 引起禽类高磷血症的病因有哪些？

a. 维生素D中毒

b. 日粮中钙/磷比率失调：磷过量

家养动物高磷血症的其他病因在禽类尚未得到充分的研究，但是禽类也可能发生。

### 26. 引起禽类低磷血症的病因有哪些？

a. 日粮中钙/磷比率失调：主要见于家禽、美洲鸵（rhea）（来自南美洲）和鸵鸟

b. 维生素D缺乏

c. 磷结合复合物

d. 肠道吸收不良：见于家禽

家养动物低磷血症的其他病因在禽类尚未得到充分的研究，但是禽类也可能发生。

**27. 检测禽类蛋白时需要考虑哪几个重要问题?**

a. 量测折射法是一套简单、快速测定总血浆干物质（total plasma solids, TPS）的方法，可间接测定总蛋白浓度。在大多数临床病例中，TPS能有效评估蛋白浓度。但这种方法有个很大的缺点，由于宠物禽类血糖浓度较高、其他血浆成分也比较多，这可能会使TPS值明显升高，从而导致血浆蛋白含量的假性升高。

b. 当临床需要准确测定蛋白浓度时，双缩脲法是测定总蛋白浓度的理想选择，是商用化学分析仪最常用的方法。

c. 商用分析仪通常采用染料结合法来测定白蛋白浓度。尽管可以用于准确测定大部分家养动物的白蛋白浓度，但是由于技术方面的原因，在禽类并不适用。对禽类而言，需要准确测定白蛋白浓度时，电泳法是目前适用的最准确的方法。

d. 球蛋白含量通常是从总蛋白含量（通过双缩脲法获得）减去白蛋白含量而得到的。另外，球蛋白含量也可以通过电泳法获得。

e. 蛋白电泳能够准确测定血清/血浆中各种蛋白的含量：运甲状腺素蛋白（前白蛋白），白蛋白，α、β和γ球蛋白，蛋白电泳不是常规的检测方法，仅在商业实验室中才可使用到。

**28. 引起禽类低蛋白血症的病因有哪些?**

a. 肠道吸收不良/经肠道丢失量增加：肠道寄生虫、严重的弥散性肠炎、出血。

b. 热应激：最常见于家禽

c. 输液过多

d. 蛋白丢失性肾小球病：淀粉样变性（鸭，其他禽类）

e. 炎性疾病

f. 肝功能不全引起的低白蛋白血症：病毒感染、中毒

g. 慢性营养不良

家养动物低蛋白血症的其他病因在禽类尚未得到充分的研究，但是禽类也可能发生。

29. **引起禽类高蛋白血症的病因有哪些?**

    a. 脱水

    b. 产蛋：脂蛋白和其他卵蛋白增加

    c. 肝功能不全的某些病例

    d. 慢性抗原刺激：曲霉菌、衣原体、其他慢性炎症、疫苗

    e. 卵黄泄殖腔炎

    肝功能不全或者慢性抗原刺激因引起球蛋白增加而导致高蛋白血症。

30. **引起禽类低白蛋白血症的病因有哪些?**

    引起低白蛋白血症的病因与引起低蛋白血症的病因类似。家养动物中，蛋白丢失性肾小球病、炎症（白蛋白属于非急性期反应蛋白）、肝功能不全引起的白蛋白丢失量多于球蛋白（α、β和γ）丢失量。严重肝功能不全和严重蛋白丢失性肾病可以发展到血液中球蛋白浓度降低。

31. **引起高白蛋白血症的原因?**

    脱水是引起高白蛋白血症的最常见的原因。

32. **导致蛋白电泳图中检测到α、β球蛋白浓度升高的原因是什么?**

    α、β球蛋白浓度升高通常与炎性疾病相关。

33. **禽类纤维蛋白原浓度升高有何指示?**

    纤维蛋白原浓度升高可见于炎性疾病，例如细菌或真菌感染。纤维蛋白原可以作为检测家养动物炎性反应的一个良好指标。有些研究表明在禽类的炎症反应中也有纤维蛋白原增多，但还需进一步进行研究。如果使用血浆进行电泳，纤维蛋白原（急性期反应蛋白）可以移行到β区中。还可以通过热沉淀法对纤维蛋白原进行半定量检测。

34. **血清脂肪酶和淀粉酶是否有益于禽类胰腺炎的诊断?**

    血清脂肪酶和淀粉酶不是诊断禽类胰腺炎的常用指标。若要在禽病诊断中发挥作用需要进一步的研究。目前诊断禽类胰腺炎的最好方法是胰腺活组织检查。

35. **血气分析在禽类临床实践中可作常规使用吗?**

    在禽类医学中很少使用血气分析。用于血气分析的血液样品必须经过冷却且采

集后需要立即进行分析，以减少红细胞代谢和氧气消耗。因为禽类红细胞消耗氧气的速度要比哺乳动物快好几倍，这给血气分析带来不利的影响。这种情况要求检测医师有自己的血气分析仪。

已经在家禽中进行了大量的血气和酸碱状态的调查研究。通常情况下认为禽类所表现的血气变化反应与哺乳动物类似。

# 五十一、爬行动物血液学

**1. 如何区别爬行动物和哺乳动物的血细胞?**

在某些方面，爬行动物与哺乳动物的血细胞有相似之处，但也存在明显的区别，尤其是形态方面。和哺乳动物一样，爬行动物的血细胞也包括红细胞、白细胞和血小板，将血涂片风干、用罗曼诺夫斯基氏（Romanowsky）染色后可以很好地鉴别出这些细胞。

**2. 通过血涂片对爬行动物的白细胞进行评估时有哪些要点?**

a. 恰当地识别爬行类的白细胞取决于对白细胞形态和爬行动物种类的熟悉程度、血涂片的及时制作、血涂片的质量以及所采用的染色技术。

b. 新鲜血液（无抗凝剂）和肝素抗凝的血液样品均可以用于评估白细胞，但更倾向于用新鲜血液制作涂片。由于EDTA能够引起很多爬行动物溶血，因此不推荐其作为抗凝剂使用。若需要对细胞进行分类，则在运输过程中需要将样品低温保存。运输时间过久将导致白细胞计数不准确，形态异常或溶血。

c. 若要熟悉白细胞的形态，需要频繁地检查来自正常或病态的各种爬行动物的血液样本。由于爬行动物种属不同，细胞形态和胞浆颗粒对染色剂的亲和力也有所差别。

d. 使用质地均匀的染色剂和尽可能一致的染色方法可以有效避免由于染色剂和操作方法不同而出现的形态学差异，可保证白细胞染色结果的可识别度。

e. 即使离得几米远，福尔马林蒸气也能够改变细胞蛋白，从而出现染色强度和白细胞亲和力改变。因此血涂片应尽量远离福尔马林并且及时染色。

f. 若血涂片需要长期保存，用于后期检查或者存档，则需要用适当的溶剂清除高倍镜检查时的油，并盖上盖玻片。

**3. 评估爬行动物白细胞反应有哪些要点?**

a. 爬行动物种属间的白细胞参考范围变化很大。

b. 同一种属中，温度、光照周期、季节、性别和年龄都可能引起白细胞的明显差异。爬行动物的白细胞变化幅度往往比哺乳动物和禽类的要大。

c. 很少有关于爬行动物白细胞参考范围以及和疾病相关白细胞形态的临床研究。通常信息来源于个别病历报道和轶事传闻。

d. 白细胞的绝对数量比相对百分比更具有诊断意义。如果可能的话应该对白细胞进行计数。

e. 基于上述原因，所获得的参考值仅可用于指导，而不能作为绝对标准。

f. 导致爬行动物白细胞象改变的病生理机制和发病原因，与哺乳动物和禽类相类似。

g. 临床医师应该根据自己在临床遇到最多的品种建立起一套参考范围。这样有助于解释当地爬行类宠物由于环境、温度和其他因素所造成的区别。

### 4. 各种爬行动物的白细胞分别有什么特征？

异嗜性粒细胞是某些品种爬行动物主要的白细胞，但在很多疾病状态下也存在，正如下文所讨论的。大多数爬行动物（龟类、鳄鱼、蛇和某些蜥蜴）的细胞核呈圆形或者卵圆形，而一些蜥蜴的细胞核呈分叶状（如绿鬣蜥）。大部分爬行动物的异嗜性粒细胞都有胞质，并且被拉长，呈棒状至纺锤状，含有橘红色或砖红色颗粒，从而使核边缘不清（图51-1），其他种属的异嗜性颗粒没有这么多。

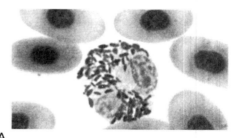

A

嗜酸性粒细胞主要呈圆形，小的胞质颗粒颜色有从亮红色到粉红色的改变，因种属而异（图51-2）。在一些品种中（如绿鬣蜥）用罗曼诺夫斯基染色时，细胞颗粒呈淡紫蓝色。需要牢记的是，嗜酸性粒细胞颗粒即使在同一张血涂片中也存在不同的染色。

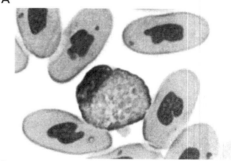

B

图51-1 绿鬣蜥（A）和球蟒（B）的成熟异嗜性粒细胞与蜥蜴的分叶状细胞核相比，蛇和其他爬行动物的成熟异嗜性粒细胞细胞核呈圆形或椭圆形（瑞氏染色，1000×）

嗜碱性粒细胞内含有明显的、小的深紫红色或紫色的圆形胞质颗粒，与哺乳动物嗜碱性粒细胞不同，其细胞

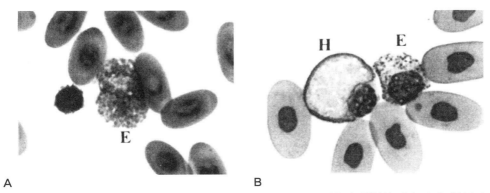

A　　　　　　　　　　　　　　B

图51-2　绿鬣蜥（A）和蛇（B）的嗜酸性粒细胞。一般来讲，爬行动物嗜酸性粒细胞有圆形到椭圆形胞核。胞质颗粒染色因种属而异蜥蜴的胞质颗粒经罗曼诺夫斯基染色后显淡紫蓝色，其他爬行动物呈粉红色。蛇的成熟异嗜性粒细胞（H）毗邻嗜酸性细胞。（瑞氏染色，1000×）

核呈圆形或椭圆形，不分叶（图51-3）。因胞浆颗粒可以在罗曼诺夫斯基氏染料中溶解，使嗜碱性粒细胞呈泡沫状、空泡样外观，同时含有少量颗粒。仔细检查血涂片中这些细胞会发现一些特征性颗粒，尤其在核上，这有助于鉴别嗜碱性粒细胞。某些种类爬行动物（如海龟）的循环血液中含有大量成熟的嗜碱性粒细胞。

爬行动物的单核细胞与哺乳动物类似。仅有一个大的细胞核，细胞核呈圆形、卵圆形或锯齿状（图51-4），胞内有大量胞质，胞质内可见空泡。嗜苯胺蓝细胞

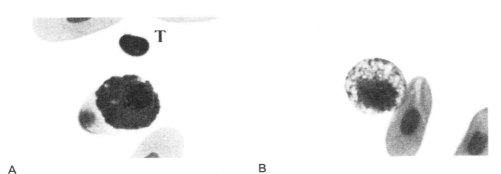

A　　　　　　　　　　　　　　B

图51-3　蛇的嗜碱性粒细胞，其胞质充满深紫色胞质颗粒，可部分遮挡细胞核（A）。有时胞质颗粒在染色时溶解，使嗜碱性粒细胞呈泡沫状，空泡样外观（B）。A图中血小板毗邻嗜碱性粒细胞。（瑞氏染色，1000×）

在形态学上与单核细胞相类似，是某些种类的爬行动物（蛇、鬣蜥）所特有的细胞，某些种类的蛇体内嗜苯胺蓝细胞含量高于其他爬行动物。嗜苯胺蓝细胞通常被认为是来源于单核细胞，含有大量细小、红色的胞质内颗粒，数量相当多以至于造成胞质红染。

爬行动物淋巴细胞的形态与哺乳动物相类似。很多种属中，淋巴细胞占白细胞总数的绝大部分（循环淋巴细胞可达到80%以上）。这些淋巴细胞属于单核细胞，有少量蓝色胞质，细胞核/胞质比率大，细胞核呈圆形（图51-5）。爬行动物循环血液中通常含有小的和较大的淋巴细胞。检查时需要注意，不要把小淋巴细胞与血小板混淆。与淋巴细胞相比，血小板更小，更呈椭圆形，另外还有深染、浓缩的细胞核，以及界限分明、苍白或无色的胞质，在血涂片中成簇存在。

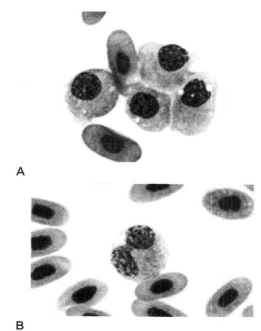

**A**

**B**

图51-4 蛇的嗜苯胺蓝粒细胞（A）和绿鬣蜥的单核细胞（B）。嗜苯胺蓝细胞常被认为起源于单核细胞，呈圆形，单细胞核，核呈圆形到椭圆形，并有大量尘状、轻微、粉红细胞质颗粒，这些颗粒在此黑白图中不能显现。爬行动物的单核细胞和哺乳动物的单核细胞相似（瑞氏染色，1000×）

### 5. 白细胞总数常用的计数方法有哪些?

白细胞计数方法包括间接法（血涂片估计，嗜酸性粒细胞Unopette5877系统）和直接法（Natt和Herrick's）。其中Natt和Herrick's法工作强度大，由于其需要通过血球计数仪来人工计数。有些学者不推荐将嗜酸性粒细胞Unopette5877系统应用于爬行动物，因为与Natt和Herrick's法相比存在差异。这种差异在种间可能比正常的低

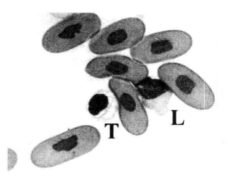

图51-5 蛇的血小板（T）和淋巴细胞（L），血小板胞质无色，而淋巴细胞胞浆深染。（瑞氏染色，1000×）

异嗜性白细胞计数还明显。

　　a. 通过血涂片进行白细胞计数，其准确度虽然不如其他方法，但仍是目前兽医临床中唯一适用的方法。

　　b. Natt 和Herrick's法可以直接测定白细胞和红细胞总量，有经验的兽医师或技术员采用这种方法计数时可得出可靠的结果，因此可以在兽医临床中使用。

　　对于一种更快、自动的直接定量方法，有一种以流式细胞技术为基础的自动细胞计数法。该技术的缺点是有可能把有核的红细胞和血小板当作白细胞进行计数，并且细胞的分类结果不可靠。因此，采用该方法进行细胞计数时，同时需要采用人工方法对细胞进行分类。目前，流式细胞技术成本昂贵，仅在商业实验室中应用，耗时长、费用高，并且需要专业技术人员来操作。对于这些自动技术，每天需要进行质控，以便得到可重复的、准确的结果。

　　关于白细胞计数技术的讨论，读者可以直接阅读参考文献中的相关文章。

## 6.　最常见的白细胞变化有哪些？

　　最常见的白细胞变化包括白细胞增多和白细胞减少，白细胞增多指的是外周循环血液中白细胞总数绝对增加。白细胞减少指的是外周循环血液中白细胞总数绝对减少。这两种变化主要是由于各种白细胞类型的数量增加或减少所致。

## 7.　爬行动物中引起异嗜性粒细胞增多的原因有哪些？

　　爬行动物异嗜性粒细胞增多是由以下两种情况中的某一种或两种同时作用的结果（框51-1）：

　　a. 在大部分动物中，皮质类固醇的释放或给药都会出现异嗜性粒细胞，并伴有淋巴细胞减少症。可发生于创伤、疼痛、疾病、应激条件和外源性使用皮质类固醇。用来描述这种血象的词是"应激性血象"。

　　b. 炎症反应是造成爬行类宠物异嗜性粒细胞增多的一个重要原因，同时感染性或非感染性原因也可造成异嗜粒细胞的增多。

　　爬行动物对这些情况的反应可能还受到其他因素的影响，比如温度、季节。发育异常或未成熟的异嗜性粒细胞数量增加可见于颗粒性白细胞血症，但慢性骨髓性白血病造成的成熟异嗜性白细胞增加在爬行动物中尚未有报道。生理性白细胞增多是造成动物异嗜性白细胞增多/中性粒细胞增多的另一个原因，但是否发生于爬行动物尚未清楚。

---

**框51-1　爬行动物异嗜性白细胞增多的原因**

**炎症**
感染
非典型性分支杆菌病
支原体（短吻鳄）
其他细菌性感染/脓肿
真菌性感染
非感染源性
组织创伤/坏死
- 创伤性损伤
- 缺血
- 肾脏疾病
- 手术性创伤
异物
肿瘤
**皮质类固醇**
外源性
医源性使用糖皮质类固醇
内源性（应激性）
过度捕拿、身体保定、陌生环境
运输、高密度饲养
限食、疾病

---

8. **皮质类固醇和炎症反应如何导致异嗜性粒细胞增加？**

　　异嗜性白细胞增多的机制包括异嗜性粒细胞再分布、由循环进入组织的量减少和/或造血量增多。

9. **异嗜性粒细胞重新分布机制是什么？**

　　常规采血时不会采到边缘池中的血液，边缘池也含有血管中的白细胞，这些白细胞贴着内皮细胞表面游走或者暂时停止不动。当在皮质类固醇、突然运动和肾上腺素的影响下，哺乳动物中性粒细胞和爬行动物的白细胞可能从边缘池进入循环池中。

10. **引起爬行动物异嗜性粒细胞从外周循环中减少的原因是什么？**

　　现在认为，引起外周循环血进入组织的细胞减少的原因主要是皮质类固醇的影响以及由白细胞或内皮细胞表面黏附分子下调介导所致。

11. **爬行动物造血组织中的异嗜性粒细胞前体产量何时增加？**

异嗜性粒细胞前体在造血组织中的产量增加发生于外周组织对异嗜性粒细胞需要量增加的情况下（如炎症反应）。感染（肺炎、肠炎、皮炎）、创伤、梗死和肿瘤等都可以增加机体对异嗜性粒细胞的需要量。从炎性细胞、感染源和损伤组织中释放的化学介质能够刺激骨髓产生更多异嗜性粒细胞前体。健康爬行动物骨髓是造血的主要部位，当机体对白细胞的需要量增加时，髓外有些部位也具有造血功能，如脾脏、肝脏和肾脏。

12. **受皮质类固醇作用引起异嗜性粒细胞增加的情况下，对爬行动物进行全血细胞计数可能出现哪些变化？**

其他物种由皮质类固醇诱导产生的白细胞象其全血细胞计数（CBC）变化尚未在爬行动物中进行研究。但是，少数研究认为"应激"或外源性使用糖皮质激素可引起异嗜性粒细胞增加，这种变化会被炎症反应和环境因素（如低温）所混淆。

13. **爬行动物炎性疾病中，异嗜性粒细胞增多时CBC可能出现哪些变化？**

轻度炎性疾病，CBC中可发现轻微的异嗜性粒细胞增加。核左移（未成熟的异嗜性粒细胞增加，如杆状白细胞、晚幼粒细胞、中幼粒细胞和早幼粒细胞，图51-6）、中毒性异嗜性粒细胞（胞质嗜碱性增多、异常空泡形成、异常形状的胞质颗粒、脱颗粒、大型异嗜性粒细胞），并出现大量的异嗜性粒细胞，反映了机体组织对异嗜性粒细胞的

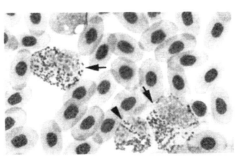

图51-6　绿鬣蜥异嗜性粒细胞核左移的血涂片。两个未成熟的异嗜性粒细胞，圆形细胞核（箭头），成熟异嗜性粒细胞的分叶细胞核（无尾箭头），也要注意圆形细胞质颗粒物和细胞质空泡。

需要量增加。也可能观察到单核细胞或者嗜苯胺蓝性细胞。大量炎症反应可导致异嗜性粒细胞减少以及核左移，另外还出现中毒性异嗜性粒细胞（见问题15）。在炎性疾病中淋巴细胞数量可能会减少、正常或者增加。环境因素（如温度）也可能会影响这些变化。

14. **引起爬行动物异嗜性粒细胞减少的原因有哪些？**

异嗜性粒细胞减少主要见于严重的炎症反应导致组织对异嗜性粒细胞的需要量增加（框51-2）。

| 框51-2　爬行动物异嗜性粒细胞减少的原因 |
| --- |
| **炎性反应** |
| 大量细胞感染 |
| 病毒感染 |
| 真菌感染 |
| **其他可能的原因** |
| 骨髓痨综合征（白细胞血症、淋巴细胞肉瘤） |
| 骨髓抑制治疗（放射、癌症化疗） |
| 内毒素血症或者革兰氏阴性菌感染导致异嗜性粒细胞再分布 |

在其他家畜和禽类中，骨髓痨综合征（白血病、淋巴肉瘤）、内毒素血症或革兰氏阴性菌感染和其他原因都可能造成异嗜性粒细胞的减少。虽然这种情况也可能发生于爬行动物中，但尚未得到证明。

### 15. 导致严重炎症反应最常见的病因有哪些？

严重的炎症反应主要是由于大量病原体的攻击（最常见的是感染），释放大量炎性细胞因子，组织对异嗜性粒细胞需要量增加所致。鉴别诊断应该包括但不局限于：细菌性感染、囊肿、真菌感染、病毒感染、泄殖腔炎、肺炎、严重肠炎和大量肿瘤坏死。任何炎性反应中，只要骨髓产生异嗜性粒细胞的速度低于循环血液中异嗜性粒细胞进入组织的速度时，都可导致异嗜性白细胞减少。最后，如果组织对异嗜性粒细胞的需要量下降或者骨髓产生的异嗜性粒细胞数量足以代偿，则异嗜性粒细胞的数量可能会增加，但仍然维持在正常范围之内，否则就会导致异嗜性粒细胞增多。

### 16. 引起骨髓产生异嗜性粒细胞减少的原因有哪些？

家养动物中，颗粒细胞前体产量减少可能是由于前体损坏、粒细胞生成受抑制或者发生骨髓痨所致。这些导致异嗜性白细胞减少的机制在爬行动物中尚未研究清楚，但一般认为类似的机制在发挥作用。据了解，某些品种的爬行动物，放射治疗可以导致白细胞减少。同样，发生骨髓痨时，如肿瘤性疾病（白血病、淋巴肉瘤）可以浸润到骨髓中，替换造血前体，导致异嗜性粒细胞减少。

### 17. 由最初的CBC如何确定爬行动物异嗜性粒细胞减少的病因？

尽管异嗜性粒细胞减少是唯一的血液学异常，但患有炎性疾病的动物仍可能存在炎性白细胞血象（核左移、中毒性异嗜性白细胞、单核细胞增加/嗜苯胺蓝细胞）。患有白血病的爬行动物，白细胞总数会明显增加（>200 000个/μL），未分化细胞和个体细胞（如淋巴细胞）。患白血病的动物循环血液中可能存在非典型性细胞（如淋巴母细胞、未分化的细胞）。患病的爬行动物接触到射线或者其他骨髓抑制剂治疗时可能出现全血细胞减少症。

**18.　引起爬行动物淋巴细胞增多的原因有哪些?**

下列两种情况可以造成淋巴细胞增生，这两种情况可以单独出现，也可以同时存在（框51-3）：

a.　慢性抗原刺激可以使淋巴细胞大量进入循环池中。兽医临床中最常见的是炎性疾病（感染性或非感染性）。爬行动物慢性炎症最常见的病因是感染病原（病毒性、真菌性、寄生虫性、细菌性）。

b.　淋巴组织增生性疾病（白血病、白血病性淋巴肉瘤）可能伴有淋巴细胞增多，程度可由轻度到重度不等（>100 000个/μL），外周循环中可出现非典型性细胞。淋巴组织增生尽管不是爬行动物的常见疾病，但却是白血病中最常见的类型。

生理性白细胞增多是动物淋巴细胞增多的另一个原因，但是否存在于爬行动物尚未清楚。环境和营养状态也可以影响淋巴细胞数量。

| 框51-3　爬行动物淋巴细胞增多的原因 |
| --- |
| **慢性抗原刺激** |
| 感染/炎症反应 |
| 细菌 |
| 真菌 |
| 病毒 |
| • 包含体疾病 |
| 寄生虫 |
| **淋巴增生性疾病** |
| 白血病 |
| 淋巴肉瘤 |

**19.　抗原刺激和淋巴组织增生性疾病如何导致淋巴细胞增生?**

慢性抗原刺激和淋巴组织增生性疾病都可导致淋巴细胞的产生和增殖增多。抗原刺激导致异质/多克隆性淋巴细胞增多，而淋巴组织增生性疾病则是肿瘤性淋巴细胞自体克隆增殖。

## 20. 什么是包含体疾病？

包含体疾病（inclusion body diseas，蟒IBD）被认为是由反转录病毒引起的蟒蛇（pythons和boas）的一种疾病。IBD在发病早期可以导致明显的淋巴细胞增多（>30 000个/μL）。胞质内包含体在循环血液的淋巴细胞中少见。现在尚未清楚淋巴细胞增多是由于抗原的慢性刺激所致还是由于病毒诱导直接克隆增殖。

## 21. 爬行动物慢性抗原刺激引起的淋巴细胞增多时，CBC可能会出现哪些变化？

异嗜性粒细胞减少，伴有核左移或细胞毒性的异嗜性粒细胞增多，以及单核细胞增多或者嗜苯胺蓝细胞增多等都可能伴发在爬行动物淋巴细胞增多的炎性疾病中。循环血液中可见淋巴细胞反应。正如上文提到的，IBD可以引起淋巴细胞数量明显增加。

## 22. 爬行动物淋巴组织增生性疾病引起的淋巴细胞增多时，CBC可能会出现何种变化？

由于淋巴组织增生造成的淋巴细胞增多程度往往高于炎性疾病所造成的淋巴细胞增多，但是这两种情况往往同时存在。在某些爬行动物淋巴组织增生性疾病中，淋巴细胞计数非常高，可超过176 000个/μL。循环血液中可出现非典型性的淋巴细胞，可以作为肿瘤疾病的提示；然而淋巴细胞形态也可能正常。进行一系列的CBC检查可以帮助鉴别诊断肿瘤性淋巴细胞增多和炎性疾病的淋巴细胞增多。也可能存在贫血或全血细胞减少，提示已经出现骨髓浸润。

## 23. 引起爬行动物淋巴细胞减少的原因有哪些？

引起爬行动物淋巴细胞减少的原因至今仍未得到广泛的研究。但是已知环境因素（低温、营养不良、冬眠）、皮质类固醇的释放（"应激"）或者医源性给予、并发的疾病（肾衰、绿海龟纤维性乳突瘤、寄生虫病、病毒感染），以及利用射线治疗癌症等，能够使循环血液和组织中的淋巴细胞数量下降（框51-4）。这些情况下爬行动物淋巴细胞减少的具体机制被认为与家养动物和禽类相类似：淋巴细胞再分布、淋巴组织吸引淋巴细胞、淋巴细胞增殖抑制和淋巴细胞破坏。

---

**框51-4　爬行动物淋巴细胞减少的原因**

营养不良
低温环境
- 饲养管理差
- 冬眠期
并发疾病
- 肾脏疾病
- 寄生虫
- 病毒感染
激素作用
- 外源性给予糖皮质激素
- 内源性（"应激"）皮质类固醇释放
- 外源性睾酮
癌症的放射治疗和化学治疗

---

## 24. 淋巴细胞再分布和淋巴样组织俘获淋巴细胞的机制是什么？

　　在家养动物中，皮质类固醇（内源性或外源性）能够促进淋巴细胞由循环池进入边缘池或者其他部位（骨髓、淋巴样组织）的再分布。急性炎症期在炎性细胞因子的影响下，以及有时候在内源性皮质类固醇释放的共同作用下，淋巴细胞由循环池进入边缘池或者其他部位（骨髓、淋巴样组织）进行再分布。炎性细胞因子也可以促进淋巴细胞作为抗原呈递过程中的一部分，暂时停留在淋巴样组织中。

## 25. 抑制淋巴细胞增殖和淋巴细胞破坏的机制有哪些？

　　与骨髓一样，淋巴样组织也是具有增生活性的组织，其增殖容易受到干扰。癌症化疗、放射线和皮质类固醇的大量使用都可以直接抑制或破坏爬行动物和其他动物淋巴细胞的生成。并发疾病、营养不良和低温（饲养管理不当或冬眠期）都可导致淋巴样组织或造血组织中淋巴细胞数量低下。感染淋巴细胞的病毒通常会被细胞溶解。先天性淋巴细胞生成缺陷在家养动物中非常少见，在爬行动物中尚未有报道。

## 26. 爬行动物急性感染时如何导致淋巴细胞减少？

　　在其他动物中，可能也包括爬行动物，急性感染继发淋巴细胞减少，被认为是由于皮质类固醇诱导效应、淋巴细胞再分布以及可能因为淋巴细胞生成受到干扰的共同作用所致。

**27. 皮质类固醇效应引起爬行动物淋巴细胞减少，CBC检查时可能出现何种变化？**

在其他家养动物和禽类中，认为皮质类固醇引起的淋巴细胞减少属于一过性效应，并可能会伴有异嗜性粒细胞（无核左移或异嗜性粒细胞毒性改变）数量的增加。少量研究表明在某些爬行动物中也可能出现类似情况。

**28. 由于淋巴细胞生成减少导致爬行动物淋巴细胞减少，CBC检查时可能出现何种变化？**

在动物中（也可能包括爬行动物）（有一例关于蟒蛇的报道），淋巴细胞抑制剂使用和骨髓抑制剂治疗都可以使几种血细胞系的生成减少，进而出现选择性细胞减少或者全血细胞减少。

**29. 引起爬行动物单核细胞增多或者嗜苯胺蓝细胞增多的原因有哪些？**

急性或慢性炎性疾病是导致爬行动物单核细胞增多或者嗜苯胺蓝细胞增多的主要原因；然而据文献报道，大部分都发生在慢性炎症过程中（框51-5）。细菌感染、霉菌性感染、寄生虫、病毒感染、异物、组织损伤和肿瘤等所造成的炎症反应，都可以导致单核细胞增多或者嗜苯胺蓝细胞增多。

| 框51-5　引起爬行动物单核细胞增多或者嗜苯胺蓝细胞增多的原因 |
| --- |
| 急性炎症反应<br>慢性炎症反应<br>• 细菌性<br>• 真菌性<br>• 病毒性<br>• 寄生虫性<br>• 异物<br>• 组织损伤<br>• 肿瘤 |

**30. 炎症反应如何导致单核细胞增多或者嗜苯胺蓝细胞增多？**

炎性疾病造成的单核细胞增多或者嗜苯胺蓝细胞增多，是由于骨髓中单核细胞前体产生增多所致，可能是炎性细胞因子和抗原刺激的结果。

**31.** 爬行动物炎性疾病中单核细胞增多或者嗜苯胺蓝细胞增多时，CBC检查可能会出现哪些结果？

单核细胞增多可伴发于异嗜性粒细胞减少、异嗜性粒细胞增多、异嗜性粒细胞核左移和/或中毒性改变。淋巴细胞增多出现于炎性疾病/抗原刺激的病例中。如果存在皮质类固醇的影响，可能出现淋巴细胞减少。

**32.** 单核细胞减少或者嗜苯胺蓝细胞减少有何意义？

临床中爬行动物的单核细胞减少/嗜苯胺蓝细胞减少的意义尚未清楚。

**33.** 引起爬行动物嗜酸性粒细胞增多或嗜碱性粒细胞增多的原因有哪些？

爬行动物中嗜酸性粒细胞增多和嗜碱性粒细胞增多可见于寄生虫感染和其他疾病中。

**34.** 爬行动物嗜酸性粒细胞增多和嗜碱性粒细胞增多的诊断方案是什么？

应该进行血涂片，皮肤、口腔和粪便检查，以便发现是否存在寄生虫使动物出现嗜酸性粒细胞增多或者嗜碱性粒细胞增多。

**35.** 血涂片如何帮助确诊嗜酸性粒细胞增多和嗜碱性粒细胞增多的原因？

血涂片检查可以发现是否有血液寄生虫感染，有助于确认嗜酸性粒细胞增多确实存在，未与异嗜性粒细胞混淆。

**36.** 爬行动物嗜酸性粒细胞减少和嗜碱性粒细胞减少有何意义？

临床中爬行动物的嗜酸性粒细胞减少和嗜碱性粒细胞减少的意义尚未清楚。

**37.** 爬行动物易患哪种白血病？

与骨髓性白血病（颗粒细胞和单核细胞）相比，爬行动物的淋巴细胞白血病和白血病淋巴肉瘤更常见。

**38.** 如何通过临床症状鉴别诊断爬行动物的淋巴细胞异常？

a. 炎性反应和皮质类固醇诱导的粒细胞象可见于任何年龄、品种或性别的爬行动物。

b. 异嗜性粒细胞增多或异嗜性粒细胞减少可见于爬行动物任何年龄或种属的炎性疾病。

    c. 肿瘤性疾病（白血病、骨髓性疾病）常发生于老年爬行动物，但也可见于任何年龄。

### 39. 如何通过病史帮助鉴别诊断爬行动物的白细胞异常？

    a. 当爬行动物处于陌生或应激环境（兽医诊室）中，内源性皮质类固醇释放产生"应激诱导"性白细胞象。当爬行动物不习惯捉拿或禁闭，长时间对其进行捉拿、禁闭或保定。外源性皮质类固醇诱导的异嗜性粒细胞增多可能有使用皮质类固醇的病史。

    b. 患有炎性疾病的爬行动物可能有创伤、呼吸困难（肺炎）、排便困难（肠炎、肝炎）、体重下降、肿物生长、萎靡、饲养管理不当和近期手术等病史。

    c. 曾使用某些骨髓抑制剂治疗，提示存在白细胞生成抑制。

    d. 患有白血病和其他肿瘤性疾病的爬行动物，可能有体重下降或者精神不振史。

### 40. 如何通过临床检查帮助鉴别诊断爬行动物的白细胞异常？

    爬行动物的炎性疾病（急性或慢性）可出现多种异常，包括创伤、占位性损伤（囊肿、肿瘤）、张口呼吸（肺炎引起的呼吸困难）、便中带血（肠炎）、轻瘫或瘫痪、腹部膨胀或疼痛、眼鼻分泌物（鼻炎，结膜炎）和出血。

    患有肿瘤疾病的爬行动物也可能存在很多异常，其中有些与炎性疾病相类似。可能出现肿物。

### 41. 对白细胞异常的爬行动物应制定哪些诊断计划？

    临床检查及检查结果有助于定位到某些器官系统或者解剖学位置，且有助于判定是否需要进一步检查。对于持续发病的动物可考虑进行外周血涂片评估、CBC和血清生化分析。其他的诊断技术包括影像学检查、细胞样品和检样品组织的显微镜检查，微生物学培养，分子诊断技术（用于感染性病原体）和血清学诊断。

### 42. 如何通过影像技术帮助鉴别诊断爬行动物的白细胞异常？

    影像学技术（X线片、超声波、内窥镜检查）有助于检查器官肿大、异物（如金属物）、积液、肿物和肺内异物和定位器官损伤，以便进行细胞和活组织采样。超声和内窥镜检查受限于爬行动物的体型。可能需要某些专门的影像学技术和设备（计算机断层扫描仪、荧光镜、造影等），但受限于动物体型大小、费用、时间及相关设备。

### 43. 爬行动物何时适用抽吸或外科手术进行活检？

这些技术适用于患有占位性肿物、积液、任何器官异常（大小、形状、质地、位置、回声性状）和出现骨髓病变的爬行动物。存在呼吸困难、有出血倾向和过度应激等情况时不宜使用。

### 44. 爬行动物红细胞有哪些特征？

在罗曼诺夫斯基染色的血涂片中，爬行动物RBC是有核、椭圆形的细胞，胞质染色呈橘红色。爬行动物的RBC比哺乳动物的RBC大。细胞核为椭圆形，密度大且位于细胞中间。虽然健康爬行动物也存在红细胞大小不均和异形红细胞（见问题49），但大量存在时则提示属于患病状态（再生性贫血，严重炎症反应）。

### 45. 评估爬行动物红细胞疾病时，需要考虑哪些重要因素？

a. 需要用新鲜血涂片（无抗凝剂）或肝素抗凝血涂片评估红细胞形态。

b. 应该在肝素抗凝血涂片中进行细胞计数。

（1）EDTA可能会使爬行动物的红细胞发生溶解。

（2）如果需要在少量的血液样品中进行血液学分析和生化分析，在血样中加肝素（肝素锂而非肝素钠）是最好的抗凝剂，能够使用于生化分析的血浆容积达到最大。

（3）EDTA、肝素钠和枸橼酸钠可能会干扰某些生化指标的检测。

c. 应该检查是否存在红细胞大小不均、异形红细胞症、多染性和细胞内寄生虫等。

### 46. 如何评估爬行动物的红细胞总量？

通过测定Hct即全血红细胞百分比来评估红细胞总量。Hct通过少量血离心后测定PCV来快速简便的测定Hct。健康爬行类宠物的PCV应该在20%～40%，但需要考虑种间差异。

RBC计数和血红蛋白浓度是评估红细胞总量的另外两个指标，一般由自动分析仪测定。可以通过Natt 和Herrick's法或Unopette系统来计数。爬行动物循环系统的红细胞数量少于哺乳动物和禽类。通常情况下，爬行动物红细胞的变化范围为蜥蜴>蛇>海龟。红细胞个体越大的动物，其红细胞数量越少。红细胞总量与季节、年龄、环境因素和性别等都相关。

### 47. 什么是MCV和MCHC?

MCV是用来测量红细胞体积的指标，通常由自动分析仪测定。MCHC是指每个红细胞中含有的血红蛋白浓度，也是由自动分析仪测定。这两个指标是用来描述家养动物和禽类贫血的特征以及确定贫血的原因。但是用来界定爬行动物贫血尚未得到充分研究，但可用类推的方法来使用这些指标。

### 48. 什么是网织红细胞和多染红细胞?

网织红细胞属于未成熟的红细胞，含有大量的RNA，用某些重要的染色剂如NMB染红细胞时可见。经罗曼诺夫斯基染色的外周血涂片中，网织红细胞由于含有大量RNA形成多染红细胞而可见。利用网织红细胞计数来测定未成熟红细胞比多染性细胞更敏感。

多染红细胞也是未成熟的红细胞，含有大量RNA。在经罗曼诺夫斯基染色外周血涂片中可见，因为这种红细胞的胞质被染成蓝色。蓝色越重表明其所含的RNA量越多，用以提示红细胞的成熟度。NMB染色的血涂片中多染红细胞形状与网织红细胞相似。在罗曼诺夫斯基染色中，不是每个网织红细胞都可看成是多染红细胞，因为有些网织红细胞含有的RNA不足以当成多染红细胞。健康爬行动物的外周血中可见少量多染红细胞，在年轻的爬行动物中更常见。

### 49. 什么是红细胞大小不等症和异形红细胞症?

红细胞大小不均是指各种大小不等的红细胞。异形红细胞症是指形状异常的红细胞。健康的爬行动物可见有几个到少量的异形红细胞和红细胞大小不等；然而，大小和形状异常的红细胞数量增加时，则认为属于病态。

### 50. 爬行动物最常见的红细胞疾病有哪些?

以PCV、RBCs和/或Hgb下降为特征的贫血是爬行动物最常见的红细胞疾病（框51-6）。

| 框51-6　爬行动物贫血的原因 |
| --- |
| 急性失血 |
| • 创伤 |
| • 凝血病 |
| • 肿瘤或器官破裂 |
| • 寄生虫 |

慢性外出血
溶血
• 寄生虫
炎性反应性贫血（急性/慢性，感染性/非感染性）
营养性原因
• 饥饿
• 营养不良
骨髓抑制剂治疗
• 放射

## 51. 爬行动物红细胞形态异常有哪些？

红细胞形态异常见于爬行动物外周血中，包括细胞核形状不规则、有丝分裂象和双核，可见于营养不良、饥饿和再生性反应、冬眠过程中出现紧急情况和/或炎性反应。其他的形态异常包括红细胞淡染和嗜碱性点彩。出现淡染性红细胞（Hgb含量下降时可导致红细胞淡染，呈苍白状）提示有营养不良或慢性外出血所造成的铁缺乏。出现嗜碱性点彩提示爬行动物存在再生性反应，铁缺乏和铅中毒。

## 52. 如何对爬行动物的贫血进行分类？

爬行动物的贫血是根据是否出现再生性反应以及引起贫血的病理生理机制来进行分类。通过其他指标（通过MCV来确定红细胞大小，MCHC来确定Hgb在每个细胞中的含量）来评估爬行动物的贫血，尚未得到充分研究。

## 53. 如何检测红细胞的再生性？

a. 网织红细胞数量：是检测红细胞再生性最好的单一方法。

b. 多染红细胞数量：虽然会低估网织红细胞的实际数量，但这是一种快捷、方便且提示再生性的有效指标。

c. 骨髓中存在网织红细胞增生。

## 54. 爬行动物网织红细胞或多染红细胞增加有何意义？

网织红细胞或多染红细胞增多提示红细胞对贫血和失血的再生性反应。如果网织红细胞数量足够多，没有必要检查骨髓是否存在再生性。另外有报道，爬行动物脱壳期间也可见多染红细胞增加。

**55. 爬行动物未成熟的网织红细胞前体数量持续增多有何意义?**

在明显的贫血再生性反应期间,双核红细胞、有丝分裂象和更早的网织红细胞前体(中幼红细胞、早幼红细胞)可见于循环血液中,同时伴有大量的多染红细胞。细胞核形状不规则、有丝分裂象和双核也可见于强烈的再生性反应中。更早的网织红细胞前体染色时胞质呈深蓝色,细胞核圆而大并且越来越圆。如果未成熟的细胞在循环血中持续存在且没有适量的多染红细胞出现,则需要考虑是否存在网织红细胞肿瘤(爬行动物中未见有报道)和红细胞前体从骨髓中过度释放(白血病或其他原因)。

**56. 爬行动物发生贫血的病理生理机制有哪些?**

a. 失血性。

b. 溶血性。

c. 红细胞生成减少(非再生性贫血)。

**57. 爬行动物失血的原因是什么?**

a. 创伤:损伤(钝性损伤、恶意行为、啮齿动物咬伤)、打架。

b. 出血性损伤:溃疡、寄生虫造成的肠道损伤、出血性肿瘤、创伤和内脏器官破裂。

c. 吸血性寄生虫的寄生。

**58. 引起爬行动物溶血的原因有哪些?**

尽管寄生于血液的原虫和虹彩病毒感染都可能导致溶血,但爬行动物溶血很少见。引起家养动物和禽类溶血的其他原因(如中毒、不相容性输血)在爬行动物中尚未有足够的研究。

**59. 爬行动物血液寄生虫性疾病有哪些?**

a. 线虫:微丝蚴(图51-7,A)。

b. 原虫:各个种属(图51-7,B),大部分的原虫都寄生在红细胞内,但偶尔有些寄生于白细胞中,有些则游离于细胞之外。

c. 其他生物:衣原体、痘病毒(单核细胞)、红彩病毒(红细胞)

血液寄生虫更常见于野生或由野外捕获而来的爬行类宠物,以及在室外饲养的爬行类宠物。大部分寄生虫疾病不会影响动物的健康,但是有些可导致溶血性贫血和其他问题,尤其是并发其他疾病或者免疫抑制时。

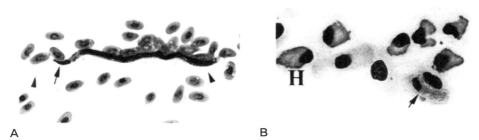

图51-7 黑豹蜥蜴（A）和海龟（B）的外周血，蜥蜴外周血图片中显示的微丝蚴，注意微丝蚴（箭头）外覆鞘体（无尾箭头）。海龟外周血图片中显示红细胞内血簇虫。也可见到异嗜性粒细胞（H）。

**60. 引起爬行动物红细胞减少可能的原因有哪些?**

    a. 炎性疾病（急性或慢性，感染性或非感染性）。

    b. 营养缺乏（饥饿、营养不良）。

    c. 骨髓抑制（放射、骨髓痨性过程，如白血病）。

与哺乳动物和禽类相比，爬行动物循环血液中红细胞的生命周期很长（600～800d），所以非再生性贫血需要更长的时间才能发生。

**61. 导致爬行动物炎症性贫血的机制有哪些?**

炎症性贫血（anemia of inflammatory disease，AID）的发病机理是一个复杂的过程，由炎性细胞因子所介导。其他种属的动物已有研究，其机制可能也适用于爬行动物。发病机制可能与红细胞存活时间减少和红细胞的生成受到抑制有关。

传统意义上认为AID伴发于慢性炎性疾病，然而在很多种属的动物中，急性和慢性炎症都可能产生AID。虽然红细胞存活时间下降的具体原因尚未清楚，红细胞生成抑制可能是由于铁的有效性和利用率下降，促红细胞生成素生成减少，以及对促红细胞生成素的反应性下降等共同作用的结果。

**62. 特征描述如何有助于鉴别爬行动物的贫血?**

任何原因引起的贫血都可发生于任何种属、性别或年龄的爬行动物。老年爬行动物更容易患慢性炎性疾病（肿瘤），而新生爬行动物更容易出现营养不良和炎性疾病（如细菌性败血病、囊肿和创伤）。

**63. 病史如何有助于鉴别爬行动物的贫血?**

爬行动物的病史可能提示有出血（创伤、皮肤上可见的出血、血腥味、肿瘤）、炎性疾病（呼吸困难、占位性肿物，如囊肿、肿瘤）和营养不良。

### 64. 临床检查如何鉴别爬行动物的贫血？

贫血的爬行动物在临床检查中出现的异常可能包括出血或血肿、渗出、呼吸困难（肺炎）、占位性肿物、消瘦、皮肤疾病和寄生虫（螨虫）。

### 65. 除了出现贫血之外，贫血爬行动物的CBC检查中还可能发现哪些异常？

a. 患有炎性疾病的爬行动物可能有明显的炎性白细胞象变化或多种变化，包括白细胞增多、白细胞减少、异嗜性粒细胞增多、异嗜性粒细胞减少、异嗜性粒细胞性核左移、异嗜性粒细胞性毒性和单核细胞增多。具体的炎性白细胞象类型与炎症损伤的类型、严重程度和持续时间有关。

b. 淋巴细胞减少性血象可见于皮质类固醇的作用。

c. 淋巴细胞增多性血象可见于抗原慢性刺激的炎性反应中。

d. 爬行动物患失血或溶血性疾病时，CBC检查可能无明显异常。

### 66. 爬行动物贫血的诊断方案有哪些？

虽然患病动物的体型大小和贫血的严重程度限制了采血量，但多次进行CBC和血液生化检查还是有必要的。如果一系列CBC检查未见有再生性红细胞，则有必要检查骨髓，以确定是否有网织红细胞增生或其他红细胞再生性异常。影像学检查、抽吸和活组织检查都有助于确定炎性、出血或肿物的病灶。微生物培养和分子学分析对于传染性疾病的诊断也有帮助。

### 67. 影像学技术如何有助于对贫血爬行动物进行鉴别诊断？

见第42个问题。

### 68. 爬行动物的血小板有什么特征？

血小板是小的圆形（有时椭圆形）、有核细胞，有少量淡蓝色到无色的胞质和高密度的染色质（图51-3和图51-5）。血小板可能有小的粉红色颗粒，且这些颗粒在血涂片中聚集在一起。很难对血小板进行计数，这是因为血小板经常聚集在一起，且与小淋巴细胞的大小类似，容易被混淆。一般情况下，通过Natt和Herrick's方法能够对血小板进行计数，或通过高质量的血涂片进行估计。健康爬行动物到底有多少的血小板尚未得到研究。

### 69. 如何区别血小板和小淋巴细胞？

与小淋巴细胞相比，血小板的核染色更深，核/胞质比更小，胞质颜色呈淡蓝色到无色。通常情况下，血小板聚集在一起位于血涂片的边缘。首先观察典型的血小板，再与有疑问的细胞进行比较，这样有助于辨别。活化后的血小板有空泡状胞质。特殊的细胞染色剂有助于鉴别淋巴细胞和血小板，例如，血小板能够被过碘酸（PAS）染色，而淋巴细胞则不能。

**70. 爬行动物常见的血小板疾病有哪些？**

爬行动物的血小板疾病至今研究的较少，但是血小板减少性疾病也可发生于爬行动物。有些种属的原虫可寄生于爬行动物血小板中。

**71. 已知的爬行动物的凝血功能检查有哪些？**

与家养动物和禽类相比，关于爬行动物凝血功能的检查几乎没有开展。目前，常规的凝血功能评估不适用于爬行动物。

# 五十二、爬行动物的生化分析

**1. 理解爬行动物生化分析的重要原则有哪些？**

a. 目前对爬行动物疾病引起的生化变化的了解远不如对哺乳动物和禽类了解的深入，主要是因为缺乏对爬行动物生化的研究。

b. 爬行动物种内或种间生化参考值变化很大（甚至比禽类还大）。这种可能与几个因素有关，包括营养、环境/地域、仪器设备、方法学、实验动物的数量、年龄和样品质量等。

c. 血液样品受到淋巴液污染后可能会影响生化结果。

d. 由于存在种间差异，已经发表（或实验室自己准备）的有关参考值只能作为一个参考，不能作为确定是否异常的绝对指标。

e. 血浆（仅仅是肝素锂抗凝）可用于爬行动物的生化分析，肝素抗凝的血浆可获得最大样品容积用于分析，并尽量减少与血细胞的接触。血浆应该进行分离检测。

**2. 体内或体外溶血如何影响生化结果？**

a. 直接干扰分析仪的测定。对测定结果干扰的大小取决于所使用的方法和仪器。

b. 红细胞内容物的释放可能会影响血浆/血清的成分（如AST、LD）。对实际检测方法没有直接影响。当红细胞内容物浓度高于血浆/血清中的浓度时，影响将非常显著。

c. 所释放的红细胞内容物是影响生化反应的因素。

### 3. 爬行动物高糖血症的原因有哪些?

a. 糖皮质类固醇:内源性("应激")或外源性;可能并发有某些疾病,如感染。

b. 糖尿病:很少有病例报道。

由于年龄、食物、野生或家养、营养状态和环境条件等都可引起血糖浓度的变化。例如,年轻鬣蜥的血糖浓度比成年高,但猛鳄的情况却不一样。

### 4. 引起爬行动物低糖血症的病因有哪些?

低糖血症主要见于饥饿、厌食和营养不良。还有报道能够引起低糖血症的其他病因包括肝脏疾病、败血症和内分泌性疾病。

### 5. 评估泌尿系统时需检测的生化项目有哪些?

尿酸、钙和磷的浓度是评估泌尿系统所用的指标。

BUN和肌酐浓度在爬行动物中非常低且变化很大,因此不宜作为评估肾脏疾病的指标。然而,在脱水的情况下,BUN浓度会升高,这有助于沙漠中的爬行动物保持体内水分。

### 6. 如何利用尿酸浓度来诊断肾脏疾病?

a. 高尿酸血症提示存在有严重的脱水或者肾脏疾病。

b. 尿酸不是肾脏疾病的敏感指标,因为尿酸主要是由近曲小管分泌,肾小球滤过率下降很严重时才能检测到尿酸浓度升高。某些爬行动物患有肾衰竭,但是尿酸浓度正常,因为肾衰竭的程度还不足以引起尿酸浓度升高。

c. 肉食性爬行动物的尿酸浓度在进食后会有明显升高,且进食后一天能达到高峰。据报道,健康爬行动物尿酸浓度可高达15mg/dL。

d. 尽管存在这些缺点,如果有相关品种的参考值,尿酸仍然认为是肾脏疾病有用的指标。

e. 如果出现高尿酸血症,首先要排除脱水。有必要做内窥镜检查和肾脏的活组织检查,以确定是否存在肾脏疾病,并且进一步了解疾病的进程。

### 7. 钙磷浓度对诊断爬行动物肾脏疾病有何帮助?

a. 肾脏疾病时,泌尿系统对磷的分泌下降,导致血浆中磷的浓度升高。

b. 血浆中钙/磷比例小于1.0时提示存在肾脏疾病。

c. 当钙、磷浓度大于55mg/dL时也提示存在肾脏疾病。但该指标在成年雌性鬣蜥中不可靠。

d. 成年雌性鬣蜥（可能还有其他雌性爬行动物）血液中的钙磷浓度可超过100mg/dL。产卵期间的钙磷浓度会明显升高。

**8. 尿液分析可否用于爬行动物肾脏疾病的诊断?**

与禽类一样，爬行动物医学中很少进行尿液分析，因为很难获得一份没有尿酸盐结晶或不被粪便残渣污染的清洁尿液。

**9. 爬行动物肾脏疾病的病因有哪些?**

a. 感染性病因：细菌、原虫寄生虫。

b. 中毒：

（1）肾毒性化合物（如氨基糖苷类）。

（2）食物中维生素D过量导致代谢性矿物质沉积，最后引起肾衰竭和痛风。

c. 饲养管理不善

（1）营养性：草食性爬行动物食物中含有高蛋白，或维生素D含量超标。

（2）长期处于低温条件会抑制尿酸分泌，同时伴有脱水和营养不良。

d. 持续脱水。

**10. 讨论爬行动物肝胆系统疾病需要考虑哪些重要原则?**

目前对爬行动物肝胆管疾病引起胆汁酸和酶类变化（如敏感性、特异性、血浆半衰期）的了解非常少，需要进一步的研究。

目前临床上对血浆酶活性的解释与哺乳动物和禽类相的类似。但是这样缺乏对照组的科学性研究。

**11. 哪些临床生化指标有助于诊断爬行动物的肝胆系统疾病?**

a. AST：是组织（肝脏和骨骼肌）损伤的敏感性指标，但特异性不强。

b. LD：对组织损伤不具有特异性。

c. CK：是肌肉损伤敏感性和特异性指标。

少量研究发现，肝组织GGT、ALP和ALT的活性很低，要作为检测肝胆系统疾病和胆汁淤积的指标需要做更多的研究。利用胆酸、胆红素和胆绿素浓度作为诊断肝胆系统疾病，在爬行动物中需要进一步的研究，临床中没有应用。

**12. 如何解释血浆中天冬氨酸转氨酶、乳酸脱氢酶和肌酸激酶发生变化?**

　　a. 血浆中AST和LD酶活性升高提示肝细胞受损，必须同时检测CK活性。这是因为CK活性的变化提示是否最近或正在发生肌肉损伤。组织损伤（如肌肉损伤）可以导致AST和LD 活性升高。

　　b. 应当考虑临床病史。例如，几天前出现肌肉损伤（如注射、创伤、手术相关的肌肉损伤），AST、LD和CK都可能会升高。

　　c. AST、LD和CK活性同时增加提示出现肌肉损伤，可能还存在肝细胞损伤。在接下来的几天内连续检测血清生化有助于确定是否并发有肝细胞损伤。

　　d. 在一系列生化分析中AST和LD持续升高，而CK活性没有发生变化，则提示可能存在肝细胞损伤。

　　e. 样品是否发生溶血很重要。爬行动物红细胞发生溶解时可能会导致AST和LD活性升高。

　　f. 在连续一段时间内进行一系列生化分析比单独一项生化分析更具有临床意义。

　　g. AST和LD活性升高，但仍在参考值范围之内也不排除存在肝脏疾病（如肿物性肝功能下降）。

　　h. 确诊引起肝功能损伤的具体疾病，需要依赖于肝脏活组织检查的组织学评估。

**13. 爬行动物可能发生的肝胆管疾病有哪些?**

　　a. 感染性疾病

　　　　（1）病毒：疱疹病毒、腺病毒

　　　　（2）原虫：两栖类内阿米巴、其他

　　　　（3）细菌：各种细菌

　　　　（4）真菌：各种真菌

　　b. 代谢性疾病：肝脏脂肪沉积

　　c. 肿瘤性疾病：肝脏肿瘤、肝细胞癌、胆管瘤、胆管癌、淋巴肉瘤等

　　d. 其他疾病

　　　　（1）自发性纤维化

　　　　（2）胆道增生

**14. 爬行动物血清TG和胆固醇浓度升高有何临床意义?**

　　TG和胆固醇浓度升高可见于雌性动物排卵期间，也可见于爬行动物肝脏脂肪沉积。某些品种也可见TG和胆固醇浓度升高。

**15. 引起爬行动物高钠血症和高氯血症的原因有哪些?**

脱水可引起爬行动物的高钠血症和高氯血症。引起家养动物高钠血症和高氯血症的其他原因也可能发生于爬行动物，但尚未得到充分的研究。

**16. 引起爬行动物低钠血症和低氯血症的原因有哪些?**

有一个病例报道是由于肠炎经肠道丢失引起的。家养动物低钠血症和低氯血症的其他病因在爬行动物尚未得到充分的研究，但是也可能发生在爬行动物中。

**17. 引起爬行动物高钾血症的原因有哪些?**

a. 体内和体外溶血：爬行动物的红细胞中含有大量的钾。

b. 由于肾脏疾病而经尿液分泌下降：但是有一个不完整的调查发现与此不符合。

家养动物高钾血症的其他病因在爬行动物尚未得到充分的研究，但是也可能发生在爬行动物中。

**18. 引起爬行动物低钾血症的原因有哪些?**

a. 由于肠道疾病而经肠道丢失。

b. 食物摄入量下降和厌食。

家养动物低钾血症的其他病因在爬行动物尚未得到充分的研究，但是也可能发生在爬行动物中。

**19. 引起爬行动物高钙血症的原因有哪些?**

a. 维生素D过量或中毒。

b. 日粮中钙含量超标。

c. 排卵期：主要是由于蛋白结合钙浓度升高。

大部分的商业分析仪能够测定总钙含量（蛋白结合钙和游离钙），需要特殊的设备才能测定具有生物活性的离子钙浓度。家养动物高钙血症的其他病因（甲状旁腺疾病、副肿瘤综合征）在爬行动物尚未得到充分的研究，但是也可能发生在爬行动物中。

**20. 引起爬行动物低钙血症的原因有哪些?**

a. 日粮中维生素D或钙缺乏。

b. 钙/磷比例失调。

家养动物低钙血症的其他病因在爬行动物尚未得到充分的研究，但是也可能发生在爬行动物中。

### 21. 引起爬行动物高磷血症的原因有哪些？

a. 维生素D中毒。

b. 日粮磷含量超标。

c. 肾脏疾病。

d. 溶血。

e. 排卵期。

家养动物高磷血症的其他病因在爬行动物尚未得到充分的研究，但是也可能发生在爬行动物中。

### 22. 引起爬行动物低磷血症的原因有哪些？

日粮中磷缺乏可引起爬行动物出现低磷血症。家养动物低磷血症的其他病因在爬行动物尚未得到充分的研究，但是也可能发生在爬行动物中。

### 23. 检测爬行动物的蛋白含量需要考虑哪几个重要问题？

a. 折光法是测定总血浆干物质（total plasma solids，TPS）的一个简单、快捷方法，也是一个间接测定总蛋白含量的方法。大部分临床病例中，TPS足以用来评估血浆蛋白浓度。

b. 当需要更加精确地测定爬行动物的蛋白浓度时，可采用双缩脲法，该方法用于大部分的商用分析仪，可做为爬行动物总蛋白检测的一种选择。

c. 商用分析仪通过染料结合法测定白蛋白浓度，能够准确测定大部分家养动物的白蛋白浓度。因此也可用于爬行动物血浆白蛋白的测定。此外，也可以使用电泳法测定白蛋白浓度。

d. 球蛋白的定量通常是将总蛋白含量（通过双缩脲方法获得）减去白蛋白含量。另外，球蛋白含量也可以通过电泳法获得。

e. 蛋白电泳能够准确测定血清/血浆蛋白中各种蛋白的含量：甲状腺素运载蛋白（前白蛋白），白蛋白，$\alpha$、$\beta$ 和 $\gamma$ 球蛋白。蛋白电泳仅在商业实验室中可以获得，因此不是常规的检测方法。

### 24. 引起爬行动物低蛋白血症或低白蛋白血症的原因有哪些？

引起低蛋白血症的原因主要包括肠道吸收减少和经肠道丢失增加（肠道寄

生虫、严重的弥散性肠炎、肠出血），肾性蛋白丢失，低白蛋白血症可能是由于肝功能不足和长期营养不良所致。但是这些原因在爬行动物中尚未得到充分的验证。

**25.　引起爬行动物高蛋白血症的原因有哪些？**

引起高蛋白血症的原因主要包括脱水、排卵期（由于脂蛋白和其他卵蛋白增加所致）和长期的抗原刺激。其中，长期的抗原刺激能够引起免疫球蛋白增加而出现高蛋白血症。

**26.　引起爬行动物高白蛋白血症的原因有哪些？**

脱水可能是爬行动物出现高白蛋白血症的最常见原因。

**27.　蛋白电泳中引起α/β－免疫球蛋白升高的原因有哪些？**

其他动物中引起α/β－免疫球蛋白升高的原因主要是炎性疾病。

**28.　血清淀粉酶和脂肪酶是否可以用于诊断爬行动物的胰腺炎？**

血清淀粉酶和脂肪酶活性在爬行动物医学中不常用于诊断胰腺炎。这些指标对爬行动物的临床意义尚待进一步的研究。胰腺活组织检查是目前诊断爬行动物胰腺炎和胰腺肿瘤的最佳方法。

**29.　血气分析是爬行动物医学中常用的方法吗？**

血气分析在爬行动物医学中不经常使用。然而对蜥蜴的少量研究表明，爬行动物对呼吸性酸碱紊乱的反应与哺乳动物类似。

# 五十三、禽类与爬行动物的细胞病理学

**1.　禽类和爬行动物医学中，理解细胞学的重要原则有哪些？**

a. 对体液、组织和病灶进行细胞学检查，是禽类和爬行动物临床工作者可获得的快捷、廉价且有效的工具。

b. 细胞学检查是对存活或死亡的禽类或爬行动物进行评估的非常有用的方法。

c. 对疾病发展进程的正确认识有赖于高质量的样品准备（细胞展开合适，不过厚）以及对各种组织正常细胞学形态的熟悉程度。

d. 采用稳定的罗曼诺夫斯基快速染色技术对于正确识别细胞、细胞外物质和微生物非常重要。染料对胞质颗粒和其他结构的亲和力与染色技术和染色剂有关。

  e. 甲醛溶液和蒸气会影响细胞、微生物和胞外结构对染色剂的亲和力。时刻需要注意不能将未染色的载玻片暴露于甲醛溶液中。

  f. 如果需要长期保存细胞抹片，用于后期检查或建档，需要用适当的溶剂把用于油镜观察的油擦拭干净，然后盖上盖玻片。

**2. 可用于细胞学检查的采样方法有哪些？**
  a. 细针抽吸
  b. 印压涂片
  c. 刮片
  d. 棉签采样
  e. 灌洗液
  f. 粪便涂片

**3. 能够通过细胞学检查作出诊断的疾病有哪些？**
  a. 肿瘤
  b. 炎症
  c. 感染性疾病
  d. 退行性病变
    （1）肝脏脂肪沉积
    （2）血色素沉着/含铁血黄素沉着
    （3）痛风

**4. 用于细胞学检查时可采样的标本、异常和损伤的类型有哪些？**
  a. 溃疡
  b. 肿物
  c. 结痂
  d. 渗出物
  e. 体液
  f. 污点
  g. 粪便
  h. 存在可见或不可见异常的任何组织/器官

5. **如何识别样品组织中的正常结构?**

要求检查者必须熟悉各种组织的正常细胞学结构。因此要求反复多次观察从健康动物、患病动物和新鲜的动物尸体中采集下来的各种组织细胞。对新鲜动物尸体采样虽然比较费时,且劳动强度比较大,但是能够检查一些在活体动物中很难采到的组织细胞。

当对某些具体的组织或器官系统采样时,需要考虑这些部位的细胞类型。例如,正常气管冲洗液中应该包含呼吸道的上皮细胞、黏液和无或仅有少量的炎性细胞。也可能会观察到来自口腔或鸣管(禽类)的鳞状上皮细胞。异嗜性粒细胞数量增多提示存在炎性疾病。

异常发现是指某些正常细胞出现在不应该出现的部位,以及任何部位中发现的异常细胞,不应该含有某种微生物的地方出现了该微生物,任何地方存在异常的胞外物质。

6. **对细胞学样品评估最初要做的工作有哪些?**

a. 确定样品的细胞结构是否良好,检查部位质量差的细胞样品可能会没有诊断意义。例如,在正常气管冲洗液中细胞数量应该比较少,而在肝脏穿刺采样检查时,需要大量肝细胞才能对肝脏进行评估。

b. 对于细胞数量较少的样本,可以采用沉淀法或者离心技术浓缩样本。如果要检查细胞结构,就需要直接进行液体抹片评价。

c. 确定所检查的组织样品中细胞的形态特征正常还是异常。

d. 如果样品出现异常,则需要确定是否出现肿瘤、增生或炎性病理过程。

7. **什么是肿瘤?如何从细胞样本中识别出来?**

肿瘤是指组织细胞的自主性增多(并非外部刺激所致)。

肿瘤的检查通常在细胞样本中发现有大量的组织细胞,这些组织细胞有少量到明显的核和细胞多形性(框53-1)。多形性细胞数量越多,肿瘤的可能性就越大,而且很有可能是恶性肿瘤。可能存在炎性反应,尤其是肿瘤发生溃烂或破溃时。常见的困惑是在细胞样品中如何鉴别是继发于肿瘤的炎性反应还是继发于炎性反应的组织发育不良。

爬行动物和禽类所有器官系统的肿瘤数量类型已有描述。

> **框53-1　恶性肿瘤的细胞学检查标准**
>
> **细胞核标准\*：**
> - 细胞核大小不均：细胞核大小变化很大
> - 多个细胞核：如果同一个细胞中核存在大小不均时尤为重要
> - 巨核：细胞核极其大
> - 各种形状、大小和单一的细胞核：核巨大或形态异常的细胞核
> - 有丝分裂象增多：在无有丝分裂象的组织中尤为重要（除骨髓外的大部分组织）
> - 有丝分裂象形态异常
>
> **细胞质标准：**
> - 红细胞大小不一：细胞大小不一
> - 存在极其大的细胞
> - 细胞形状变化很大

\*最可靠的标准。

8. **各种肿瘤类型分别是什么？可作为鉴别指导的特征有哪些？**

    a. 癌：具有黏着力，圆形到多边形的上皮细胞，通常有大量胞质和圆形到椭圆形的细胞核。如果是来自于腺体的肿瘤会存在管状或腺泡结构。癌通常出现片状剥落。

    b. 肉瘤：长梭形到泡状梭形，分离的基质细胞中有数量不等的胞质，卵圆形到长的细胞核。取决于来源的具体部位，胞外基质可能会紧贴着肿瘤细胞。肉瘤通常不出现片状剥落。

    c. 不连续的圆形细胞瘤：不连续的圆形细胞，胞质数量不等，细胞核呈圆形到椭圆形。根据细胞类型，可见胞质颗粒（肥大细胞）。通常出现片状剥落。

    d. 未知组织来源的肿瘤：肿瘤细胞形态特征不清楚。

9. **什么是组织发育不良？如何从细胞样本中区别出来？**

    组织发育不良是指细胞可逆的、非典型的形态学变化，通常是由炎性反应或刺激所致。组织发育不良在细胞样品中可见到数量不等的炎性细胞，特征表现为细胞核很小或者适中，胞质呈多形性（框53-1）。炎性反应越严重，提示发育不良越严重。

10. **如何鉴别继发于肿瘤的炎性反应和继发于炎性反应的组织发育不良？**

    由于发育不良和肿瘤在细胞形态上具有共同的特征，例如细胞和细胞核的多形性，故继发于炎症反应的发育不良必须与肿瘤继发的炎症进行鉴别。通常情况下，

发育不良的细胞仅仅是由于炎症反应所致，炎症反应过程占主导，并且发育不良的变化不大。而肿瘤发生炎症反应时，细胞和细胞核多形性的程度远远大于炎症反应本身。样品中通常大部分细胞为肿瘤细胞（但并非绝对）。

在某些病例中，细胞学检查很难将二者进行鉴别诊断，因此需要进行组织学检查。

**11. 什么是增生？如何在细胞学检查中识别？**

增生是由于已知或未知的刺激导致组织细胞数量增多（取决于生长）。通常伴有肥大，后者表现为细胞大小增加和功能增强。

增生可能是激素、局部炎性细胞因子的释放所致，也可能是自发性的。增生可发生于多种组织，可能同时存在炎症反应。增生的细胞可表现为发育不良性改变，尤其是同时伴发炎症反应时，很难区别没有炎性反应成分的增生细胞和正常细胞，唯一的提示是细胞数量少的采样部位出现大量的正常细胞。

在某些病例中，如果不能将分化良好的肿瘤细胞和增生细胞进行鉴别诊断时，需要进行组织学检查。

**12. 禽类和爬行动物炎性反应时的细胞学特征有哪些？**

炎性反应的标志是在细胞样品中出现了炎性白细胞。异嗜性粒细胞、巨噬细胞、多核巨细胞、淋巴细胞、浆细胞、嗜酸性粒细胞和嗜碱性粒细胞可能单独和混合出现。每种炎性细胞的比例取决于诱发炎症反应的原因和损伤持续的时间。

**13. 异嗜性粒细胞性炎症有什么临床意义？**

异嗜性粒细胞性炎症中异嗜性粒细胞占绝大部分（>80%的炎性细胞）时提示存在急性或最近发生炎症，发生炎性反应3h内开始出现蓄积。异嗜性粒细胞最常见于各种细菌引起的损伤（结核分枝杆菌感染例外）。如果细菌是炎症反应的一部分（原发性或继发性），可能会检测到退行性异嗜性粒细胞的存在（图53-1）。

**14. 什么是异嗜性粒细胞退化？**

异嗜性粒细胞退化的特征是有多个核和细胞质发生变化，且与异嗜性粒细

图53-1　绿鬣蜥皮下肿物抽吸可见完整和退化的异嗜性粒细胞（如箭头所示）及细胞内外存在细菌（如箭号所示）。（瑞氏染色；1000×）

胞中毒无关。退化的异嗜性粒细胞变化
可由细菌在炎症或感染部位释放的细菌
性毒素所致。这些毒素能够改变细胞和
核膜的通透性，主要引起肿胀和空泡化
（图53-2，也可见于图53-1中）。细菌
可能出现在异嗜性粒细胞内，如果发现
退行性变化，需要仔细观察异嗜性粒细
胞内或细胞外是否存在细菌。细胞发生
退化有以下几个方面的特点：

  a. 细胞质空泡化和泡沫状

  b. 细胞核肿胀和染色质透明化样变
（染色质表观呈嗜酸性且平滑）

  c. 核破裂（细胞核破裂成无数个
大小不一的碎片）

  d. 核溶解（即细胞核的溶解）

  核破裂和核溶解通常见于异嗜性粒
细胞严重退化的情况。

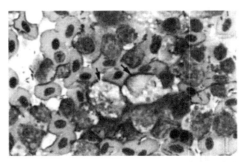

图53-2　由死于败血症的非洲灰鹦鹉的心外膜
表面压片制作成的图片。可见存在退化的异嗜性
白细胞和大量的细胞外细菌。通过组织学检查可
以诊断为细菌性纤维素性心外膜炎（瑞氏染色，
1000×）。

### 15. 混合性炎症反应有何临床意义？

  混合性炎症是指在炎症反应过程中
存在混合的异嗜性粒细胞（最少50%为
白细胞）、巨噬细胞、淋巴细胞、浆细
胞，有时还存在多核巨细胞（图53-3）。
混合炎症通常见于爬行动物和禽类。在
爬行动物和禽类，混合炎症并不意味着
慢性炎症，因为淋巴细胞和巨噬细胞在
炎症发生后几个小时内移行到损伤部
位，而多核巨细胞则可能需要几个小时到几天的时间。

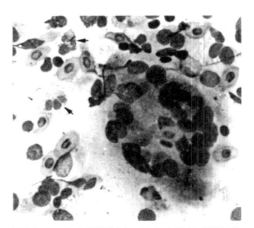

图53-3　来自绿鬣蜥皮下肿物内的异嗜性粒
细胞肉芽肿性炎症。可见大量的多核巨细胞（图片
中心）和多量异嗜性粒细胞（箭头所示）。（diff-
quik染色，500×）

### 16. 以巨噬细胞为主的炎症反应中，存在或不存在多核巨细胞有何临床意义？

  出现巨噬细胞和多核巨细胞并不意味着是慢性（几周到几个月）炎症过程。爬
行动物巨噬细胞性炎症反应，可能存在多核巨细胞（肉芽肿性炎症），发病的病原
体包括结核分枝杆菌感染（图53-4）、真菌感染和异物，黄瘤病可发生于禽类。与

哺乳动物相比，这种类型的炎症还可见于很多情况，如细菌性囊肿（禽类和爬行动物均可发生）、组织滴虫（火鸡）和鹦鹉热（禽类）。

肉芽肿性炎症是描述混合炎性反应的另一个词，主要由大量巨噬细胞和多核巨细胞组成。这些反应可能包含有数量不等的淋巴细胞和浆细胞。

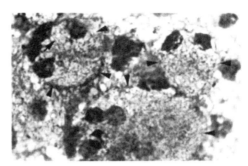

图53-4　死于弥散性分枝杆菌病的亚马逊鹦鹉的肠黏膜表面印记涂片。可见多量的多核巨细胞（箭头所示），充满大量未染色的物质，杆状分枝杆菌（无尾箭头所示）。（Diff-Quik染色，1000×）

### 17. 哪些情况会出现细菌？什么情况下认定是异常？

a. 通常情况下，在粪便和泄殖腔的细胞样品中存在大量由不同种属的细菌，在口腔、嗉囊（禽类）和食道中的细菌数量较少。气管冲洗液中在鳞状上皮细胞表面可能会见到细菌，主要是口腔污染所致。

b. 在一些有细菌存在的器官（口腔、消化道）中发现，仅有单个种属菌群时认为存在细菌的异常生长。

c. 在任何解剖学位置，如果炎性细胞内出现细菌则认为属于异常情况，提示存在炎症反应，而且是对主动感染过程的应答反应（原发性和继发性）。

d. 在不应该含有细菌的组织器官中发现有细菌存在则认为属于异常情况。

### 18. 如何通过细胞学检查诊断细菌性感染？

细胞学检查特点是，在数量足够的前提下，细菌很快且很容易识别（图53-1、图53-2和图53-4）。原发性异嗜性粒细胞或混合炎性反应（中性粒细胞占绝对优势）见于细菌性感染过程。异嗜性粒细胞退化是一个很重要的特征。分枝杆菌引起的炎性反应可能含有巨噬细胞，可能还出现多核巨细胞。用罗曼诺夫斯基染色时，分枝杆菌不显色，在巨噬细胞和多核巨细胞内以及胞外可见杆状负染的结构（图53-4）。抗酸染色可见。

### 19. 哪些情况会出现真菌？何种情况下认定是异常？

在禽类和爬行动物的任何组织或器官中发现真菌（酵母、菌丝、子实体）都是异常发现。在禽类不存在炎症反应的上消化道、粪便和泄殖腔中很少能够见到球形或椭圆形的酵母（100×物镜下每1~2视野能看到1或2个）。很多人认为在禽类中发现数量如此少的酵母并没有实际的临床意义。

当在上消化道、粪便和泄殖腔中发现更多量的酵母，存在或不存在芽孢，都认为是重要发现，这是酵母过度生长的结果（图53-5）。同时出现菌丝和酵母，不管是否存在芽孢，都提示存在严重的感染，可能是由于黏膜损伤后入侵所致。

图53-5　来自亚马逊鹦鹉中酵母过度生长的新鲜粪便涂片，可见细菌（无尾箭头）和椭圆形酵母（箭头）。( Diff-Quik染色，放大1000×。)

## 20. 如何通过细胞学检查诊断出真菌性感染？

a. 细胞学检查特点是，在数量足够的前提下，真菌很快且很容易被识别。

b. 组织中真菌感染引起的炎性反应主要含有巨噬细胞和多核巨细胞（肉芽肿性炎症反应），具有数量不定的异嗜性粒细胞和其他炎性细胞。

c. 组织中真菌以酵母和菌丝的形式存在。某些以菌丝（如曲霉菌）存在的组织中，子实体的出现有助于诊断真菌。

d. 酵母的具体形态取决于所感染的真菌，在检查时需要寻找的特征包括胞囊的出现（隐球菌）、芽孢的类型（宽的还是窄的）以及酵母的大小。

图53-6　来自胡须龙蜥蜴口腔内干酪样物质的印迹涂片，可见图中出现大量有隔膜的分枝菌丝。（瑞氏染色，放大1000×。）

e. 菌丝的具体形态取决于真菌的种类，在检查时需要寻找的特征包括着色、分枝、分枝类型（叉状分枝或非叉状分枝）、接近于角状分枝（直角或其他）、菌丝厚度和一致性（细胞壁平行）以及是否出现子实体和其他结构（图53-6）。

## 21. 哪些情况会出现原虫？何种情况下认定是异常？

在禽类和爬行动物的大部分组织或器官中发现原虫（子孢子、包囊、滋养子、裂殖子和卵囊）都认为是异常的。然而，在爬行动物的粪便中出现某些鞭毛虫和纤毛虫并不认为存在疾病。感染的动物可能是携带者，由其他疾病或条件下引起免疫抑制时才会发病。

## 22. 如何通过细胞学检查诊断出原虫感染?

a. 细胞学检查特点是，在数量足够的前提下，原虫很快且很容易识别（图53-7）。

b. 原虫感染引起的炎症反应特征可从没有症状（鞭毛虫寄生于小肠中）到异嗜性粒细胞，再到混合炎性反应过程，可能存在坏死性物质。

图53-7　来自虎皮鹦鹉新鲜粪便涂片的三只鞭毛滴虫属滋养子。鞭毛虫滋养子的特征呈梨形，有两个突出的核，鞭毛（未显示）。（Diff-Quik染色，1000×。）

c. 毛滴虫、肉孢子虫和鞭毛虫可见于宠物和野生禽类。

d. 鞭毛虫之外的小肠原虫不常见于宠物禽类，但见于野生禽类和家禽。

e. 侵袭性内阿米巴属、双孢子球虫和其他原虫可见于爬行动物。

f. 这些原虫的形态取决于具体的原虫，需要寻找的特征包括细胞核的数量和位置、鞭毛、鞭毛的位置和数量、原虫的形状以及包囊壁等，肠道内原虫有助于确定每个卵囊中裂殖子和孢子被的数量。

g. 血液原虫出现在样品组织被血液污染或者处于组织期中。

## 23. 哪些情况会出现病毒包含体，何种情况认定为异常?

禽类和爬行动物的任何组织中出现病毒包含体（细胞质和细胞核）都是异常发现。

## 24. 如何通过细胞学检查诊断爬行动物和禽类的病毒包含体?

a. 在感染组织的细胞学检查中很少能发现病毒包含体。

b. 细胞质内病毒包含体的特征通常是不连续的单个到多个、形状大小不等的、均质的到细微颗粒的细胞，也可能以空泡的形式出现。

c. 核内病毒包含体通常歪曲和核膨胀，易被认为是菌丝，均质的到细微颗粒的物质位于细胞核内。

d. 能够在组织中形成细胞包含体且影响宠物和野生禽类的病毒包括痘病毒、多瘤病毒、环状病毒、腺病毒和疱疹病毒。

e. 能够在组织中形成细胞包含体且影响爬行动物的病毒包括痘病毒、腺病毒、疱疹病毒、包含体病病毒和蛇类的副黏病毒。

f. 运用细胞学方法诊断痘病毒是通过鉴定受影响的细胞胞质内出现包含体而作出诊断。根据推定细胞学诊断对除了痘病毒之外的病毒诊断都可行，但最常用的还是组织病理学检查。

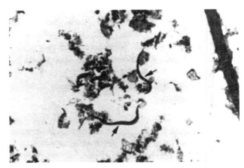

图53-8 感染棒线属肺线虫蜕蜕粪便涂片。可见两个棒线属幼虫（箭头）。尽管样品并非来源于爬行动物，但是图片证明了粪便细胞学检查的有效性。（瑞氏染色，1000×）

### 25. 如何通过细胞学方法诊断禽类和爬行动物的蠕虫感染？

a. 对组织、肿物和粪便进行常规细胞学检查可以发现蠕虫的各个生活周期。需要记住的是细胞学检查通常不是诊断蠕虫最敏感的方法。

b. 成年血丝虫能够在血液中产生微丝蚴，这些微丝蚴能够在外周血涂片细胞学检查中发现。

c. 粪便涂片、气管冲洗物、抽吸和上消化道样品能够发现蠕虫卵或幼虫（图53-8）。

### 26. 能够通过细胞学诊断的禽类体表疾病有哪些（框53-2）？

a. 黄瘤/黄瘤病

b. 肿瘤

c. 细菌、病毒、真菌和寄生虫感染

d. 异物反应

| 框53-2 细胞学检查在诊断禽类和爬行动物体表疾病中的作用 |
| --- |
| 黄瘤/黄瘤症 |
| 肿瘤 |
| 细菌、病毒、真菌和寄生虫感染 |
| 异物反应 |

### 27. 什么是黄瘤和黄瘤病？

黄瘤是一种非肿瘤性肿胀或肿物，细胞学特征是巨噬细胞内脂质聚积，巨细胞和细胞外胆固醇结晶，有时可出现纤维化。黄瘤通常发现于体表，但也可于其他部位发现。胆固醇结晶在细胞学检查中可见尖角、直角、负染结构位于胞外。

黄瘤病是指同时出现多个黄瘤，通常与血清胆固醇和TG升高有关，常见于禽类。

**28. 细胞学检查能够诊断出禽类体表的哪些肿瘤？**

大部分的禽类体表肿瘤都可以通过细胞学进行诊断。大部分的肿瘤类型在禽类中都可以发现，常见的肿瘤包括：

a. 脂肪瘤：通常见于宠物禽类，尤其是虎皮鹦鹉

b. 上皮细胞瘤

（1）鳞状上皮细胞癌：通常见于野禽，但很多种属的禽类都可以发生

（2）乳头状瘤：主要包含有正常的鳞状细胞

c. 肉瘤

（1）纤维肉瘤

（2）脂肪肉瘤

d. 离散型圆形细胞瘤

（1）淋巴肉瘤：最常见于伴发有禽类白血病野禽，但是也可见于其他种属的禽类

（2）黑色素瘤

关于上述或其他肿瘤的细胞学详细描述，请参阅相关参考文献。

**29. 细胞学可以诊断出禽类体表细菌感染的哪些疾病？**

结核分枝杆菌不能通过罗曼诺夫斯基染色而显示（图53-4）。它们以负染的形式出现在巨噬细胞和多核巨细胞胞内。其他类型的细菌性疾病可以通过细胞学进行诊断。

**30. 细胞学可以诊断出禽类体表病毒感染的哪些疾病？**

痘病毒能够产生一些细胞质内包含体，使受感染鳞状细胞膨胀和取代核旁中央（图53-9）。痘病毒损伤包括小的簇状区域到离散的肿物，最常见于口腔

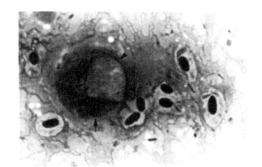

图53-9　来自一只三趾鸟喙部肿物的涂片，可见肿胀的鳞状上皮细胞内含有一个圆形的胞质内痘病毒包含体（箭头所示），细胞核出现在细胞边缘（无尾箭头所示）。( Diff-Quik染色，1000×)

和无羽毛的皮肤。可见于混合性炎症过程。

感染禽类皮肤的其他病毒包括环状病毒，例如鹦鹉嘴和羽毛病病毒；多瘤病毒，例如幼年虎皮鹦鹉病病毒。尽管这些病毒能够形成突出的核内包含体，但需要组织病理学诊断，而不是细胞学。

### 31. 细胞学可以诊断出禽类哪些体表真菌感染？

能够用罗曼诺夫斯基染色且数量足够多，任何禽类体表的真菌感染都可以通过细胞学来诊断。即使看不到真菌本身，但是存在炎性反应过程（主要是巨噬细胞和多核巨细胞）则高度怀疑为真菌感染。

### 32. 细胞学可以诊断出禽类哪些体表寄生虫感染？

禽类螨虫感染可以通过细胞学来诊断。鸟疥螨属最常见于虎皮鹦鹉和家禽，从典型病变部位刮取采样后无需染色即可检查到螨虫。有些吸虫在燕雀类和鹑鸡能够形成皮下囊肿，细针抽吸可抽到含有典型带硬壳的吸虫卵（见下面的问题）。

### 33. 禽类异物反应时有哪些细胞学特征？

炎症反应主要出现巨噬细胞和多核巨细胞，继发细菌感染时也可检测到异嗜性粒细胞。通过细胞学检查可以发现异物（植物、鸟疥螨属碎片）。

### 34. 禽类消化道的细胞学检查适用于哪些方面？

细胞学检查可用于口腔、嗉囊、上消化道、泄殖腔和粪便样品的检查。

### 35. 禽类消化道适用于细胞学检查的样品有哪些？

a. 外壳

b. 肿物

c. 溃疡

d. 过量黏液或渗出

e. 吞咽困难

f. 反流

g. 胃排空时间延长

h. 腹泻

i. 血便

**36. 禽类适用于细胞学检查的消化道疾病有哪些（框53-3）?**

  a. 细菌性感染

  b. 痘病毒

  c. 寄生虫性感染

   （1）毛滴虫

   （2）鞭毛虫

   （3）小肠的其他原虫

   （4）蠕虫

  d. 真菌性感染（念球菌）

  e. 肿瘤

  f. 维生素A缺乏

---

**框53-3　细胞学诊断在禽类和爬行动物消化道疾病中的作用**

细菌感染：过度生长

痘病毒：禽类的口腔

寄生虫感染：毛滴虫、鞭毛虫，其他肠道原虫、蠕虫

真菌感染：念球菌病、其他真菌

肿瘤

维生素A缺乏

---

**37. 禽类细菌过度生长是否可以用细胞学进行诊断?**

  a. 罗曼诺夫斯基染色的细胞学检查中如果发现大量形态类似细菌的物质存在，则高度怀疑上消化道和下消化道的细菌过度生长。

  b. 革兰氏染色涂片有助于确定样本中是否存在细菌。利用罗曼诺夫斯基染色不能辅助确认革兰氏染色的结果。

  c. 如果粪便涂片中出现"安全别针"样孢子，则认为过度生长的梭菌是引起腹泻的原因。

**38. 禽类小肠分枝杆菌病的细胞学特征是什么?**

  禽类分枝杆菌病中，罗曼诺夫斯基染色压片和肠黏膜刮片中可发现巨噬细胞和巨细胞，并散在大量杆状、负染的微生物。可能会出现数量不等的柱状上皮细胞。为使微生物可见，必要时进行抗酸染色（图53-4）。

**39. 如何鉴别诊断禽类的口腔痘病毒损伤和体表痘病毒损伤?**

在细胞学检查中,口腔痘病毒和体表痘病毒的损伤类似。眼观上,口腔损伤("湿痘")更加容易出现干酪样和纤维素样外观。

**40. 描述禽类毛滴虫病的细胞学特征。**

a. 毛滴虫(毛滴虫属)属于不规则椭圆形或圆形(直径8~14μm)的原虫,其特征是有单个核、前鞭毛、波动膜和轴柱。细胞质呈嗜碱性。

b. 核位于细胞的一端,易染成嗜酸性。

c. 鞭毛从细胞体(核的位置)的尾部延长到胞外区域。

d. 细胞内轴柱被染成嗜酸性,从核所在的一侧延伸到鞭毛所在的另一侧。

e. 波动膜出现在细胞的一侧。

f. 经常在上呼吸道发现有毛滴虫感染,同时也可见于呼吸道内。

g. 毛滴虫感染时最常出现混合性炎性细胞反应。

h. 尽管毛滴虫病在任何种属的禽类中都有报道(如虎皮鹦鹉、澳洲鹦鹉),但是最常见的是鸽子和猛禽。

i. 未染色的湿棉签所采集到的样品中最容易找到运动带鞭毛的虫体。

**41. 贾第鞭毛虫有哪些细胞学特征?**

贾第鞭毛虫属于原虫性寄生虫,寄生于禽类的下消化道。滋养体大小为(10~20)μm×(5~15)μm,细胞体呈梨形,有两个细胞核、鞭毛、盘状结构,细胞质染色为嗜碱性。在粪便涂片或者泄殖腔拭子的检查中可以检测到。贾第鞭毛虫的包囊也可见,呈圆形、四个细胞核、缺乏鞭毛,大小为(10~14)μm×(8~10)μm(图53-7)。

**42. 禽类肠道球虫感染有哪些细胞学特征?**

如果球虫感染量足够多时,在禽类粪便涂片或肠道刮片中能够观察到球虫的各个生活周期,裂殖子、裂殖体、大配子母细胞、小配子和卵囊等都可见于黏膜刮片或粪便压片中。禽类也可发生弥散性小肠内球虫感染。虫体也可见于肠道外的多个组织中(包括血液、肺、肝脏、脾等)。小肠球虫在家禽和野生禽类中最常见。

**43. 细胞学检查能否用于禽类消化道蠕虫感染的诊断?**

蠕虫卵和幼虫可以通过粪便或嗉囊冲洗内容物的直接抹片检查(图53-8),细胞学检查而导致使用上受限于其敏感性低。

豆形肛瘤吸虫是一种可以在燕雀类和鹌鹑泄殖腔中形成皮下包囊的线虫，对这些包囊进行检查可以发现大量有壳深染的虫卵。

### 44. 禽类念球菌病有哪些细胞学特征?

念球菌属为圆形或椭圆形、嗜碱性的酵母菌，直径为3～4μm（图53-5）。念球菌主要是以芽孢的方式繁殖，但黏膜表面严重感染时也会形成菌丝。临床正常禽类可以看到少量的酵母，而严重感染禽类则可以看到大量的酵母、突出的芽孢和菌丝。

念球菌病发生于饮食差（全籽食物）、免疫抑制和并发消化道疾病的情况中，常见于宠物禽类。来自口腔、嗉囊、泄殖腔和粪便的样品中都可以看到念球菌的存在。有时禽类食入含有酵母的食物后，在粪便样品中可以检测到，因此需要与念球菌过度生长进行鉴别诊断。

### 45. 禽类胃内酵母菌有哪些细胞学特征?

禽类胃内酵母菌属于大的、杆状、长条形的革兰氏阳性酵母菌。用罗曼诺夫斯基染色的染色效果不定，但是禽类胃内酵母菌可以染成淡粉红色细胞质，有小的圆形的粉红色核（图53-10）。感染金丝雀和鹦鹉（虎皮鹦鹉、澳洲鹦鹉）时能够引起严重的体重下降，建议将这种菌称为胃酵母真菌。

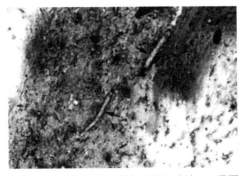

图53-10　来自澳洲鹦鹉新鲜粪便涂片，可见两个大的杆状禽类胃酵母菌（箭头所示）以及大量的细胞外细菌（瑞氏染色，1000×）。

### 46. 哪些禽类肿瘤可以通过细胞学检查作出诊断?

a. 乳头瘤：口腔、食管和泄殖腔；主要是外观正常的鳞状细胞。确诊需要组织学检查。

b. 口腔、食管和嗉囊（不常见）鳞状细胞癌。

c. 其他肿瘤（平滑肌肉瘤、癌）可见于前胃、胃和肠道。

### 47. 禽类维生素A缺乏引起的皮肤损伤有哪些细胞学特征?

皮肤损伤部位的细胞主要是由大量聚集的、外观正常的、角质化的鳞状上皮细胞组成。炎性细胞和微生物不可见，除非同时发生感染（真菌性、细菌性）。维生素A缺乏的细胞学特征不具有特异性，但如果存在适当的临床症状，细胞学特征可以提示该病。

**48. 能够通过细胞学进行诊断的禽类肝脏疾病有哪些（框53-4）?**

    a. 任何原因引起的炎性反应（细菌性、真菌性和寄生虫）

    b. 肝细胞退化

    c. 肿瘤（转移性或原发性）

    d. 含铁血黄素沉着和血色素沉着

    e. 淀粉样变性

---

**框53-4　可用细胞学诊断的禽类和爬行动物肝脏疾病**

任何病因引起的炎性反应：细菌性、真菌性、原虫性、病毒性
肝细胞坏死：可能伴有病毒感染
肝细胞退化：脂质沉积、糖原积蓄
胆汁淤积
肿瘤：转移性或原发性
含铁血黄素沉着和血色素沉着（主要发生于禽类）
淀粉样变性（主要发生与禽类）

---

**49. 引起禽类肝脏炎性反应的感染性因素有哪些?**

    a. 分枝杆菌属

    b. 鹦鹉披衣菌（主要存在于巨噬细胞）

    c. 组织滴虫（主要见于火鸡和其他禽类）

    d. 病毒：细胞学检查中主要可见核内包含体，然而大部分需要通过组织学检查才能确诊。

        （1）帕切科病病毒（鹦鹉科疱疹病毒）

        （2）禽类多瘤病毒

        （3）腺病毒

    e. 其他细菌、真菌和蠕虫

    f. 血寄生虫（变形血原虫属、疟原虫）的组织期有时可见肝脏出现炎症反应

## 50. 禽类肝细胞退化的细胞学特性有哪些?

肝细胞内有脂质沉积时（肝脏脂质沉积），细胞质中会有数量不等的、清晰、圆形、大小不等、界限分明的空泡。由于固定过程脂肪被冲洗掉而使得空泡非常明显。空泡可以使肝细胞变形，甚至取代细胞核的位置。当肝细胞积蓄有糖原或其他细胞器肿胀（水肿性退化）时，细胞质表现为泡沫状且轻度染色，空泡不明显。肝细胞可能同时存在有上述两种细胞质变化。

## 51. 引起禽类肝细胞退化的病因有哪些?

肝细胞退化有多种原因引起，包括中毒、代谢性疾病、缺氧、感染源、营养不良（宠物禽类饲用高脂肪日粮）。例如，据报道给凤头鹦鹉和金刚鹦鹉的幼鸟过度人工饲喂处方粮会引发肝脏脂质沉积。

雏鸭和雏鹅（小于1周龄）发生非病理性的肝细胞脂质沉积，无任何临床症状或炎症属于正常现象，并随卵黄囊的重吸收而恢复。

## 52. 哪些禽类肝脏肿瘤可用细胞学诊断?

a. 癌：肝细胞性、胆管上皮癌、转移性

b. 肉瘤：血管肉瘤、其他

c. 离散型圆细胞瘤：淋巴肉瘤

通过细胞学很难将肝细胞和胆管的增生和良性肿瘤进行鉴别诊断，需要通过组织学检查。

## 53. 含铁血黄素沉着症和血色素沉着症有何区别?

含铁血黄素沉着症是指铁（含铁血黄素）在组织细胞（肝细胞、巨噬细胞和其他组织）中的含量增加，但是不出现组织损伤。含铁血黄素沉着症可发生于任何种属的禽类，某些品种可进一步发展到血色素沉着症。没有结构损伤的含铁血黄素沉着症可能是由于溶血性疾病所致，但也可能是自发性。

血色素沉着症是指铁在组织细胞（肝细胞、巨噬细胞）中沉积并同时发生组织损伤（炎性反应、纤维化）。认为组织损伤是铁的积蓄所致。血色素沉着症通常见于八哥（鹩哥）、鹟鸫科（toucans）、椋鸟科（Sturnidae）和长尾美鸟（quetzals），但也可发生于鸟类的任何品种。

八哥、巨嘴鸟、椋鸟科和长尾美鸟容易发生含铁血黄素和血色素沉着症。这些疾病很可能是由多种因素引起的，包括食物中铁含量过高、种属特异性，还有其他未知的原因。

### 54. 含铁血黄素沉着症和血色素沉着症有哪些细胞学特征?

含铁血黄素沉着症和血色素沉着症中，肝细胞和巨噬细胞内的铁含量增加，细胞质被染成黄褐色到灰色的颗粒状（图53-11），血色素沉着时，肝细胞内的含铁血黄素非常明显。

血色素沉着症中可见炎性反应（异嗜性粒细胞、淋巴细胞、巨噬细胞）。纤维化很难发现，但在细胞学中可见纺锤形的间质细胞数量增加。必须与髓外造血进行鉴别诊断。

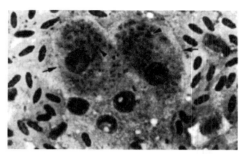

图53-11 来自患血色沉着病的八哥肝脏的印记涂片，可见肝细胞（如箭号所示）的核内含铁血黄素（如箭头所示）颗粒状沉积（Diff-Quik染色，1000×）。

### 55. 淀粉样变有哪些细胞学特征?

如果数量充足，在细胞学检查中可见淀粉样变发生在细胞外、无定形、呈嗜酸性或嗜碱性、球状或纤维化物质。因为淀粉样变在罗曼诺夫斯基染色中的外观不具有特异性，如果怀疑发生细胞外淀粉样变，可用刚果红染色进行确诊。在偏振光下绿光发生双折射时提示存在淀粉样变。最常见于雁形目（鸭和鹅）、鸥、岸禽类和动物园的禽类。

在禽类尚未见有淀粉样变的描述，仅见于家养动物和人类。诊断需要通过组织学检查。

### 56. 可用细胞学诊断的禽类肾脏疾病有哪些（框53-5）?

　　a. 感染性/炎性反应

　　　　（1）细菌性（其他）

　　　　（2）真菌性：曲霉菌病

　　　　（3）寄生虫性：原虫、蠕虫

　　b. 肿瘤

　　　　（1）肾癌（常见于虎皮鹦鹉）

　　　　（2）胚胎性肾瘤（常见于虎皮鹦鹉）

　　　　（3）淋巴肉瘤

　　　　（4）转移性肿瘤

　　c. 痛风

d. 淀粉样变可以是鸭和鹅全身性疾病的一部分

e. 尿沉渣中可见炎性反应、感染源和管型

---

**框53-5　可用细胞学检查诊断的禽类和爬行动物肾脏疾病**

细菌性、病毒性、真菌性和寄生虫性感染
肿瘤：肾癌、淋巴肉瘤、胚胎性肾瘤（禽类）、其他肿瘤
淀粉样变性病
肾性痛风

---

**57. 禽类胚胎性肾瘤的细胞学特征有哪些？**

由于属于"原始性"器官（分化程度低"胚芽"）、肿瘤细胞通常为上皮样（有黏性、多角形簇）或者间质样（纺锤形、无黏性）外观。诊断有一定难度，除非能够确定某些肿瘤细胞的分化。

胚胎性肾瘤有时能够产生粉红色、纤维状或无定形的细胞间质，可见于肿瘤细胞之间，可能是一些软骨质或类骨质。

**58. 禽类肾性痛风的细胞学特征有哪些？**

除了立方形或多角形、管状的上皮细胞之外，痛风样品中还包含有大量的细胞外、嗜酸性、细小的针状结晶，可能与混合性的炎性浸润有关。尿酸盐结晶在偏振光下会发生双重折射。尿液和泄殖腔拭子可看到球形、有折射、非染色、大小不定的尿酸盐结晶，应与痛风时看到的薄的、针状尿酸盐结晶进行鉴别诊断。各器官特别是关节可见痛风。

**59. 禽类的呼吸道疾病何时可用细胞学进行评估？**

当禽类的临床症状提示存在有呼吸道疾病（呼吸困难、鼻分泌物）时，可用细胞学进行评估。所用的诊断样品包括：

a. 鼻拭子（图53-12）

b. 气管冲洗

c. 支气管冲洗

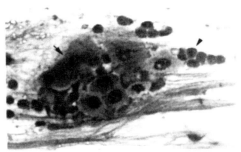

图53-12　患有鼻腔疾病的太阳鹦鹉的鼻拭子抹片。可见有鳞状上皮细胞（如箭号所示）和大量小淋巴细胞（如无尾箭头所示）。(Diff-Quik染色；1000×)

    d. 用棉签在气囊取样或冲洗

    e. 死后做压片和刮片

**60. 能用细胞学进行诊断的禽类呼吸道疾病有哪些（框53-6）?**

    a. 感染原：细菌、真菌和原虫

    b. 肿瘤：原发性或转移性（少见）

    c. 蠕虫感染：可用细胞学进行诊断（虫卵、幼虫），但很少见于宠物禽类

---

**框53-6　可用细胞学诊断的禽类和爬行类呼吸道疾病**

感染原：细菌、真菌、原虫、蠕虫（虫卵或幼虫都可见）

肿瘤：原发性或转移性（少见）

---

**61. 有哪些细菌性病原体能够引起禽类的呼吸道疾病?**

    a. 分枝杆菌属

    b. 鹦鹉热嗜衣原体属

    c. 支原体属

    d. 螺旋菌（图53-13）

    e. 其他细菌

**62. 衣原体感染的细胞学特征有哪些?**

    鹦鹉热衣原体很难检测到，以小的、蓝色或粉红、球状菌出现在巨噬细胞内（原生小体或网状体），有时候在上皮细胞内出现。炎性反应差别较大，从异嗜性粒细胞到混合炎性细胞，再到巨噬细胞。原生小体（约0.3μm，感染期）比网状体小（约1μm，增值期），由于与支原体的大小（约0.3μm）和外观类似，因此二者容易混淆。支原体属于细胞外细菌，主要见于上皮细胞和巨噬细胞的表面。

    麦氏染色和吉梅内斯染色可用于辅助诊断鹦鹉热衣原体；支原体和立克次氏体的染色类似，因此需要其他特异性检测（培养、分子诊断技术）进行确诊。鹦鹉热衣原体可以引起整个呼吸道以及其他组织发病。

**63. 鹦鹉泄殖腔和鼻腔中的螺旋菌有什么临床意义?**

    螺旋菌的临床意义尚未清楚，但能够引起禽类轻微的呼吸道症状（打喷嚏、鼻

分泌物）。螺旋菌染色属于轻度嗜碱性，在罗曼诺夫斯基染色中不易显色（图53-13）。

### 64. 能够影响禽类呼吸道的真菌性疾病有哪些？

a. 曲霉菌病见于禽类大部分的霉菌性呼吸道疾病。

b. 白色念球菌不常见，但属于弥散性疾病的一部分。

c. 隐球菌属和其他真菌感染在临床病例中常有报道。

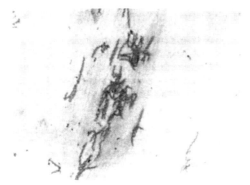

图53-13 来自相思鸟鼻腔分泌物的抹片。可见大量的螺旋菌。（Diff-Quik染色，1000×）

### 65. 禽类曲霉菌病的细胞学特征有哪些？

曲霉菌以菌丝的方式生长在组织中，常伴有巨噬细胞性和/或肉芽肿性炎症反应。菌丝属于有隔菌丝、无色素、嗜碱性，平行于细胞壁且以约45度角二叉分枝（连续性分成两枝）。菌丝染色不佳，可见以分生孢子（子实体）进行无性繁殖，有助于鉴别曲霉菌菌丝。分生孢子容易与小的酵母混淆。着色的菌丝（褐色）提示其他种属的真菌感染。

### 66. 影响禽类呼吸道的原虫病有哪些？

a. 镰状肉孢子虫

b. 毛滴虫属

c. 隐孢子球虫（鸡）

### 67. 禽类肺脏感染镰状肉孢子虫后的细胞学特征是什么？

死后剖检肺组织，发现血液中含有单个或成群存在的长条形（香蕉状）裂殖子，有少量或没有炎症反应（图53-14），裂殖子内出现嗜酸性染色的细胞核。镰状肉孢子虫的细胞形态没有特异性，弓形虫与其有类似的染色特征。组织学上，分裂体和裂殖子可见于肺脏的上皮细胞内。

镰状肉孢子虫感染通常是致命的，受感染的禽类可突然发生死亡，很少表现临床症状。通常是由于接触了含有镰状肉孢子虫的负鼠粪便才感染。

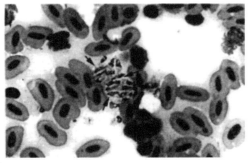
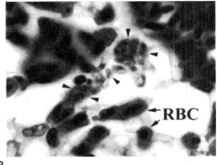

A             B

图53-14　死于镰状肉孢子虫感染的亚马逊鹦鹉刮片（A）和组织学切片（B）。细胞学检查发现有少见的聚集状态的裂殖子（如箭号所示，A），存在于肺部上皮细胞中（如箭头所示，B）。RBC，红细胞。（A，瑞氏染色，1000×；B，HE染色，400×）

**68. 影响禽类呼吸系统病毒感染时的细胞学意义是什么？**

　　a.　疱疹病毒

　　b.　痘病毒

　　c.　副黏病毒

　　这些病毒的细胞学检查可见，有些能够形成细胞质或者细胞核包含体，然而通常需要组织学检查才能做出诊断。感染后可出现混合性炎症反应。某些疱疹病毒感染禽类呼吸道后可形成多核细胞。

**69. 禽类正常泄殖腔内体液的细胞学特征有哪些？**

　　a.　临床表现正常的禽类泄殖腔内可收集到少量或没有体液。

　　b.　细胞学上，所收集到的体液中含有少量细胞，且主要是巨噬细胞和间皮细胞。

　　c.　间皮细胞单个或成簇存在，呈多边形或圆形，细胞内含有大量的嗜碱性细胞质，细胞核呈圆形或椭圆形，内含细小颗粒，细胞核与细胞质很少存在多形性。

　　d.　巨噬细胞是外观呈圆形或椭圆形的单核细胞，细胞质内含有空泡，细胞核呈圆形或椭圆形，有时呈锯齿状。

　　e.　如果外周血发生污染，应该没有炎症反应或者吞噬红细胞作用。可能存在血小板。

**70. 禽类间皮细胞反应或发育不良的细胞学变化有哪些？**

　　间皮细胞反应有如下特征：

　　a.　圆形

b. 细胞质增多

c. 细胞质嗜碱性增强

d. 细胞核和细胞质多形性增加

e. 核仁显著

f. 可见空泡、双核、有丝分裂象和纤维状粉红色细胞质边缘。

间皮细胞反应的细胞学变化是由于泄殖腔的炎性反应或刺激所致，强度越大，反应强度也越大。反应极其严重的间皮细胞很难与癌症或间皮细胞瘤进行鉴别诊断，在诊断肿瘤时需要注意是否出现炎症反应。

71. **能够通过细胞学诊断的禽类泄殖腔疾病有哪些（框53-7）?**

a. 感染性疾病

（1）由全身感染扩散而来的其他细菌、穿透性创伤以及肠道破裂。

（2）主要见有异嗜性粒细胞性炎症反应和异嗜性粒细胞退化。

b. 刺激物

（1）卵黄泄殖腔炎：可发生多重细菌感染

（2）尿道漏出液（很少见）

c. 出血

d. 肿瘤

---

**框53-7　禽类和爬行动物能够通过细胞学诊断的泄殖腔疾病**

感染性疾病：细菌性、真菌性和原虫性
刺激物：卵黄泄殖腔炎、尿酸盐
出血
肿瘤

---

72. **卵黄泄殖腔炎的细胞学特征是什么?**

表现为大量嗜碱性、球形或无定形的卵黄物质。这些物质很可能是蛋白，因为大部分染色剂在固定过程中能溶解脂肪。急性卵黄发炎，可能出现很小的炎性反应。随着时间的发展，可能出现混合性炎症反应。由于细胞质内存在脂肪而导致巨噬细胞出现大量空泡。可见间质细胞反应，以及出现大量的细菌。

73. **禽类漏尿的细胞学特征是什么?**

急性漏尿时细胞学检查可出现球形、大小不定、有折射性、无染色的尿酸盐结晶，无明显的炎性反应。长期的损伤可能出现炎性细胞。

### 74. 禽类出血的细胞学特性是什么？

在禽类急性出血的细胞学检查中发现大量的红细胞和白细胞，红细胞/白细胞的比例及白细胞的分类情况与外周血中的类似。除非正在出血，否则不会出现血小板。长期出血将引起炎性反应。几个小时之内，可见巨噬细胞吞噬红细胞（红细胞内化作用），如果时间足够长，在巨噬细胞的细胞质内可见到退化的红细胞（含铁血黄素、类胆红素结晶）。

### 75. 禽类红细胞生成作用的细胞学特性是什么？

禽类的红细胞生成作用与哺乳动物类似，红细胞后期呈椭圆形，成熟的红细胞含有细胞核。红细胞前体分为原始红细胞、早幼红细胞、中幼红细胞和多染细胞。在细胞的成熟过程中可发生如下变化：

a. 由于血红蛋白逐渐在细胞质内蓄积，使细胞质从嗜碱性变为嗜酸性。

b. 细胞变小

c. 细胞和细胞核由圆形变成椭圆形

d. 细胞核浓缩、深染

正常情况下，骨髓后期比早期更明显。

### 76. 禽类粒细胞生成过程中有哪些细胞学变化？

禽类粒细胞的生成过程与哺乳动物类似。颗粒细胞前体分成原始粒细胞、早幼粒细胞、中幼粒细胞、晚幼粒细胞和杆状粒细胞，随后是成熟的粒细胞。在细胞成熟过程中，发生如下变化：

a. 细胞质嗜碱性下降。

b. 细胞变小。

c. 细胞核浓缩、深染、分叶（异嗜白细胞、嗜酸性粒细胞），但未达到哺乳动物的程度。

d. 最初的颗粒（颗粒细胞的典型）在早幼粒细胞中出现。异嗜性白细胞主要是橘红色的颗粒（此时为圆形）和大的紫色品红颗粒。其他的颗粒细胞仅有主要颗粒。

e. 细胞成熟过程中，主要颗粒的数量逐渐增加。

f. 随着异嗜性粒细胞的成熟，异嗜性粒细胞中的颗粒由圆形慢慢变成纺锤形。

**77. 禽类血小板生成过程中的细胞学特征是什么?**

禽类的血小板生成过程与哺乳动物不同。血小板的发育过程是从原始血小板开始,而不是从巨核细胞开始。随着血小板前体的成熟,发生如下变化:

　　a. 细胞大小进行性下降。

　　b. 细胞质嗜碱性逐渐减少直至无色。

　　c. 细胞核浓缩。

　　d. 成熟的血小板中可见小的嗜酸性颗粒。

**78. 如何评估禽类红细胞样或骨髓样成分的变化?**

红细胞样和骨髓样成分的变化应该根据外周血变化进行判读,判读方法与哺乳动物骨髓评估相类似(更详细的讨论请参阅参考文献中有关家养动物细胞学和骨髓的判读)。

**79. 除血小板、红细胞样和骨髓样前体之外,禽类骨髓抹片中可能看到的数量较少的细胞有哪些?**

　　a. 淋巴细胞和浆细胞

　　b. 成骨细胞

　　c. 破骨细胞

**80. 除了骨髓增生或发育不良外,禽类骨髓抹片还可以发生哪些细胞学变化?**

淋巴样白血病和骨髓样白血病通常可见于家禽,主要是由于病毒感染所致(框53-8)。宠物禽类中很少诊断出白血病(通常为淋巴样)。转移性肿瘤也可见于骨髓抹片。禽类的感染过程(如真菌性或细菌性感染)未见有详细报道,但是见于其他种属。

---

**框53-8　细胞学在禽类和爬行动物骨髓疾病中发挥的诊断作用**

肿瘤:白血病、转移性
感染性:细菌性、真菌性、微丝蚴
造血性疾病:增生、发育不良

---

**81. 可以通过细胞学诊断的禽类眼睛和结膜疾病有哪些(框53-9)?**

　　a. 感染性疾病

（1）细菌：分枝杆菌属、鹦鹉热衣原体、支原体、其他细菌

（2）真菌（混合性）

（3）病毒：禽类痘病毒

（4）寄生虫：螨虫（鸟疥螨属）

b. 肿瘤性疾病

（1）眼眶周/眼内肿瘤（淋巴肉瘤、其他）

（2）结膜肿瘤

c. 维生素A缺乏

---

**框53-9　禽类和爬行动物能够通过细胞学诊断的眼睛和结膜疾病**

感染性疾病：细菌性、真菌性、痘病毒、螨虫

肿瘤（多种多样）

维生素A 缺乏

---

## 82. 能够通过细胞学诊断的禽类重要关节病有哪些（框53-10）?

a. 痛风：细胞外、针状、细长的尿酸盐结晶发生于肉芽肿性炎症反应中，类似于其他组织的痛风，如肾脏（图53-15）。

b. 感染性：能够引起异嗜性粒细胞性炎症反应的其他细菌。可见异嗜性粒细胞退化和吞噬细菌。

---

**框53-10　禽类和爬行动物能够用通过细胞学诊断的关节疾病疾病**

痛风

感染性疾病：细菌性

---

## 83. 能够通过细胞学诊断的禽类心包疾病有哪些?

a. 感染性

（1）细菌性：分枝杆菌属、其他细菌

（2）真菌（混合性）

b. 痛风：心包囊中尿酸盐结晶的积聚

这些疾病通过内窥镜采集心包液后可进行死前诊断。然而，禽类心包疾病通常经死后剖检才能做出诊断。

84. **能够通过细胞学诊断的禽类脾脏疾病有哪些？**

　　a. 感染性

　　　　（1）细菌性：鹦鹉热衣原体、其他细菌

　　　　（2）病毒性：禽类多瘤病毒在脾细胞内形成的包含体可在细胞学抹片中发现。

　　　　（3）寄生虫性：血液寄生虫的组织期（疟原虫、白细胞原虫、变形血原虫属）

　　b. 肿瘤：淋巴肉瘤、其他肿瘤

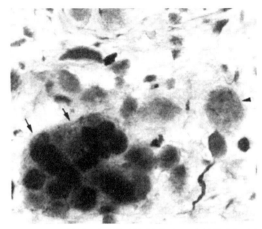

图53-15　从澳洲鹦鹉肿胀关节中吸出的物质。可见大量细胞外、纤维状的尿酸盐（如箭头所示）结晶和多核巨细胞（如箭号所示）。（Diff-Quik染色，1000×）

85. **能够通过细胞学诊断的禽类中枢神经系统疾病有哪些？**

　　a. 感染性

　　　　（1）细菌性：分枝杆菌属，其他细菌

　　　　（2）真菌性：曲霉菌属，其他真菌

　　b. 黄瘤病：可能会影响到大脑

　　c. 肿瘤：原发性肿瘤、转移性肿瘤

　　目前，利用细胞学检查对禽类中枢神经系统进行检查主要是在死后剖检中进行。

86. **能够通过细胞学诊断的禽类生殖系统疾病有哪些？**

　　a. 感染性：其他细菌感染

　　b. 肿瘤：虎皮鹦鹉通常会发生原发性卵巢和睾丸肿瘤。细胞学变化特征与哺乳动物类似。

87. **能够通过细胞学诊断的禽类胰腺外分泌疾病有哪些？**

　　a. 肿瘤：胰腺癌、胆管肉瘤

　　b. 炎症：急性胰腺坏死、病毒诱导的炎性反应、继发于泄殖腔炎的炎性反应。

### 88. 能够通过细胞学诊断的禽类内分泌系统疾病有哪些?

a. 感染性疾病（很少见）

b. 肿瘤：垂体腺瘤是禽类最常见的内分泌肿瘤。

通常情况下，禽类内分泌器官的肿瘤和其他内分泌疾病不常见。需要死后剖检并进行组织学检查才能做出诊断。

### 89. 禽类死后剖检的血涂片是否具有临床意义?

死后剖检进行血涂片检查是诊断禽类某些血液疾病的有效方法，尤其是自溶不严重时。可以从心脏和大血管中采集血液，通过显微镜检查血液寄生虫（微丝蚴、细胞内原虫、细菌）、多染性红细胞和白血病细胞。

需切记，血液寄生虫在禽类死亡后可能会从寄生的细胞出来，而出现于细胞外。此外，即使发生轻微的自溶也能够对个体细胞的形态产生不利影响（胞核及细胞质肿胀、细胞质呈泡沫状）。

### 90. 能够通过细胞学诊断的爬行动物体表疾病有哪些?

a. 肿瘤

b. 细菌性、病毒性、真菌性和寄生虫性感染

c. 异物反应

### 91. 爬行动物的哪些体表肿瘤可以通过细胞学进行诊断?

爬行动物体表大部分肿瘤都可以通过细胞学来诊断。爬行动物的各种肿瘤已经有所报道，常见的肿瘤包括：

a. 上皮肿瘤

（1）鳞状上皮细胞癌

（2）肉瘤

（3）纤维肉瘤

b. 离散型圆细胞肿瘤

（1）淋巴肉瘤

（2）黑色素瘤/黑色素细胞瘤

关于上述肿瘤或其他肿瘤的详细描述，请见参考文献。

### 92. 爬行动物的哪些体表细菌感染可以通过细胞学进行诊断?

爬行动物的任何细菌囊肿或肉芽肿都可以通过细胞学进行诊断。

### 93. 爬行动物的哪些体表病毒感染可以通过细胞学进行诊断？

痘病毒产生的细胞质内包含体能够感染鳞状细胞并在中央侧位取代细胞核。痘病毒损伤包括小的、结痂部位或剥落的团块，通常见于口腔中。可见有混合性炎症反应过程，在凯门鳄和鳄鱼中曾有报道。

影响爬行动物表皮的其他病毒包括疱疹病毒和乳头瘤病毒。虽然这些病毒能够在细胞核内形成明显的包含体，但一般需要通过组织学检查而非细胞学检查来做出诊断。

图53-16　从蛇皮下囊肿所吸出来的物质，可见多个圆形或椭圆形的芽孢状酵母（如箭号所示），从损伤部位能够培养出白地霉菌。（放大1000×）

### 94. 爬行动物的哪些表皮真菌感染可以通过细胞学进行诊断？

任何能感染爬行动物表皮且用罗曼诺夫斯基染色法显色的真菌，在真菌量足够多的情况下都能够通过细胞学进行诊断（图53-16和图53-17）。如果未发现菌体，但出现炎性反应（以巨噬细胞和多核巨细胞为主）时可高度怀疑存在真菌感染。

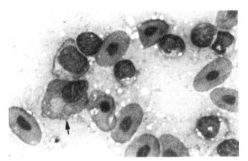

图53-17　从同一条蛇的皮下囊肿抽吸物质，可见多个小淋巴细胞和一个浆细胞（如箭号所示）。（瑞氏染色，1000×）

### 95. 爬行动物的哪些表皮寄生虫感染可以通过细胞学进行诊断？

病变部位的刮片不经染色可以直接检查到螨虫。皮下丝虫的幼虫可在血涂片和组织抽吸物中检查到。

### 96. 爬行动物的异物性反应中有哪些细胞学特征？

爬行动物异物性反应的细胞学特征与禽类的相似（见第33个问题）。

### 97. 何时需对爬行动物进行消化道细胞学检查？

当检查爬行动物口腔、上消化道内容物、泄殖腔样品和粪便时，可以利用细胞学进行检查。

**98. 从爬行动物消化道中采集的细胞学样品的适应证有哪些?**

    a. 痂皮

    b. 肿物

    c. 溃疡

    d. 大量黏液或渗出物

    e. 吞咽困难

    f. 反流

    g. 腹泻

    h. 血便

**99. 能够通过细胞学诊断的爬行动物消化道疾病有哪些?**

    a. 细菌性感染

    b. 寄生虫性感染

        （1）阿米巴原虫

        （2）隐孢子虫

        （3）肠道其他原虫：贾第虫属、纤毛虫和其他鞭毛虫

        （4）蠕虫

    c. 真菌感染

    d. 肿瘤

**100. 爬行动物的细菌过度生长可否用细胞学来诊断?**

    爬行动物细菌过度生长的细胞学特征与禽类相类似，见第37个问题，a和b。

**101. 爬行动物肠道球虫感染的细胞学特征是什么?**

    a. 如果球虫数量足够多，可以在粪便抹片或者肠道刮片中发现球虫的各个生活史。

    b. 裂殖子、裂殖体、大配子母细胞、小配子母细胞和卵囊可见于黏膜刮片或压片（图53-18）。

    c. 弥散性肠道球虫感染也可发生。

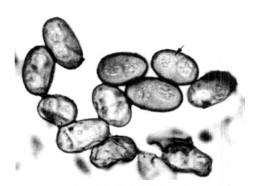

图53-18　高冠变色龙感染等孢球虫属后的粪便抹片。可见多个卵囊，每个卵囊中含有两个孢囊。（Diff-Quik染色，1000×）

此外，肠道外的多处组织（血液、肝脏、脾脏）中也可发现球虫。

**102. 是否可以通过细胞学诊断爬行动物的消化道蠕虫感染?**

爬行动物粪便直接抹片可以看到蠕虫卵，尤其是在感染严重的情况下（图53-19），但是细胞学诊断因其敏感性低而使用受限。在肉食性爬行动物中，来自于所捕获的啮齿动物粪便中的蠕虫卵需与爬行动物自身的虫卵进行鉴别（图53-19）。

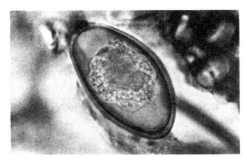

图53-19　来自胡须龙蜥蜴的粪便涂片，可见寸蛲虫虫卵。（Diff-Quik染色，1000×）

**103. 爬行动物消化道哪些肿瘤可以通过细胞学诊断?**

平滑肌肉瘤、纤维肉瘤、腺癌和鳞状细胞癌是可通过细胞学诊断的爬行动物肿瘤。

**104. 可通过细胞学诊断的爬行动物肝脏疾病有哪些（框53-4）?**

a. 任何原因引起的炎症反应：细菌性、真菌性、寄生虫性

b. 肝细胞退化：脂肪沉积

c. 肿瘤：转移性或原发性

**105. 爬行动物肝脏炎症的感染性病因有哪些?**

a. 鹦鹉热衣原体属（见于巨噬细胞）

b. 侵袭性内阿米巴

c. 病毒性：大部分通过组织学检查作出诊断

　（1）疱疹病毒

　（2）腺病毒

d. 其他细菌、真菌和蠕虫

e. 血液寄生虫的组织期（原虫、微丝蚴）可见于肝脏，可能出现炎性反应。

**106. 爬行动物肝细胞退化的细胞学特征有哪些?**

爬行动物肝细胞退化的细胞学特征与禽类相似（图53-20）。见第50个问题。来自健康和患病爬行动物肝脏的细胞学特征是可能含有大量载黑色素细胞和黑色素沉着。

### 107. 引起爬行动物肝细胞退化的病因有哪些？

引起爬行动物肝细胞退化的病因尚不清楚。

### 108. 爬行动物的哪些肝细胞肿瘤可用细胞学诊断？

爬行动物肝细胞肿瘤的细胞学诊断与禽类相似，见第52个问题。

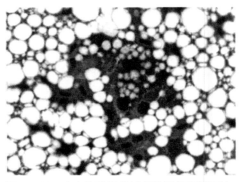

图53-20　患有脂肪肝的胡须龙蜥蜴肝脏压片。可见退化的、空泡化肝细胞聚集以及大量胞外界限清楚的空泡（脂肪）。（瑞氏染色，500×）

### 109. 可通过细胞学诊断的爬行动物肾脏疾病有哪些（框53-5）？

a. 感染性/炎性

（1）细菌性（混合）

（2）真菌性

（3）寄生虫性：原虫

b. 肿瘤

（1）肾癌、腺癌

（2）淋巴肉瘤

（3）转移性肿瘤

c. 痛风

d. 炎症反应、感染性病原体和管状结晶可见于尿沉渣。

### 110. 爬行动物肾脏痛风的细胞学特征是什么？

爬行动物肾脏痛风的细胞学特征与禽类相似，见第58个问题。即典型的球状、有折射性、不显色、大小不定的尿酸盐结晶常见于尿液和泄殖腔样品中（图53-21），不能与薄的、针状尿酸盐结晶混淆，前者在正常情况下存在，而后者则出现在痛风中（图53-15）。

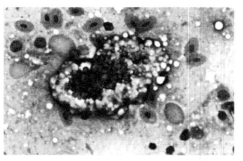

图53-21　来自华丽王者蜥的肾脏压片。可见正常情况下存在于健康禽类和爬行动物尿液中的尿酸盐结晶。（瑞氏染色，500×）

**111. 爬行动物的呼吸道疾病中何时可用细胞学进行评估？**

当爬行动物的临床症状（如呼吸困难、鼻分泌物）提示存在呼吸道疾病时，可以考虑进行细胞学检查。可用于诊断的样品包括：

 a. 鼻拭子

 b. 气管冲洗液

 c. 支气管冲洗液

 d. 死后剖检印痕涂片和刮片（图53-22）

图53-22　来自患肺炎的红耳龟肺组织印记涂片。可见柱状上皮细胞（如箭号所示）和异嗜性粒细胞（如箭头所示）。（放大 500×）

**112. 可通过细胞学诊断的爬行动物呼吸系统疾病有哪些？**

 a. 感染性：细菌性、真菌性和原虫

 b. 肿瘤：原发性和转移性（少见）

 c. 蠕虫感染：肺线虫的虫卵、幼虫

**113. 爬行动物呼吸道感染的细菌性病原体有哪些？**

 a. 分枝杆菌属（不常见）

 b. 支原体属：海龟

 c. 其他细菌

**114. 爬行动物呼吸道感染的真菌性病原体有哪些？**

 a. 曲霉菌属

 b. 白色念球菌

 c. 新型隐球菌属和其他真菌的临床报道较少。

爬行动物的真菌性呼吸道感染不常见。

**115. 感染爬行动物呼吸系统的病毒有哪些？**

疱疹病毒和蛇的副黏病毒可以感染爬行动物的呼吸系统。能够形成胞质内或细胞核内的包含体，可通过细胞学检查发现；然而需要组织学检查才能够做出诊断。

**116. 爬行动物正常泄殖腔液体的细胞学特征是什么？**

爬行动物泄殖腔液体的细胞学特征与禽类相似，见第69个问题。

**117. 爬行动物间皮细胞反应或呼吸困难的细胞学变化特征是什么？**

爬行动物间皮细胞反应与禽类相似，见第70个问题。

**118. 可通过细胞学诊断的爬行动物泄殖腔疾病有哪些？**

a. 感染性

（1）其他细菌由全身感染而来、锐性创伤、肠道破裂。

（2）主要表现为异嗜性粒细胞反应和异嗜性粒细胞退化。

b. 出血

c. 肿瘤

d. 卵黄泄殖腔炎（图53-23）

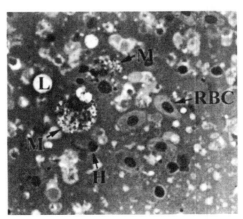

图53-23　来自巨蜥卵黄泄殖腔炎的泄殖腔液体抹片。在深染的蛋白质背景下可见泡沫状、空泡化的巨噬细胞（M）、红细胞（RBC）、一个异嗜性白细胞（H）和大量的细胞外脂肪颗粒（L）（放大600×）。

**119. 爬行动物出血的细胞学特征是什么？**

爬行动物出血的细胞学特征与禽类相似，见第74个问题。

**120. 爬行动物红细胞生成过程的细胞学特征是什么？**

爬行动物红细胞生成过程的细胞学特征与哺乳动物和禽类相似，见第75个问题。

**121. 爬行动物颗粒细胞生成过程的细胞学特征是什么？**

爬行动物颗粒细胞生成过程的细胞学特征与哺乳动物和禽类相似，见第76个问题。

**122. 如何评估禽类红细胞样或骨髓样成分的变化？**

评估爬行动物红细胞样或骨髓样成分的变化与禽类相似，见第78个问题。

123. **除了血小板、红细胞样和骨髓样前体之外，爬行动物骨髓抹片中可能看到的数量较少的细胞有哪些？**

　　a. 淋巴细胞和浆细胞

　　b. 成骨细胞

　　c. 破骨细胞

124. **除了骨髓增生或发育不良外，爬行动物骨髓抹片中还可以发生哪些细胞学变化（框53-8）？**

　　a. 白血病：淋巴样、骨髓样（颗粒细胞、单核细胞），二者均可见于爬行动物。

　　b. 转移性肿瘤

　　c. 感染性病原体（图53-24）

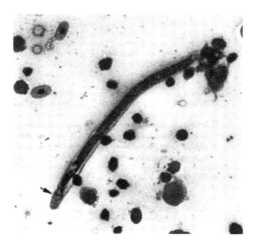

图53-24　感染*Folayella furcata*的豹纹变色龙的骨髓压片，可见微丝蚴突出于鞘壳中（如箭号所示）。（放大500×）

125. **可以通过细胞学诊断的爬行动物眼睛和结膜疾病有哪些（框53-9）？**

　　a. 细菌性感染：其他细菌混合感染

　　b. 真菌性感染：其他真菌混合感染

　　c. 病毒性感染：爬行动物痘病毒可见于鳄鱼和凯门鳄中（少见）

　　d. 寄生虫性感染：螨虫

126. **能够通过细胞学诊断的爬行动物重要关节病有哪些（框53-10）？**

　　a. 痛风：细胞外、针状、细长的尿酸盐结晶发生于肉芽肿性炎症反应中，类似于其他组织的痛风，如肾脏（图53-15）。

　　b. 感染性：多种细菌诱导异嗜性炎症反应。主要见有异嗜性粒细胞退化和吞噬细菌。

127. **能够通过细胞学诊断的爬行动物心包疾病有哪些？**

　　a. 爬行动物的痛风——在死后剖检的细胞学检查中可见心包囊有尿酸盐结晶积聚。

　　b. 心包炎——在细胞学检查中可见有细菌性和真菌性感染。

**128. 能够通过细胞学诊断的爬行动物中枢神经系统疾病有哪些?**

　　a. 感染性:

　　　　(1)细菌性:其他细菌混合感染

　　　　(2)真菌性:其他真菌混合感染

　　b. 肿瘤:原发性肿瘤、转移性肿瘤

　　目前,爬行动物中枢神经系统病变细胞学检查主要在死后剖检中进行。

**129. 能够通过细胞学诊断的爬行动物生殖系统疾病有哪些?**

　　a. 感染性:其他细菌感染

　　b. 肿瘤:卵巢癌、间质细胞瘤、精原细胞瘤、颗粒细胞瘤、肉瘤

　　爬行动物生殖系统肿瘤的细胞学特征可能与家养动物和禽类的相似。

**130. 能够通过细胞学诊断的爬行动物胰腺外分泌疾病有哪些?**

　　a. 肿瘤:胰腺癌

　　b. 炎症

**131. 爬行动物死后剖检的血涂片是否具有临床意义?**

　　与禽类一样,死后进行血涂片检查是诊断爬行动物某些血液疾病的有效方法,见第89个问题。

　　需切记,血液寄生虫在禽类死亡后可能从寄生的细胞中出来,而存在于细胞外。此外,即使发生轻微的自溶也能够对单个细胞的形态产生不利的影响(胞核和细胞质肿胀、细胞质呈泡沫状)。